技能应用速成系列

AutoCAD 2020 建筑设计从入门到精通
（升级版）

陈晓东　编著

电子工业出版社

Publishing House of Electronics Industry

北京·BEIJING

内 容 简 介

本书以理论结合实践的写作手法，系统全面地介绍了AutoCAD 2020在建筑设计领域中的具体应用。本书采用"完全案例"的编写形式，兼具技术手册和应用技巧手册的特点，技术实用、逻辑清晰，是一本简明易学的教学参考书。

全书共18章，详细介绍了软件界面及绘图环境设置、基础操作、绘制基本几何图元、几何图元的编辑、创建复合图形结构模块、建筑设计资源的组织与共享、建筑设计中的文字标注与尺寸标注、建筑制图样板的制作、建筑平面图设计、建筑立面图设计、建筑剖面图设计、建筑布置图设计、建筑结构图设计、建筑物三维模型设计、三维建模功能、三维编辑功能和建筑图纸的后期输出等内容。另外，本书中的案例通过视频演示的方式进行讲解，使读者学习起来更加方便。

本书解说详细、操作实例通俗易懂、实用性和操作性非常强、层次性和技巧性突出，不仅可以作为建筑设计领域初中级读者的学习用书，而且还可以作为高等院校建筑专业及相关培训班的教材。

未经许可，不得以任何方式复制或抄袭本书之部分或全部内容。

版权所有，侵权必究。

图书在版编目（CIP）数据

AutoCAD 2020建筑设计从入门到精通：升级版 / 陈晓东编著. —北京：电子工业出版社，2020.6

（技能应用速成系列）

ISBN 978-7-121-39027-2

Ⅰ. ①A… Ⅱ. ①陈… Ⅲ. ①建筑设计－计算机辅助设计－AutoCAD软件 Ⅳ. ①TU201.4

中国版本图书馆CIP数据核字（2020）第083443号

责任编辑：许存权　　　　　　　　特约编辑：田学清
印　　刷：北京七彩京通数码快印有限公司
装　　订：北京七彩京通数码快印有限公司
出版发行：电子工业出版社
　　　　　北京市海淀区万寿路173信箱　　　邮编：100036
开　　本：787×1092　1/16　　印张：33.5　　字数：858千字
版　　次：2020年6月第1版
印　　次：2021年7月第3次印刷
定　　价：89.00元

凡所购买电子工业出版社图书有缺损问题，请向购买书店调换。若书店售缺，请与本社发行部联系，联系及邮购电话：（010）88254888，88258888。

质量投诉请发邮件至zlts@phei.com.cn，盗版侵权举报请发邮件至dbqq@phei.com.cn。

本书咨询联系方式：（010）88254484，xucq@phei.com.cn。

本书属于"技能应用速成系列"丛书,针对建筑设计领域,以 AutoCAD 2020 中文版为设计平台,由浅入深地介绍使用 AutoCAD 进行建筑设计的基本方法和操作技巧。本书通过众多工程案例,详细讲述了建筑工程设计图纸的绘制和输出等技能,引导读者将书中学到的知识应用到实际工作中,真正地将书中的知识学会、学活、学精。

本书采用"完全案例"的编写形式,与相关制图工具和制图技巧紧密结合,与设计理念和创作构思相辅相成,具有很强的专业性、层次性和技巧性。

本书特点

★ 循序渐进、通俗易懂。本书按照初学者的学习规律和习惯,由浅入深、由易到难地安排每个章节的内容,可以让初学者在实战中掌握 AutoCAD 的基础知识及其在建筑设计中的应用。

★ 案例丰富、技术全面。本书的每个章节都是 AutoCAD 的一个专题,每个案例都包含多个知识点。读者通过对本书的学习,可以举一反三,达到入门并精通的目的。

★ 视频教学、轻松易懂。本书配有高清语音教学视频资料,编者精心讲解,并进行相关知识点拨,使读者轻松掌握每个案例的操作难点,提高学习效率。

本书内容

本书分为四篇共 18 章,详细介绍了 AutoCAD 的基本绘图技能及其在建筑设计领域中的应用。

1. 基础操作技能,包括第 1~4 章,本篇讲解了 AutoCAD 的基础操作内容。

第 1 章　AutoCAD 2020 快速上手　　　第 2 章　AutoCAD 2020 基础操作
第 3 章　常用几何图元的绘制功能　　　第 4 章　常用几何图元的编辑功能

2. 绘图技能,包括第 5~8 章,通过对本篇的学习,读者能快速高效地绘制复杂图形。

第 5 章　复合图形结构的绘制与编辑　　第 6 章　建筑设计资源的组织与共享
第 7 章　建筑设计中的文字标注　　　　第 8 章　建筑设计中的尺寸标注

3. 应用技能,包括第 9~14 章,本篇以理论结合实践的写作手法将软件与建筑专业知识有效结合在一起进行讲解。

第 9 章　建筑设计理论与制图样板　　　第 10 章　建筑平面图设计
第 11 章　建筑立面图设计　　　　　　　第 12 章　建筑剖面图设计

第 13 章　建筑布置图设计　　　　　　第 14 章　建筑结构图设计

4．三维制图，包括第 15～18 章，本篇讲解了 AutoCAD 的三维制图内容。

第 15 章　建筑物三维模型设计　　　　第 16 章　三维建模功能
第 17 章　三维编辑功能　　　　　　　第 18 章　建筑图纸的后期输出

5．附录。附录中列举了 AutoCAD 的一些常用命令快捷键和常用系统变量，掌握这些快捷键和变量，可以有效地改善绘图环境，提高绘图效率。

注：受限于本书篇幅，为保证图书内容的充实性，本书第 16～18 章的内容及附录放在赠送的配套资料中，以便读者学习时使用。

技术服务

为了提高服务，编者在"算法仿真在线"公众号中为读者提供了 CAD、CAE、CAM 方面的技术资料分享服务，有需要的读者可关注"算法仿真在线"公众号。同时还在公众号中提供技术答疑，解答读者在学习过程中遇到的疑难问题。读者也可以直接发邮件到编者邮箱 comshu@126.com，编者会尽快回复。

资源下载：本书配套资源均存储在百度云盘中，请根据以下地址进行下载。
链接：https://pan.baidu.com/s/1z8Hc_suqOenh2zYZn28fNw
提取码：q75q

目 录

第一篇 基础操作技能

第1章 AutoCAD 2020 快速上手 ……… 2
- 1.1 关于 AutoCAD 软件 ……………… 3
- 1.2 启动 AutoCAD 2020 软件 ………… 3
- 1.3 AutoCAD 2020 工作空间的切换 … 4
- 1.4 AutoCAD 2020 工作界面 ………… 5
- 1.5 绘图文件基础操作 ………………… 9
- 1.6 设置绘图环境 …………………… 13
- 1.7 退出 AutoCAD 2020 …………… 16
- 1.8 上机实训——绘制 A4-H 图框 … 16
- 1.9 小结与练习 ……………………… 19

第2章 AutoCAD 2020 基础操作 ……… 20
- 2.1 命令的执行特点 ………………… 21
- 2.2 图形的选择方式 ………………… 22
- 2.3 坐标点的输入技术 ……………… 23
- 2.4 特征点的捕捉技术 ……………… 25
- 2.5 目标点的追踪技术 ……………… 30
- 2.6 视窗的实时调整 ………………… 35
- 2.7 上机实训——绘制鞋柜立面图 … 38
- 2.8 小结与练习 ……………………… 43

第3章 常用几何图元的绘制功能 ……… 45
- 3.1 点图元 …………………………… 46
- 3.2 线图元 …………………………… 49
- 3.3 圆与弧 …………………………… 59
- 3.4 上机实训——绘制会议桌椅平面图 …………………………… 67
- 3.5 多边形 …………………………… 73
- 3.6 图案填充 ………………………… 79
- 3.7 上机实训二——绘制形象墙立面图 …………………………… 83
- 3.8 小结与练习 ……………………… 88

第4章 常用几何图元的编辑功能 ……… 90
- 4.1 修剪与延伸 ……………………… 91
- 4.2 打断与合并 ……………………… 96
- 4.3 上机实训——绘制立面双开门构件 …………………………… 99
- 4.4 拉伸与拉长 ……………………… 105
- 4.5 倒角与圆角 ……………………… 109
- 4.6 更改位置与形状 ………………… 114
- 4.7 上机实训二——绘制沙发组构件 …………………………… 119
- 4.8 小结与练习 ……………………… 126

第二篇 绘图技能

第5章 复合图形结构的绘制与编辑 …… 130
- 5.1 绘制复合图形结构 ……………… 131
- 5.2 绘制规则图形结构 ……………… 135
- 5.3 特殊对象的编辑 ………………… 141
- 5.4 对象的夹点编辑 ………………… 146

5.5 上机实训一——绘制树桩平面图例 ……147
5.6 上机实训二——绘制橱柜立面图例 ……151
5.7 小结与练习 ……153

第 6 章 建筑设计资源的组织与共享 ……155

6.1 图块的定义与应用 ……156
6.2 属性的定义与管理 ……161
6.3 上机实训一——为某屋面风井详图标注标高 ……164
6.4 图层的应用 ……167
6.5 设计中心 ……174
6.6 工具选项板 ……178
6.7 特性与快速选择 ……180
6.8 上机实训二——为户型平面图布置室内用具 ……184
6.9 小结与练习 ……188

第 7 章 建筑设计中的文字标注 ……190

7.1 单行文字注释 ……191
7.2 多行文字注释 ……196
7.3 引线文字注释 ……199
7.4 查询图形信息 ……202
7.5 表格与表格样式 ……204
7.6 上机实训一——标注户型图房间功能 ……209
7.7 上机实训二——标注户型图房间使用面积 ……211
7.8 小结与练习 ……214

第 8 章 建筑设计中的尺寸标注 ……216

8.1 标注直线尺寸 ……217
8.2 标注曲线尺寸 ……221
8.3 标注复合尺寸 ……224
8.4 尺寸样式管理器 ……229
8.5 尺寸编辑与更新 ……236
8.6 上机实训——标注户型布置图尺寸 ……240
8.7 小结与练习 ……244

第三篇 应用技能

第 9 章 建筑设计理论与制图样板 ……248

9.1 建筑设计理论概述 ……249
9.2 建筑制图相关规范 ……252
9.3 上机实训一——设置建筑制图样板绘图环境 ……256
9.4 上机实训二——设置建筑制图样板的图层及图层特性 ……259
9.5 上机实训三——设置建筑制图样板常用样式 ……263
9.6 上机实训四——绘制建筑制图样板 A2-H 图框 ……270
9.7 上机实训五——绘制建筑制图样板常用符号 ……272
9.8 上机实训六——建筑制图样板的页面布局 ……274
9.9 小结与练习 ……280

第 10 章 建筑平面图设计 ……281

10.1 建筑平面图理论概述 ……282
10.2 上机实训一——绘制平面图纵向、横向定位轴线图 ……284
10.3 上机实训二——绘制平面图纵向、横向墙线图 ……290
10.4 上机实训三——绘制平面图各类构件图 ……295
10.5 上机实训四——标注平面图房间功能 ……306

10.6 上机实训五——标注平面图房间使用面积 ································ 311

10.7 上机实训六——标注平面图施工尺寸 ································ 317

10.8 上机实训七——标注平面图墙体轴标号 ································ 327

10.9 小结与练习 ································ 333

第11章 建筑立面图设计 ································ 335

11.1 建筑立面图理论概述 ················ 336

11.2 上机实训一——绘制居民楼1~2层立面图 ························ 338

11.3 上机实训二——绘制居民楼3~6层立面图 ························ 349

11.4 上机实训三——绘制居民楼顶层立面图 ···························· 353

11.5 上机实训四——为立面图标注引线注释 ···························· 361

11.6 上机实训五——为立面图标注施工尺寸 ···························· 365

11.7 上机实训六——为立面图标注标高尺寸 ···························· 370

11.8 小结与练习 ································ 377

第12章 建筑剖面图设计 ················ 379

12.1 建筑剖面图理论概述 ················ 380

12.2 上机实训一——绘制居民楼底层剖面图 ···························· 382

12.3 上机实训二——绘制居民楼剖面楼梯构件 ························ 388

12.4 上机实训三——绘制居民楼标准层剖面图 ························ 391

12.5 上机实训四——绘制居民楼顶层剖面图 ···························· 400

12.6 上机实训五——为剖面图标注尺寸 ································ 408

12.7 上机实训六——为剖面图标注符号 ································ 412

12.8 小结与练习 ································ 419

第13章 建筑布置图设计 ················ 421

13.1 建筑布置图理论概述 ················ 422

13.2 上机实训一——绘制单元户型家具布置图 ························ 423

13.3 上机实训二——绘制单元户型地面材质图 ························ 431

13.4 上机实训三——标注单元户型布置图文字 ························ 437

13.5 上机实训四——标注单元户型布置图尺寸 ························ 442

13.6 上机实训五——标注单元户型布置图投影符号 ················ 446

13.7 上机实训六——绘制卧室空间立面图 ································ 450

13.8 小结与练习 ································ 458

第14章 建筑结构图设计 ················ 460

14.1 建筑结构图理论概述 ················ 461

14.2 上机实训一——绘制建筑结构定位轴线图 ························ 462

14.3 上机实训二——绘制建筑结构布置图 ································ 466

14.4 上机实训三——标注建筑结构型号 ································ 471

14.5 上机实训四——标注建筑结构尺寸 ································ 475

14.6 上机实训五——标注建筑结构轴线序号 ···························· 481

14.7 小结与练习 ································ 487

第四篇 三维制图

第 15 章 建筑物三维模型设计 490

- 15.1 三维模型的种类 491
- 15.2 上机实训一——制作建筑物墙体造型 492
- 15.3 上机实训二——制作建筑物窗子造型 497
- 15.4 上机实训三——制作建筑物门联窗造型 506
- 15.5 上机实训四——制作建筑物阳台造型 514
- 15.6 上机实训五——制作建筑物楼顶造型 521
- 15.7 上机实训六——建筑楼体模型的后期合成 523
- 15.8 小结与练习 526

第 16 章 三维建模功能 ....（配套资源）
第 17 章 三维编辑功能 ....（配套资源）
第 18 章 建筑图纸的后期输出 （配套资源）

附录 A AutoCAD 常用系统变量速查表 ....（配套资源）
附录 B AutoCAD 常用工具按钮速查表 ....（配套资源）
附录 C AutoCAD 常用命令快捷键速查表 ....（配套资源）
附录 D AutoCAD 常用命令速查表 ....（配套资源）

第一篇 基础操作技能

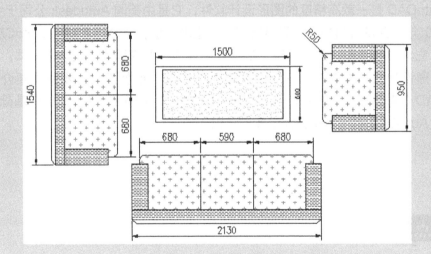

AutoCAD 2020 快速上手

AutoCAD 是一款高精度的图形设计软件，它是由美国 Autodesk 公司于 20 世纪 80 年代开发研制的，其间经历了多次版本升级，至今已发展到 AutoCAD 2020。它集二维绘图、三维建模、数据管理及数据共享等诸多功能于一体，使广大图形设计人员能够轻松高效地进行图形设计与绘制工作。本章主要介绍 AutoCAD 的基本概念、操作界面及绘图文件的设置等基础知识，使没有基础的读者对 AutoCAD 有一个快速地了解和认识。

内容要点

- ♦ 关于 AutoCAD 软件
- ♦ AutoCAD 2020 工作空间的切换
- ♦ 绘图文件基础操作
- ♦ 退出 AutoCAD 2020
- ♦ 启动 AutoCAD 2020 软件
- ♦ AutoCAD 2020 工作界面
- ♦ 设置绘图环境
- ♦ 上机实训——绘制 A4-H 图框

第 1 章　AutoCAD 2020 快速上手

1.1 关于 AutoCAD 软件

AutoCAD 是一款大众化的图形设计软件，其中 Auto 是 Automation 的词头，意思是自动化；CAD 是 Computer-Aided-Design 的缩写，意思是计算机辅助设计。

另外，AutoCAD 的早期版本都是以版本的升级顺序进行命名的，如第一个版本为 AutoCAD R1.0、第二个版本为 AutoCAD R2.0、第三个版本为 AutoCAD R3.0 等。

该软件发展到 2000 年以后，命名规则变为以年代作为软件的版本名，如 AutoCAD 2002、AutoCAD 2004、AutoCAD 2007、AutoCAD 2008、AutoCAD 2012、AutoCAD 2016 等。

1.2 启动 AutoCAD 2020 软件

当成功安装 AutoCAD 2020 软件后，通过双击桌面上的图标，或者单击桌面任务栏 "开始" → "所有程序" → "Autodesk" → "AutoCAD 2020" 中的 AutoCAD 2020 - 简体中文选项，即可启动该软件，并进入 "草图与注释" 工作空间，如图 1-1 所示。此种工作空间适合二维制图，用户还可以根据需要选择其他工作空间。

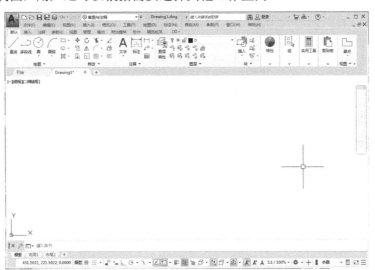

图 1-1　"草图与注释" 工作空间

除 "草图与注释" 工作空间外，AutoCAD 2020 软件还提供了 "三维建模" 和 "三维基础" 两种工作空间。"三维建模" 工作空间如图 1-2 所示，在此种工作空间内不仅可以非常方便地访问新的三维功能，而且新窗口中的绘图区可以显示出渐变背景色、地平面或工作平面（UCS 的 XY 平面）及新的矩形栅格，这将增强三维效果和三维模型的构造。

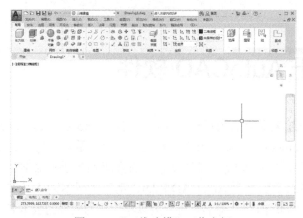

图 1-2 "三维建模"工作空间

1.3 AutoCAD 2020 工作空间的切换

由于 AutoCAD 2020 为用户提供了多种工作空间，因此用户可以根据自己的作图需要切换工作空间，切换方式有以下 3 种。

◆ 选择菜单栏"工具"→"工作空间"级联菜单中的选项，如图 1-3 所示。

图 1-3 "工作空间"级联菜单

◆ 单击状态栏中的 按钮，从打开的下拉列表中选择工作空间，如图 1-4 所示。
◆ 单击标题栏 上的下拉按钮，在展开的下拉列表中选择相应的工作空间，如图 1-5 所示。

图 1-4 工作空间下拉列表

图 1-5 选择工作空间

小技巧

无论选择何种工作空间，在启动 AutoCAD 2020 之后，系统都会自动打开一个名为 "Drawing1.dwg" 的默认绘图文件窗口。无论选择何种工作空间，用户都可以在日后对其进行更改，也可以自定义工作空间并保存。

1.4　AutoCAD 2020 工作界面

从图 1-1 和图 1-2 中可以看出，AutoCAD 2020 的工作界面主要包括标题栏、菜单栏、工具栏、绘图区、命令行、状态栏、功能区等，本节将简单讲述各组成部分的功能及其相关的一些常用操作。

1.4.1　标题栏

标题栏位于 AutoCAD 2020 工作界面的最顶部，如图 1-6 所示，其主要包括应用程序菜单、快速访问工具栏、程序名称显示区、信息中心和窗口控制按钮等内容。

图 1-6　标题栏

- ◆ 单击标题栏左端的 A 按钮，可打开应用程序菜单，如图 1-7 所示。用户可以通过应用程序菜单访问一些常用工具，以及搜索命令和浏览文档等。
- ◆ 快速访问工具栏不仅可以快速访问某些命令，而且还可以添加、删除常用命令按钮到工具栏、控制菜单栏，以及操作各工具栏的开关状态等。

> **小技巧**
>
> 单击"快速访问"工具栏右端的下三角按钮，通过弹出的快捷菜单上的选项功能就可以实现上述操作，如图 1-8 所示。

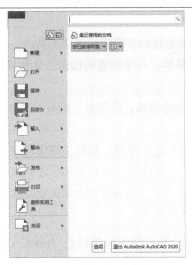

图 1-7　应用程序菜单

图 1-8　"自定义快速访问工具栏"

- ◆ 程序名称显示区主要用于显示当前正在运行的程序名和当前被激活的图形文件名称；信息中心可以快速获取所需信息、搜索所需资源等。
- ◆ 窗口控制按钮位于标题栏最右端，主要有 ─（最小化）、(恢复) ☐/（最大化）☐、✕（关闭）按钮，分别用于控制 AutoCAD 2020 窗口的大小和关闭。

1.4.2 菜单栏

菜单栏位于标题栏的下方，如图1-9所示，AutoCAD 2020的常用制图工具和管理编辑等工具都分门别类地排列在这些主菜单中，用户可以非常方便地启用各主菜单中的相关命令，进行必要的图形绘图工作。具体操作就是单击各主菜单，展开主菜单后将光标移至需要启用的命令上，单击鼠标左键。

文件(F)　编辑(E)　视图(V)　插入(I)　格式(O)　工具(T)　绘图(D)　标注(N)　修改(M)　参数(P)　窗口(W)　帮助(H)

图1-9　菜单栏

> **小技巧**
>
> 在默认设置下，菜单栏是隐藏着的，当变量MENUBAR的值为1时，显示菜单栏；当变量MENOBAR的值为0时，隐藏菜单栏。

AutoCAD 2020共为用户提供了"文件、编辑、视图、插入、格式、工具、绘图、标注、修改、参数、窗口、帮助"等12个主菜单，各主菜单的主要功能如下。

- ◆ "文件"菜单主要用于对图形文件进行设置、保存、清理、打印及发布等。
- ◆ "编辑"菜单主要用于对图形进行一些常规的编辑，包括复制、粘贴、链接等。
- ◆ "视图"菜单主要用于调整和管理视图，以方便视图内图形的显示、查看和修改。
- ◆ "插入"菜单用于向当前文件中引入外部资源，如块、参照、图像、布局及超链接等。
- ◆ "格式"菜单用于设置与绘图环境有关的参数和样式等，如图形的单位、颜色、线型，以及相关文字、尺寸样式等。
- ◆ "工具"菜单用于为用户提供一些辅助工具和常规的资源组织管理工具。
- ◆ "绘图"菜单是一个二维和三维图元的绘制菜单，几乎所有的绘图工具和建模工具都组织在此菜单内。
- ◆ "标注"菜单是一个专门用于为图形标注尺寸的菜单，它包含了所有与尺寸标注相关的工具。
- ◆ "修改"菜单是一个很重要的菜单，用于对图形进行修整、编辑、细化和完善。
- ◆ "参数"菜单是一个新增的菜单，主要用于为图形添加几何约束和标注约束等。
- ◆ "窗口"菜单主要用于控制AutoCAD多文档的排列方式及界面元素的锁定状态。
- ◆ "帮助"菜单主要用于为用户提供一些帮助性的信息。

菜单栏左端的图标就是菜单浏览器图标，菜单栏最右端图标按钮是AutoCAD文件的窗口控制按钮，用于控制图形文件窗口的显示状态。

1.4.3 绘图区

绘图区位于用户界面的正中央，即被工具栏和命令行所包围的整个区域，如图1-10所示。此区域是用户的工作区域，图形的设计与修改工作就是在此区域内进行的。在默认状态下,绘图区是一个无限大的电子屏幕,无论尺寸多大或多小的图形,都可以在绘图区中绘制并灵活显示。

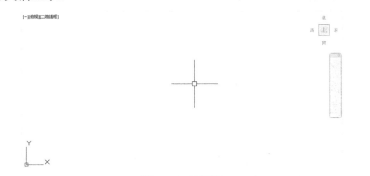

图 1-10 绘图区

用户可以使用菜单栏中的"工具"→"选项"命令更改绘图区背景色。若要将绘图区背景色更改为白色,则可按如下步骤进行操作。

Step 01 执行菜单栏"工具"→"选项"命令,或者使用快捷键 OP 执行"选项"命令,打开"选项"对话框。

Step 02 展开"显示"选项卡,在"窗口元素"选项组中单击 颜色(C)... 按钮,打开"图形窗口颜色"对话框,如图 1-11 所示。

Step 03 在"图形窗口颜色"对话框中展开"颜色"下拉列表框,如图 1-12 所示,在此下拉列表框内选择"白"。

Step 04 单击 应用并关闭(A) 按钮返回"选项"对话框。

Step 05 在"选项"对话框中单击 确定 按钮,绘图区背景色显示为白色。

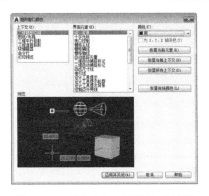

图 1-11 "图形窗口颜色"对话框

图 1-12 "颜色"下拉列表框

当用户移动鼠标时,绘图区会出现一个随光标移动的十字符号,此符号被称为十字光标。十字光标是由拾取点光标和选择光标叠加而成的,其中拾取点光标是点的坐标拾取器,当执行绘图命令时,显示为拾点光标;选择光标是对象拾取器,当选择对象时,显示为选择光标;当没有任何命令执行时,显示为十字光标,如图 1-13 所示。

在绘图区左下方有 3 个标签,即模型、布局 1、布局 2,分别代表了两种绘图空间,即模型空间和布局空间。模型代表了当前绘图区窗口处于模型空间,通常我们在模型空间进行绘图。布局 1 和布局 2 是默认设置下的布局空间，主要用于图形的打印输出。用户可以通过单击相应标签，在这两种操作空间中进行切换。

(a) 十字光标　　(b) 拾点光标　　(c) 选择光标

图 1-13　光标的 3 种状态

1.4.4　命令行

绘图区的下方是 AutoCAD 独有的窗口组成部分，即命令行，它是用户与 AutoCAD 软件进行数据交流的平台，主要用于提示和显示用户当前的操作步骤，如图 1-14 所示。

图 1-14　命令行

命令行分为命令输入窗口和命令历史窗口两部分，在图 1-14 中，上面两行为命令历史窗口，用于记录执行过的操作信息；下面一行是命令输入窗口，用于提示用户输入命令或命令选项。

由于命令历史窗口的显示有限，因此如果需要直观快速地查看更多的历史信息，可以通过按功能键 F2，系统会以文本窗口的形式显示历史命令，如图 1-15 所示，再次按功能键 F2，即可关闭该文本窗口。

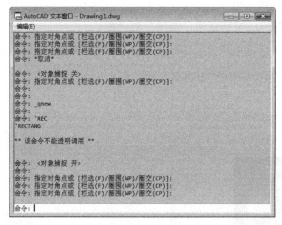

图 1-15　文本窗口

1.4.5　状态栏

状态栏位于 AutoCAD 操作界面的最底部，如图 1-16 所示，它由坐标读数器、辅助功能区、状态栏菜单等 3 部分组成。

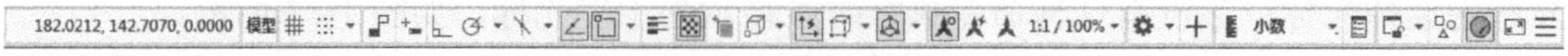

图 1-16　状态栏

状态栏左端为坐标读数器,用于显示十字光标所处位置的坐标值;辅助功能区左端的按钮,是一些重要的辅助绘图的功能按钮,主要用于控制点的精确定位和追踪;中间的按钮主要用于快速查看布局、图形、定位视点、注释比例等;右端的按钮主要用于对工具栏、窗口等用户界面进行锁定、工作空间切换及绘图区的全屏显示等,都是一些辅助绘图的功能。

单击状态栏右端的小三角,将打开状态栏快捷菜单,如图 1-17 所示。该菜单中的各选项与状态栏上的各功能键一致,用户也可以通过各菜单项及菜单中的各功能键进行控制各辅助按钮的开关状态。

图 1-17 状态栏快捷菜单

1.4.6 功能区

功能区是 AutoCAD 2020 新增的一项功能,它代替了 AutoCAD 众多的工具栏,以面板的形式,将各工具按钮分门别类地集合在选项卡内,如图 1-18 所示。

图 1-18 功能区

用户在调用工具时,只需在功能区展开相应选项卡,然后在所需面板上单击工具按钮即可。由于在使用功能区时,无须再显示 AutoCAD 的工具栏,因此,使得应用程序窗口变得简洁有序。通过这样简洁的窗口,功能区还可以将可用的工作区域最大化。

1.5 绘图文件基础操作

本节主要学习 AutoCAD 绘图文件的新建、存储、打开,以及图形垃圾文件的清理等基本操作。

1.5.1 新建绘图文件

当用户启动 AutoCAD 绘图软件后,系统会自动打开一个名为"Drawing1.dwg"的绘图文件。如果用户需要重新创建一个绘图文件,则需要执行"新建"命令。

执行"新建"命令主要有以下几种方式。

- ◇ 单击"快速访问"工具栏→"新建"按钮。
- ◇ 执行菜单栏"文件"→"新建"命令。
- ◇ 单击"标准"工具栏→"新建"按钮。
- ◇ 在命令行输入 New 后按 Enter 键。

◆ 按 Ctrl+N 组合键。

> **小技巧**
> 在命令行输入命令后，还需要按 Enter 键，才可以激活该命令。

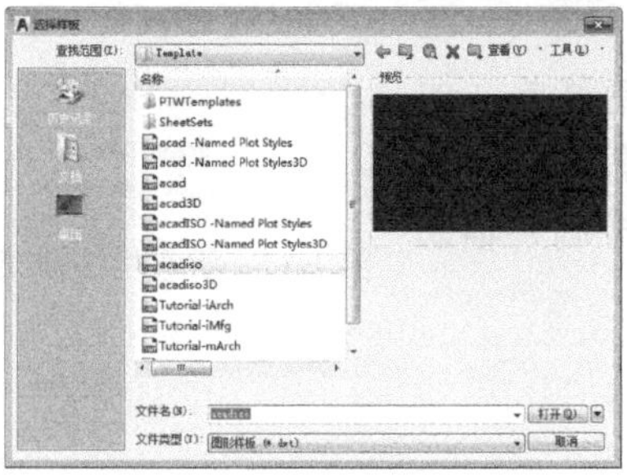

执行"新建"命令后，打开"选择样板"对话框，如图 1-19 所示。在此对话框中，为用户提供了众多的基本样板文件，其中"acadISo-Named Plot Styles"和"acadiso"都是公制单位的样板文件，两者的区别在于前者使用的打印样式为命名打印样式，后者的打印样式为颜色相关打印样式，读者可以根据需求自行选择。

选择"acadISo-Named Plot Styles"或"acadiso"样板文件后单击 打开(O) 按钮，即可创建一个新的空白文件，进入 AutoCAD 默认设置的二维操作界面。

图 1-19 "选择样板"对话框

● 创建三维绘图文件

如果用户需要创建一个三维操作空间的公制单位绘图文件，则可以执行"新建"命令，在打开的"选择样板"对话框中，选择"acadISo-Named Plot Styles3D"或"acadiso3D"样板文件作为基础样板，如图 1-20 所示，即可以创建三维绘图文件，进入三维工作空间。

● "无样板"方式创建文件

AutoCAD 也为用户提供了"无样板"方式创建绘图文件的功能，具体操作是执行"新建"命令，打开"选择样板"对话框，然后单击 打开(O) 按钮右侧的下三角按钮，如图 1-21 所示。在下三角按钮的下拉列表中单击"无样板打开-公制"选项，即可快速新建一个公制单位的绘图文件。

图 1-20 选择三维样板

图 1-21 "无样板"方式创建文件

1.5.2 保存绘图文件

"保存"命令主要用于将绘制的图形以文件的形式进行存盘，存盘的目的就是为了方便以后查看、使用或修改编辑等。

执行"保存"命令主要有以下几种方式。

- ◇ 单击"快速访问"工具栏→"新建"按钮。
- ◇ 执行菜单栏"文件"→"保存"命令。
- ◇ 单击工具栏"标准"→"保存"按钮。
- ◇ 在命令行输入 Save 后按 Enter 键。
- ◇ 按 Ctrl+S 组合键。

将图形以文件的形式进行存盘时,一般需要为其指定存盘路径、文件名、文件格式等,其操作过程如下。

Step 01 执行"保存"命令,打开"图形另存为"对话框,如图 1-22 所示。

Step 02 设置存盘路径。单击"保存于"下拉按钮,在展开的下拉列表框内选择存盘路径。

Step 03 设置文件名。在"文件名"文本框内输入文件的名称,如"我的文档"。

Step 04 设置文件格式。单击"文件类型"下拉按钮,在展开的下拉列表框内选择文件格式,如图 1-23 所示。

图 1-22 "图形另存为"对话框

图 1-23 设置文件格式

::: 小技巧

文件默认的存储类型为"AutoCAD 2020 图形(*.dwg)",使用此种格式将文件存盘后,只能被 AutoCAD 2020 及其之后的版本所打开,如果用户需要在 AutoCAD 早期版本中打开此文件,则必须使用低版本的文件格式进行存盘。

:::

Step 05 当设置好路径、文件名及文件格式后,单击 保存(S) 按钮,即可将当前文件存盘。

当用户在已存盘的图形上进行了其他的修改工作,但又不想将原来的图形覆盖时,可以使用"另存为"命令,将修改后的图形以不同的路径或不同的文件名进行存盘。

执行"另存为"命令主要有以下几种方式。

- ◇ 执行菜单栏"文件"→"另存为"命令。
- ◇ 单击"快速访问"工具栏→"另存为"按钮。
- ◇ 在命令行输入 Saveas 后按 Enter 键。
- ◇ 按 Crtl+Shift+S 组合键。

1.5.3 打开绘图文件

当用户需要查看、使用或编辑已经存盘的图形时，可以使用"打开"命令，将此图形打开。

执行"打开"命令主要有以下几种方式。

- ◆ 单击"快速访问"工具栏→"打开"按钮。
- ◆ 执行菜单栏"文件"→"打开"命令。
- ◆ 单击工具栏"标准"→"打开"按钮。
- ◆ 在命令行输入 Open 后按 Enter 键。
- ◆ 按 Ctrl+O 组合键。

执行"打开"命令后，系统将打开"选择文件"对话框，在此对话框中选择需要打开的图形文件，如图 1-24 所示，再单击 打开(O) 按钮，即可将此文件打开。

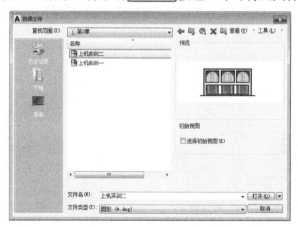

图 1-24 "选择文件"对话框

1.5.4 清理垃圾文件

有时为了减小文件占用的存储空间，可以使用"清理"命令，将文件内部的一些无用资源（如图层、样式、图块等）进行清理。

执行"清理"命令主要有以下几种方式。

- ◆ 执行菜单栏"文件"→"图形实用程序"→"清理"命令。
- ◆ 在命令行输入 Purge 后按 Enter 键。
- ◆ 使用快捷键 PU。

小技巧

在此，快捷键指的就是命令的简写，在命令行输入此简写后，需要按 Enter 键，才可以激活该命令。

执行"清理"命令，系统可打开"清理"对话框，如图 1-25 所示。在此对话框中，带有"+"号的选项，表示该选项内含有未使用的垃圾项目，单击该选项将其展开，即可选择需要清理的项目。如果用户需要清理文件中的所有未使用的垃圾项目，可以单击"清理"对话框底部的 全部清理(A) 按钮。

图 1-25   "清理"对话框

1.6 设置绘图环境

本节主要学习"图形单位"和"图形界限"命令，以设置绘图单位和绘图界限等基本绘图环境。

1.6.1 设置绘图单位

"图形单位"命令主要用于设置长度单位、角度单位、角度方向，以及各自的精度等参数。

执行"图形单位"命令主要有以下几种方式。

- ✧ 执行菜单栏"格式"→"图形单位"命令。
- ✧ 在命令行输入 Units 后按 Enter 键。
- ✧ 使用快捷键 UN。

● 设置图形单位及精度

Step 01 新建文件并执行菜单栏"格式"→"图形单位"命令，打开"图形单位"对话框，如图 1-26 所示。

Step 02 在"长度"选项组中单击"类型"下拉列表，选择长度的类型，默认为"小数"。

::: 小技巧
AutoCAD 提供了建筑、小数、工程、分数和科学等 5 种长度类型。单击该选框中的 ▼ 按钮可以从中选择所需的长度类型。
:::

Step 03 展开"精度"下拉列表框，选择长度单位的精度，默认为"0.0000"，用户可以根据需要选择长度单位的精度。

Step 04 在"角度"选项组中单击"类型"下拉列表，选择角度的类型，默认为"十进制度数"。

Step 05 展开"精度"下拉列表框，选择角度的精度，默认为"0"，用户可以根据需要自行选用。

> **小技巧**
>
> "顺时针"复选框是用于设置角度的方向的，如果勾选该选项，那么在绘图过程中就以顺时针为正角度方向，否则以逆时针为正角度方向。

Step 06 设置"插入时的缩放单位"选项组内"用于确定拖放内容的单位"，默认为"毫米"。

Step 07 设置角度的基准方向。单击对话框底部的 方向(D)... 按钮，打开"方向控制"对话框，如图1-27所示，设置角度测量的起始位置。

图1-26 "图形单位"对话框

图1-27 "方向控制"对话框

> **小技巧**
>
> 系统默认方向是以水平向右为0角度。

1.6.2 设置图形界限

图形界限指的就是绘图的区域，它相当于手工绘图时，事先准备的图纸。设置图形界限最实用的一个目的，就是为了满足不同尺寸的图形在有限的绘图区窗口中的恰当显示，以方便于视窗的调整及用户的观察编辑等。

在AutoCAD中，图形界限实际上是一个矩形的区域，只需定位出矩形区域的两个对角点，即可成功设置图形界限。

执行"图形界限"命令主要有以下几种方式。

◇ 选择菜单栏"格式"→"图形界限"命令。
◇ 在命令行输入Limits后按Enter键。

● 设置图形界限

Step 01 新建绘图文件。

Step 02 执行"图形界限"命令，在命令行"指定左下角点或 [开（ON）/关（OFF）]:"提示下，直接按 Enter 键，以默认原点作为图形界限的左下角点。

> **小技巧**
>
> 在设置图形界限时，一般以坐标系的原点作为图形界限的左下角点。

Step 03 在命令行"指定右上角点:"提示下，输入"200,100"，并按 Enter 键。

Step 04 执行菜单栏"视图"→"缩放"→"全部"命令，将图形界限最大化显示。

> **小技巧**
>
> 在默认设置下，图形界限为 3 号横向图纸的尺寸，即长边为 420 个绘图单位、短边为 297 个绘图单位。

Step 05 当设置了图形界限后，就可以开启状态栏上的"栅格"功能了，通过栅格点或栅格线，可以将图形界限直观地显示出来，如图 1-28 所示。

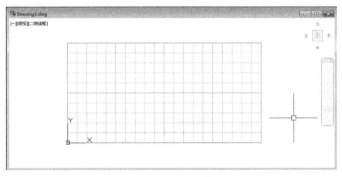

图 1-28 图形界限的显示

当用户设置了图形界限后，需使绘制的图形不超出所设置的图形界限，那么可以使用图形界限的检测功能，将坐标值限制在作图区域内，这样就不会使绘制的图形超出边界。

● **图形界限的检测**

Step 01 执行"图形界限"命令。

Step 02 在命令行"指定左下角点或 [开(ON)/关(OFF)] <0.0000,0.0000>:"提示下，输入"on"并按 Enter 键，打开图形界限的检测功能。

Step 03 如果用户需要关闭图形界限的检测功能，则可以选择"关"选项，这时，AutoCAD 允许用户输入图形界限外部的点。

> **小技巧**
>
> 因为图形界限的检测功能只能检测输入的点，所以图形的某些部分可能会延伸到界限之外。

1.7 退出 AutoCAD 2020

当用户需要退出 AutoCAD 2020 时，需要先退出当前的绘图文件，如果当前的绘图文件已经存盘，那么用户可以使用以下几种方式退出 AutoCAD 2020。

- ✧ 单击 AutoCAD 2020 标题栏的 ✕ 按钮。
- ✧ 按 Alt+F4 组合键。
- ✧ 执行菜单栏"文件"→"退出"命令。
- ✧ 在命令行中输入"Quit"或"Exit"后，按 Enter 键。
- ✧ 展开"应用程序菜单"下拉列表，单击 退出 Autodesk AutoCAD 2020 按钮。

图 1-29 "AutoCAD"提示对话框

如果用户在退出 AutoCAD 2020 前，没有将当前的绘图文件存盘，那么系统将会弹出"AutoCAD"提示对话框，如图 1-29 所示。在该对话框中，单击 是(Y) 按钮，将弹出"图形另存为"对话框，用于对图形文件进行命名保存；单击 否(N) 按钮，系统将放弃存盘并退出 AutoCAD 2020；单击 取消 按钮，系统将取消执行的退出命令。

1.8 上机实训——绘制 A4-H 图框

下面通过绘制 A4 标准图纸的内外边框，对本章知识进行综合练习和应用，体验一下文件的新建、图形的绘制，以及文件的存储等图形设计的操作流程。A4 标准图纸绘制效果如图 1-30 所示，具体操作步骤如下。

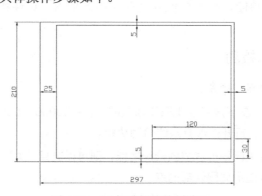

图 1-30 A4 标准图纸绘制效果

Step 01 单击"快速访问"工具栏→"新建"按钮，在打开的"选择样板"对话框中选择"acadISo-Named Plot Styles"作为基础样板，新建绘图文件。

Step 02 按功能键 F12，关闭状态栏上的动态输入功能。

Step 03 绘制外框。依次单击"默认"→"绘图"→"直线"按钮，执行"直线"命令，绘制 A4 图纸的外框，命令行操作如下。

```
命令: _Line
指定第一点:                        //0,0 Enter，以原点作为起点
指定下一点或 [放弃(U)]:            //297<0 Enter，输入第二点
指定下一点或 [放弃(U)]:            //297,210 Enter，输入第三点
指定下一点或 [闭合(C)/放弃(U)]:    //210<90 Enter，输入第四点
指定下一点或 [闭合(C)/放弃(U)]:    //C Enter，闭合图形
```

操作提示

有关坐标点的输入功能，请参见第 2 章的相关内容。

Step 04 执行菜单栏"视图"→"平移"→"实时"命令，将所绘制的图形从左下角拖至绘图区中央，使之完全显示。

Step 05 由于显示出的图形太小，因此可以将其放大显示。执行菜单栏"视图"→"缩放"→"实时"命令，或者单击"标准"工具栏→"实时缩放"按钮，执行"实时缩放"命令，此时光标变为一个放大镜状，然后按住鼠标左键不放，慢慢向右上方拖曳光标，图形便被放大显示，如图 1-31 所示。

小技巧

如果拖曳一次光标，图形还是不够清楚，则可以连续拖曳光标，进行连续缩放。

Step 06 执行菜单栏"工具"→"新建 UCS"→"原点"命令，更改坐标系的原点，命令行操作如下。

```
命令: _UCS
当前 UCS 名称: *世界*
指定 UCS 的原点或 [面(F)/命名(NA)/对象(OB)/上一个(P)/视图(V)/世界(W)/X/Y/Z/Z
轴(ZA)] <世界>: _o
指定新原点 <0,0,0>:                //25,5 Enter，结束命令，移动坐标点如图 1-32 所示
```

图 1-31　平移并缩放结果

图 1-32　移动坐标点

Step 07 绘制内框。依次单击"默认"→"绘图"→"直线"按钮，绘制 A4 图纸的内框，命令行操作如下。

```
命令: _Line
指定第一点:                        //0,0 Enter
```

```
指定下一点或 [放弃(U)]:              //267,0 Enter
指定下一点或 [放弃(U)]:              //267,200 Enter
指定下一点或 [闭合(C)/放弃(U)]:      //0,200 Enter
指定下一点或 [闭合(C)/放弃(U)]:      //c Enter,闭合图形,绘制内框如图 1-33 所示
```

小技巧

在绘图时,如果不慎出现错误操作,则可以使用"直线"命令中的"放弃(U)"选项来撤销错误的操作步骤。

Step 08 执行菜单栏"视图"→"显示"→"UCS 图标"→"开"命令,关闭坐标系,如图 1-34 所示。

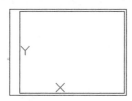
图 1-33　绘制内框

图 1-34　隐藏坐标系图标

Step 09 绘制图框标题栏。使用快捷键 L 执行"直线"命令,绘制图框标题栏,命令行操作如下。

```
命令:_Line                           //Enter
指定第一点:                          //147,0 Enter
指定下一点或 [放弃(U)]:              //147,30 Enter
指定下一点或 [放弃(U)]:              //267,30 Enter
指定下一点或 [闭合(C)/放弃(U)]:      //Enter,结束命令,绘制图框标题栏如图 1-35 所示
```

小技巧

当需要结束某个命令时,可以按 Enter 键;当需要中止某个命令时,可以按 Esc 键。

Step 10 单击"快速访问"工具栏→"保存"按钮,打开"图形另存为"对话框,将图形存储为"上机实训.dwg",如图 1-36 所示。

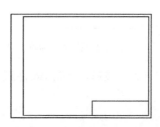
图 1-35　绘制图框标题栏

图 1-36　"图形另存为"对话框

1.9 小结与练习

1.9.1 小结

本章在简单了解 AutoCAD 2020 的基本概念和系统配置的前提下，主要介绍了该软件的启动、退出、工作空间、操作界面、绘图文件的设置与管理，以及工作环境的简单设置等基本功能，并通过一个完整的实例，引导读者亲自动手操作 AutoCAD 2020 图形设计软件，掌握和体验了一些初级的软件操作技能。通过本章的学习，能使读者对 AutoCAD 2020 绘图软件有一个快速地了解和认识，为后叙章节的学习打下基础。

1.9.2 练习

1. 将默认绘图背景修改为白色、将十字光标相对屏幕 100%显示。
2. 绘制图形，如图 1-37 所示，并将此图形命名存盘。

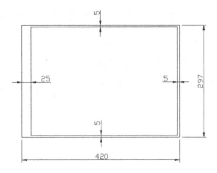

图 1-37　练习 2

第 2 章

AutoCAD 2020 基础操作

通过第 1 章的简单介绍，读者已了解和体验了 AutoCAD 绘图软件的基本操作过程，但是如果想更加方便、灵活地自由操控 AutoCAD 2020 绘图软件，还必须了解和掌握一些基础操作技能，如图形的选择、点的输入、点的捕捉追踪及视图的调控等。本章将详细讲述 AutoCAD 2020 的一些基础操作技能。

内容要点

- ◆ 命令的执行特点
- ◆ 坐标点的输入技术
- ◆ 目标点的追踪技术
- ◆ 上机实训——绘制鞋柜立面图
- ◆ 图形的选择方式
- ◆ 特征点的捕捉技术
- ◆ 视窗的实时调整

2.1 命令的执行特点

一般情况下，在软件中大多通过对话框或命令面板与用户进行交流，但是 AutoCAD 除这种方式之外，还有其独特的交流方式。

- **菜单栏与快捷菜单**

通过单击菜单栏中的命令选项执行命令，是一种比较传统、常用的操作方式。具体操作就是在操作界面中的主菜单选项上单击鼠标左键，从打开的主菜单中直接单击相应的命令选项即可。

另外，为了更加方便地启动某些命令，AutoCAD 为用户提供了快捷菜单。所谓快捷菜单，指的就是单击鼠标右键后弹出的菜单，用户只需单击快捷菜单中的命令或选项，即可快速激活相应的功能。根据操作过程的不同，快捷菜单归纳起来共有 3 种。

- ◇ 默认模式菜单。此种菜单是在没有命令执行的前提下或没有对象被选择的情况下，单击鼠标右键显示的菜单。
- ◇ 编辑模式菜单。此种菜单是在有一个或多个对象被选择的情况下单击鼠标右键出现的菜单。
- ◇ 模式菜单。此种菜单是在一个命令执行的过程中，单击鼠标右键而弹出的菜单。

- **工具栏与功能区**

与其他计算机软件一样，单击工具栏或功能区上的命令按钮，也是一种常用、快捷的命令方式。通过形象又直观的图标按钮代替一个个命令，远比那些复杂的英文命令更为方便直接，用户只需将光标放在命令按钮上，系统就会自动显示出该按钮所代表的命令，接着单击按钮即可激活该命令。

- **命令表达式**

命令表达式指的是 AutoCAD 的英文命令，用户只需在命令行的输入窗口中，输入命令的英文表达式，然后再按 Enter 键，就可以激活该命令。此种方式是一种原始的方式，也是一种很重要的方式。

如果用户需要激活命令中的选项功能，可以在相应步骤的提示下，在命令行输入窗口中输入该选项的代表字母，然后按 Enter 键，也可以使用快捷菜单来激活命令的选项功能。

- **功能键与快捷键**

功能键与快捷键是非常快捷的一种启动命令的方式。每种软件都配置了一些快捷命令组合键。表 2-1 中列出了 AutoCAD 自身设定的一些命令快捷键，在需要执行这些命令时，只需要按下相应的按键即可。

表 2-1　AutoCAD 功能键

功　能　键	功　　　能	功　能　键	功　　　能
F1	AutoCAD 帮助	Ctrl+N	新建文件
F2	文本窗口打开	Ctrl+O	打开文件
F3	对象捕捉开关	Ctrl+S	保存文件
F4	三维对象捕捉开关	Ctrl+P	打印文件
F5	等轴测平面转换	Ctrl+Z	撤销上一步操作
F6	动态 UCS	Ctrl+Y	重复撤销的操作
F7	栅格开关	Ctrl+X	剪切
F8	正交开关	Ctrl+C	复制
F9	捕捉开关	Ctrl+V	粘贴
F10	极轴开关	Ctrl+K	超级链接
F11	对象跟踪开关	Ctrl+0	全屏
F12	动态输入	Ctrl+1	特性管理器
Delete	删除	Ctrl+2	设计中心
Ctrl+A	全选	Ctrl+3	工具选项板
Ctrl+4	图纸集管理器	Ctrl+5	信息选项板
Ctrl+6	数据库连接	Ctrl+7	标记集管理器
Ctrl+8	快速计算器	Ctrl+9	命令行
Ctrl+W	选择循环	Ctrl+Shift+P	快捷特性
Ctrl+Shift+I	推断约束	Ctrl+Shift+C	带基点复制
Ctrl+Shift+V	粘贴为块	Ctrl+Shift+S	另存为

另外，AutoCAD 还有一种更为方便的命令快捷键，即英文命令的缩写。严格地说，它算不上是命令快捷键，但是使用命令简写的确能起到快速启动命令的作用，所以也称为快捷键。不过此类快捷键需要配合 Enter 键使用。例如，"直线"命令的英文缩写为 L，用户只需按下键盘上的 L 键后再按下 Enter 键，就能激活"直线"命令。

2.2　图形的选择方式

图形的选择也是 AutoCAD 的重要基本技能之一，它常用于对图形进行修改编辑之前。常用的图形选择方式有点选、窗口和窗交。

2.2.1　点选

点选是最基本、最简单的一种图形选择方式，此种方式一次仅能选择一个对象。在命令行"选择对象："的提示下，系统自动进入点选模式，此时光标切换为矩形选择框，将矩形选择框放在图形的边沿上单击鼠标左键，即可选择该图形。被选择的图形以虚线显示，如图 2-1 所示。

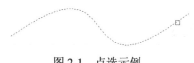

图 2-1 点选示例

2.2.2 窗口选择

窗口选择也是一种常用的图形选择方式,使用这种方式可以一次选择多个对象。在命令行"选择对象:"的提示下从左向右拉出一矩形选择框,此选择框即为窗口选择框。窗口选择框以实线显示,内部以浅蓝色填充,如图 2-2 所示。

当指定窗口选择框的对角点后,完全位于框内的对象都能被选择,如图 2-3 所示。

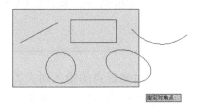
图 2-2 窗口选择框

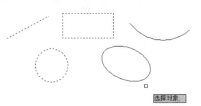
图 2-3 窗口选择结果

2.2.3 窗交选择

窗交选择是使用频率非常高的图形选择方式,使用此方式也可以一次选择多个对象。在命令行"选择对象:"提示下从右向左拉出一矩形选择框,此选择框即为窗交选择框。窗交选择框以虚线显示,内部以绿色填充,如图 2-4 所示。

当指定选择框的对角点后,只有与选择框相交和完全位于选择框内的对象才能被选择,如图 2-5 所示。

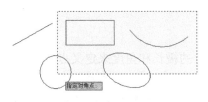
图 2-4 窗交选择框

图 2-5 窗交选择结果

2.3 坐标点的输入技术

要绘制尺寸精确的图形,就必须要准确地定位点,而利用图形上点的坐标功能,对图形上的点进行定位,是一种最直接、最基本的点定位方式。在讲解点的坐标输入功能前,首先简单了解一下常用的两种坐标系,即 WCS 和 UCS。

2.3.1 了解两种坐标系

AutoCAD 默认坐标系为 WCS，即世界坐标系。此坐标系是 AutoCAD 的基本坐标系，它由三个相互垂直并相交的坐标轴 X、Y、Z 组成，X 轴正方向水平向右，Y 轴正方向垂直向上，Z 轴正方向垂直屏幕向外，指向用户，坐标原点在绘图区左下角，在二维图标上标有 W，表明是世界坐标系，如图 2-6 所示。

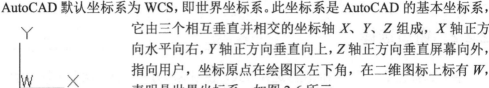

图 2-6　二维世界坐标系图标

为了更好地辅助绘图，用户需要修改坐标系的原点和方向，为此 AutoCAD 为用户提供了一种可变的 UCS 坐标系，即用户坐标系。在默认情况下，用户坐标系和世界坐标系是重合的，用户也可以在绘图过程中根据需要来定义 UCS。

2.3.2 绝对坐标点的输入

图形点的精确输入功能主要有绝对坐标点的输入和相对坐标点的输入两大类。其中，绝对坐标点的输入又分为绝对直角坐标点的输入和绝对极坐标点的输入两种类型。

- **绝对直角坐标点的输入**

绝对直角坐标是以原点（0,0,0）作为参照点，从而定位所有的点，其表达式为（x,y,z），用户可以通过输入点的实际 x、y、z 坐标值来定义点的坐标。在图 2-7 中的坐标系中，B 点的 x 坐标值为 3（该点在 X 轴上的垂足点到原点的距离为 3 个绘图单位），y 坐标值为 1（该点在 Y 轴上的垂足点到原点的距离为 1 个绘图单位），那么 B 点的绝对直角坐标表达式为（3,1）。

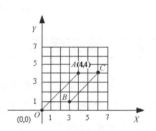

图 2-7　绝对直角坐标系的点

- **绝对极坐标点的输入**

绝对极坐标是以原点作为极点，通过相对原点的极长和角度来定义点，其表达式为（L<α）。在图 2-7 中的坐标系中，如果直线 OA 的长度用 L 表示，直线 OA 与 X 轴正方向夹角用 α 表示，且这两个参数都明确，则可以使用绝对极坐标来表示 A 点，即（L<α）。

2.3.3 相对坐标点的输入

相对坐标点的输入也分为两种，即相对直角坐标点的输入和相对极坐标点的输入，具体内容如下。

- **相对直角坐标点的输入**

相对直角坐标就是某一点相对参照点在 X 轴、Y 轴和 Z 轴 3 个方向上的坐标变化。其表达式为（@x,y,z）。在实际绘图中常把上一点看作参照点，后续绘图操作是相对于前一点而进行的。

例如，在图 2-7 中的坐标系中，C 点的绝对坐标为（6,4），如果以 A 点作为参照点，使用相对直角坐标表示 C 点，那么表达式为（@6-4,4-4）=（@2,0）。

> **小技巧**
>
> AutoCAD 为用户提供了一种变换相对坐标系的方法，只要在输入的坐标值前加"@"符号，就表示该坐标值是相对于前一点的相对坐标。

- **相对极坐标点的输入**

相对极坐标是通过相对参照点的极长距离和偏移角度来表示的，其表达式为（@L<α），L 表示极长，α表示角度。

例如，在图 2-7 中的坐标系中，如果以 A 点作为参照点，使用相对极坐标表示 C 点，那么表达式为（@2<0），其中 2 表示 C 点和 A 点的极长距离为 2 个绘图单位，偏移角度为 0°。

> **小技巧**
>
> 在默认设置下，AutoCAD 是以 X 轴正方向作为 0°的起始方向，并通过逆时针方向计算的，如果在图 2-7 中的坐标系中，以 C 点作为参照点，使用相对坐标表示 A 点，则为(@2<180)。

2.4 特征点的捕捉技术

除点的坐标输入功能之外，AutoCAD 还为用户提供了点的捕捉和追踪功能，具体有步长捕捉、对象捕捉和精确追踪等 3 类。这些功能都是辅助绘图工具，其工具按钮都位于状态栏上，如图 2-8 所示。运用这些功能可以快速、准确的绘制图形，大大提高绘图的精确度。

图 2-8　捕捉追踪的显示状态

2.4.1 步长捕捉

步长捕捉指的是强制性地控制十字光标，使其根据定义的 X、Y 轴方向的固定距离（步长）进行跳动，从而精确定位点。例如，将 X 轴方向上的步长设置为 20，将 Y 轴方向上的步长设置为 30，那么光标每水平跳动一次，则走过 20 个绘图单位的距离，每垂直跳动一次，则走过 30 个绘图单位的距离，如果连续跳动，则走过的距离是步长的整数倍。

执行"捕捉"命令主要有以下几种方式。

- ✧ 执行菜单栏"工具"→"绘图设置"命令，在打开的"草图设置"对话框中展开"捕捉和栅格"选项卡，勾选"启用捕捉"复选框，如图 2-9 所示。

- 单击状态栏上的 按钮。
- 按下功能键 F9。

下面通过将 X 轴方向上的步长设置为 20、Y 轴方向上的步长设置为 30，学习步长捕捉功能的参数设置和启用操作，具体操作步骤如下。

图 2-9 "草图设置"对话框

Step 01 执行菜单栏"工具"→"绘图设置"命令，打开"草图设置"对话框，如图 2-9 所示。

Step 02 在"草图设置"对话框中勾选"启用捕捉"复选框，即可打开捕捉功能。

Step 03 在"捕捉 X 轴间距"文本框内输入数值 20，将 X 轴方向上的捕捉间距设置为 20。

Step 04 取消"X 轴间距和 Y 轴间距相等"复选框，然后在"捕捉 Y 轴间距"文本框内输入数值，如 30，将 Y 轴方向上的捕捉间距设置为 30。

Step 05 单击 确定 按钮，完成捕捉参数的设置。

小技巧

"捕捉类型"选项组用于设置捕捉的类型和样式，建议使用系统默认设置。

● 栅格

栅格功能主要以栅格点或栅格线的方式显示绘图区域，给用户提供直观的距离和位置参照，如图 2-10 和图 2-11 所示。栅格点或栅格线之间的距离可以随意调整，如果用户使用步长捕捉功能绘图，最好是按照 X 轴、Y 轴方向的捕捉间距设置栅格点间距。

栅格点或栅格线是一些虚拟的参照点，它不是真正存在的对象点，它仅显示在图形界限内，作为绘图的辅助工具出现，不是图形的一部分，也不会被打印输出。

执行"栅格"功能主要有以下几种方式。

- 执行菜单栏"工具"→"绘图设置"命令，在打开的"草图设置"对话框中展开"捕捉和栅格"选项卡，然后勾选"启用栅格"复选框。
- 单击状态栏上的 按钮。
- 按功能键 F7。
- 按 Ctrl+G 组合键。

图 2-10 栅格点显示

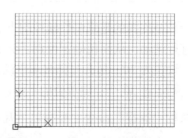

图 2-11 栅格线显示

小技巧

如果激活了栅格功能后,绘图区没有显示出栅格点,这是因为当前的图形界限太大,导致栅格点太密无法显示,这时需要修改栅格点间的距离。

2.4.2 对象捕捉

AutoCAD 共为用户提供了 14 种对象捕捉功能,如图 2-12 所示。使用这些捕捉功能可以非常方便、精确地将光标定位到图形的特征点上,如直线的端点、中点;圆的圆心、象限点等。

勾选所需捕捉模式复选框,即可开启该种捕捉模式。一旦在"草图设置"对话框中勾选了某种捕捉模式,系统将一直保持着这种捕捉模式,直到用户取消为止,因此,此对话框中的捕捉常被称为自动捕捉。

图 2-12 展开"对象捕捉"选项卡(一)

小技巧

在设置对象捕捉功能时,不要开启全部捕捉功能,这样会起到相反的作用。

执行"对象捕捉"命令功能主要有以下几种方式。

- ◆ 执行菜单栏"工具"→"绘图设置"命令,在打开的"草图设置"对话框展开"对象捕捉"选项卡,勾选"启用对象捕捉"复选框,如图 2-12 所示。
- ◆ 单击状态栏上的 按钮。
- ◆ 按下功能键 F3。

为了方便绘图,AutoCAD 为这 14 种对象捕捉功能提供了临时捕捉功能。所谓临时捕捉,指的就是激活一次功能后,系统仅能捕捉一次,如果需要反复捕捉点,则需要多次激活该功能。这些临时捕捉功能位于图 2-13 中的临时捕捉菜单上,按住 Shift 键或 Ctrl 键,然后单击鼠标右键,即可打开此临时捕捉菜单。

图 2-13 临时捕捉菜单

● 14 种捕捉功能的含义与功能

（1）端点捕捉（ ）。此种捕捉功能用于捕捉图形的端点，如线段的端点、矩形、多边形的角点等。激活此功能后，在命令行"指定点："提示下将光标放在捕捉对象上，系统将在距离光标最近的位置处显示出端点标记符号，如图 2-14 所示。此时单击鼠标左键即可捕捉到该端点。

（2）中点捕捉（ ）。此功能用于捕捉线、弧等对象的中点。激活此功能后，在命令行"指定点："的提示下将光标放在对象上，系统将显示出中点标记符号，如图 2-15 所示。此时单击鼠标左键即可捕捉到该中点。

图 2-14　端点捕捉　　　　　　　　　图 2-15　中点捕捉

（3）交点捕捉（ ）。此功能用于捕捉对象之间的交点。激活此功能后，在命令行"指定点："的提示下将光标放在捕捉对象的交点处，系统将显示出交点标记符号，如图 2-16 所示。此时单击鼠标左键即可捕捉到该交点。

> **小技巧**
>
> 如果需要捕捉图线延长线的交点，那么需要先将光标放在其中一个对象上单击鼠标左键，拾取该延伸对象，如图 2-17 所示，然后再将光标放在另一个对象上，系统将自动在延伸交点处显示出延长线交点标记符号，如图 2-18 所示，此时单击鼠标左键即可精确捕捉到对象延长线的交点。

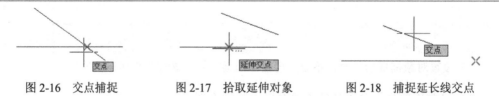

图 2-16　交点捕捉　　　图 2-17　拾取延伸对象　　　图 2-18　捕捉延长线交点

（4）外观交点捕捉（ ）。此功能主要用于捕捉三维空间内对象在当前坐标系平面内投影的交点。

（5）延长线捕捉（ ）。此功能用于捕捉对象延长线上的点。激活该功能后，在命令行"指定点："的提示下将光标放在对象的末端稍做停留，然后沿着延长线方向移动光标，系统将在延长线处引出一条追踪虚线，如图 2-19 所示。此时单击鼠标左键，或输入一距离值，即可在对象延长线上获得精确定位点。

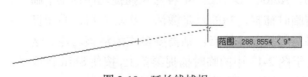

图 2-19　延长线捕捉

（6）圆心捕捉（ ）。此功能用于捕捉圆、圆弧或圆环的圆心。激活该功能后，在命令行"指定点:"提示下将光标放在圆或圆弧等的边缘上,也可直接放在圆心位置上,系统将显示出圆心标记符号,如图 2-20 所示。此时单击鼠标左键即可捕捉到该圆心。

(7) 象限点捕捉( )。此功能用于捕捉圆或弧的象限点。激活该功能后,在命令行"指定点:"的提示下将光标放在圆的象限点位置上,系统将显示出象限点标记符号,如图 2-21 所示。此时单击鼠标左键即可捕捉到该象限点。

图 2-20　圆心捕捉　　　　　　　　图 2-21　象限点捕捉

(8) 切点捕捉( )。此功能用于捕捉圆或圆弧的切点,绘制切线。激活该功能后,在命令行"指定点:"的提示下将光标放在圆或圆弧的边缘上,系统将显示出切点标记符号,如图 2-22 所示。此时单击鼠标左键即可捕捉到该切点,绘制出对象的切线,如图 2-23 所示。

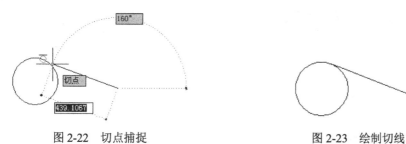

图 2-22　切点捕捉　　　　　　　　图 2-23　绘制切线

(9) 垂足捕捉( )。此功能常用于捕捉对象的垂足点,绘制对象的垂线。激活该功能后,在命令行"指定点:"的提示下将光标放在捕捉对象边缘上,系统将显示出垂足标记符号,如图 2-24 所示。此时单击鼠标左键即可捕捉到垂足点,绘制对象的垂线,如图 2-25 所示。

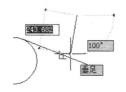　　　　　　　　

图 2-24　垂直捕捉　　　　　　　　图 2-25　绘制垂线

(10) 平行线捕捉( )。此功能常用于绘制线段的平行线。激活该功能后,在命令行"指定点:"提示下将光标放在已知线段上,此时会出现一平行的标记符号,如图 2-26 所示。移动光标,系统会在平行位置处出现一条向两方无限延伸的追踪虚线,如图 2-27 所示。单击鼠标左键即可绘制出与拾取对象相互平行的线,如图 2-28 所示。

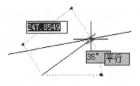
图 2-26　平行标记

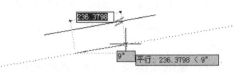
图 2-27　引出平行追踪虚线

（11）节点捕捉（ ）。此功能用于捕捉使用"点"命令绘制的点对象。使用该功能时需将拾取框放在节点上，系统会显示出节点的标记符号，如图 2-29 所示。单击鼠标左键即可拾取该点。

图 2-28　绘制平行线

图 2-29　节点捕捉

（12）插入点捕捉（ ）。此功能用于捕捉块、文字、属性或属性定义等的插入点，如图 2-30 所示。

（13）最近点捕捉（ ）。此功能用于捕捉距离光标最近的点，如图 2-31 所示。

图 2-30　插入点捕捉

图 2-31　最近点捕捉

（14）几何中心捕捉（ ）。此功能用于捕捉几何图形的中心。

2.5　目标点的追踪技术

对象捕捉功能只能捕捉对象上的特征点，如果需要捕捉特征点之外的目标点，则可以使用 AutoCAD 的追踪功能。常用的追踪功能有正交追踪、极轴追踪、对象捕捉追踪和捕捉自 4 种。

2.5.1　正交追踪

正交追踪功能用于将光标强行控制在水平或垂直方向上，以绘制水平和垂直的线段。
执行"正交追踪"命令主要有以下几种方式。

◇　单击状态栏上的 按钮。
◇　按功能键 F8。
◇　在命令行输入 Ortho 后按 Enter 键。

正交追踪功能可以控制 4 个角度方向，向右引导光标，系统则定位 0°方向（见图 2-32）；向上引导光标，系统则定位 90°方向（见图 2-33）；向左引导光标，系统则定位180°方向（见图2-34）；向下引导光标，系统则定位270°方向（见图2-35）。

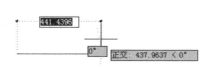
图2-32　0°方向矢量

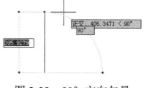
图2-33　90°方向矢量

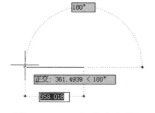
图2-34　180°方向矢量

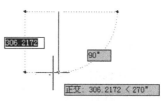
图2-35　270°方向矢量

下面通过绘制简单的图形，如图2-36所示，学习正交追踪功能的使用方法和操作技巧，具体操作步骤如下。

Step 01 新建文件并按功能键F8，激活状态栏上的"正交追踪"功能。

Step 02 执行菜单栏"绘图"→"直线"命令，配合正交追踪功能精确绘图，命令行操作如下。

图2-36　闭合图形绘制结果

```
命令：_Line
指定第一点：                          //在绘图区拾取一点作为起点
指定下一点或 [放弃(U)]：               //向右引导光标，输入5000 Enter
指定下一点或 [放弃(U)]：               //向上引导光标，输入400 Enter
指定下一点或 [闭合(C)/放弃(U)]：       //向左引导光标，输入200 Enter
指定下一点或 [闭合(C)/放弃(U)]：       //向下引导光标，输入200 Enter
指定下一点或 [闭合(C)/放弃(U)]：       //向左引导光标，输入300 Enter
指定下一点或 [闭合(C)/放弃(U)]：       //C Enter，闭合图形绘制结果如图2-36所示
```

2.5.2　极轴追踪

极轴追踪功能指的是根据当前设置的追踪角度，引出相应的极轴追踪虚线，然后追踪定位目标点，如图2-37所示。

执行"极轴追踪"命令有以下几种方式。

◇ 单击状态栏上的 ⌒ 按钮。

◇ 按功能键F10。

◇ 执行菜单栏"工具"→"绘图设置"命令，在打开的"草图设置"对话框中展开"极轴追踪"选项卡，如图2-38所示，然后勾选"启用极轴追踪"复选框。

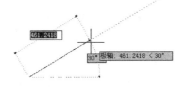

| 图 2-37 极轴追踪示例 | 图 2-38 展开"极轴追踪"选项卡 |

下面以绘制长度为 240 个绘图单位、角度为 45°的倾斜线段为例,学习"极轴追踪"选项卡中的参数设置及使用技巧,具体操作步骤如下。

Step 01 新建空白文件。单击 按钮右侧的下拉按钮,在弹出的快捷菜单中选择"正在追踪设置"选项,打开"草图设置"对话框,如图 2-38 所示。

Step 02 勾选草图设置对话框中的"启用极轴追踪"复选框,打开"极轴追踪"功能。

Step 03 单击"增量角"列表框下拉按钮,在展开的下拉列表中选择"45",如图 2-39 所示,将当前的增量角设置为 45°。

小技巧

在"极轴角设置"组合框中的增量角的下拉列表中,系统提供了多种增量角,如 90°、45°、30°、22.5°、18°、15°、10°、5° 等,用户可以从中选择一个角度值作为增量角。

Step 04 单击 确定 按钮关闭"草图设置"对话框,完成角度跟踪设置。

Step 05 执行菜单栏"绘图"→"直线"命令,配合极轴追踪功能绘制长度斜线段,命令行操作如下。

```
命令: _Line
指定第一点:                //在绘图区拾取一点作为起点
//向右上方移动光标,在 45°方向上引出极轴追踪虚线,如图 2-40 所示,然后输入 240 Enter
指定下一点或 [放弃(U)]:
指定下一点或 [放弃(U)]:    //Enter,结束命令
```

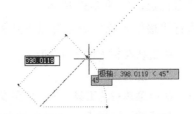

| 图 2-39 设置增量角 | 图 2-40 引出 45°极轴矢量 |

Step 06 倾斜线段绘制结果如图 2-41 所示。

> **小技巧**
>
> AutoCAD 不但可以在增量角方向上出现极轴追踪虚线,而且还可以在增量角的倍数方向上出现极轴追踪虚线。

如果要选择预设值之外的角度增量值,需事先勾选"附加角"复选框,然后单击 新建(N) 按钮,创建一个附加角,如图 2-42 所示,系统就会以所设置的附加角进行追踪。如果要删除一个角度值,则在选取该角度值后单击 删除 按钮即可。另外,只能删除用户自定义的附加角,而系统预设的增量角不能被删除。

图 2-41　倾斜线段绘制结果　　　　图 2-42　创建 3°的"附加角"

> **小技巧**
>
> 正交追踪功能与极轴追踪功能不能同时打开,因为前者使光标限制在水平或垂直轴上,而后者则可以追踪任意方向矢量。

2.5.3　对象捕捉追踪

对象捕捉追踪指的是以对象上的某些特征点作为追踪点,引出向两端无限延伸的对象捕捉追踪虚线,如图 2-43 所示。在此追踪虚线上拾取点或输入距离值,即可精确定位到目标点。

图 2-43　对象捕捉追踪虚线

执行"对象捕捉追踪"命令主要有以下几种方式。

- 单击状态栏上的 ∠ 按钮。
- 按功能键 F11。
- 执行菜单栏"工具"→"绘图设置"命令,在打开的"草图设置"对话框中展开"对象捕捉"选项卡,然后勾选"启用对象捕捉追踪"复选框,如图 2-44 所示。

对象捕捉追踪功能只有在对象捕捉功能和对象捕捉追踪功能同时打开的情况下才可使用,而且只能追踪对象捕捉类型里设置的自动对象捕捉点。下面通过绘制图形(见图 2-45),来学习对象捕捉追踪功能的参数设置和具体的使用技巧,具体操作步骤如下。

图 2-44 展开"对象捕捉"选项卡(二)

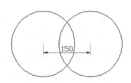

图 2-45 绘制效果

Step 01 执行菜单栏"工具"→"绘图设置"命令,打开"草图设置"对话框。

Step 02 在"草图设置"对话框中,展开"对象捕捉"选项卡,分别勾选"启用对象捕捉"和"启用对象捕捉追踪"复选框。

Step 03 在"对象捕捉模式"选项组中勾选所需要的捕捉模式,如圆心捕捉。

Step 04 单击 确定 按钮完成参数的设置。

Step 05 执行菜单栏"绘图"→"圆"→"圆心,半径"命令,配合圆心捕捉和捕捉追踪功能,绘制相交圆,命令行操作如下。

```
命令: _Circle
//在绘图区拾取一点作为圆心
指定圆的圆心或 [三点(3P)/两点(2P)/切点、切点、半径(T)]:
指定圆的半径或 [直径(D)] <100.0000>://100 Enter,绘制半径为100个绘图单位的圆
命令:                        //Enter,重复画圆命令
//水平向右引出圆心追踪虚线,如图2-46所示,输入150 Enter,定位下一个圆的圆心
CIRCLE 指定圆的圆心或 [三点(3P)/两点(2P)/切点、切点、半径(T)]:
指定圆的半径或 [直径(D)] <100.0000>://Enter,结束命令
```

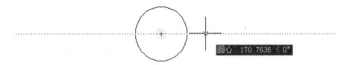

图 2-46 圆心追踪

Step 06 相交圆绘制结果如图 2-47 所示。

在默认设置下,系统仅以水平或垂直的方向追踪点,如果用户需要按照某一角度追踪点,可以在"极轴追踪"选项卡中设置对象捕捉追踪的样式,如图 2-48 所示。在"对象捕捉追踪设置"选项组中,"仅正交追踪"单选按钮与当前极轴角无关,它只能水平或垂直地追踪对象,即在水平或垂直方向出现向两方无限延伸的对象捕捉追踪虚线;"用所有极轴角设置追踪"单选按钮是根据当前所设置的极轴角及极轴角的倍数出现对象捕捉追踪虚线,用户可以根据需要进行选用。

第 2 章　AutoCAD 2020 基础操作

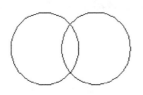

图 2-47　相交圆绘制结果

图 2-48　设置对象捕捉追踪样式

2.5.4　捕捉自

捕捉自功能是借助捕捉和相对坐标定义窗口中相对于某一捕捉点的另外一点。使用捕捉自功能时需要先捕捉对象的特征点作为目标点的偏移基点，然后再输入目标点的坐标值。

执行"捕捉自"命令主要有以下几种方式。

- ◇ 在命令行输入_from 后按 Enter 键。
- ◇ 按住 Ctrl 或 Shift 键单击鼠标右键，选择临时捕捉菜单中的"自"选项。

2.6　视窗的实时调整

AutoCAD 为用户提供了众多的视窗调整功能，功能菜单如图 2-49 所示。使用这些视图调整工具，用户可以随意调整图形在当前视窗的显示，以方便用户观察、编辑视窗内的图形。

2.6.1　视窗的缩放

● 窗口缩放

图 2-49　功能菜单

窗口缩放指的是在需要缩放显示的区域内拉出一个矩形框，如图 2-50 所示，将位于框内的图形在视窗内放大显示，如图 2-51 所示。

图 2-50　窗口选择框

图 2-51　窗口缩放结果

35

> **小技巧**
> 当窗口选择框的宽高比与绘图区的宽高比不同时，AutoCAD 将使用窗口选择框的宽与高中相对当前视图放大倍数的较小者，以确保所选区域都能显示在视图中。

- **动态缩放**

动态缩放指的是动态地浏览和缩放视窗，此功能常用于观察和缩放比例较大的图形。激活该功能后，屏幕将临时切换到虚拟显示屏状态，此时屏幕上显示 3 个视图框，如图 2-52 所示。

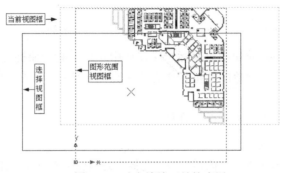

图 2-52 动态缩放工具的应用

- ◇ "图形范围视图框"（或图形界限视图框）是一个蓝色的虚线框，该框显示图形界限和图形范围中较大的一个。
- ◇ "当前视图框"是一个绿色的虚线框，该框中的区域就是在使用这一选项之前的视图区域。
- ◇ 以实线显示的矩形框为"选择视图框"，该视图框有两种状态，一种是平移视图框，其大小不能改变，只可任意移动；另一种是缩放视图框，它不能平移，但可调节大小。可通过单击鼠标左键来切换这两种视图框。

> **小技巧**
> 如果当前视图与图形界限或视图范围相同，蓝色虚线框便与绿色虚线框重合。平移视图框中有一个"×"号，它表示下一视图的中心点位置。

- **比例缩放**

比例缩放指的是按照输入的比例参数调整视图，视图调整后，其中心点保持不变。在输入比例参数时，有以下 3 种情况。

- ◇ 直接在命令行内输入数字，表示相对于图形界限的倍数。
- ◇ 在输入的数字后加字母 X，表示相对于当前视图的缩放倍数。
- ◇ 在输入的数字后加字母 XP，表示将根据图纸空间单位确定缩放比例。

通常情况下，相对于当前视图的缩放倍数比较直观，因此较为常用。

- 中心缩放

中心缩放指的是根据确定的中心点调整视图。当激活该功能后,用户可直接用光标在屏幕上选择一个点作为新的视图中心点。确定视图中心点后,AutoCAD 要求用户输入放大系数或新视图的高度,具体有以下两种情况。

- ◇ 直接在命令行输入一个数值,系统将以此数值作为新视图的高度,并调整视图。
- ◇ 如果在输入的数值后加一个 X,则系统将其看作当前视图的缩放倍数。

- 缩放对象

缩放对象指的是最大限度地显示当前视图内选择的图形,如图 2-53 和图 2-54 所示。使用此功能可以缩放单个对象,也可以缩放多个对象。

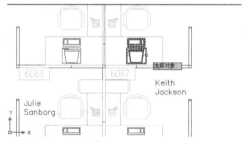
图 2-53 选择需要放大显示的图形

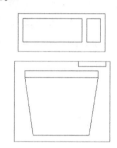
图 2-54 缩放结果

- 放大和缩小

放大功能用于将视窗放大一倍显示,缩小功能用于将视窗缩小一倍显示。连续单击"放大"或"缩小"按钮,可以成倍地放大或缩小视窗。

- 全部缩放

全部缩放指的是按照图形界限或图形范围的尺寸,在绘图区内显示图形。图形界限与图形范围中哪个尺寸大,便由哪个决定图形显示的尺寸,如图 2-55 所示。

- 范围缩放

范围缩放指的是将所有图形全部显示在屏幕上,并最大限度地充满整个屏幕,如图 2-56 所示。此种缩放方式与图形界限无关。

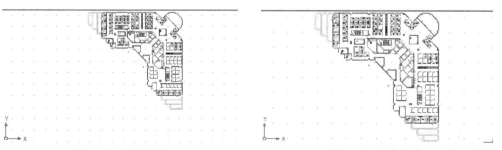

图 2-55 全部缩放   图 2-56 范围缩放

2.6.2 视窗的恢复

当用户对视窗进行调整后，以前视窗的显示状态会被 AutoCAD 自动保存起来，使用软件中的"缩放上一个"功能可以恢复上一个视窗的显示状态。如果用户连续单击该功能的工具按钮，系统将连续地恢复视窗，直至退回到前面第 10 个视图。

2.7 上机实训——绘制鞋柜立面图

本例通过绘制鞋柜立面图，主要对本章所讲述的绘图单位、绘图界限、视图的缩放、点的输入与捕捉追踪等多种基础操作技能进行综合练习和巩固应用。鞋柜立面图绘制效果如图 2-57 所示，具体操作步骤如下。

Step 01 单击"标准"工具栏→"新建"按钮，在打开的"选择样板"对话框中选择基础样板，如图 2-58 所示，创建文件。

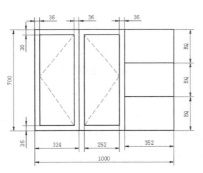

图 2-57 鞋柜立面图绘制效果

图 2-58 "选择样板"对话框

Step 02 执行菜单栏"格式"→"图形界限"命令，将图形界限设置为 1400 个绘图单位 x1200 个绘图单位，命令行操作如下。

```
命令：_Limits
重新设置模型空间界限：
指定左下角点或 [开(ON)/关(OFF)] <0.0000,0.0000>：    //Enter
指定右上角点 <420.0000,297.0000>：                   //1400,1000 Enter
```

Step 03 执行菜单栏"视图"→"缩放"→"全部"命令，将图形界限全部显示出来。

Step 04 执行菜单栏"格式"→"单位"命令，将绘图单位设置为毫米，设置长度类型为小数，精度为 0。

Step 05 单击"绘图"→"直线"按钮，配合坐标输入功能绘制外部轮廓线，命令行操作如下。

```
命令：_Line
指定第一点：              //在绘图区左下区域拾取一点作为起点
指定下一点或 [放弃(U)]：   //@1000,0 Enter
```

```
指定下一点或 [放弃(U)]:           //@700<90 Enter
指定下一点或 [闭合(C)/放弃(U)]:   //@-1000,0 Enter
//C Enter,闭合图形,外部轮廓线绘制结果如图 2-59 所示
指定下一点或 [闭合(C)/放弃(U)]:
```

Step 06 执行菜单栏 "工具" → "绘图设置" 命令,在打开的 "草图设置" 对话框中设置 "对象捕捉模式",如图 2-60 所示。

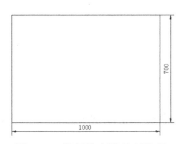 

图 2-59 外部轮廓线绘制结果　　　　　图 2-60 设置 "对象捕捉模式"

Step 07 执行菜单栏 "绘图" → "直线" 命令,配合点的捕捉功能绘制内部的轮廓线,命令行操作如下。

```
命令: _Line
指定第一点:                  //引出延伸线,如图 2-61 所示,输入 324 按 Enter 键
指定下一点或 [放弃(U)]:      //捕捉垂足点,如图 2-62 所示
指定下一点或 [放弃(U)]:      //Enter,结束命令
```

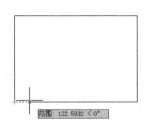 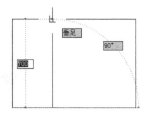

图 2-61 引出延伸线(一)　　　　　图 2-62 捕捉垂足点(一)

```
命令:                        //Enter,重复执行命令
LINE 指定第一点:             //引出延伸线,如图 2-63 所示,输入 352 按 Enter 键
指定下一点或 [放弃(U)]:      //捕捉垂足点,如图 2-64 所示
指定下一点或 [放弃(U)]:      //Enter,内部轮廓线绘制结果如图 2-65 所示
```

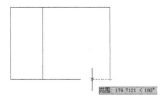 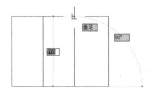 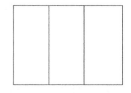

图 2-63 引出延伸线(二)　　图 2-64 捕捉垂足点(二)　　图 2-65 内部轮廓绘制结果

Step 08 重复执行 "直线" 命令,配合两点之间的中点、垂直捕捉和延伸捕捉等功能绘制内部的水平轮廓线,命令行操作如下。

```
命令：_Line
指定第一点：              //引出延伸线，如图 2-66 所示，输入 700/3 按 Enter 键
指定下一点或 [放弃(U)]：   //捕捉垂足点，如图 2-67 所示
指定下一点或 [放弃(U)]://Enter，结束命令，内部水平轮廓绘制结果（一）如图 2-68 所示
```

 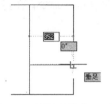 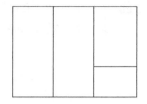

图 2-66　引出延伸线（三）　　　图 2-67　捕捉垂足点（三）　　图 2-68　内部水平轮廓绘制结果（一）

```
命令：                    //Enter，重复执行命令
指定第一点：//按住 Shift 键单击鼠标右键，从弹出的菜单中选择"两点之间的中点"选项
_m2p 中点的第一点：        //捕捉端点，如图 2-69 所示
中点的第二点：             //捕捉端点，如图 2-70 所示
指定下一点或 [放弃(U)]：   //捕捉垂足点，如图 2-71 所示
指定下一点或 [放弃(U)]：   //Enter，内部水平轮廓绘制结果（二）如图 2-72 所示
```

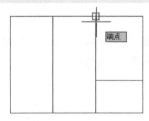 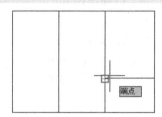

图 2-69　捕捉端点（一）　　　　　　　　　　图 2-70　捕捉端点（二）

小技巧

在捕捉对象上的特征点时，只需要将光标放在对象的特征点处，系统会自动显示出相应的捕捉标记，此时单击鼠标左键，即可精确捕捉该特征点。

Step 09 执行菜单栏"工具"→"新建 UCS"→"原点"命令，以左下侧轮廓线的端点作为原点，对坐标系进行平移，如图 2-73 所示。

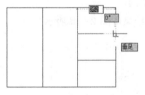 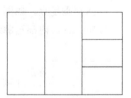 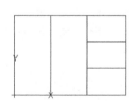

图 2-71　捕捉垂足点（四）　图 2-72　内部水平轮廓绘制结果（二）　图 2-73　平移坐标系

Step 10 执行菜单栏"绘图"→"直线"命令，配合点的坐标输入功能绘制立面图内部结构，命令行操作如下。

```
命令：_Line
指定第一点：                              //36,36 Enter
```

```
指定下一点或 [放弃(U)]:            //@252,0 Enter
指定下一点或 [放弃(U)]:            //@0,628 Enter
指定下一点或 [闭合(C)/放弃(U)]:    //@-252,0 Enter
指定下一点或 [闭合(C)/放弃(U)]:    //C Enter
命令:
Line 指定第一点:                   //360,36 Enter
指定下一点或 [放弃(U)]:            //@252<0 Enter
指定下一点或 [放弃(U)]:            //@628<90 Enter
指定下一点或 [闭合(C)/放弃(U)]:    //@252<180 Enter
指定下一点或 [闭合(C)/放弃(U)]:    //C Enter,立面图内部结构绘制结果如图 2-74 所示
```

小技巧

如果输入点的坐标时不慎出错,可以使用放弃功能,放弃上一步操作,而不必重新执行命令。另外,"闭合"选项用于绘制首尾相连的闭合图形。

Step 11 执行菜单栏"格式"→"线型"命令,打开"线型管理器"对话框,单击 加载(L)... 按钮,从弹出的"线型管理器"对话框中加载一种名为"HIDDEN"的线型,如图 2-75 所示。

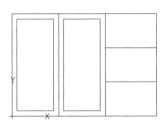

图 2-74 立面图内部结构绘制结果

图 2-75 加载线型

Step 12 选择"HIDDEN"线型后单击 确定 按钮,加载此线型,并设置线型比例参数,如图 2-76 所示。

Step 13 将刚加载的"HIDDEN"线型设置为当前线型,然后执行菜单栏"格式"→"颜色"命令,设置当前颜色为"洋红",如图 2-77 所示。

图 2-76 加载结果

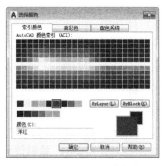

图 2-77 设置当前颜色

Step 14 执行菜单栏中的"绘图"→"直线"命令,配合端点捕捉和中点捕捉功能绘制方向

线，命令行操作如下。

```
命令：_Line
指定第一点：                          //捕捉的端点，如图 2-78 所示
指定下一点或 [放弃(U)]：               //捕捉中点，如图 2-79 所示
指定下一点或 [放弃(U)]：               //捕捉端点，如图 2-80 所示
指定下一点或 [闭合(C)/放弃(U)]：        //Enter，结束命令
```

图 2-78　捕捉端点（三）

图 2-79　捕捉中点（一）

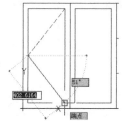
图 2-80　捕捉端点（四）

```
命令：_Line
指定第一点：                          //捕捉端点，如图 2-81 所示
指定下一点或 [放弃(U)]：               //捕捉中点，如图 2-82 所示
指定下一点或 [放弃(U)]：               //捕捉端点，如图 2-83 所示
指定下一点或 [闭合(C)/放弃(U)]：        //Enter，绘制结果如图 2-84 所示
```

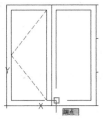
图 2-81　捕捉端点（五）

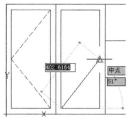
图 2-82　捕捉中点（二）

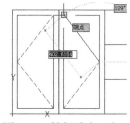
图 2-83　捕捉端点（六）

小技巧

当需要结束某个命令时，可以按 Enter 键；当需要中止某个命令时，可以按 Esc 键。

Step 15 执行菜单栏"视图"→"显示"→"UCS 图标"→"开"命令，隐藏坐标系图标，如图 2-85 所示。

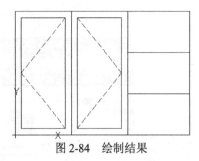
图 2-84　绘制结果

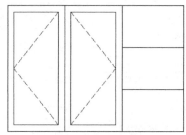
图 2-85　隐藏坐标系图标

Step 16 单击"标准"工具栏→"保存"按钮，将图形存储为"上机实训.dwg"。

2.8 小结与练习

2.8.1 小结

本章主要学习了 AutoCAD 的一些基础操作技能，具体有命令的启动、图形的选择、坐标点的输入、点的捕捉追踪，以及视窗的实时调整与控制等。运用图形的选择功能，可以方便快速地实时选择各种情形下的对象，并进行修改编辑；运用点的捕捉追踪技术，能使用户精确捕捉到需要的特征点，是精确绘图的关键；运用 AutoCAD 视窗的调整工具，能使用户更加方便地根据作图的需要，调整图形在当前视图中的显示状态，以便更好地辅助绘图。

熟练掌握本章所讲述的各种操作技能，不仅能为图形的绘制和编辑操作奠定良好的基础，而且也为精确绘图及简捷方便地管理图形准备了条件，希望读者认真学习、熟练掌握，为后续章节的学习打下牢固的基础。

2.8.2 练习

1. 综合运用相关知识绘制图形，如图 2-86 所示。

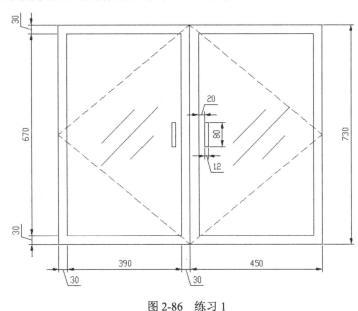

图 2-86　练习 1

2. 综合运用相关知识绘制图形，如图 2-87 所示。

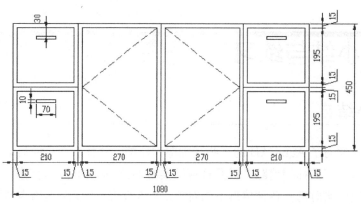

图 2-87　练习 2

第 3 章

常用几何图元的绘制功能

任何一个复杂的图形，都是由各种点、线、圆、弧等基本图元组合而成的，因此，要学好 AutoCAD 绘图软件，就必须先学习和掌握这些基本图元的绘制方法和操作技巧，为后来更加方便灵活地组合复杂图形做好准备。

内容要点

- ◆ 点图元
- ◆ 圆与弧
- ◆ 多边形
- ◆ 上机实训二——绘制形象墙立面图
- ◆ 线图元
- ◆ 上机实训一——绘制会议桌椅平面图
- ◆ 图案填充

3.1 点图元

本节主要学习与点相关的几个命令,包括"单点、多点、定数等分"和"定距等分"等命令。

3.1.1 绘制单点

"单点"是最简单的一个绘图命令,使用一次此命令可以绘制一个点对象。
执行"单点"命令主要有以下几种方式。

- 执行菜单栏"绘图"→"点"→"单点"命令。
- 在命令行输入 Point 后按 Enter 键。
- 使用 PO 快捷键。

当执行"点"命令绘制单个点后,系统会自动结束此命令,绘制的点以一个小点的方式进行显示,如图 3-1 所示。

图 3-1 单点示例

● **更改点的样式及尺寸**

在默认设置下,绘制的点是以一个小点显示,如果在某图线上绘制了点,那么就会看不到所绘制的点。因此,AutoCAD 为用户提供了多种点的显示样式,可以根据实际需要设置当前点的显示样式,具体操作步骤如下。

Step 01 单击"默认"→"实用工具"→"点样式"按钮,或者在命令行输入 Ddptype 并按 Enter 键,激活"点样式"命令,打开"点样式"对话框,如图 3-2 所示。

Step 02 从"点样式"对话框中可以看出,AutoCAD 共提供了 20 种点样式,将光标移至所需点样式上单击鼠标左键,即可将此样式设置为当前点样式。在此设置"⊠"为当前点样式。

Step 03 在"点大小"文本框内输入点的尺寸大小。其中,"相对于屏幕设置大小"单选按钮表示按照屏幕尺寸的百分比来显示点;"按绝对单位设置大小"单选按钮表示按照点的实际尺寸来显示点。

Step 04 单击 确定 按钮,绘图区的点被更新,如图 3-3 所示。

图 3-2 "点样式"对话框

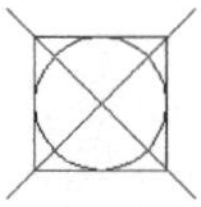

图 3-3 更改点样式

3.1.2 绘制多点

使用"多点"命令可以连续地绘制多个点对象，直到按下 Esc 键结束多点命令为止，如图 3-4 所示。

执行"多点"命令主要有以下几种方式。

- ◆ 单击"默认"→"绘图"→"多点"按钮。
- ◆ 执行菜单栏"绘图"→"点"→"多点"命令。

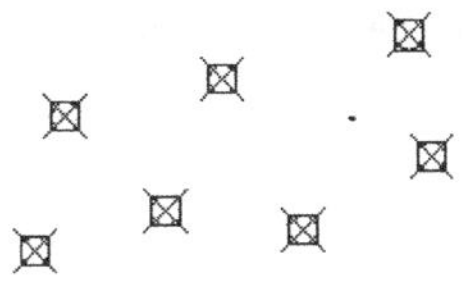

图 3-4 多点示例

执行"多点"命令，命令行操作如下。

```
命令: Point
当前点模式: PDMODE=0  PDSIZE=0.0000  (Current point modes: PDMODE=0 PDSIZE=0.0000)
指定点:            //在绘图区给定点的位置
指定点:            //在绘图区给定点的位置
…
指定点:            //继续绘制点或按 Esc 键结束命令
```

3.1.3 绘制等分点

AutoCAD 为用户提供了两种等分点工具，即定数等分和定距等分。其中，定数等分命令是按照指定的等分数目对对象进行等分的；定距等分命令是按照指定的等分距离对对象进行等分的。

● **定数等分**

执行"定数等分"命令主要有以下几种方式。

- ◆ 单击"默认"→"绘图"→"定数等分"按钮。
- ◆ 执行菜单栏"绘图"→"点"→"定数等分"命令。
- ◆ 在命令行输入 Divide 后按 Enter 键。
- ◆ 使用 DVI 快捷键。

对象被等分的结果仅仅是在等分点处放置了点的标记符号（或内部图块），而源对象并没有被等分为多个对象。下面通过具体实例来学习等分点的创建过程。

Step 01 绘制一条长度为 200 个绘图单位的水平线段，如图 3-5 所示。

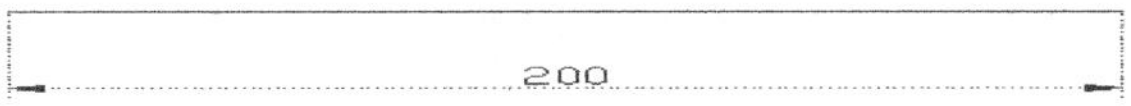

图 3-5 绘制线段

Step 02 执行菜单栏"格式"→"点样式"命令，将当前点样式设置为"⊠"。

Step 03 单击"默认"→"绘图"→"定数等分"按钮，根据命令行将线段提示进行定数等分，命令行操作如下。

```
命令：_Divide
选择要定数等分的对象：      //选择刚绘制的水平线段
输入线段数目或 [块(B)]：    //5 Enter，设置等分数目，同时结束命令
```

Step 04 定数等分结果如图 3-6 所示。

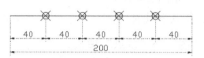

图 3-6 定数等分结果

小技巧

使用"块（B）"选项，可以在等分点处放置内部图块，如图 3-7 所示，图中使用了点的等分工具，将圆弧进行等分，并在等分点处放置了会议椅内部块。在执行此命令时，必须确保当前文件中存在所需的内部图块。

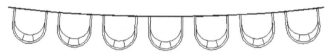

图 3-7 在等分点处放置块

● 定距等分

执行"定距等分"命令主要有以下几种方式。

- 单击"默认"→"绘图"→"定距等分"按钮。
- 执行菜单栏"绘图"→"点"→"定距等分"命令。
- 在命令行输入 Measure 后按 Enter 键。
- 使用 ME 快捷键。

下面通过将某线段每隔 45 个绘图单位的距离放置点标记，来学习"定距等分"命令的使用方法和技巧，具体操作步骤如下。

Step 01 绘制长度为 200 个绘图单位的水平线段。

Step 02 执行菜单栏"格式"→"点样式"命令，设置点的显示样式为"⊗"。

Step 03 单击"默认"→"绘图"→"定距等分"按钮，对线段进行定距等分，命令行操作如下。

```
命令：_Measure
选择要定距等分的对象：      //选择刚绘制的线段
指定线段长度或 [块(B)]：    //45 Enter，设置等分距离
```

Step 04 定距等分结果如图 3-8 所示。

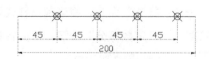

图 3-8 定距等分结果

3.2 线图元

本节将讲述直线、多线、多段线、样条曲线、构造线、射线等 5 个绘图命令。

3.2.1 绘制直线

"直线"命令是一个常用的画线工具,使用此命令可以绘制一条或多条直线,每条直线都被看作一个独立的对象。

执行"直线"命令有以下几种方式。

- ✧ 单击"默认"→"绘图"→"直线"按钮。
- ✧ 执行菜单栏"绘图"→"直线"命令。
- ✧ 在命令行输入 Line 后按 Enter 键。
- ✧ 使用 L 快捷键。

执行"直线"命令,其命令行操作如下。

```
命令:_Line
指定第一点:                    //定位第一点
指定下一点或 [放弃(U)]:         //定位第二点
指定下一点或 [放弃(U)]:         //定位第三点
指定下一点或 [闭合(C)/放弃(U)]: //闭合图形或结束命令
```

小技巧

使用"放弃"选项可以取消上一步操作;使用"闭合"选项可以绘制首尾相连的封闭图形。

3.2.2 绘制多线

多线是由两条或两条以上的平行线构成的复合线对象,并且平行线元素的线型、颜色及其间距都是可以设置的,如图 3-9 所示。

图 3-9 多线示例

小技巧

在默认设置下,绘制的多线是由两条平行线构成的。

执行"多线"命令主要有以下几种方式。

- ✧ 执行菜单栏"绘图"→"多线"命令。

✧ 在命令行输入 Mline 后按 Enter 键。
✧ 使用 ML 快捷键。

"多线"命令常用于绘制墙线、阳台线及道路和管道线。下面通过绘制墙体平面图，如图 3-10 所示，来学习使用"多线"命令，具体操作步骤如下。

Step 01 新建空白文件。

Step 02 执行菜单栏"视图"→"缩放"→"中心"命令，将视图高度调整为 1000 个绘图单位，命令行操作如下。

```
命令: '_Zoom
指定窗口的角点，输入比例因子 (nX 或 nXP)，或者[全部(A)/中心(C)/动态(D)/范围(E)/
上一个(P)/比例(S)/窗口(W)/对象(O)] <实时>: _C
指定中心点:                    //在绘图区拾取一点
输入比例或高度 <1616.5>:    //1000 Enter
```

Step 03 执行菜单栏"绘图"→"多线"命令，配合点的坐标输入功能绘制多线，命令行操作如下。

```
命令: _Mline
当前设置: 对正 = 上, 比例 = 20.00, 样式 = STANDARD
指定起点或 [对正(J)/比例(S)/样式(ST)]:    //S Enter，激活比例功能
输入多线比例 <20.00>:                    //50 Enter，设置多线比例
当前设置: 对正 = 上, 比例 = 50.00, 样式 = STANDARD
指定起点或 [对正(J)/比例(S)/样式(ST)]:    //在绘图区拾取一点
指定下一点:                              //@1500,0 Enter
指定下一点或 [放弃(U)]:                   //@0,-750 Enter
指定下一点或 [闭合(C)/放弃(U)]:           //@-1100,0 Enter
指定下一点或 [闭合(C)/放弃(U)]:           //@0,240 Enter
指定下一点或 [闭合(C)/放弃(U)]:           //@-400,0 Enter
指定下一点或 [闭合(C)/放弃(U)]:           //C Enter，结束命令
```

⁂ 小技巧

巧妙地使用比例功能，可以绘制不同宽度的多线。默认比例为 20 个绘图单位。另外，如果用户输入的比例值为负值，则多条平行线的顺序会产生反转。

⁂ 小技巧

巧用样式功能可以随意更改当前样式；闭合功能用于绘制闭合的多线。

Step 04 使用视图调整工具调整图形的显示，多线绘制结果如图 3-10 所示。

● **多线的对正方式**

"对正"功能用于设置多线的对正方式，AutoCAD 共提供了 3 种对正方式，即上对正、下对正和中心对正，如图 3-11 所示。如果当前多线的对正方式不符合用户要求，可

在命令行中输入 J，并按 Enter 键，执行"对正"命令。在命令行"输入对正类型 [上（T）/无（Z）/下（B）]<上>："提示下，用户输入多线的对正方式。

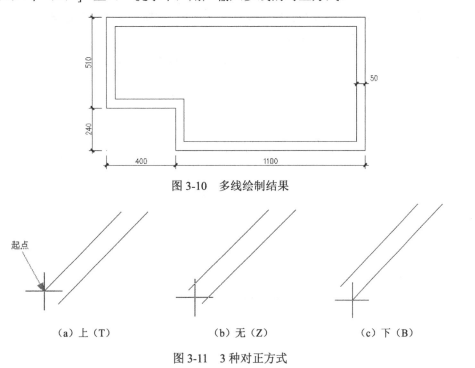

图 3-10 多线绘制结果

图 3-11 3 种对正方式

- 设置多线样式

由于默认设置下只能绘制由两条平行线构成的多线，因此如果需要绘制其他样式的多线，则需要使用"多线样式"命令进行设置，具体操作步骤如下。

Step 01 执行菜单栏"格式"→"多线样式"命令，或者在命令行输入 Mlstyle 并按 Enter 键，打开"多线样式"对话框，如图 3-12 所示。

Step 02 单击 新建(N)... 按钮，在打开的"创建新的多线样式"对话框中输入新样式的名称，如图 3-13 所示。

图 3-12 "多线样式"对话框

图 3-13 "创建新的多线样式"对话框

Step 03 单击"创建新的多线样式"对话框中的 继续 按钮,打开"新建多线样式:样式一"对话框,然后设置多线的封口形式,如图 3-14 所示。

Step 04 在图 3-14 中的"图元"选项组内单击 添加(A) 按钮,添加一个 0 号元素,并设置元素颜色,如图 3-15 所示。

Step 05 单击 线型(Y)... 按钮,在打开的"选择线型"对话框中单击 加载(L)... 按钮,打开"加载或重载线型"对话框,如图 3-16 所示。

图 3-14 "新建多线样式:样式一"对话框

图 3-15 添加多线元素

图 3-16 选择线型

Step 06 单击 确定 按钮,线型被加载到"选择线型"对话框内,如图 3-17 所示。

Step 07 选择加载的线型,单击 确定 按钮,将此线型赋给刚添加的多线元素,如图 3-18 所示。

图 3-17 加载线型

图 3-18 设置元素线型

Step 08 单击 确定 按钮返回"多线样式"对话框,结果新多线样式出现在预览框中,如图 3-19 所示。

第 3 章　常用几何图元的绘制功能

Step 09 单击 保存(A)... 按钮，在弹出的"保存多线样式"对话框中设置文件名，如图 3-20 所示。将线型的新样式以"*.mln"的格式进行保存，以方便在其他文件中进行重复使用。

图 3-19　样式效果

图 3-20　保存样式

小技巧

如果用户为多线设置了填充色或线型等参数，那么在预览框内是显示不出这些特性的，但是用户一旦使用此样式绘制多线，那多线样式的所有特性都将显示出来。

Step 10 返回"多线样式"对话框，单击 确定 按钮，结束命令。

Step 11 执行"多线"命令，使用刚设置的新样式绘制一段多线，如图 3-21 所示。

图 3-21　新样式多线绘制结果

3.2.3　绘制多段线

多段线指的是由一系列直线段或弧线段连接而成的一种特殊折线，如图 3-22 所示。无论绘制的多段线包含多少条直线或圆弧，AutoCAD 都把它们作为一个单独的对象。

图 3-22　多段线示例

执行"多段线"命令主要有以下几种方式。

- ◆ 单击"默认"→"绘图"→"多段线"按钮。
- ◆ 执行菜单栏"绘图"→"多段线"命令。
- ◆ 在命令行输入 Pline 后按 Enter 键。
- ◆ 使用 PL 快捷键。

执行"多段线"命令不仅可以绘制一条单独的直线段或圆弧，而且还可以绘制具有一定宽度的闭合或不闭合直线段和弧线序列。下面通过绘制闭合多段线，如图3-23所示，来学习使用"多段线"命令，具体操作步骤如下。

Step 01 新建空白文件并关闭状态栏上的动态输入功能。

Step 02 单击"默认"→"绘图"→"多段线"按钮，配合绝对坐标的输入功能绘制多段线，命令行操作如下。

```
命令：_Pline
指定起点：                                              //9.8,0 Enter
当前线宽为 0.0000
指定下一个点或 [圆弧(A)/半宽(H)/长度(L)/放弃(U)/宽度(W)]：    //9.8,2.5 Enter
指定下一点或 [圆弧(A)/闭合(C)/半宽(H)/长度(L)/放弃(U)/宽度(W)]： //@-2.73,0 Enter
//A Enter，转入画弧模式
指定下一点或 [圆弧(A)/闭合(C)/半宽(H)/长度(L)/放弃(U)/宽度(W)]：
指定圆弧的端点或[角度(A)/圆心(CE)/闭合(CL)/方向(D)/半宽(H)/直线(L)/半径(R)/第
二个点(S)/放弃(U)/宽度(W)]：                           //CE Enter
指定圆弧的圆心：                                        //0,0 Enter
指定圆弧的端点或 [角度(A)/长度(L)]：                      //7.07,-2.5 Enter
指定圆弧的端点或[角度(A)/圆心(CE)/闭合(CL)/方向(D)/半宽(H)/直线(L)/半径(R)/第
二个点(S)/放弃(U)/宽度(W)]：                           //L Enter，转入画线模式
//9.8,-2.5 Enter
指定下一点或 [圆弧(A)/闭合(C)/半宽(H)/长度(L)/放弃(U)/宽度(W)]：
//C Enter，闭合图形
指定下一点或 [圆弧(A)/闭合(C)/半宽(H)/长度(L)/放弃(U)/宽度(W)]：
```

⋮⋮⋮ 小技巧

"长度"选项用于定义下一段多段线的长度，AutoCAD按照上一线段的方向绘制这一段多段线，若上一线段是圆弧，则绘制的直线段与圆弧相切。

Step 03 闭合多线段绘制结果如图3-23所示。

⋮⋮⋮ 小技巧

"半宽"选项用于设置多段线的半宽，"宽度"选项用于设置多段线的起始点宽度，起始点宽度可以相同也可以不同。在设置多段线宽度时，变量Fillmode控制着多段线是否被填充，当变量值为1时，宽度多段线将被填充；当变量值为0时，宽度多段线将不会被填充，如图3-24所示。

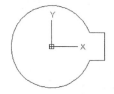

图3-23 闭合多段线绘制结果　　　　　　　图3-24 非填充多段线

- 绘制圆弧

"圆弧"选项用于绘制由弧线组合而成的多段线。激活圆弧功能后,系统将自动切换到画弧状态,并且命令行出现"指定圆弧的端点或 [角度(A)/圆心(CE)/闭合(CL)/方向(D)/半宽(H)/直线(L)/半径(R)/第二个点(S)/放弃(U)/宽度(W)]"提示,其中各选项功能如下:

- ◆ "角度"选项用于指定要绘制的圆弧的圆心角。
- ◆ "圆心"选项用于指定圆弧的圆心。
- ◆ "闭合"选项用于用弧线封闭多段线。
- ◆ "方向"选项用于取消直线与圆弧的相切关系,改变圆弧的起始方向。
- ◆ "半宽"选项用于指定圆弧的半宽值。激活此选项功能后,AutoCAD 将提示用户输入多段线的起点半宽值和终点半宽值。
- ◆ "直线"选项用于切换直线模式。
- ◆ "半径"选项用于指定圆弧的半径值。
- ◆ "第二个点"选项用于选择三点画弧方式中的第二个点。
- ◆ "放弃"选项用于撤销本步操作。
- ◆ "宽度"选项用于设置弧线的宽度值。

3.2.4 绘制样条曲线

样条曲线指的是由某些数据点(控制点)拟合生成的光滑曲线,如图 3-25 所示。执行"样条曲线"命令主要有以下几种方式。

- ◆ 单击"默认"→"绘图"→"样条曲线"按钮。
- ◆ 执行菜单栏"绘图"→"样条曲线"命令。
- ◆ 在命令行输入 Spline 后按 Enter 键。
- ◆ 使用 SPL 快捷键。

图 3-25 样条曲线示例

下面通过典型实例来学习"样条曲线"命令的使用方法和技巧,具体操作步骤如下。

Step 01 继续上节操作。

Step 02 单击"默认"→"绘图"→"样条曲线"按钮,配合绝对极坐标功能绘制样条曲线,命令行操作如下。

```
命令: _Spline
当前设置:方式=拟合    节点=弦
指定第一个点或 [方式(M)/节点(K)/对象(O)]:           //22.6,0 Enter
输入下一个点或 [起点切向(T)/公差(L)]:                //23.2<13 Enter
输入下一个点或 [端点相切(T)/公差(L)/放弃(U)/闭合(C)]: //23.2<-278 Enter
```

输入下一个点或 [端点相切(T)/公差(L)/放弃(U)/闭合(C)]:	//21.5<-258 Enter
输入下一个点或 [端点相切(T)/公差(L)/放弃(U)/闭合(C)]:	//16.4<-238 Enter
输入下一个点或 [端点相切(T)/公差(L)/放弃(U)/闭合(C)]:	//14.6<-214 Enter
输入下一个点或 [端点相切(T)/公差(L)/放弃(U)/闭合(C)]:	//14.8<-199 Enter
输入下一个点或 [端点相切(T)/公差(L)/放弃(U)/闭合(C)]:	//15.2<-169 Enter
输入下一个点或 [端点相切(T)/公差(L)/放弃(U)/闭合(C)]:	//16.4<-139 Enter
输入下一个点或 [端点相切(T)/公差(L)/放弃(U)/闭合(C)]:	//18.1<-109 Enter
输入下一个点或 [端点相切(T)/公差(L)/放弃(U)/闭合(C)]:	//21.1<-49 Enter
输入下一个点或 [端点相切(T)/公差(L)/放弃(U)/闭合(C)]:	//22.1<-10 Enter
输入下一个点或 [端点相切(T)/公差(L)/放弃(U)/闭合(C)]:	//C Enter，闭合图形

Step 03 线条曲线绘制结果如图 3-26 所示。

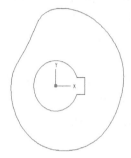

图 3-26　线条曲线绘制结果

小技巧

"闭合"选项用于绘制闭合的样条曲线，激活此选项后，AutoCAD 将使样条曲线的起点和终点重合，并且共享相同的顶点和切向，此时系统只提示一次让用户给定切向点。

● 拟合公差

拟合公差主要用于控制样条曲线对数据点的接近程度。拟合公差的大小直接影响到当前图形的显示状态，公差越小，样条曲线越接近数据点。

如果拟合公差为 0，则样条曲线通过拟合点；如果输入大于 0 的拟合公差，则样条曲线在指定的公差范围内通过拟合点，如图 3-27 所示。

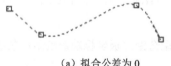　　

（a）拟合公差为 0　　　　　　　　　　　（b）拟合公差为 15

图 3-27　拟合公差示例

3.2.5　绘制辅助线

AutoCAD 为用户提供了两种绘制辅助线的命令，即"构造线"和"射线"命令。其中,"构造线"命令用于绘制向两端无限延伸的辅助线;"射线"命令用于绘制向一端无限延伸的辅助线,如图 3-28 所示。

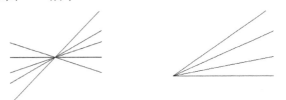

图 3-28 绘制辅助线

执行"构造线"命令主要有以下几种方式。

- ✧ 单击"默认"→"绘图"→"构造线"按钮。
- ✧ 执行菜单栏"绘图"→"构造线"命令。
- ✧ 在命令行输入 Xline 后按 Enter 键。
- ✧ 使用 XL 快捷键。

● **绘制向两端延伸的辅助线**

执行"构造线"命令可以绘制向两端延伸的辅助线,此辅助线可以是水平的、垂直的,还可以是倾斜的。下面通过具体的实例,来学习各种辅助线的绘制方法。

Step 01 新建空白文件。

Step 02 单击"默认"→"绘图"→"构造线"按钮,绘制水平构造线,命令行操作如下。

```
命令:_Xline
指定点或 [水平(H)/垂直(V)/角度(A)/二等分(B)/偏移(O)]: //H Enter,激活"水平"选项
指定通过点:           //在绘图区拾取一点
指定通过点:           //继续在绘图区拾取点,
指定通过点:           //Enter,结束命令,水平构造线绘制结果如图 3-29 所示
```

图 3-29 水平构造线绘制结果

Step 03 重复执行"构造线"命令,绘制垂直构造线,命令行操作如下。

```
命令:_Xline
指定点或 [水平(H)/垂直(V)/角度(A)/二等分(B)/偏移(O)]://V Enter,激活"垂直"选项
指定通过点:           //在绘图区拾取点
指定通过点:           //继续在绘图区拾取点
指定通过点:           //Enter,结束命令,垂直构造线绘制结果如图 3-30 所示
```

Step 04 重复执行"构造线"命令,绘制倾斜构造线,命令行操作如下。

```
命令:_Xline
指定点或 [水平(H)/垂直(V)/角度(A)/二等分(B)/偏移(O)]: //A Enter,激活"角度"选项
输入构造线的角度 (0) 或 [参照(R)]://30 Enter,设置倾斜角度
指定通过点:           //拾取通过点
指定通过点:           //Enter,结束命令,倾斜构造线绘制结果如图 3-31 所示
```

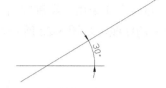

图 3-30 垂直构造线绘制结果　　　　　图 3-31 倾斜构造线绘制结果

- **绘制角的等分线**

使用"构造线"命令中的"二等分"选项，可以绘制任意角度的角平分线，命令行操作如下。

Step 01 绘制相交图线，如图 3-32 所示。

Step 02 单击"默认"→"绘图"→"构造线"按钮，绘制角的等分线。

```
命令:_Xline
//B Enter，激活"二等分"选项
指定点或 [水平(H)/垂直(V)/角度(A)/二等分(B)/偏移(O)]:
指定角的顶点：           //捕捉两条图线的交点
指定角的起点：           //捕捉水平线段的右端点
指定角的端点：           //捕捉倾斜线段的上侧端点
指定角的端点：           //Enter，结束命令
```

Step 03 角的等分线绘制结果如图 3-33 所示。

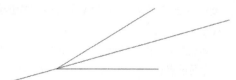

图 3-32 绘制相交图线　　　　　图 3-33 角的等分线绘制结果

- **绘制向一端延伸的辅助线**

射线也是一种常用的作图辅助线，执行"射线"命令可以绘制向一端无限延伸的辅助线，如图 3-34 所示。

执行"射线"命令主要有以下几种方式。

◇ 单击"默认"→"绘图"→"射线"按钮。
◇ 执行菜单栏"绘图"→"射线"命令。
◇ 在命令行输入 Ray 后按 Enter 键。

执行"射线"命令，其命令行操作如下。

```
命令:_Ray
指定起点：              //在绘图区拾取一点作为起点
指定通过点：            //在绘图区拾取一点作为通过点
指定通过点：            //在绘图区拾取一点作为通过点
指定通过点：            //在绘图区拾取一点作为通过点
指定通过点：            //Enter，射线绘制结果如图 3-34 所示
```

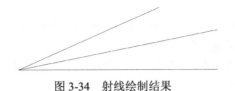

图 3-34 射线绘制结果

3.3 圆与弧

本节将学习圆、弧、修订云线等图元的绘制方法，具体包括圆、圆弧、椭圆、椭圆弧、修订云线等 5 个绘图命令。

3.3.1 绘制圆

圆是一种闭合的基本图形元素，AutoCAD 共为用户提供了 6 种画圆方式，如图 3-35 所示。

执行"圆"命令主要有以下几种方式。

- ✧ 单击"默认"→"绘图"→"圆"按钮。
- ✧ 执行菜单栏"绘图"→"圆"级联菜单中的命令。
- ✧ 在命令行输入 Circle 后按 Enter 键。
- ✧ 使用 C 快捷键。

图 3-35 6 种画圆方式

● **半径画圆和直径画圆**

半径画圆和直径画圆是两种基本的画圆方式，系统默认画图方式为半径画圆。当用户定位出圆的圆心后，只需输入圆的半径或直径，即可精确画圆，命令行操作如下。

```
命令: _Circle
//在绘图区拾取一点作为圆的圆心
指定圆的圆心或 [三点(3P)/两点(2P)/切点、切点、半径(T)]:
//150 Enter, 给定圆的圆心, 定距画圆结果如图 3-36 所示
指定圆的半径或 [直径(D)]:
```

图 3-36 定距画圆结果

> **小技巧**
>
> 激活直径功能，即可以直径方式画圆。

● **两点画圆和三点画圆**

两点画圆和三点画圆指的是定位出两点或三点，即可精确画圆。给定的两点被看作圆直径的两个端点；给定的三点都位于圆周上，具体操作步骤如下。

Step 01 选择菜单栏"绘图"→"圆"→"两点"选项，执行画圆命令。

Step 02 根据命令行的提示进行两点画圆。

```
命令：_Circle
指定圆的圆心或 [三点(3P)/两点(2P)/切点、切点、半径(T)]：_2p 指定圆直径的第一个
端点：          //取一点A作为直径的第一个端点
//拾取另一点B作为直径的第二个端点，两点画圆绘制结果如图3-37所示
指定圆直径的第二个端点：
```

小技巧

用户也可以通过输入两点的坐标值或使用对象的捕捉追踪功能定位两点，以精确画圆。

Step 03 重复执行"圆"命令，然后根据命令行的提示进行三点画圆。

```
命令：_Circle
指定圆的圆心或 [三点(3P)/两点(2P)/切点、切点、半径(T)]：//3P Enter
指定圆上的第一个点：            //拾取第一点1
指定圆上的第二个点：            //拾取第一点2
指定圆上的第三个点：            //拾取第一点3，三点画圆绘制结果如图3-38所示
```

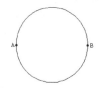

图3-37　两点画圆绘制结果　　　　　　图3-38　三点画圆绘制结果

● **画相切圆**

AutoCAD为用户提供了两种画相切圆的方式，即"相切、相切、半径"和"相切、相切、相切"。前一种画相切圆的方式是分别拾取两个相切对象后，再输入相切圆的半径，后一种画相切圆的方式是直接拾取3个相切对象，系统将自动定位相切圆的位置和大小。绘制相切圆的操作如下。

Step 01 绘制圆和直线，如图3-39所示。

Step 02 单击"默认"→"绘图"→"圆"按钮，根据命令行提示绘制与直线和已知圆都相切的圆。

```
命令：_Circle
指定圆的圆心或 [三点(3P)/两点(2P)/切点、切点、半径(T)]：//T Enter
指定对象与圆的第一个切点：     //在直线下端单击鼠标左键，拾取第一个相切对象
指定对象与圆的第二个切点：     //在圆下侧边缘上单击鼠标左键，拾取第二个相切对象
指定圆的半径 <56.0000>：     //100 Enter，给定相切圆半径，如图3-40所示
```

Step 03 执行菜单栏"绘图"→"圆"→"相切、相切、相切"命令，绘制与3个已知对象都相切的圆。

```
命令：_Circle
指定圆的圆心或 [三点(3P)/两点(2P)/切点、切点、半径(T)]：_3p
指定圆上的第一个点：_tan 到    //拾取直线作为第一相切对象
指定圆上的第二个点：_tan 到    //拾取小圆作为第二相切对象
指定圆上的第三个点：_tan 到    //拾取大圆，绘制结果如图3-41所示
```

图 3-39　绘制圆和直线　　　　图 3-40　相切、相切、半径　　　　图 3-41　绘制结果

3.3.2 绘制圆弧

圆弧也是基本的图形元素之一，AutoCAD 为用户提供了 11 种画弧方式，如图 3-42 所示。

执行"圆弧"命令主要有以下几种方式。

- ◆ 单击"默认"→"绘图"→"圆弧"按钮。
- ◆ 执行菜单栏"绘图"→"圆弧"子菜单中的各命令。
- ◆ 在命令行输入 Arc 后按 Enter 键。
- ◆ 使用 A 快捷键。

● **三点方式画弧**

三点画弧指的是直接拾取 3 个点即可定位出圆弧，所拾取的第 1 个点和第 3 个点被作为弧的起点和端点，如图 3-43 所示，其命令行操作如下。

图 3-42　画弧菜单　　　　　　　　图 3-43　三点画弧示例

```
命令：_Arc
指定圆弧的起点或 [圆心(C)]：           //拾取一点作为圆弧的起点
指定圆弧的第二个点或 [圆心(C)/端点(E)]： //在适当位置拾取圆弧上的第 2 点
指定圆弧的端点：                       //在适当位置拾取第 3 点作为圆弧的端点
```

● **起点圆心方式画弧**

起点圆心的画弧方式又分为"起点、圆心、端点""起点、圆心、角度"和"起点、圆心、长度"等 3 种方式。当用户确定出圆弧的起点和圆心，只需要再给出圆弧的端点、角度或弧长等参数，即可精确画弧。此种画弧方式的命令行操作如下。

```
命令：_Arc
指定圆弧的起点或 [圆心(C)]：            //在绘图区拾取一点作为圆弧的起点
指定圆弧的第二个点或 [圆心(C)/端点(E)]： //C Enter，选择"圆心"选项
```

```
指定圆弧的圆心：                        //在适当位置拾取一点作为圆弧的圆心
指定圆弧的端点或 [角度(A)/弦长(L)]：    //拾取一点作为圆弧的端点，如图 3-44 所示
```

🔷 小技巧

当用户指定了圆弧的起点和圆心后，直接输入圆弧的包含角或圆弧的弦长，也可精确绘制圆弧，如图 3-45 所示。

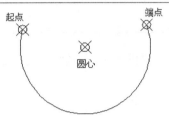

图 3-44 "起点、圆心、端点"

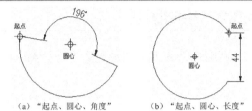

图 3-45 另外两种画弧方式（一）

- **起点端点方式画弧**

起点端点的画弧方式又可分为"起点、端点、角度""起点、端点、方向"和"起点、端点、半径"等 3 种方式。当用户定位出弧的起点和端点后，只需再确定弧的角度、半径或方向，即可精确画弧。此种画弧方式的命令行操作如下。

```
命令：_Arc
指定圆弧的起点或 [圆心(C)]：                    //定位弧的起点
指定圆弧的第二个点或 [圆心(C)/端点(E)]：_E
指定圆弧的端点：                                //定位弧的端点
指定圆弧的圆心或 [角度(A)/方向(D)/半径(R)]：_A
指定包含角：                                    //190 Enter，如图 3-46 所示
```

🔷 小技巧

如果用户输入的角度为正值，系统将按逆时针方向绘制圆弧；反之将按顺时针方向绘制圆弧。当用户指定了圆弧的起点和端点后，直接输入圆弧的半径或起点切向，也可精确绘制圆弧，如图 3-47 所示。

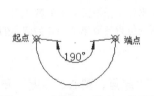

图 3-46 "起点、端点、角度"

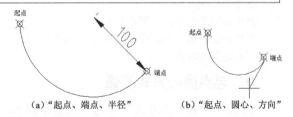

图 3-47 另外两种画弧方式（二）

- **圆心起点方式画弧**

圆心起点的画弧方式分为"圆心、起点、端点""圆心、起点、角度"和"圆心、起点、长度"等 3 种方式。当用户确定了圆弧的圆心和起点后，只需再给出圆弧的端点、

角度或弧长等参数,即可精确绘制圆弧。此种画弧方式的命令行操作如下。

```
命令:_Arc
指定圆弧的起点或 [圆心(C)]:_C 指定圆弧的圆心:   //拾取一点作为弧的圆心
指定圆弧的起点:                               //拾取一点作为弧的起点
指定圆弧的端点或 [角度(A)/弦长(L)]:            //拾取一点作为弧的端点,如图 3-48 所示
```

小技巧

当用户给定了圆弧的圆心和起点后,输入圆弧的圆心角或弦长,也可精确绘制圆弧,如图 3-49 所示。在配合"长度"功能绘制圆弧时,如果输入的弦长为正值,系统将绘制小于 180°的劣弧;如果输入的弦长为负值,系统将绘制大于 180°的优弧。

图 3-48 "圆心、起点、端点"

图 3-49 另外两种画弧方式(三)

● **连续圆弧**

执行菜单栏"绘图"→"圆弧"→"继续"命令,即可进入连续画弧状态,绘制的圆弧与上一个圆弧自动相切,如图 3-50 所示。

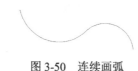

图 3-50 连续画弧

3.3.3 绘制椭圆

椭圆也是一种基本的图形元素,它是由两条不等的椭圆轴所控制的闭合曲线,其包含中心点、长轴和短轴等几何特征,如图 3-51 所示。

执行"椭圆"命令主要有以下几种方式。

- ◆ 单击"默认"→"绘图"→"椭圆"按钮。
- ◆ 执行菜单栏"绘图"→"椭圆"子菜单命令,如图 3-52 所示。

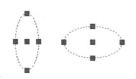

图 3-51 椭圆示例

图 3-52 椭圆子菜单

- ◆ 在命令行输入 Ellipse 后按 Enter 键。
- ◆ 使用 EL 快捷键。

● 轴端点方式画椭圆

以轴端点方式画椭圆是指定一条轴的两个端点和另一条轴的半长,即可精确画椭圆。此方式是系统默认的椭圆绘制方式。下面绘制长轴为 50 个绘图单位、短轴为 24 个绘图单位的椭圆,其命令行操作如下。

```
命令: _Ellipse
指定椭圆轴的端点或 [圆弧(A)/中心点(C)]:     //拾取一点,定位椭圆轴的一个端点
指定轴的另一个端点:                         //@50,0 Enter
指定另一条半轴长度或 [旋转(R)]:             //12 Enter ,如图 3-53 所示
```

小技巧

如果在轴测图模式下执行"椭圆"命令,那么在此操作步骤中将增加"等轴测圆"选项,用于绘制轴测圆,如图 3-54 所示。

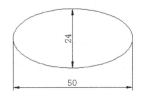

图 3-53 轴端点方式画椭圆   图 3-54 等轴测圆示例

● 中心点方式画椭圆

用中心点方式画椭圆需要先确定出椭圆的中心点,然后再确定椭圆轴的一个端点和椭圆另一半轴的长度。下面以绘制同心椭圆为例,学习中心点方式画椭圆,其操作步骤如下。

Step 01 继续上例操作。

Step 02 执行菜单栏"绘图"→"椭圆"→"中心点"命令,使用中心点方式绘制椭圆。

```
命令: _Ellipse
指定椭圆的轴端点或 [圆弧(A)/中心点(C)]: _C
指定椭圆的中心点:                           //捕捉刚绘制的椭圆的中心点
指定轴的端点:                               //@12,0 Enter
指定另一条半轴长度或 [旋转(R)]:             //25 Enter,输入另一条轴的半长
```

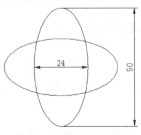

小技巧

"旋转"选项是以椭圆的短轴和长轴的比值,把一个圆绕定义的第一轴旋转成椭圆。

Step 03 中心点方式画椭圆的绘制结果如图 3-55 所示。

图 3-55 中心点方式画椭圆的绘制结果

3.3.4 绘制椭圆弧

椭圆弧也是一种基本的图形元素,它除包含中心点、长轴和短轴等几何特征之外,还具有角度特征。

执行"椭圆弧"命令可通过选择菜单栏"绘图"→"椭圆弧"选项的方式。

下面以绘制长轴为 120 个绘图单位、短轴为 60 个绘图单位、角度为 90°的椭圆弧为例,学习绘制椭圆弧,其操作步骤如下。

Step 01 执行菜单栏"绘图"→"椭圆弧"命令。

Step 02 根据命令行的操作提示绘制椭圆弧。

```
命令: _Ellipse
指定椭圆的轴端点或 [圆弧(A)/中心点(C)]:    //A Enter
指定椭圆弧的轴端点或 [中心点(C)]:           //拾取一点,定位弧端点
指定轴的另一个端点:                          //@120,0 Enter,定位长轴
指定另一条半轴长度或 [旋转(R)]:             //30 Enter,定位短轴
指定起始角度或 [参数(P)]:                    //90 Enter,定位起始角度
指定终止角度或 [参数(P)/包含角度(I)]:        //180 Enter,定位终止角度
```

Step 03 椭圆弧绘制结果如图 3-56 所示。

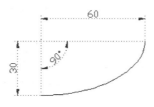

图 3-56 椭圆弧绘制结果

> **小技巧**
>
> 椭圆弧的角度就是终止角度和起始角度的差值。另外,用户也可以使用包含角功能,直接输入椭圆弧的角度。

3.3.5 绘制修订云线

"修订云线"命令用于绘制由连续圆弧构成的图线,此种图线可以是闭合的,也可以是断开的,所绘制的图线被看作一条多段线,如图 3-57 所示。

图 3-57 修订云线示例

执行"修订云线"命令主要有以下几种方式。

- ◆ 单击"默认"→"绘图"→"修订云线"系列按钮。
- ◆ 执行菜单栏"绘图"→"修订云线"命令。
- ◆ 在命令行输入 Revcloud 后按 Enter 键。

下面通过绘制修订云线来学习使用"修订云线"命令,如图 3-58 所示,其命令行操作如下。

```
命令:_Revcloud
最小弧长:15    最大弧长:15    样式:普通
指定起点或 [弧长(A)/对象(O)/样式(S)] <对象>:    //A Enter,选择"弧长"选项
指定最小弧长 <15>:                              //30 Enter,设置最小弧长
指定最大弧长 <30>:                              //60 Enter,设置最大弧长
指定起点或 [弧长(A)/对象(O)/样式(S)] <对象>:    //在绘图区拾取一点
//按住鼠标左键不放,沿着所需闭合路径引导光标,即可绘制闭合的云线,如图 3-58 所示
沿云线路径引导十字光标...
```

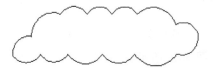

图 3-58 修订云线绘制结果

小技巧

在绘制闭合修订云线时,需要移动光标,将端点放在起点处,之后系统会自动闭合修订云线。

选项解析

- ◆ "修订云线"命令中的"对象"选项,可以将直线、圆弧、矩形、圆及正多边形等转化为云线图形,如图 3-59 所示。
- ◆ "样式"选项用于设置修订云线的样式。AutoCAD 共为用户提供了"普通"和"手绘"两种样式,在默认情况下,修订云线为"普通"样式。在"手绘"样式下绘制的云线,如图 3-60 所示。

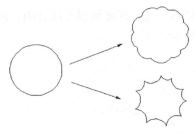

图 3-59 将对象转化为云线图形

图 3-60 "手绘"样式下的云线

3.4 上机实训——绘制会议桌椅平面图

本例通过绘制会议桌椅平面图，对本章讲述的点、线、弧等多种绘图工具进行综合练习和巩固应用。会议桌椅平面图的最终绘制效果如图 3-61 所示，具体操作步骤如下。

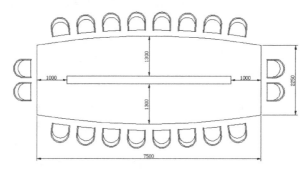

图 3-61　会议桌椅平面图的最终绘制效果

Step 01 单击"标准"工具栏→"新建"按钮，新建绘图文件。

Step 02 执行菜单栏"格式"→"图形界限"命令，设置图形界限为 750 个绘图单位 x750 个绘图单位，命令行操作如下。

```
命令: _Limits
重新设置模型空间界限:
指定左下角点或 [开(ON)/关(OFF)] <0.0000,0.0000>:     //Enter
指定右上角点 <420.0000,297.0000>:                    //750,750 Enter
```

Step 03 使用快捷键 Z 激活"视图缩放"功能，将图形界限最大化显示。

```
命令: Z                                              //Enter
ZOOM 指定窗口的角点，输入比例因子 (nX 或 nXP)，或者[全部(A)/中心(C)/动态(D)/范围
(E)/上一个(P)/比例(S)/窗口(W)/对象(O)] <实时>:        //A Enter
```

Step 04 激活状态栏上的"极轴追踪"和"对象捕捉"功能，并设置"极轴角设置"和"对象捕捉模式"参数，如图 3-62 和图 3-63 所示。

图 3-62　设置"极轴角设置"参数

图 3-63　设置"对象捕捉模式"参数

Step 05 单击"默认"→"绘图"→"多段线"按钮，配合极轴追踪功能绘制会议椅的外轮廓

线。

```
命令：_Pline
指定起点：              //拾取一点作为起点
当前线宽为 0.0000
//垂直向下移动光标，引出追踪虚线，如图 3-64 所示，输入 285 Enter
指定下一个点或 [圆弧(A)/半宽(H)/长度(L)/放弃(U)/宽度(W)]：
指定下一点或 [圆弧(A)/闭合(C)/半宽(H)/长度(L)/放弃(U)/宽度(W)]： //A Enter
指定圆弧的端点或[角度(A)/圆心(CE)/闭合(CL)/方向(D)/半宽(H)/直线(L)/半径(R)/第二个点(S)/放弃(U)/宽度(W)]：    //水平向右引出水平追踪虚线，如图 3-65 所示，输入 600 Enter
指定圆弧的端点或[角度(A)/圆心(CE)/闭合(CL)/方向(D)/半宽(H)/直线(L)/半径(R)/第二个点(S)/放弃(U)/宽度(W)]：      //L Enter，转入画线模式
//垂直向上移动光标，引出垂直追踪虚线，输入 285 Enter
指定下一点或 [圆弧(A)/闭合(C)/半宽(H)/长度(L)/放弃(U)/宽度(W)]：
指定下一点或 [圆弧(A)/闭合(C)/半宽(H)/长度(L)/放弃(U)/宽度(W)]： //A Enter
指定圆弧的端点或[角度(A)/圆心(CE)/闭合(CL)/方向(D)/半宽(H)/直线(L)/半径(R)/第二个点(S)/放弃(U)/宽度(W)]：      //水平向左移动光标,引出水平追踪虚线,输入 30 Enter
指定圆弧的端点或[角度(A)/圆心(CE)/闭合(CL)/方向(D)/半宽(H)/直线(L)/半径(R)/第二个点(S)/放弃(U)/宽度(W)]：      //L Enter，转入画线模式
//垂直向下移动光标，引出垂直追踪虚线，输入 285 Enter
指定下一点或 [圆弧(A)/闭合(C)/半宽(H)/长度(L)/放弃(U)/宽度(W)]：
指定下一点或 [圆弧(A)/闭合(C)/半宽(H)/长度(L)/放弃(U)/宽度(W)]： //A Enter
指定圆弧的端点或[角度(A)/圆心(CE)/闭合(CL)/方向(D)/半宽(H)/直线(L)/半径(R)/第二个点(S)/放弃(U)/宽度(W)]：      //水平向左移动光标,引出水平追踪虚线,输入 540 Enter
指定圆弧的端点或[角度(A)/圆心(CE)/闭合(CL)/方向(D)/半宽(H)/直线(L)/半径(R)/第二个点(S)/放弃(U)/宽度(W)]：      //L Enter，转入画线模式
//垂直向上移动光标，引出垂直追踪虚线，输入 285 Enter
指定下一点或 [圆弧(A)/闭合(C)/半宽(H)/长度(L)/放弃(U)/宽度(W)]：
指定下一点或 [圆弧(A)/闭合(C)/半宽(H)/长度(L)/放弃(U)/宽度(W)]：  //A Enter
//CL Enter，闭合图形，会议椅的外轮廓绘制结果如图 3-66 所示
指定圆弧的端点或[角度(A)/圆心(CE)/闭合(CL)/方向(D)/半宽(H)/直线(L)/半径(R)/第二个点(S)/放弃(U)/宽度(W)]：
```

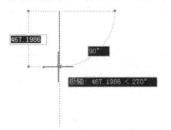 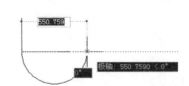

图 3-64 垂直向下引出追踪虚线   图 3-65 水平向右引出追踪虚线

Step 06 执行菜单栏"绘图"→"直线"命令，配合端点捕捉功能，分别连接内轮廓线上侧的两个端点，绘制直线，如图 3-67 所示。

Step 07 执行菜单栏"工具"→"新建 UCS"→"原点"命令，捕捉中点，作为新坐标系的原点，如图 3-68 所示。定义 UCS 如图 3-69 所示。

图 3-66　会议椅的轮廓线绘制结果　　图 3-67　绘制直线　　图 3-68　定位原点

Step 08 执行菜单栏"绘图"→"圆弧"→"三点"命令，配合点的坐标输入功能，绘制会议椅内部的弧形轮廓线。

```
命令: _Arc
指定圆弧的起点或 [圆心(C)]:              //-270,-185Enter
指定圆弧的第二个点或 [圆心(C)/端点(E)]: //@270,-250Enter
指定圆弧的端点:            //@270,250 Enter，会议椅内部弧形轮廓线绘制结果如图 3-70 所示
```

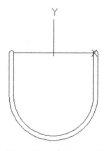

图 3-69　定义 UCS　　　　　　　　图 3-70　会议椅内部弧形轮廓线绘制结果

Step 09 执行菜单栏"工具"→"新建 UCS"→"世界"命令，将当前坐标系恢复为世界坐标系，如图 3-71 所示。

Step 10 执行菜单栏"绘图"→"块"→"创建"命令，在打开的"块定义"对话框中设置参数，如图 3-72 所示。

图 3-71　操作结果　　　　　　　　　图 3-72　设置参数

Step 11 在"基点"选项组中单击"拾取点"按钮，返回绘图区捕捉中点作为块的基点，如图 3-73 所示。

Step 12 在"对象"选项组中单击"选择对象"按钮，返回绘图区拉出窗交选择框，将椅子图形创建为图块，如图 3-74 所示。

69

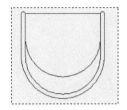

图 3-73 捕捉中点　　　　　　　　　　图 3-74 窗交选择

Step 13 使用快捷键 Z 激活"视图缩放"功能，重新调整新视图的高度为 6000 个绘图单位。

Step 14 执行"直线"命令，配合坐标输入功能绘制会议桌轮廓线。

```
命令：_Line
指定第一点：                          //在绘图区拾取一点
指定下一点或 [放弃(U)]：               //@7500,0 Enter
指定下一点或 [放弃(U)]：               //@0,2250 Enter
指定下一点或 [闭合(C)/放弃(U)]：        //@-7500,0 Enter
指定下一点或 [闭合(C)/放弃(U)]：        //C Enter，会议桌外轮廓线绘制结果如图 3-75 所示
```

图 3-75 会议桌外轮廓线绘制结果

Step 15 执行菜单栏"格式"→"多线样式"命令，在打开的"多线样式"对话框中单击按钮，设置多线的"封口"形式，如图 3-76 所示。"多线样式"预览效果如图 3-77 所示。

图 3-76 设置"封口"形式　　　　　　　图 3-77 "多线样式"预览效果

Step 16 执行菜单栏"绘图"→"多线"命令，配合捕捉自功能绘制会议桌内轮廓线。

```
命令：_Mline
当前设置：对正 = 上，比例 = 20.00，样式 = STANDARD
指定起点或 [对正(J)/比例(S)/样式(ST)]：   //S Enter
```

```
输入多线比例 <20.00>:                    //250 Enter
当前设置: 对正 = 上, 比例 = 250.00, 样式 = STANDARD
指定起点或 [对正(J)/比例(S)/样式(ST)]:    //激活捕捉自功能
_from 基点:                              //捕捉端点, 如图 3-78 所示
<偏移>:                                  //@1000,-1000 Enter
指定下一点:                              //引出 0° 的极轴矢量, 输入 5500 Enter
指定下一点或 [放弃(U)]:                   //Enter, 会议桌内轮廓线绘制结果如图 3-79 所示
```

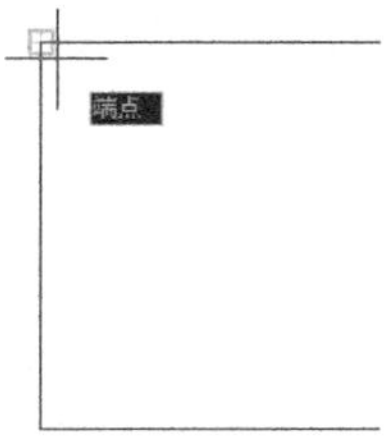

图 3-78 捕捉端点 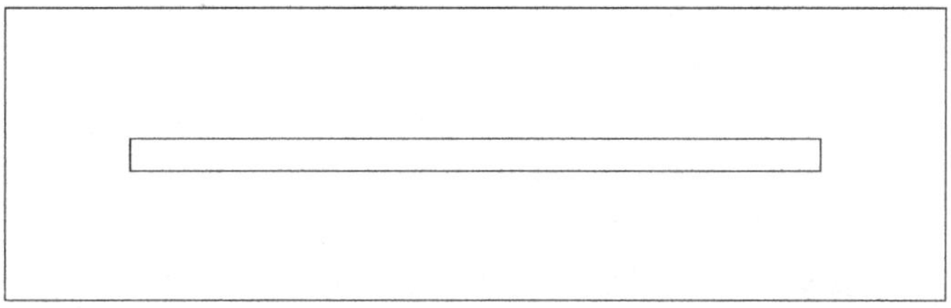   图 3-79 会议桌内轮廓线绘制结果

Step 17 执行菜单栏 "绘图" → "圆弧" → "三点" 命令, 配合捕捉自功能绘制会议桌两侧的弧形轮廓线。

```
命令: _Arc
指定圆弧的起点或 [圆心(C)]:              //捕捉会议桌外轮廓线左上角点
指定圆弧的第二个点或 [圆心(C)/端点(E)]:   //激活"捕捉自"功能
_from 基点:                              //捕捉会议桌外轮廓线上侧边中点
<偏移>:                                  //@0,300 Enter
指定圆弧的端点:                          //捕捉会议桌外轮廓线右上角点
命令:                                    //Enter
Arc 指定圆弧的起点或 [圆心(C)]:          //捕捉会议桌外轮廓线左下角点
指定圆弧的第二个点或 [圆心(C)/端点(E)]:   //激活捕捉自功能
_from 基点:                              //捕捉会议桌外轮廓线下侧边中点
<偏移>:                                  //@0,-300 Enter
指定圆弧的端点:                          //捕捉会议桌外轮廓线右下角点, 绘制结果如图 3-80 所示
```

Step 18 在无命令执行的前提下, 选择会议桌两侧的两条水平轮廓线, 使其夹点显示, 如图 3-81 所示。

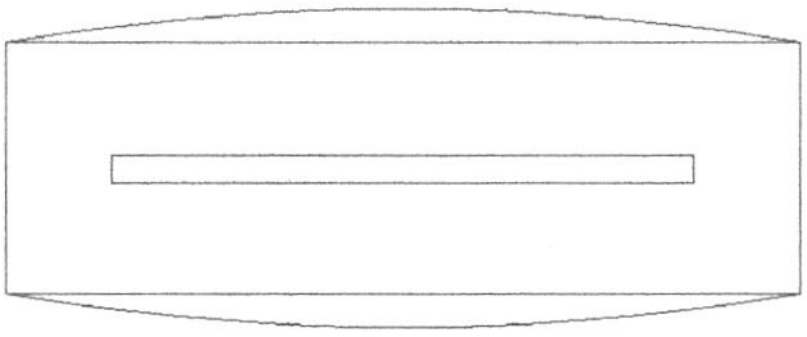

图 3-80 绘制结果 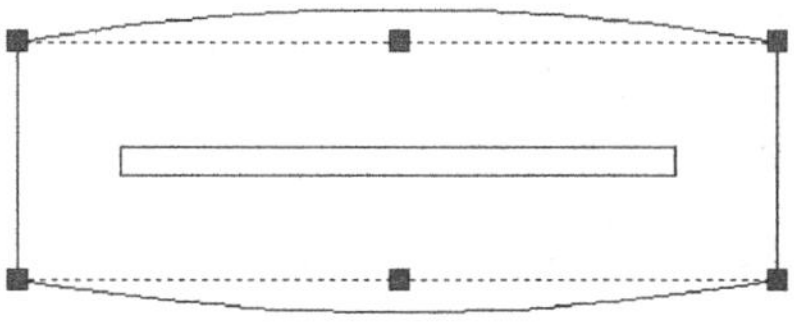   图 3-81 夹点显示

Step 19 按下键盘上的 Delete 键, 删除两条夹点显示的水平边, 如图 3-82 所示。

Step 20 执行菜单栏 "修改" → "偏移" 命令, 将偏移距离设置为 200 个绘图单位, 将会议桌外轮廓线向外偏移。

```
命令: _Offset
当前设置: 删除源=否  图层=源  OFFSETGAPTYPE=0
```

```
指定偏移距离或 [通过(T)/删除(E)/图层(L)]:         //200
选择要偏移的对象,或 [退出(E)/放弃(U)] <退出>:    //选择上侧的圆弧
//在所选弧的上侧拾取点
指定要偏移的那一侧上的点,或 [退出(E)/多个(M)/放弃(U)] <退出>:
选择要偏移的对象,或 [退出(E)/放弃(U)] <退出>:    //选择下侧的圆弧
//在所选弧的下侧拾取点
指定要偏移的那一侧上的点,或 [退出(E)/多个(M)/放弃(U)] <退出>:
选择要偏移的对象,或 [退出(E)/放弃(U)] <退出>:    //选择最左侧的垂直轮廓线
//在所选对象的左侧拾取点
指定要偏移的那一侧上的点,或 [退出(E)/多个(M)/放弃(U)] <退出>:
选择要偏移的对象,或 [退出(E)/放弃(U)] <退出>:    //选择最右侧的垂直轮廓线
//在所选对象的右侧拾取点
指定要偏移的那一侧上的点,或 [退出(E)/多个(M)/放弃(U)] <退出>:
选择要偏移的对象,或 [退出(E)/放弃(U)] <退出>:    //Enter,偏移结果如图 3-83 所示
```

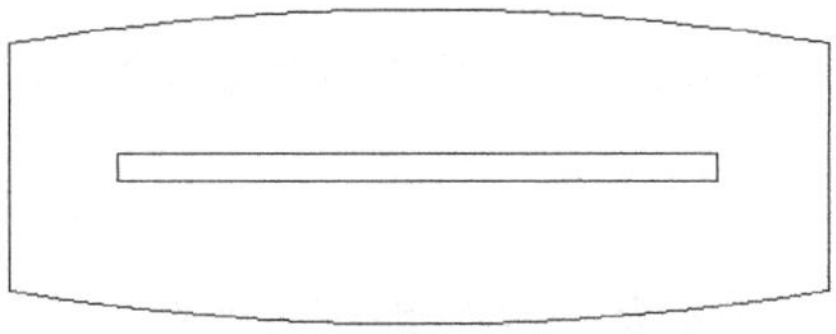

图 3-82　删除结果(一) 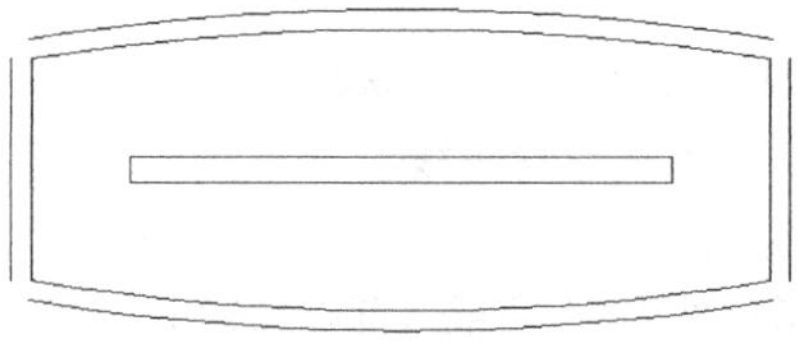　　　　　　　　图 3-83　偏移结果

Step 21 执行菜单栏"绘图"→"点"→"定数等分"命令,为会议桌布置会议椅。

```
命令: _Divide
选择要定数等分的对象:                    //选择最左侧的垂直线段
输入线段数目或 [块(B)]:                  //B Enter
输入要插入的块名:                        //chair01 Enter
是否对齐块和对象?[是(Y)/否(N)] <Y>:     //Enter
输入线段数目:                            //3 Enter,等分数目
命令:                                    //Enter 重复执行命令
DIVIDE 选择要定数等分的对象:             //选择最右侧的垂直线段
输入线段数目或 [块(B)]:                  //B Enter
输入要插入的块名:                        //chair01 Enter
是否对齐块和对象?[是(Y)/否(N)] <Y>:     //Enter
输入线段数目:                            //3 Enter,定数等分结果如图 3-84 所示
```

Step 22 执行菜单栏"绘图"→"点"→"定距等分"命令,继续为会议桌布置会议椅。

```
命令: _Measure
选择要定距等分的对象:                    //选择最上侧的弧形轮廓线
指定线段长度或 [块(B)]:                  //B Enter
输入要插入的块名:                        //chair01 Enter
是否对齐块和对象?[是(Y)/否(N)] <Y>:     //Enter
指定线段长度:                            //844 Enter
命令:                                    //Enter
Measure 选择要定距等分的对象:            //选择最下侧的弧形轮廓线
```

```
指定线段长度或 [块(B)]:          //B Enter
输入要插入的块名:                //chair01 Enter
是否对齐块和对象? [是(Y)/否(N)] <Y>:  //Enter
指定线段长度:                   //844 Enter,定距等分结果如图 3-85 所示
```

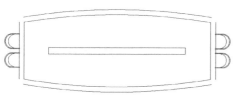
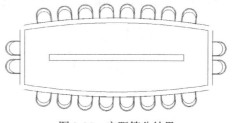

图 3-84　定数等分结果　　　　　　　图 3-85　定距等分结果

Step 23 使用快捷键 E 执行"删除"命令,选择偏移出的 4 条辅助线进行删除,删除结果(二)如图 3-86 所示。

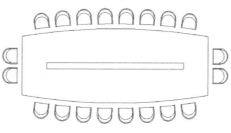

图 3-86　删除结果(二)

Step 24 执行"保存"命令,将图形存储为"上机实训一.dwg"。

3.5　多边形

本节将讲述闭合折线的绘制方法,具体有矩形、正多边形、面域、边界等 4 个命令。

3.5.1　绘制矩形

矩形是由 4 条直线元素组合而成的闭合图形,AutoCAD 将其看作一条闭合的多段线。执行"矩形"命令主要有以下几种方式。

- ◆ 单击"默认"→"绘图"→"矩形"按钮。
- ◆ 执行菜单栏中的"绘图"→"矩形"命令。
- ◆ 在命令行输入 Rectang 后按 Enter 键。
- ◆ 使用 REC 快捷键。

在默认设置下,通过对角点方式绘制矩形。下面绘制长度为 200 个绘图单位、宽度为 100 个绘图单位的矩形,其命令行操作如下。

```
命令：_Rectang
//在适当位置拾取一点作为矩形角点
指定第一个角点或 [倒角(C)/标高(E)/圆角(F)/厚度(T)/宽度(W)]：
//@200,100 Enter，矩形绘制结果如图 3-87 所示
指定另一个角点或 [面积(A)/尺寸(D)/旋转(R)]：
```

- **绘制倒角矩形**

单击"矩形"命令中的"倒角"选项，可以绘制具有一定倒角的特征矩形，如图 3-88 所示，其命令行操作如下。

```
命令：_Rectang
指定第一个角点或 [倒角(C)/标高(E)/圆角(F)/厚度(T)/宽度(W)]://C Enter
指定矩形的第一个倒角距离 <0.0000>：         //25 Enter，设置第一倒角距离
指定矩形的第二个倒角距离 <25.0000>：        //10 Enter，设置第二倒角距离
指定第一个角点或 [倒角(C)/标高(E)/圆角(F)/厚度(T)/宽度(W)]：  //拾取一点
指定另一个角点或 [面积(A)/尺寸(D)/旋转(R)]：//D Enter，激活"尺寸"选项
指定矩形的长度 <10.0000>：                //200 Enter
指定矩形的宽度 <10.0000>：                //100 Enter
指定另一个角点或 [面积(A)/尺寸(D)/旋转(R)]：//拾取一点，倒角矩形如图 3-88 所示
```

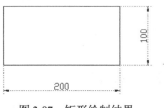
图 3-87 矩形绘制结果

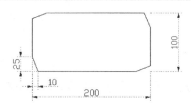
图 3-88 倒角矩形

- **绘制圆角矩形**

单击"矩形"命令中的"圆角"选项，可以绘制具有一定圆角的特征矩形，如图 3-89 所示，其命令行操作如下。

```
命令：_Rectang
指定第一个角点或 [倒角(C)/标高(E)/圆角(F)/厚度(T)/宽度(W)]：//F Enter
指定矩形的圆角半径 <0.0000>：              //20 Enter，设置圆角半径
指定第一个角点或 [倒角(C)/标高(E)/圆角(F)/厚度(T)/宽度(W)]：//拾取一点作为起点
指定另一个角点或 [面积(A)/尺寸(D)/旋转(R)]：   //A Enter
输入以当前单位计算的矩形面积 <100.0000>：    //20000 Enter，指定矩形面积
计算矩形标注时依据 [长度(L)/宽度(W)] <长度>：//L Enter
输入矩形长度 <200.0000>：                 //Enter，圆角矩形如图 3-89 所示
```

- **绘制宽度矩形和厚度矩形**

"宽度"选项用于设置矩形边的宽度，以绘制具有一定宽度的矩形，如图 3-90 所示；"厚度"选项用于设置矩形的厚度，以绘制具有一定厚度的矩形，如图 3-91 所示。

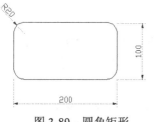 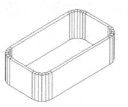

图 3-89　圆角矩形　　　　图 3-90　宽度矩形　　　　图 3-91　厚度矩形

- **绘制标高矩形**

"标高"选项用于设置矩形的基面高度,以绘制具有一定标高的矩形,如图 3-92 所示。所谓基面高度,指的是距离当前坐标系的 *XOY* 坐标平面的高度。

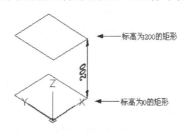

图 3-92　绘制标高矩形

小技巧

当用户绘制一定厚度和标高的矩形时,需要把当前视图转换为等轴测视图,才能显示出矩形的厚度和标高,否则在俯视图中看不出变化。

3.5.2　绘制正多边形

正多边形指的是由相等的边角组成的闭合图形,如图 3-93 所示。
执行"多边形"命令主要有以下几种方式。

- ❖ 单击"默认"→"绘图"→"多边形"按钮。
- ❖ 执行菜单栏"绘图"→"多边形"命令。
- ❖ 在命令行输入 Polygon 后按 Enter 键。
- ❖ 使用快捷键 POL。

图 3-93　正多边形示例

小技巧

多边形也是一个复合对象,不管内部包含多少直线元素,系统都将其看作一个单一的对象。

- **以内接于圆的方式画多边形**

系统默认以内接于圆的方式画多边形，在指定了正多边形的边数和中心点后，直接输入正多边形外接圆的半径，即可精确绘制正多边形，其命令行操作如下。

```
命令：_Polygon
输入边的数目 <4>:                               //5 Enter，设置正多边形的边数
指定正多边形的中心点或 [边(E)]:                 //在绘图区拾取一点作为中心点
输入选项 [内接于圆(I)/外切于圆(C)] <I>:         //I Enter，激活"内接于圆"选项
指定圆的半径：    //94 Enter，输入外接圆半径，绘制结果（一）如图3-94所示
```

- **以外切于圆的方式画多边形**

当确定了正多边形的边数和中心点之后，使用"外切于圆"的方式输入正多边形内切圆的半径，即可精确绘制正多边形，此种方式的命令行操作如下。

```
命令：_Polygon
输入边的数目 <4>:                               //5 Enter，设置正多边形的边数
指定正多边形的中心点或 [边(E)]:                 //在绘图区拾取一点定位中心点
输入选项 [内接于圆(I)/外切于圆(C)] <C>:         //c Enter，激活"外切于圆"选项
指定圆的半径：//120 Enter，输入内切圆的半径，绘制结果（二）如图3-95所示
```

图 3-94 绘制结果（一）

图 3-95 绘制结果（二）

- **"边"方式画多边形**

"边"方式画多边形是通过输入多边形一条边的边长，来精确绘制正多边形的。在具体定位多边形的边长时，需要分别定位出边的两个端点，此种方式的命令行操作如下。

```
命令：_Polygon
输入边的数目 <4>:                   //6 Enter，设置正多边形的边数
指定正多边形的中心点或 [边(E)]:     //E Enter，激活"边"选项
指定边的第一个端点：                //拾取一点作为边的一个端点
指定边的第二个端点：                //@100,0 Enter，绘制结果（三）如图3-96所示
```

图 3-96 绘制结果（三）

> **小技巧**
>
> 使用"边"方式绘制正多边形，在指定边的两个端点 A、B 时，系统按从 A 至 B 顺序以逆时针方向绘制正多边形。

3.5.3 创建闭合面域

所谓面域，其实就是实体的表面，它是一个没有厚度的二维实心区域，具备实体模型的一切特性。面域不仅含有边的信息，而且还含有边界内的信息，利用这些信息可以计算工程属性，如面积、重心和惯性矩等。

执行"面域"命令主要有以下几种方式。

- ❖ 单击"默认"→"绘图"→"面域"按钮。
- ❖ 执行菜单栏"绘图"→"面域"命令。
- ❖ 在命令行输入 Region 后按 Enter 键。
- ❖ 使用 REN 快捷键。

面域是不能直接创建的，而是通过其他闭合图形进行转化的。在执行"面域"命令后，只需选择封闭的图形对象即可将其转化为面域，如圆、矩形、正多边形等。封闭图形在没有转化为面域前，仅是一种线框模型，没有什么属性信息，而这些封闭图形一旦被创建为面域后，它就转变为一种实体对象，包含了实体对象所具有的一切属性。

> **小技巧**
>
> 当封闭图形被转化为面域后，虽然看上去并没有什么变化，但是如果对其进行着色，那就可以区分开了，如图 3-97 所示。

（a）矩形　　　　　　　　　　　　　　（b）着色后的矩形面域

图 3-97　几何线框与几何面域

3.5.4 创建闭合边界

边界指的是一条闭合的多段线，创建边界就是从多个相交对象中提取一条或多条闭合多段线，也可以提取一个或多个面域，如图 3-98 所示。

（a）　　　　　　　　　　　　　　（b）

图 3-98　边界示例

执行"边界"命令主要有以下几种方式。

- ❖ 单击"默认"→"绘图"→"边界"按钮。

- 执行菜单栏"绘图"→"边界"命令。
- 在命令行输入 Boundary 后按 Enter 键。
- 使用 BO 快捷键。

下面通过从一个五角形图案中提取 3 个闭合的多段线边界,来学习使用"边界"命令,具体操作步骤如下。

Step 01 打开配套资源"\素材文件\五角星图案.dwg",如图 3-98(a)所示。

Step 02 执行菜单栏"绘图"→"边界"命令,打开"边界创建"对话框,如图 3-99 所示。

图 3-99 "边界创建"对话框

Step 03 单击"拾取点"按钮,返回绘图区,在命令行"拾取内部点:"提示下,分别在五角星图案的中心区域内单击鼠标左键拾取一点,系统自动分析出一个虚线边界,如图 3-100 所示。

Step 04 继续在命令行"拾取内部点:"提示下,在下侧的两个三角区域内单击鼠标左键,创建另外两个边界,如图 3-101 所示。

图 3-100 创建边界(一)　　　　图 3-101 创建边界(二)

Step 05 继续在命令行"拾取内部点:"提示下按 Enter 键结束命令,结果创建了 3 条闭合的多段线边界。

小技巧

在执行"边界"命令后,创建的闭合边界或面域与原图形对象的轮廓边是重合的。

Step 06 使用快捷键 M 激活"移动"命令,将创建的 3 个闭合边界从原图形中移出,如图 3-98(b)所示。

选项解析

- "边界集"选项组用于定义从指定点定义边界时 AutoCAD 导出来的对象集合,其共有"当前视口"和"现有集合"两种类型。其中,前者用于从当前视口中可见的所有对象中定义边界集,后者是从选择的所有对象中定义边界集。
- 单击"新建"按钮,在绘图区选择对象后,系统返回"边界创建"对话框,在"边界集"组合框中显示"现有集合"类型,用户可以从选择的现有对象集合中定义边界集。
- "对象类型"下拉列表用于确定导出的是多线段,还是面域,系统默认为多段线。

3.6 图案填充

图案指的是使用各种图线进行不同的排列组合而构成的图形元素，此类图形元素作为一个独立的整体，被填充到各种封闭的图形区域内，以表达各自的图形信息，如图 3-102 所示。

执行"图案填充"命令主要有以下几种方式。

- ◆ 单击"默认"→"绘图"→"图案填充"按钮。
- ◆ 执行菜单栏"绘图"→"图案填充"命令。
- ◆ 在命令行输入 Bhatch 后按 Enter 键。
- ◆ 使用 H 或 BH 快捷键。

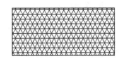

图 3-102 图案示例

3.6.1 绘制填充图案

下面通过一个实例来学习使用"图案填充"命令，具体操作步骤如下。

Step 01 新建空白文件，然后绘制矩形和圆作为填充边界，如图 3-103 所示。

Step 02 单击"默认"→"绘图"→"图案填充"按钮，再单击"图案填充创建"→"选项"→"图案填充设置"按钮，打开"图案填充和渐变色"对话框，如图 3-104 所示。

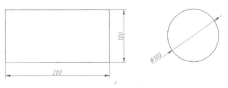

图 3-103 绘制结果

Step 03 单击"样例"下拉列表框中的图案，或者单击"图案"下拉列表右端的  按钮，打开"填充图案选项板"对话框，选择需要填充的图案，如图 3-105 所示。

图 3-104 "图案填充和渐变色"对话框

图 3-105 选择填充图案

79

Step 04 返回"图案填充和渐变色"对话框,设置填充比例为 1:2,然后单击"添加:选择对象"按钮,选择矩形作为填充边界。填充结果(一)如图 3-106 所示。

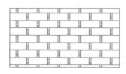

图 3-106 填充结果(一)

Step 05 重复执行"图案填充"命令,设置填充图案和填充参数,如图 3-107 所示,单击"添加:拾取点"按钮,返回绘图区,在圆内单击鼠标左键,指定填充边界。

Step 06 按 Enter 键返回"图案填充和渐变色"对话框,单击 确定 按钮结束命令,填充结果(二)如图 3-108 所示。

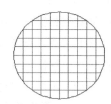

图 3-107 设置填充图案和填充参数　　　　图 3-108 填充结果(二)

3.6.2 "图案填充"选项卡

在"图案填充和渐变色"对话框中,共包括"图案填充"和"渐变色"两个选项卡。其中,"图案填充"选项卡用于设置填充图案的类型、样式、填充角度和比例等,各常用选项如下。

◆ "类型"下拉列表框内包含"预定义""用户定义""自定义"3 种图样类型,如图 3-109 所示。

图 3-109 "类型"下拉列表

◆ "图案"下拉列表框用于显示预定义类型的填充图案名称。用户可从下拉列表框中选择所需的图案。

◆ "样例"下拉列表框用于显示当前图案的预览图像。在样例图案上直接单击鼠标左键,也可快速打开"填充图案选项板"对话框,以选择所需图案。

◆ "角度"下拉列表框用于设置图案的倾斜角度。

◆ "比例"下拉列表框用于设置图案的填充比例。

第 3 章　常用几何图元的绘制功能

> **小技巧**
>
> AutoCAD 提供的各样例图案都有默认的比例，如果此比例不合适（太稀或太密），可以输入数值设置新比例。

- ◇ "相对图纸空间"复选框仅用于图纸空间，它是相对图纸空间进行图案填充的。使用此复选框，可以根据适合布局的比例来显示填充图案。
- ◇ "间距"文本框可以设置用户自定义填充图案的直线间距。

> **小技巧**
>
> 只有激活了"类型"下拉列表框中的"用户自定义"功能，"间距"文本框才可用。

- ◇ "双向"复选框仅适用于用户自定义图案，勾选该复选框，将增加一组与原图线垂直的线。
- ◇ "ISO 笔宽"选项可以决定运用 ISO 剖面线图案的线与线的间隔，但该选项只在选择 ISO 线型图案时才可用。

● **填充边界的拾取**

- ◇ "添加：拾取点"按钮用于在填充区域内部拾取任意一点，AutoCAD 会自动搜索到包含该点的填充边界，并以虚线显示该边界。
- ◇ "添加：选择对象"按钮用于直接选择需要填充的单个闭合图形作为填充边界。
- ◇ "删除边界"按钮用于删除位于选定填充区域内但不填充的区域。
- ◇ "查看选择集"按钮用于查看所确定的填充边界。
- ◇ "继承特性"按钮用于在当前图形中选择一个已填充的图案，系统将继承该图案的一切属性并将其设置为当前图案。
- ◇ "关联"复选框与"创建独立的图案填充"复选框用于确定填充图形与边界的关系，分别用于创建关联和不关联的填充图案。
- ◇ "注释性"复选框用于为图案添加特性注释。
- ◇ "绘图次序"下拉列表用于设置填充图案和填充边界的绘图次序。
- ◇ "图层"下拉列表用于设置填充图案的所在图层。
- ◇ "透明度"下拉列表用于设置填充图案的透明度，拖曳下侧的滑块，可以调整透明度值的大小。

> **小技巧**
>
> 指定"透明度"的图案，还需要单击状态栏上的▣按钮，以显示透明度效果。

3.6.3 "渐变色"选项卡

在"图案填充和渐变色"对话框中单击"渐变色"选项卡，如图 3-110 所示。"渐变色"选项卡用于为指定的边界填充渐变色。

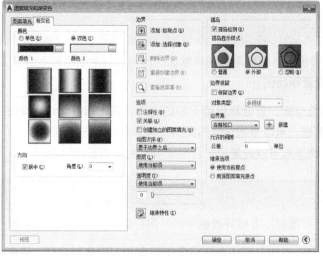

图 3-110 "渐变色"选项卡

⚙ 小技巧

单击右下角的 ⊙ 按钮,即可展开右侧的"孤岛"选项组。

- ◆ "单色"单选按钮用于以一种渐变色进行填充;▬▬▬▬▬▬显示框用于显示当前的填充颜色,双击该颜色框或单击其右侧的 ⋯ 按钮,可以弹出"选择颜色"对话框,如图 3-111 所示,用户可根据需要选择相应的颜色。
- ◆ ◁▬▬▬▷ 滑动条:拖动滑动块可以调整填充颜色的明暗度,如果用户单击"双色"单选选项,此滑动条将自动转换为颜色显示框。
- ◆ "双色"单选按钮用于以两种颜色的渐变色作为填充色;"角度"下拉列表框用于设置渐变色填充的倾斜角度。
- ◆ "孤岛显示样式"选项组提供了"普通""外部"和"忽略"3 种显示样式,如图 3-112 所示。其中"普通"样式是从最外层的外边界向内边界填充,第一层填充,第二层不填充,如此交替进行;"外部"样式只填充从最外边界向内至第一边界的区域;"忽略"样式会忽略最外层边界以内的其他任何边界,以最外层边界向内填充全部图形。
- ◆ "边界保留"选项组用于设置是否保留填充边界。系统默认设置为不保留填充边界。
- ◆ "允许的间隙"选项组用于设置填充边界的允许间隙值,处在间隙值范围内的非封闭区域也可填充图案。
- ◆ "继承选项"选项组用于设置图案填充的原点,即是使用当前原点还是使用源图案填充的原点。

⚙ 小技巧

孤岛指在一个边界包围的区域内又定义了另外一个边界,它可以实现对两个边界之间的区域进行填充,而内边界包围的区域不填充。

第 3 章 常用几何图元的绘制功能

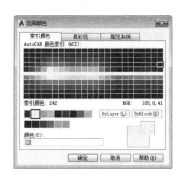

图 3-111 "选择颜色"对话框

图 3-112 孤岛显示样式

3.7 上机实训二——绘制形象墙立面图

本例通过绘制形象墙立面图,继续对本章所讲知识进行综合练习和巩固应用。形象墙立面图的最终绘制效果如图 3-113 所示,具体操作步骤如下。

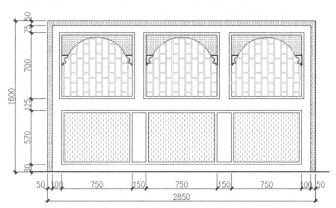

图 3-113 形象墙立面图的最终绘制效果

Step 01 单击"标准"工具栏→"新建"按钮,新建绘图文件。

Step 02 执行菜单栏"视图"→"缩放"→"圆心"命令,将当前视图的高度调整为 3000 个绘图单位。

```
命令: '_Zoom
指定窗口的角点,输入比例因子 (nX 或 nXP),或者[全部(A)/中心(C)/动态(D)/范围(E)/
上一个(P)/比例(S)/窗口(W)/对象(O)] <实时>: _C
指定中心点:                      //在绘图区拾取一点
输入比例或高度 <602.6>:           //3000 Enter,输入新视图的高度
```

Step 03 绘制长度为 3000 个绘图单位的水平直线,并展开"线宽控制"下拉列表,修改其线宽为"0.35mm",同时打开线宽的显示功能。线宽效果如图 3-114 所示。

Step 04 使用快捷键 L 执行"直线"命令,配合最近点捕捉和点的坐标输入功能,绘制外侧轮廓线。

```
命令：L                              //Enter
Line 指定第一点：                    //按住 Shift 键单击鼠标右键，选择"最近点"选项
_nea 到                              //捕捉最近点，如图 3-115 所示
指定下一点或 [放弃(U)]：             //@0,1600 Enter
指定下一点或 [放弃(U)]：             //@2850<0 Enter
指定下一点或 [闭合(C)/放弃(U)]：     //@1600<270 Enter
指定下一点或 [闭合(C)/放弃(U)]：     //Enter，外侧轮廓线绘制结果如图 3-116 所示
```

图 3-114 线宽效果　　　　　　　　　　　　　　图 3-115 捕捉最近点

Step 05 单击"默认"→"绘图"→"矩形"按钮，配合捕捉自功能绘制下侧的矩形轮廓线。

```
命令：_Rectang
//按住 Shift 键单击鼠标右键，激活捕捉自功能
指定第一个角点或 [倒角(C)/标高(E)/圆角(F)/厚度(T)/宽度(W)]：
_from 基点：             //捕捉端点 W，如图 3-116 所示
<偏移>：                 //@150,80 Enter
//@2550,570 Enter，下侧的矩形轮廓线绘制结果如图 3-117 所示
指定另一个角点或 [面积(A)/尺寸(D)/旋转(R)]：
```

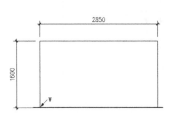　　

图 3-116 外侧轮廓线绘制结果　　　　　　图 3-117 下侧的矩形轮廓线绘制结果

Step 06 执行菜单栏"格式"→"颜色"命令，在弹出的"选择颜色"对话框中设置当前颜色为"142"号色，如图 3-118 所示。

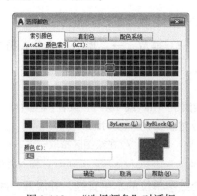

图 3-118 "选择颜色"对话框

Step 07 单击"默认"→"绘图"→"矩形"按钮，配合捕捉自功能和点的坐标输入功能，绘制内侧矩形轮廓线。

```
命令: _Rectang
指定第一个角点或 [倒角(C)/标高(E)/圆角(F)/厚度(T)/宽度(W)]://激活捕捉自功能
_from 基点:          //捕捉刚绘制的矩形的左下角点
<偏移>:              //@25,25 Enter
指定另一个角点或 [面积(A)/尺寸(D)/旋转(R)]: //@700,520 Enter
命令:                //Enter, 重复执行命令
//激活捕捉自功能
Rectang 指定第一个角点或 [倒角(C)/标高(E)/圆角(F)/厚度(T)/宽度(W)]:
_from 基点:          //捕捉刚绘制的矩形的右下角点
<偏移>:              //@25,0 Enter
指定另一个角点或 [面积(A)/尺寸(D)/旋转(R)]:  //@150,520 Enter
命令:                //Enter, 重复执行命令
//激活捕捉自功能
Rectang 指定第一个角点或 [倒角(C)/标高(E)/圆角(F)/厚度(T)/宽度(W)]:
_from 基点:          //捕捉刚绘制的矩形的右下角点
<偏移>:              //@25,0 Enter
指定另一个角点或 [面积(A)/尺寸(D)/旋转(R)]:  //@700,520 Enter
命令:                //Enter, 重复执行命令
//激活捕捉自功能
Rectang 指定第一个角点或 [倒角(C)/标高(E)/圆角(F)/厚度(T)/宽度(W)]:
_from 基点:          //捕捉刚绘制的矩形的左下角点
<偏移>:              //@25,0 Enter
指定另一个角点或 [面积(A)/尺寸(D)/旋转(R)]:  //@150,520 Enter
命令:                //Enter, 重复执行命令
//激活捕捉自功能
Rectang 指定第一个角点或 [倒角(C)/标高(E)/圆角(F)/厚度(T)/宽度(W)]:
_from 基点:          //捕捉刚绘制的矩形的左下角点
<偏移>:              //@25,0 Enter
//@700,520 Enter, 内侧矩形轮廓线绘制结果如图 3-119 所示
指定另一个角点或 [面积(A)/尺寸(D)/旋转(R)]:
```

Step 08 重复执行"矩形"命令，配合捕捉自功能绘制上侧的矩形轮廓线。

```
命令:                //Enter, 重复执行命令
//激活捕捉自功能
Rectang 指定第一个角点或 [倒角(C)/标高(E)/圆角(F)/厚度(T)/宽度(W)]:
_from 基点:          //捕捉端点 A, 如图 3-119 所示
<偏移>:              //@150,-150 Enter
指定另一个角点或 [面积(A)/尺寸(D)/旋转(R)]:  //@750,-650 Enter
命令:                //Enter, 重复执行命令
//激活捕捉自功能
Rectang 指定第一个角点或 [倒角(C)/标高(E)/圆角(F)/厚度(T)/宽度(W)]:
_from 基点:          //捕捉刚绘制的矩形的右下角点
<偏移>:              //@150,0 Enter
指定另一个角点或 [面积(A)/尺寸(D)/旋转(R)]:  //@750,650 Enter
```

```
命令:                    //Enter，重复执行命令
//激活捕捉自功能
Rectang 指定第一个角点或 [倒角(C)/标高(E)/圆角(F)/厚度(T)/宽度(W)]:
_from 基点:              //捕捉刚绘制的矩形的右下角点
<偏移>:                  //@150,0 Enter
//@750,650 Enter，上侧的矩形轮廓线绘制结果如图 3-120 所示
指定另一个角点或 [面积(A)/尺寸(D)/旋转(R)]:
```

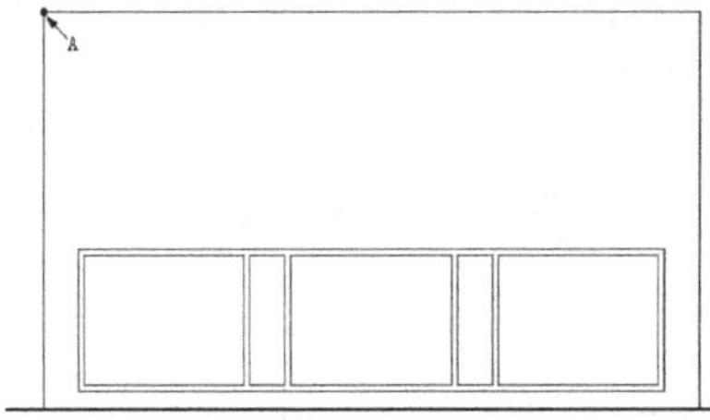

图 3-119 内侧矩形轮廓线绘制结果 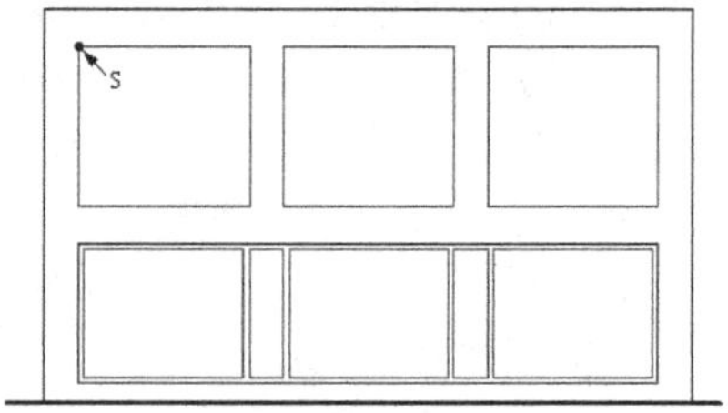　　　　图 3-120 上侧的矩形轮廓线绘制结果

Step 09 选择刚绘制的 3 个矩形，修改其颜色为"随层"，然后执行菜单栏"绘图"→"多段线"命令，绘制闭合的装饰图案。

```
命令: _Pline
指定起点:                //激活捕捉自功能
_from 基点:              //捕捉端点 S，如图 3-120 所示
<偏移>:                  //@70,-215 Enter
当前线宽为 0.0
指定下一个点或 [圆弧(A)/半宽(H)/长度(L)/放弃(U)/宽度(W)]:    //@-70,0 Enter
指定下一点或 [圆弧(A)/闭合(C)/半宽(H)/长度(L)/放弃(U)/宽度(W)]://@0,-100 Enter
指定下一点或 [圆弧(A)/闭合(C)/半宽(H)/长度(L)/放弃(U)/宽度(W)]://@15,0 Enter
指定下一点或 [圆弧(A)/闭合(C)/半宽(H)/长度(L)/放弃(U)/宽度(W)]://A Enter
指定圆弧的端点或[角度(A)/圆心(CE)/闭合(CL)/方向(D)/半宽(H)/直线(L)/半径(R)/第
二个点(S)/放弃(U)/宽度(W)]:    //A Enter
指定包含角:              //-180 Enter
指定圆弧的端点或 [圆心(CE)/半径(R)]:  //@11,17 Enter
指定圆弧的端点或[角度(A)/圆心(CE)/闭合(CL)/方向(D)/半宽(H)/直线(L)/半径(R)/第
二个点(S)/放弃(U)/宽度(W)]:    //@12,20 Enter
指定圆弧的端点或[角度(A)/圆心(CE)/闭合(CL)/方向(D)/半宽(H)/直线 (L)/半径(R)/
第二个点 (S)/放弃(U)/宽度(W)]:    //@7,38 Enter
指定圆弧的端点或[角度(A)/圆心(CE)/闭合(CL)/方向(D)/半宽(H)/直线(L)/半径(R)/第
二个点(S)/放弃(U)/宽度(W)]:    //CL Enter，闭合图形，装饰图案绘制结果如图 3-121 所示
```

Step 10 执行菜单栏"修改"→"偏移"命令，将刚绘制的闭合多段线向内偏移 3 个绘图单位，创建出内部的轮廓线，偏移结果如图 3-122 所示。

Step 11 重复执行"多段线"和"偏移"等命令，绘制其他位置的装饰图案，绘制结果（一）如图 3-123 所示。

Step 12 执行菜单栏"绘图"→"圆弧"→"三点"命令，配合对象捕捉和捕捉自等功能，绘制内部的弧形轮廓线。

  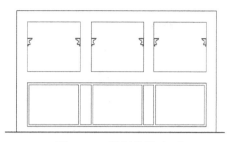

图 3-121　装饰图案绘制结果　　图 3-122　偏移结果　　图 3-123　绘制结果（一）

```
命令：_Arc
指定圆弧的起点或 [圆心(C)]：          //捕捉端点 1，如图 3-124 所示
指定圆弧的第二个点或 [圆心(C)/端点(E)]：//激活捕捉自功能
_from 基点：                        //捕捉中点 2
<偏移>：                            //@0,-25 Enter
指定圆弧的端点：                    //捕捉端点 3，内部弧形轮廓线绘制结果如图 3-124 所示
```

Step 13 重复执行"圆弧"命令，绘制其他圆弧，其他圆弧绘制结果如图 3-125 所示。

 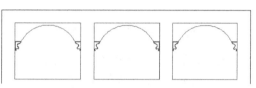

图 3-124　内部弧形轮廓线绘制结果　　　　图 3-125　其他圆弧绘制结果

Step 14 执行"偏移"命令，将圆弧外侧的矩形边界分别向外侧偏移，偏移距离为 25 个绘图单位，偏移结果如图 3-126 所示。

Step 15 使用快捷键 REC 激活"矩形"命令，配合捕捉自功能绘制矩形内框，绘制结果（二）如图 3-127 所示。

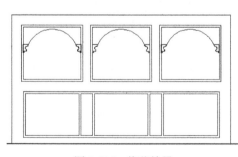 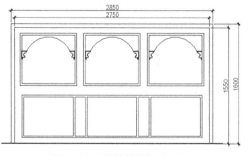

图 3-126　偏移结果　　　　　　　图 3-127　绘制结果（二）

Step 16 执行菜单栏"绘图"→"图案填充"命令，在打开的"图案填充和渐变色"对话框中设置填充图案和填充参数，如图 3-128 所示。为图形填充图案，填充结果（一）如图 3-129 所示。

Step 17 重复执行"图案填充"命令，设置填充图案和填充参数，如图 3-130 所示。为图形填充图案，填充结果（二）如图 3-131 所示。

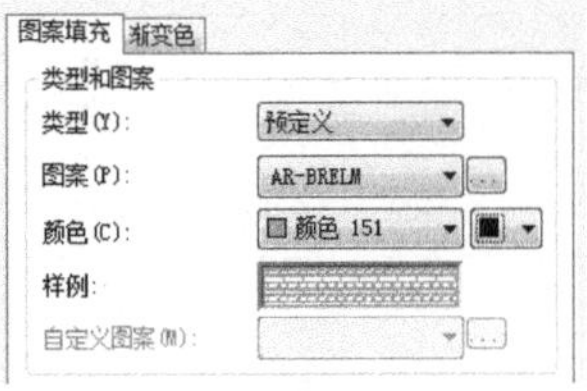

图 3-128 设置填充图案和填充参数（一）

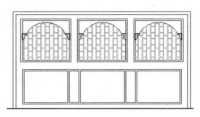

图 3-129 填充结果（一）

图 3-130 设置填充图案和填充参数（二）

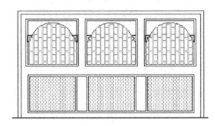

图 3-131 填充结果（二）

Step 18 重复执行"图案填充"命令，设置填充图案和填充参数，如图 3-132 所示。为图形填充图案，填充结果（三）如图 3-133 所示。

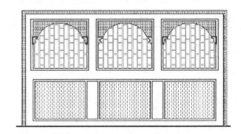

图 3-132 设置填充图案和填充参数（三）

图 3-133 填充结果（三）

Step 19 单击"标准"工具栏→"保存"按钮，将图形存储为"上机实训二.dwg"。

3.8 小结与练习

3.8.1 小结

本章主要学习了 AutoCAD 常用绘图工具的使用方法和操作技巧，具体有点、线、圆、弧、闭合边界及图案填充等。在讲述点命令时，需要掌握点样式、点尺寸的设置方法，掌握单点与多点的绘制，以及定数等分和定距等分工具的操作方法和操作技巧；在讲述线命令时，需要掌握直线、多段线、平行线、作图辅助线及样条曲线等的绘制方法及其绘制技巧，要求读者具备基本的图元绘制技能。

除各种线元素之外，本章还简单介绍了一些闭合图元的绘制方法和技巧，如矩形、边界、圆、弧及多边形等。下一章将学习图线的各种修改编辑工具。

3.8.2 练习

1. 综合运用相关知识绘制图形，如图 3-134 所示。
2. 综合运用相关知识绘制图形，如图 3-135 所示。

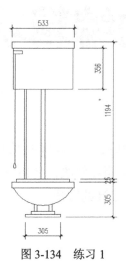

图 3-134　练习 1

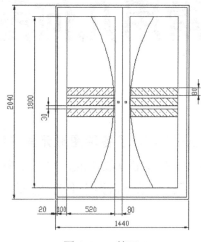

图 3-135　练习 2

第4章

常用几何图元的编辑功能

上一章学习了各种图形元素的绘制方法和绘制技巧，本章将集中讲解 AutoCAD 的图形修改功能，以方便用户对图形进行编辑和修改，并将有限的基本几何图元编辑组合为千变万化的复杂图形，以满足设计的需要。

内容要点

- ◆ 修剪与延伸
- ◆ 上机实训一——绘制立面双开门构件
- ◆ 倒角与圆角
- ◆ 上机实训二——绘制沙发组构件
- ◆ 打断与合并
- ◆ 拉伸与拉长
- ◆ 更改位置与形状

4.1 修剪与延伸

"修剪"和"延伸"是两个比较常用的修改命令,本节将学习这两个命令的具体使用方法,以方便对图线进行修整。

4.1.1 修剪对象

"修剪"命令用于修剪掉对象上指定的部分,不过在修剪时,需要事先指定一个边界,如图 4-1 所示。

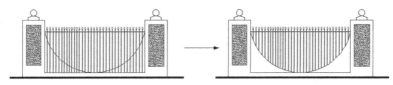

图 4-1 修剪示例

执行"修剪"命令主要有以下几种方式。

- ◆ 单击"默认"→"修改"→"修剪"按钮。
- ◆ 执行菜单栏"修改"→"修剪"命令。
- ◆ 在命令行输入 Trim 后按 Enter 键。
- ◆ 使用 TR 快捷键。

● **默认模式下的修剪**

修剪对象时,边界的选择是关键,而边界需要与修剪对象相交或与其延长线相交,才能成功修剪对象。因此,系统为用户设定了两种修剪模式,即修剪模式和不修剪模式,系统默认模式为不修剪模式。下面学习不修剪模式下的修剪过程。

Step 01 使用画线命令绘制两条图线,如图 4-2(a)所示。

Step 02 单击"默认"→"修改"→"修剪"按钮,对水平直线进行修剪。

```
命令:_Trim
当前设置:投影=UCS,边=无
选择剪切边...
选择对象或 <全部选择>:         //选择倾斜直线作为边界
选择对象:                      //Enter,结束边界的选择
选择要修剪的对象,或按住 Shift 键选择要延伸的对象,或[栏选(F)/窗交(C)/投影式(P)/
边(E)/删除(R)/放弃(U)]:        //在水平直线的右端单击鼠标左键,定位需要删除的部分
选择要修剪的对象,或按住 Shift 键选择要延伸的对象,或[栏选(F)/窗交(C)/投影(P)/边
(E)/删除(R)/放弃(U)]:          //Enter,结束命令,修剪结果如图 4-2(b)所示
```

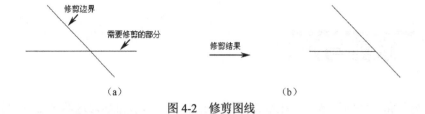

图 4-2 修剪图线

> **小技巧**
>
> 当修剪多个对象时,可以使用栏选和窗交两种功能。栏选功能需要绘制一条或多条栅栏线,所有与栅栏线相交的对象都会被选择,如图 4-3 和图 4-4 所示。

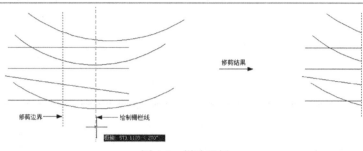

图 4-3 栏选示例

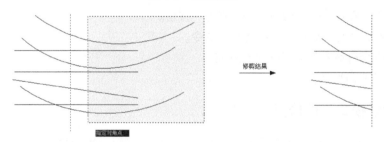

图 4-4 窗交示例

- 隐含交点下的修剪

隐含交点指的是边界与对象没有实际的交点,但是边界被延长后,与对象延长线存在一个隐含交点。

若要对隐含交点下的图线进行修剪,需要更改默认的修剪模式,即将不修剪模式更改为修剪模式,其操作步骤如下。

Step 01 绘制两条图线,如图 4-5 所示。

Step 02 单击"默认"→"修改"→"修剪"按钮,对水平图线进行修剪。

```
命令: _Trim
当前设置:投影=UCS,边=无
选择剪切边...
选择对象或 <全部选择>:          //Enter,选择刚绘制的倾斜图线
选择对象:
```

选择要修剪的对象，或按住 Shift 键选择要延伸的对象，或[栏选(F)/窗交(C)/投影(P)/边(E)/删除(R)/放弃(U)]:   //E Enter，激活"边"选项
//E Enter，设置修剪模式为延伸模式
输入隐含边延伸模式 [延伸(E)/不延伸(N)] <不延伸>:
选择要修剪的对象，或按住 Shift 键选择要延伸的对象，或[栏选(F)/窗交(C)/投影(P)/边(E)/删除(R)/放弃(U)]:   //在水平图线的右端单击鼠标左键
选择要修剪的对象，或按住 Shift 键选择要延伸的对象，或[栏选(F)/窗交(C)/投影(P)/边(E)/删除(R)/放弃(U)]:   //Enter，结束修剪命令

Step 03 修剪图线的结果如图 4-6 所示。

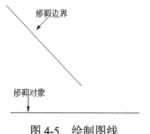
图 4-5　绘制图线

图 4-6　修剪图线的结果

小技巧

"边"选项用于确定修剪边的隐含延伸模式，其中"延伸"选项表示修剪边界可以无限延长，边界与被剪实体不必相交；"不延伸"选项指修剪边界只有与被剪实体相交时才有效。

📖 投影

"投影"选项用于设置三维空间剪切实体的不同投影方法，选择该选项后，命令行出现"输入投影选项[无（N）/UCS（U）/视图（V）]<无>:"的操作提示。其中：

◇ "无"选项表示不考虑投影方式，按实际三维空间的相互关系进行修剪。
◇ "UCS"选项表示在当前 UCS 的 *XOY* 平面上进行修剪。
◇ "视图"选项表示在当前视图平面上进行修剪。

小技巧

当系统提示"选择剪切边"时，直接按 Enter 键即可选择待修剪的对象，系统在修剪对象时将使用最靠近的候选对象作为剪切边。

4.1.2 延伸对象

"延伸"命令用于将图线延长至事先指定的边界上，如图 4-7 所示。可用于延伸的对象有直线、圆弧、椭圆弧、非闭合的二维多段线和三维多段线及射线等。

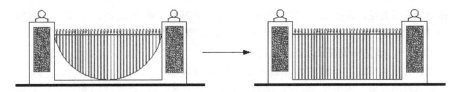

图 4-7 延伸示例

执行"延伸"命令主要有以下几种方式。

- ✧ 单击"默认"→"修改"→"延伸"按钮。
- ✧ 执行菜单栏"修改"→"延伸"命令。
- ✧ 在命令行输入 Extend 后按 Enter 键。
- ✧ 使用 EX 快捷键。

● **默认模式下的延伸**

与"修剪"命令一样,在延伸对象时,也需要为对象指定边界。在指定边界时,有两种情况:一种是对象被延长后与边界存在一个实际的交点;另一种就是与边界的延长线相交于一点。

AutoCAD 为用户提供了两种模式,即延伸模式和不延伸模式,系统默认模式为不延伸模式。下面通过具体实例,来学习不延伸模式下的延伸过程。

Step 01 绘制两条图线,如图 4-8(a)所示。

Step 02 单击"默认"→"修改"→"延伸"按钮,对垂直图线进行延伸,使之与水平图线垂直相交。

```
命令:_Extend
当前设置:投影=UCS,边=无
选择边界的边...
选择对象或 <全部选择>:            //选择水平图线作为边界
选择对象:                         //Enter,结束边界的选择
选择要延伸的对象,或按住 Shift 键选择要修剪的对象,或[栏选(F)/窗交(C)/投影(P)/边(E)/放弃(U)]:            //在垂直图线的下端单击鼠标左键
选择要延伸的对象,或按住 Shift 键选择要修剪的对象,或[栏选(F)/窗交(C)/投影(P)/边(E)/放弃(U)]:            //Enter,结束命令
```

Step 03 垂直图线的下端被延伸,延伸后的垂直图线与水平边界相交于一点,如图 4-8(b)所示。

(a)   (b)

图 4-8 延伸示例

小技巧

在选择延伸对象时，要在靠近延伸边界的一端选择需要延伸的对象，否则对象将不被延伸。

● 隐含交点下的延伸

隐含交点指的是边界与对象没有实际的交点，但是边界被延长后，与对象延长线存在一个隐含交点，如图 4-9 所示。

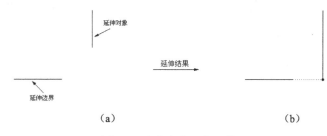

图 4-9 隐含交点下的延伸

对隐含交点下的图线进行延伸时，需要更改默认的延伸模式，即将不延伸模式更改为延伸模式，具体操作步骤如下。

Step 01 绘制两条图线，如图 4-9（a）所示。

Step 02 执行"延伸"命令，将垂直图线的下端延长，使之与水平图线的延长线相交。

```
命令: _Extend
当前设置:投影=UCS,边=无
选择边界的边...
选择对象:                    //选择水平的图线作为延伸边界
选择对象:                    //Enter,结束选择
选择要延伸的对象,或按住 Shift 键选择要修剪的对象,或[栏选(F)/窗交(C)/投影(P)/边(E)/放弃(U)]:       //E Enter,激活"边"选项
输入隐含边延伸模式 [延伸(E)/不延伸(N)] <不延伸>:   //E Enter,设置延伸模式
选择要延伸的对象,或按住 Shift 键选择要修剪的对象,或[栏选(F)/窗交(C)/投影(P)/边(E)/放弃(U)]:              //在垂直图线的下端单击鼠标左键
选择要延伸的对象,或按住 Shift 键选择要修剪的对象,或[栏选(F)/窗交(C)/投影(P)/边(E)/放弃(U)]:         //Enter,结束命令
```

小技巧

"边"选项用于确定延伸边的方式。"延伸"选项将使用隐含的延伸边界来延伸对象；"不延伸"选项用于确定边界不延伸，而只有边界与延伸对象真正相交后才能完成延伸操作。

Step 03 延伸结果如图 4-9（b）所示。

4.2 打断与合并

本节主要学习"打断"和"合并"命令,以方便打断图形或将多个图形合并为一个图形。

4.2.1 打断对象

"打断"命令用于将对象打断为相连的两部分或打断并删除图形对象上的一部分,如图 4-10 所示。

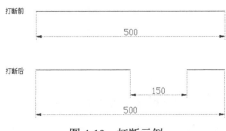

图 4-10 打断示例

> **小技巧**
>
> 虽然打断对象与修剪对象都可以删除对象上的一部分,但是两者有着本质的区别。修剪对象有修剪边界的限制,而打断对象可以删除对象上任意两点之间的部分。

执行"打断"命令主要有以下几种方式。

- 单击"默认"→"修改"→"打断"按钮。
- 执行菜单栏"修改"→"打断"命令。
- 在命令行输入 Break 后按 Enter 键。
- 使用 BR 快捷键。

在对图线进行打断时,通常需要配合状态栏上的捕捉或追踪功能。下面通过实例,来学习使用"打断"命令,具体操作步骤如下。

Step 01 执行"打开"命令,打开配套资源中的"\素材文件\4-1.dwg",如图 4-11 所示。

Step 02 单击"默认"→"修改"→"打断"按钮,配合点的捕捉和输入功能,将右侧的垂直轮廓线删除 750 个绘图单位,以创建门洞。

```
命令: _Break
选择对象:                              //选择绘制的线段
指定第二个打断点 或 [第一点(F)]:       //F Enter,激活"第一点"选项
指定第一个打断点:                      //激活捕捉自功能
_from 基点:                            //捕捉端点,如图 4-12 所示
<偏移>:                                //@0,250 Enter,定位第一断点
指定第二个打断点:                      //@0,750 Enter,定位第二断点
```

小技巧

"第一点"选项用于重新确定第一断点。由于在选择对象时不可能拾取到准确的第一点,因此需要激活该选项,以重新定位第一断点。

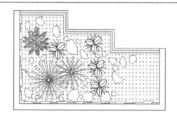

图 4-11 打开结果

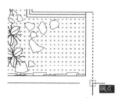

图 4-12 捕捉端点

Step 03 打断结果(一)如图 4-13 所示。

Step 04 重复执行"打断"命令,配合捕捉功能和追踪功能对内侧的轮廓线进行打断。

命令:_Break
选择对象: //选择绘制的线段
指定第二个打断点 或 [第一点(F)]: //F Enter,激活"第一点"选项
指定第一个打断点://水平向左引出端点追踪虚线,然后捕捉交点作为第一断点,如图 4-14 所示
指定第二个打断点: //@0,750 Enter,定位第二断点,打断结果(二)如图 4-15 所示

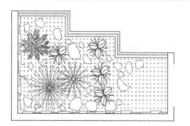

图 4-13 打断结果(一)

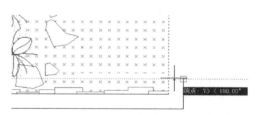

图 4-14 定位第一断点

Step 05 使用快捷键 L 执行"直线"命令,配合端点捕捉功能绘制门洞两侧的墙线,如图 4-16 所示。

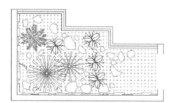

图 4-15 打断结果(二)

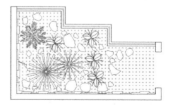

图 4-16 绘制结果

小技巧

要将一个对象一分为二而不删除其中的任何部分,可以在指定第二断点时输入相对坐标符号@,也可以直接单击工具栏上的按钮。

4.2.2 合并对象

合并对象指的是将同角度的两条或多条线段合并为一条线段,或者还可以将圆弧或椭圆弧合并为一个整圆和椭圆,如图 4-17 所示。

(a) 源对象 ──── ────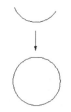

↓   ↓   ↓   ↓

(b) 合并后 ──────────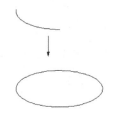

图 4-17 合并对象示例

执行"合并"命令主要有以下几种方式。

- 单击"默认"→"修改"→"合并"按钮。
- 执行菜单栏"修改"→"合并"命令。
- 在命令行输入 Join 后按 Enter 键。
- 使用 J 快捷键。

下面通过将两条线段合并为一条线段、将圆弧合并为一个整圆、将椭圆弧合并为一个椭圆,来学习使用"合并"命令,具体操作步骤如下。

Step 01 绘制两条线段、一条圆弧和椭圆弧,如图 4-17(a)所示

Step 02 单击"默认"→"修改"→"合并"按钮,将两条线段合并为一条线段。

```
命令:_Join
选择源对象或要一次合并的多个对象:    //选择左侧的线段作为源对象
选择要合并的对象:                  //选择右侧线段
选择要合并的对象:                  //Enter,合并线段如图 4-18 所示
```

──────
↓
合并后
──────────

图 4-18 合并线段

Step 03 按 Enter 键重复执行"合并"命令,将圆弧合并为一个整圆,命令行操作如下。

```
命令:
选择源对象或要一次合并的多个对象: //选择圆弧
选择要合并的对象:              //Enter
//L Enter,激活"闭合"选项,合并圆弧如图 4-19 所示
选择圆弧,以合并到源或进行 [闭合(L)]:
```

Step 04 按 Enter 键重复执行"合并"命令,将椭圆弧合并为一个椭圆。

```
命令:
Join
```

选择源对象或要一次合并的多个对象: //选择椭圆弧
选择要合并的对象: //Enter
//L Enter, 激活"闭合"功能, 合并椭圆弧如图 4-20 所示
选择圆弧, 以合并到源或进行[闭合(L)]:

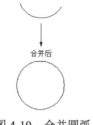

图 4-19　合并圆弧　　　　　　　　　图 4-20　合并椭圆弧

4.3 上机实训——绘制立面双开门构件

通过绘制立面双开门构件, 如图 4-21 所示, 在巩固所学知识的前提下, 主要对修剪、延伸、打断等命令进行综合练习和应用, 具体操作步骤如下。

Step 01 单击"标准"工具栏→"新建"按钮, 新建绘图文件。

Step 02 打开状态栏上的"对象捕捉"功能, 并设置捕捉和追踪模式, 如图 4-22 所示。

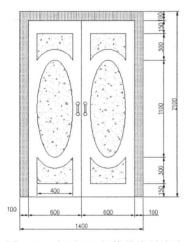

图 4-21　立面双开门构件绘制效果　　　图 4-22　设置捕捉与追踪模式

Step 03 执行菜单栏"视图"→"缩放"→"圆心"命令, 将视图高度调整为 2600 个绘图单位。

```
命令: '_Zoom
指定窗口的角点, 输入比例因子 (nX 或 nXP), 或者[全部(A)/中心(C)/动态(D)/范围(E)/
上一个(P)/比例(S)/窗口(W)/对象(O)] <实时>: _C
指定中心点:                //在绘图区拾取一点
输入比例或高度 <3480.7215>:  //2600 Enter
```

Step 04 菜单栏"绘图"→"矩形"命令, 绘制内部的立面门轮廓线。

```
命令: _Rectang
指定第一个角点或 [倒角(C)/标高(E)/圆角(F)/厚度(T)/宽度(W)]: //在绘图区拾取一点
指定另一个角点或 [面积(A)/尺寸(D)/旋转(R)]:     //D Enter
指定矩形的长度 <10.0000>:                      //1200 Enter
指定矩形的宽度 <10.0000>:                      //2000 Enter
//在右上侧拾取一点,内部立面门轮廓线绘制结果如图4-23所示
指定另一个角点或 [面积(A)/尺寸(D)/旋转(R)]:
```

Step 05 执行菜单栏"修改"→"分解"命令,将矩形分解为4条独立的线段。

Step 06 执行菜单栏"修改"→"偏移"命令,对分解后的矩形进行偏移。

```
命令: _Offset
当前设置:删除源=否  图层=源  OFFSETGAPTYPE=0
指定偏移距离或 [通过(T)/删除(E)/图层(L)] <0.0000>: //100 Enter
选择要偏移的对象,或 [退出(E)/放弃(U)] <退出>:      //选择左侧的垂直边
//在所选边的左侧拾取点
指定要偏移的那一侧上的点,或 [退出(E)/多个(M)/放弃(U)] <退出>:
选择要偏移的对象,或 [退出(E)/放弃(U)] <退出>:      //选择右侧的垂直边
//在所选边的右侧拾取点
指定要偏移的那一侧上的点,或 [退出(E)/多个(M)/放弃(U)] <退出>:
选择要偏移的对象,或 [退出(E)/放弃(U)] <退出>:      //选择上侧的水平边
//在所选边的上侧拾取点
指定要偏移的那一侧上的点,或 [退出(E)/多个(M)/放弃(U)] <退出>:
选择要偏移的对象,或 [退出(E)/放弃(U)] <退出>:      //Enter
命令:                                            //Enter
Offset 当前设置:删除源=否  图层=源  OFFSETGAPTYPE=0
指定偏移距离或 [通过(T)/删除(E)/图层(L)] <100.0000>: //700 Enter
选择要偏移的对象,或 [退出(E)/放弃(U)] <退出>:      //选择最左侧的垂直边
//在所选边的右侧拾取点
指定要偏移的那一侧上的点,或 [退出(E)/多个(M)/放弃(U)] <退出>:
//Enter,分解后矩形偏移结果如图4-24所示
选择要偏移的对象,或 [退出(E)/放弃(U)] <退出>:
```

Step 07 执行菜单栏"修改"→"延伸"命令,对内侧的轮廓边进行延伸,命令行操作如下。

```
命令: _Extend
当前设置:投影=UCS,边=无
选择边界的边...
选择对象或 <全部选择>:          //选择两侧的垂直边,如图4-25所示
选择对象:                      //Enter,结束选择
选择要延伸的对象,或按住 Shift 键选择要修剪的对象,或[栏选(F)/窗交(C)/投影(P)/边(E)/放弃(U)]:     //在轮廓边B的左端单击
选择要延伸的对象,或按住 Shift 键选择要修剪的对象,或[栏选(F)/窗交(C)/投影(P)/边(E)/放弃(U)]:     //在轮廓边B的右端单击
选择要延伸的对象,或按住 Shift 键选择要修剪的对象,或[栏选(F)/窗交(C)/投影(P)/边(E)/放弃(U)]:     //E Enter
```

输入隐含边延伸模式 [延伸(E)/不延伸(N)] <不延伸>:　　//E Enter
选择要延伸的对象，或按住 Shift 键选择要修剪的对象，或[栏选(F)/窗交(C)/投影(P)/边(E)/放弃(U)]:　　　　　　　　//在轮廓边 A 的右端单击
选择要延伸的对象，或按住 Shift 键选择要修剪的对象，或[栏选(F)/窗交(C)/投影(P)/边(E)/放弃(U)]:　　　　　　　　//在轮廓边 A 的左端单击
选择要延伸的对象，或按住 Shift 键选择要修剪的对象，或[栏选(F)/窗交(C)/投影(P)/边(E)/放弃(U)]:　　　　　　　　//Enter，内侧轮廓边延伸结果如图 4-26 所示

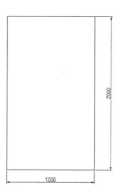 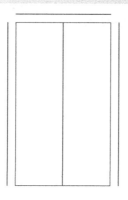 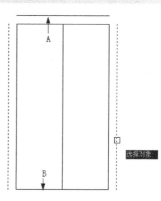

图 4-23　内部立面门轮廓线绘制结果　　图 4-24　分解后矩形偏移结果　　图 4-25　选择延伸边界

Step 08 重复执行"延伸"命令，对两侧的垂直轮廓边进行延伸。

命令: _Extend
当前设置:投影=UCS，边=延伸
选择边界的边...
选择对象或 <全部选择>:　　　　//选择延伸边界，如图 4-27 所示
选择对象:　　　　　　　　　　　//Enter，结束选择
选择要延伸的对象，或按住 Shift 键选择要修剪的对象，或[栏选(F)/窗交(C)/投影(P)/边(E)/放弃(U)]:　　　　　　　　//在最左侧垂直边的上端单击
选择要延伸的对象，或按住 Shift 键选择要修剪的对象，或[栏选(F)/窗交(C)/投影(P)/边(E)/放弃(U)]:　　　　　　　　//在最右侧垂直边的上端单击
选择要延伸的对象，或按住 Shift 键选择要修剪的对象，或[栏选(F)/窗交(C)/投影(P)/边(E)/放弃(U)]:　　　　　　　　//Enter，垂直轮廓边延伸结果如图 4-28 所示

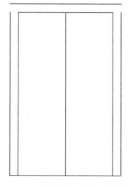 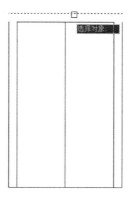 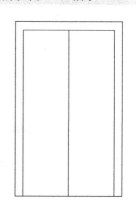

图 4-26　内侧轮廓边延伸结果　　图 4-27　选择延伸边　　图 4-28　垂直轮廓边延伸结果

Step 09 执行菜单栏"绘图"→"矩形"命令，配合捕捉自功能绘制内部的轮廓线。

```
命令：_Rectang
指定第一个角点或 [倒角(C)/标高(E)/圆角(F)/厚度(T)/宽度(W)]: //激活捕捉自功能
_from 基点：            //捕捉交点，如图4-29所示
<偏移>：                //@100,150 Enter
指定另一个角点或 [面积(A)/尺寸(D)/旋转(R)]:   //@400,1700 Enter
命令：_Rectang
指定第一个角点或 [倒角(C)/标高(E)/圆角(F)/厚度(T)/宽度(W)]://激活捕捉自功能
_from 基点：            //捕捉端点，如图4-30所示
<偏移>：                //@-100,150 Enter
指定另一个角点或 [面积(A)/尺寸(D)/旋转(R)]:   //@-400,1700Enter，内部轮廓线绘制
结果如图4-31所示
```

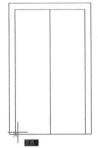 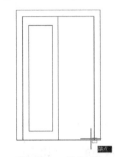 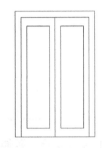

图 4-29　捕捉交点（一）　　　图 4-30　捕捉端点　　　图 4-31　内部轮廓线绘制结果

Step 10 执行菜单栏"绘图"→"椭圆"命令，配合对象追踪和中点捕捉功能，绘制内部的椭圆。

```
命令：_Ellipse
指定椭圆的轴端点或 [圆弧(A)/中心点(C)]: //C Enter
指定椭圆的中心点：           //捕捉中点追踪虚线的交点，如图4-32所示
指定轴的端点：               //@200,0 Enter
指定另一条半轴长度或 [旋转(R)]:  //550 Enter
命令：
Ellipse指定椭圆的轴端点或 [圆弧(A)/中心点(C)]:    //C Enter
指定椭圆的中心点：           //捕捉中点追踪虚线的交点，如图4-33所示
指定轴的端点：               //@200,0 Enter
指定另一条半轴长度或 [旋转(R)]:  //550 Enter，内部椭圆绘制结果如图4-34所示
```

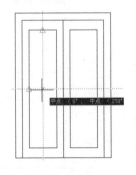 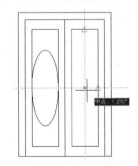

图 4-32　定位中心点（一）　　　　　　图 4-33　定位中心点（二）

Step **11** 执行菜单栏"修改"→"偏移"命令,将两个椭圆向外偏移124个绘图单位。椭圆偏移结果如图4-35所示。

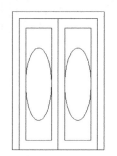
图4-34 内部椭圆绘制结果

图4-35 椭圆偏移结果

Step **12** 单击"修改"面板中的 按钮,打断偏移的椭圆和矩形。

命令:_Break
选择对象: //选择左侧偏移出的椭圆
指定第二个打断点或 [第一点(F)]: //F Enter
指定第一个打断点: //捕捉交点,如图4-36所示
指定第二个打断点: //捕捉交点,如图4-37所示,打断结果如图4-38所示

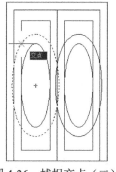
图4-36 捕捉交点(二)

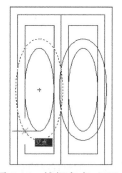
图4-37 捕捉交点(三)

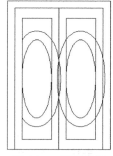
图4-38 打断结果

Step **13** 执行菜单栏"修改"→"修剪"命令,对内部的矩形进行修剪,命令行操作如下。

命令:_Trim
当前设置:投影=UCS,边=延伸
选择剪切边…
选择对象或 <全部选择>:   //选择打断后的椭圆弧
选择对象: //Enter
选择要修剪的对象,或按住 Shift 键选择要延伸的对象,或[栏选(F)/窗交(C)/投影(P)/边(E)/删除(R)/放弃(U)]: //在指定位置单击鼠标左键,如图4-39所示
选择要修剪的对象,或按住 Shift 键选择要延伸的对象,或[栏选(F)/窗交(C)/投影(P)/边(E)/删除(R)/放弃(U)]: //在指定位置单击鼠标左键,如图4-40所示
选择要修剪的对象,或按住 Shift 键选择要延伸的对象,或[栏选(F)/窗交(C)/投影(P)/边(E)/删除(R)/放弃(U)]: //Enter,修剪结果如图4-41所示

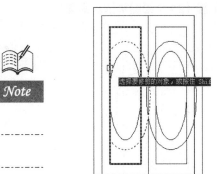 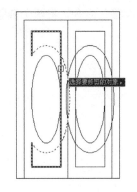 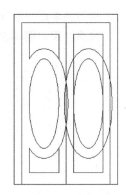

图 4-39　单击指定位置（一）　　图 4-40　单击指定位置（二）　　图 4-41　修剪结果

Step 14 参照操作步骤 12、13，重复执行"打断"和"修剪"命令，对其他图线进行修整，如图 4-42 所示。

Step 15 使用快捷键 C 执行"圆"命令，配合捕捉和追踪功能，绘制圆与直线，如图 4-43 所示，其中圆的半径为 18 个绘图单位。

Step 16 将圆之间的两条垂直直线分别向左、向右偏移 10 个绘图单位，并删除源直线，如图 4-44 所示。

 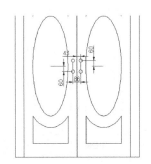 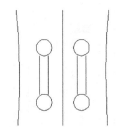

图 4-42　修整结果　　图 4-43　圆与直线绘制结果　　图 4-44　直线偏移结果

Step 17 使用快捷键 EX 执行"延伸"命令，以 4 个圆（见图 4-45）作为边界，对 4 条垂直直线进行延伸，如图 4-46 所示。

Step 18 执行菜单栏"格式"→"颜色"命令，在打开的"选择颜色"对话框中，将当前颜色设置为"102"号色，如图 4-47 所示。

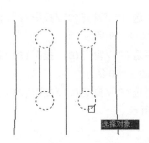 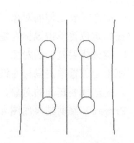 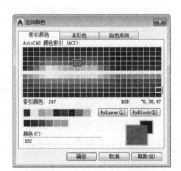

图 4-45　选择结果　　图 4-46　垂直直线延伸结果　　图 4-47　设置当前颜色

Step 19 使用快捷键 H 执行"图案填充"命令,并打开"图案填充和渐变色"对话框,设置填充图案和填充参数,如图 4-48 所示。为立面门填充图案,填充结果(一)如图 4-49 所示。

图 4-48　设置填充图案和填充参数(一)　　　图 4-49　填充结果(一)

Step 20 使用快捷键 H 执行"图案填充"命令,并打开"图案填充和渐变色"对话框,设置填充图案和填充参数,如图 4-50 所示。为立面门填充图案,填充结果(二)如图 4-51 所示。

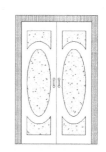

图 4-50　设置填充图案和填充参数(二)　　　图 4-51　填充结果(二)

Step 21 执行"保存"命令,将图形存储为"上机实训一.dwg"。

4.4　拉伸与拉长

本节主要学习"拉伸"和"拉长"命令。

4.4.1　拉伸对象

"拉伸"命令通过拉伸与窗交选择框相交的部分对象,进而改变对象的尺寸或形状,如图 4-52 所示。

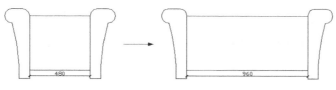

图 4-52　拉伸示例

> **小技巧**
>
> 如果对象全部处在窗交选择框之内，那么拉伸的结果将会是源对象的位置发生改变，而形状及尺寸不会发生变化。

执行"拉伸"命令主要有以下几种方式。

- ◇ 单击"默认"→"修改"→"拉伸"按钮。
- ◇ 执行菜单栏"修改"→"拉伸"命令。
- ◇ 在命令行输入 Stretch 后按 Enter 键。
- ◇ 使用 S 快捷键。

常用于拉伸的对象有直线、圆弧、椭圆弧、多段线、样条曲线等。下面通过将某矩形的短边尺寸拉伸为原来的 2 倍，而长边尺寸拉伸为原来的 1.5 倍，来学习使用"拉伸"命令，具体操作步骤如下。

Step 01 执行"矩形"命令绘制一个矩形。

Step 02 单击"默认"→"修改"→"拉伸"按钮，对矩形的水平边进行拉伸，命令行操作如下。

```
命令:_Stretch
以交叉窗口或交叉多边形选择要拉伸的对象...
选择对象:                    //拉出窗交选择框，如图 4-53 所示
选择对象:                    //Enter，结束对象的选择
指定基点或 [位移(D)] <位移>:    //捕捉矩形的左下角点，作为拉伸的基点
//捕捉矩形下侧边中点作为拉伸目标点，拉伸结果（一）如图 4-54 所示
指定第二个点或 <使用第一个点作为位移>:
```

图 4-53　窗交选择（一）

图 4-54　拉伸结果（一）

Step 03 按 Enter 键，重复"拉伸"命令，将矩形的宽度拉伸为原来的 1.5 倍，命令行操作如下。

```
命令:_Stretch
以交叉窗口或交叉多边形选择要拉伸的对象...
选择对象:                    //拉出窗交选择框，如图 4-55 所示
选择对象:                    //Enter，结束对象的选择
指定基点或 [位移(D)] <位移>:    //捕捉矩形的左下角点，作为拉伸的基点
//捕捉矩形左上角点作为拉伸目标点，拉伸结果（二）如图 4-56 所示
指定第二个点或 <使用第一个点作为位移>:
```

图 4-55　窗交选择（二）　　　　　图 4-56　拉伸结果（二）

4.4.2　拉长对象

"拉长"命令主要用于将对象拉长或缩短。在拉长的过程中，不仅可以改变线对象的长度，而且还可以更改弧对象的角度，如图 4-57 所示。

执行"拉长"命令主要有以下几种方式。

- ✧ 单击"默认"→"修改"→"拉长"按钮。
- ✧ 执行菜单栏"修改"→"拉长"命令。
- ✧ 在命令行输入 Lengthen 后按 Enter 键。
- ✧ 使用 LEN 快捷键。

图 4-57　拉长示例

> **小技巧**
>
> 执行"拉长"命令不仅可以改变圆弧和椭圆弧的角度，而且也可以改变圆弧、椭圆弧、直线、非闭合的多段线和样条曲线的长度，但闭合的图形对象不能被拉长或缩短。

● 增量拉长

增量拉长指的是按照事先指定的长度增量或角度增量，对对象进行拉长或缩短，具体操作步骤如下。

Step 01　绘制长度为 200 个绘图单位的水平直线，如图 4-58（a）所示。

Step 02　执行菜单栏"修改"→"拉长"命令，将水平直线水平向右拉长 50 个绘图单位。

```
命令：_Lengthen
选择对象或 [增量(DE)/百分数(P)/全部(T)/动态(DY)]://DE Enter，激活"增量"选项
输入长度增量或 [角度(A)] <0.0000>：   //50 Enter，设置长度增量
选择要修改的对象或 [放弃(U)]：        //在直线的右端单击鼠标左键
选择要修改的对象或 [放弃(U)]：        //Enter，退出命令
```

Step 03　增量拉长结果如图 4-58（b）所示。

```
        200                                    250

         (a)                                    (b)
                    图 4-58  增量拉长示例
```

> **小技巧**
>
> 如果把增量值设置为正值，系统将拉长对象；反之则缩短对象。

- **百分数拉长**

百分数拉长指的是以总长的百分比值进行拉长或缩短对象，长度的百分比值必须为正且非零，具体操作步骤如下。

Step 01 绘制任意长度的水平图线，如图 4-59（a）所示。

Step 02 执行菜单栏"修改"→"拉长"命令，将水平图线拉长 200%。

```
命令：_Lengthen
选择对象或 [增量(DE)/百分数(P)/全部(T)/动态(DY)]://P Enter，激活"百分比"选项
输入长度百分数 <100.0000>:        //200 Enter，设置拉长的百分比值
选择要修改的对象或 [放弃(U)]:     //在线段的一端单击鼠标左键
选择要修改的对象或 [放弃(U)]:     //Enter，结束命令
```

Step 03 拉长结果如图 4-59（b）所示。

```
    _____              _____

       (a) 拉长前                          (b) 拉长后
                    图 4-59  百分数拉长示例
```

> **小技巧**
>
> 当长度的百分比值小于 100 时，将缩短对象；当长度的百分比值大于 100 时，将拉伸对象。

- **全部拉长**

全部拉长指的是根据指定一个总长度或总角度进行拉长或缩短对象，具体操作步骤如下。

Step 01 绘制任意长度的水平图线。

Step 02 执行菜单栏"修改"→"拉长"命令，将水平图线水平向右拉长为 500 个绘图单位。

```
命令：_Lengthen
//T Enter，激活"全部"选项
选择对象或 [增量(DE)/百分数(P)/全部(T)/动态(DY)]:
指定总长度或 [角度(A)] <1.0000>:   //500 Enter，设置总长度
选择要修改的对象或 [放弃(U)]:      //在线段的一端单击鼠标左键
```

选择要修改的对象或 [放弃(U)]:   //Enter，退出命令

Step 03 原对象的长度被拉长为 500 个绘图单位，如图 4-60 所示。

图 4-60 全部拉长示例

小技巧

如果原对象的总长度或总角度大于所指定的总长度或总角度，则原对象将被缩短；反之，将被拉长。

● 动态拉长

动态拉长指的是根据图形对象的端点位置动态改变其长度。激活"动态"选项之后，AutoCAD 将端点移动到所需的长度或角度位置，另一端保持固定，如图 4-61 所示。

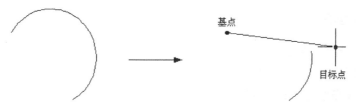

图 4-61 动态拉长示例

小技巧

"动态"选项不能对样条曲线、多段线进行操作。

4.5 倒角与圆角

本节主要学习"倒角"和"圆角"命令，以方便对图形进行倒角和圆角等细化编辑。

4.5.1 倒角对象

"倒角"命令主要用于为两条或多条图线进行倒角，倒角的结果是使用一条线段连接两个倒角对象，如图 4-62 所示。

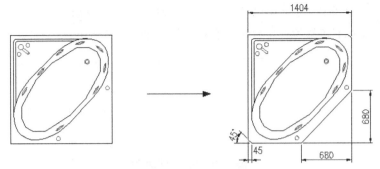

图 4-62 倒角示例

执行"倒角"命令主要有以下几种方式。

- ◆ 单击"默认"→"修改"→"倒角"按钮。
- ◆ 执行菜单栏"修改"→"倒角"命令。
- ◆ 在命令行输入表达式 Chamfer 后按 Enter 键。
- ◆ 使用 CHA 快捷键。

用于倒角的图线一般有直线、多段线、矩形、多边形等，不能倒角的图线有圆、圆弧、椭圆和椭圆弧等。下面将学习几种常用的倒角功能。

● 距离倒角

距离倒角指的是直接输入两条图线上的倒角距离进行倒角图线，如图 4-63 所示，具体操作步骤如下。

Step 01 绘制两条图线，如图 4-63（a）所示。

Step 02 单击"默认"→"修改"→"倒角"按钮，对两条图线进行距离倒角。

```
命令：_Chamfer
（"修剪"模式）当前倒角距离 1 = 0.0000，距离 2 = 0.0000
//D Enter，激活"距离"选项
选择第一条直线或 [放弃(U)/多段线(P)/距离(D)/角度(A)/修剪(T)/方式(E)/多个(M)]：
指定第一个倒角距离 <0.0000>：              //150 Enter，设置第一倒角长度
指定第二个倒角距离 <25.0000>：             //100 Enter，设置第二倒角长度
//选择水平线段
选择第一条直线或 [放弃(U)/多段线(P)/距离(D)/角度(A)/修剪(T)/方式(E)/多个(M)]：
//选择倾斜线段
选择第二条直线，或按住 Shift 键选择直线以应用角点或 [距离(D)/角度(A)/方法(M)]：
```

小技巧

在上述操作提示中，"放弃"选项是用于不中止命令的前提下，撤销上一步操作的；"多个"选项是用于执行一次命令时，可以对多个图线进行倒角操作的。

Step 03 距离倒角的结果如图 4-63（b）所示。

（a）倒角前　　　　　　　　　　　　（b）倒角后

图 4-63　距离倒角

小技巧

用于倒角的两个倒角距离值不能为负值，如果将两个倒角距离值设置为 0，那么倒角的结果就是两条图线被修剪或延长，直至相交于一点。

● 角度倒角

角度倒角指的是通过设置一条图线的倒角长度和倒角角度为图线倒角，如图 4-64 所示。使用此种方式为图线倒角时，首先需要设置对象的长度尺寸和角度尺寸，具体操作步骤如下。

Step 01 执行"画线"命令，绘制两条垂直图线，如图 4-64（a）所示。

Step 02 单击"默认"→"修改"→"倒角"按钮，对两条图形进行角度倒角。

```
命令: _Chamfer
("修剪"模式) 当前倒角距离 1 = 25.0000, 距离 2 = 15.0000
选择第一条直线或 [放弃(U)/多段线(P)/距离(D)/角度(A)/修剪(T)/方式(E)/
多个(M)]:                           //A Enter，激活"角度"选项
指定第一条直线的倒角长度 <0.0000>:   //100 Enter，设置倒角长度
指定第一条直线的倒角角度 <0>:        //30 Enter，设置倒角距离
//选择水平的线段
选择第一条直线或 [放弃(U)/多段线(P)/距离(D)/角度(A)/修剪(T)/方式(E)/多个(M)]:
//选择倾斜线段作为第二倒角对象
选择第二条直线，或按住 Shift 键选择直线以应用角点或 [距离(D)/角度(A)/方法(M)]:
```

Step 03 角度倒角的结果如图 4-64（b）所示。

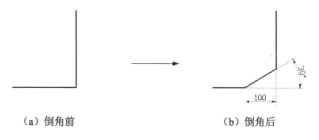

（a）倒角前　　　　　　　　　　　　（b）倒角后

图 4-64　角度倒角的结果

小技巧

在上述操作提示中，"方式"选项用于确定倒角的方式，要求选择"距离倒角"或"角度倒角"选项。另外，系统变量 Chammode 控制着倒角的方式，当 Chammode=0 时，系统支持距离倒角；当 Chammode=1 时，系统支持角度倒角。

● 多段线倒角

多段线倒角用于为整条多段线的所有相邻元素边进行同时倒角操作，如图 4-65 所示。在为多段线进行倒角操作时，可以使用相同的倒角距离值，也可以使用不同的倒角距离值，多段线倒角过程如下。

Step 01 绘制多段线，如图 4-65（a）所示

Step 02 单击"默认"→"修改"→"倒角"按钮，对多段线进行倒角。

```
命令：_Chamfer
（"修剪"模式）当前倒角距离 1 = 0.0000，距离 2=0.0000
选择第一条直线或 [放弃(U)/多段线(P)/距离(D)/角度(A)/修剪(T)/方式(E)/多个(M)]：
                                //D Enter，激活"距离"选项
指定第一个倒角距离 <0.0000>：        //50 Enter，设置第一倒角长度
指定第二个倒角距离 <50.0000>：       //30 Enter，设置第二倒角长度
//P Enter，激活"多段线"选项
选择第一条直线或 [放弃(U)/多段线(P)/距离(D)/角度(A)/修剪(T)/方式(E)/多个(M)]：
选择二维多段线或 [距离(D)/角度(A)/方法(M)]：      //选择刚绘制的多段线
```

Step 03 多段线倒角的结果如图 4-65（b）所示。

（a）多段线倒角前　　　　　　　　　　（b）多段线倒角后

图 4-65　多段线倒角

> **小技巧**
>
> 如果被倒角的两个对象处于一个图层上，那么倒角线将位于该图层上，否则，倒角线将位于当前图层上。此规则同样适用于倒角的颜色、线型和线宽等。

● 设置倒角模式

"修剪"选项用于设置倒角的修剪状态。系统提供了两种倒角边的修剪模式，即修剪模式和不修剪模式。当将倒角模式设置为修剪模式时，被倒角的两条直线被修剪到倒角的端点，系统默认的倒角模式为修剪模式；当倒角模式设置为不修剪模式时，那么用于倒角的图线将不被修剪，如图 4-66 所示。

图 4-66　不修剪模式下的倒角

> **小技巧**
>
> 系统变量 Trimmode 控制倒角的修剪状态，当 Trimmode=0 时，系统保持对象不被修剪；当 Trimmode=1 时，系统支持倒角的修剪模式。

4.5.2 圆角对象

圆角对象指的是使用一段给定半径的圆弧光滑连接两条图线，如图 4-67 所示。执行"圆角"命令主要有以下几种方式。

- ◇ 单击"默认"→"修改"→"圆角"按钮。
- ◇ 执行菜单栏"修改"→"圆角"命令。
- ◇ 在命令行输入 Fillet 后按 Enter 键。
- ◇ 使用 F 快捷键。

（a）图线圆角前　　　　　　　　（b）图线圆角后

图 4-67　圆角示例

> **小技巧**
>
> 一般情况下，用于圆角的图线有直线、多段线、样条曲线、构造线、射线、圆弧和椭圆弧等。

● **常规模式下的圆角**

Step 01 绘制直线和圆弧，如图 4-67（a）所示。

Step 02 单击"默认"→"修改"→"圆角"按钮，对直线和圆弧进行圆角。

```
命令: _Fillet
当前设置: 模式 = 修剪, 半径 = 0.0000
//R Enter, 激活"半径"选项
选择第一个对象或 [放弃(U)/多段线(P)/半径(R)/修剪(T)/多个(M)]:
指定圆角半径 <0.0000>:                                    //100 Enter
选择第一个对象或 [放弃(U)/多段线(P)/半径(R)/修剪(T)/多个(M)]: //选择倾斜线段
选择第二个对象, 或按住 Shift 键选择对象以应用角点或[半径(R)]:　//选择圆弧
```

> **小技巧**
>
> "多个"选项用于为多个对象进行圆角，而不需要重复执行"圆角"命令。如果用于圆角的图线处于同一图层上，那么圆角也处于同一图层上；如果圆角对象不在同一图层上，那么圆角将处于当前图层上。同样，圆角的颜色、线型和线宽也都遵守这一规则。

Step 03 多线段的圆角如图 4-67（b）所示。

> **小技巧**
>
> "多段线"选项用于对多段线相邻各边进行圆角处理。激活此选项后，AutoCAD 将以默认的圆角半径对整条多段线相邻各边进行圆角处理，如图 4-68 所示。

图 4-68　多段线圆角

- **设置圆角模式**

与"倒角"命令一样，"圆角"命令也存在两种圆角模式，即修剪模式和不修剪模式，以上各例都是在修剪模式下进行圆角的，不修剪模式下的圆角效果如图 4-69 所示。

图 4-69　不修剪模式下的圆角

> **小技巧**
>
> 用户可通过系统变量 Trimmode 设置圆角的修剪模式，当 Trimmode=0 时，保持对象不被修剪；当 Trimmode=1 时，表示圆角后对象进行修剪。

- **平行线圆角**

如果用于圆角的图线是相互平行的，那么在执行"圆角"命令后，AutoCAD 将不考虑当前的圆角半径，而是自动使用一条半圆弧连接两条平行图线。半圆弧的直径为两条平行线之间的距离，如图 4-70 所示。

图 4-70　平行线圆角

4.6　更改位置与形状

本节主要学习移动、旋转、缩放、分解等命令，以方便更改图形的位置、形状和尺寸等。

4.6.1 移动对象

移动对象就是将对象从一个位置移动到另一个位置,而源对象的尺寸及形状均不发生变化,改变的仅仅是对象的位置。

执行"移动"命令主要有以下几种方式。

- ✧ 单击"默认"→"修改"→"移动"按钮。
- ✧ 执行菜单栏"修改"→"移动"命令。
- ✧ 在命令行输入 Move 后按 Enter 键。
- ✧ 使用 M 快捷键。

在移动对象时,一般需要使用点的捕捉功能或点的输入功能,以进行精确的位移。现将图 4-71(a)中的矩形移动至图 4-71(b)中的位置,具体操作步骤如下。

Step 01 绘制矩形和直线,如图 4-71(a)所示。

Step 02 单击"默认"→"修改"→"移动"按钮,对矩形进行位移。

```
命令:_Move
选择对象:                    //选择矩形
选择对象:                    //Enter,结束对象的选择
指定基点或 [位移(D)] <位移>:  //捕捉端点,如图 4-72 所示
指定第二个点或 <使用第一个点作为位移>: //捕捉倾斜直线的上端点作为目标,同时结束命令
```

Step 03 位移结果如图 4-71(b)所示。

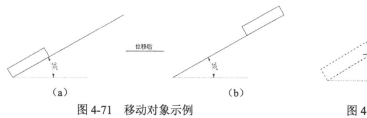

图 4-71 移动对象示例   图 4-72 捕捉端点

4.6.2 旋转对象

旋转对象指的是将对象围绕指定的基点旋转一定的角度。

执行"旋转"命令主要有以下几种方式。

- ✧ 单击"默认"→"修改"→"旋转"按钮。
- ✧ 执行菜单栏"修改"→"旋转"命令。
- ✧ 在命令行输入 Rotate 后按 Enter 键。
- ✧ 使用 RO 快捷键。

● **角度旋转对象**

在旋转对象时,若输入的角度为正值,则系统将按逆时针方向旋转;若输入的角度为负值,则系统将按顺时针方向旋转。下面通过将某矩形顺时针旋转 30°,来学习使用

"旋转"命令，具体操作步骤如下。

Step 01 绘制一个矩形，如图4-73（a）所示。

Step 02 单击"默认"→"修改"→"旋转"按钮，以逆时针方向旋转矩形。

```
命令：_Rotate
UCS 当前的正角方向： ANGDIR=逆时针  ANGBASE=0
选择对象：                          //选择刚绘制的矩形
选择对象：                          //Enter，结束选择
指定基点：                          //捕捉矩形左下角点作为基点
指定旋转角度，或 [复制(C)/参照(R)] <0>：  //30 Enter，输入倾斜角度
```

Step 03 旋转结果如图4-73（b）所示。

图4-73　旋转示例

小技巧

"参照"选项用于将对象进行参照旋转，即指定一个参照角度和新角度，两个角度的差值就是对象的实际旋转角度。

● 旋转复制对象

旋转复制对象指的是在旋转对象的同时将其复制，而源对象保持不变，如图4-74所示，具体操作步骤如下。

Step 01 绘制矩形，如图4-74（a）所示。

Step 02 单击"默认"→"修改"→"旋转"按钮，对矩形进行旋转复制。

```
命令：_Rotate
UCS 当前的正角方向： ANGDIR=逆时针  ANGBASE=0
选择对象：                          //选择矩形
选择对象：                          //Enter，结束选择
指定基点：                          //捕捉矩形左下角点作为基点
指定旋转角度，或 [复制(C)/参照(R)] <0>：  //C Enter
旋转一组选定对象。
指定旋转角度，或 [复制(C)/参照(R)] <30>： //30 Enter，输入倾斜角度
```

Step 03 旋转结果如图4-74（b）所示。

图4-74　旋转复制示例

4.6.3 缩放对象

缩放对象指的是将对象进行等比例放大或缩小。执行"缩放"命令可以创建形状相同、大小不同的图形结构。

执行"缩放"命令主要有以下几种方式。

- ◇ 单击"默认"→"修改"→"缩放"按钮。
- ◇ 执行菜单栏"修改"→"缩放"命令。
- ◇ 在命令行输入 Scale 后按 Enter 键。
- ◇ 使用 SC 快捷键。

● 等比缩放对象

在等比缩放对象时,如果输入的比例因子大于 1,则对象被放大;如果输入的比例小于 1,则对象被缩小。等比缩放的具体操作步骤如下。

Step 01 打开配套资源中的"\素材文件\缩放对象.dwg"文件,如图 4-75(a)所示。

Step 02 单击"默认"→"修改"→"缩放"按钮,将图形等比缩放为原来的一半。

```
命令: _Scale
选择对象:                            //选择刚打开的图形
选择对象:                            //Enter,结束对象的选择
指定基点:                            //捕捉花瓶左下角点
指定比例因子或 [复制(C)/参照(R)] <1.0000>:  //0.5 Enter,输入缩放比例
```

Step 03 缩放结果如图 4-75(b)所示。

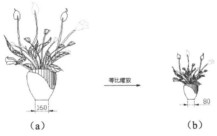

图 4-75 缩放示例

小技巧

基点一般指定在对象的几何中心或对象的特殊点上,可用目标捕捉的方式来指定。

● 缩放复制对象

缩放复制对象指的是在等比缩放对象的同时将其进行复制,如图 4-76 所示。缩放复制的具体操作步骤如下。

Step 01 打开上例图形素材文件,如图 4-76(a)所示

Step 02 单击"默认"→"修改"→"缩放"按钮,将图形缩放复制。

```
命令: _Scale
选择对象:                        //选择刚打开的图形
选择对象:                        //Enter，结束对象的选择
指定基点:                        //捕捉花瓶左下角点
指定比例因子或 [复制(C)/参照(R)] <1.0000>:     //C Enter
缩放一组选定对象。
指定比例因子或 [复制(C)/参照(R)] <0.6000>:     //1.5 Enter，输入缩放比例
```

Step 03 缩放复制的结果如图 4-76（b）所示。

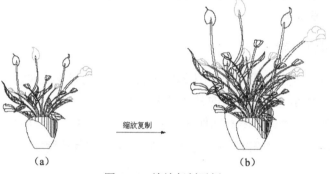

图 4-76 缩放复制示例

小技巧

"参照"选项是使用参考值作为比例因子缩放对象。激活该选项后，需要用户指定一个参照长度和一个新长度，AutoCAD 将以参考长度和新长度的比值决定缩放的比例因子。

4.6.4 分解对象

分解对象指的是将组合对象分解成各自独立的对象，以方便对分解后的各对象进行编辑。

执行"分解"命令主要有以下几种方式。

- ◇ 单击"默认"→"修改"→"分解"按钮。
- ◇ 执行菜单栏"修改"→"分解"命令。
- ◇ 在命令行输入 Explode 后按 Enter 键。
- ◇ 使用 X 快捷键。

小技巧

常用于分解的组合对象有矩形、正多边形、多段线、边界及一些图块等。例如，矩形是由 4 条直线元素组成的单个对象，如果用户需要对其中的一条边进行编辑，则应先将矩形分解为 4 条线对象，如图 4-77 所示。

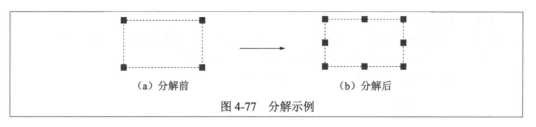

图 4-77 分解示例

在执行"分解"命令后,只需选择需要分解的对象再按 Enter 键即可将对象分解。如果是对具有一定宽度的多段线进行分解,AutoCAD 将忽略其宽度并沿多段线的中心放置分解的多段线,如图 4-78 所示。

图 4-78 分解宽度多段线

4.7 上机实训二——绘制沙发组构件

通过上述各小节的详细讲述,相信读者已经对各种修改工具有了一定的认识和操作能力。下面通过绘制沙发组构件,在巩固所学知识的前提下,对本章所讲知识进行综合练习,如图 4-79 所示,具体操作步骤如下。

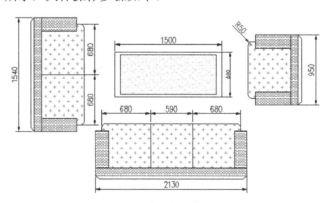

图 4-79 沙发组构件绘制效果

Step 01 单击"标准"工具栏→"新建"按钮,新建绘图文件。

Step 02 激活状态栏上的"对象捕捉"和"对象追踪"功能,并设置捕捉模式为"中点"捕捉和"端点"捕捉,如图 4-80 所示。

Step 03 执行菜单栏"视图"→"缩放"→"中心"命令,将视图高度调整为 2400 个绘图单位。

Step 04 使用快捷键 REC 执行"矩形"命令,绘制长度为 950 个绘图单位、宽度为 150 个绘图单位的矩形,作为沙发靠背轮廓线。

```
命令：_Rectang
指定第一个角点或 [倒角(C)/标高(E)/圆角(F)/厚度(T)/宽度(W)]： //在绘图区拾取一点
//@950,150 Enter，沙发靠背轮廓线绘制结果如图 4-81 所示
指定另一个角点或 [面积(A)/尺寸(D)/旋转(R)]：
```

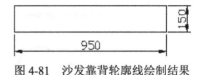

图 4-80　设置捕捉模式　　　　　　　　图 4-81　沙发靠背轮廓线绘制结果

Step 05 重复执行"矩形"命令，配合捕捉自功能绘制扶手轮廓线。

```
命令：_Rectang
//捕捉端点，如图 4-82 所示
指定第一个角点或 [倒角(C)/标高(E)/圆角(F)/厚度(T)/宽度(W)]：
指定另一个角点或 [面积(A)/尺寸(D)/旋转(R)]：   //@180,-500 Enter
命令：                                        //Enter
//捕捉端点，如图 4-83 所示
RECTANG 指定第一个角点或 [倒角(C)/标高(E)/圆角(F)/厚度(T)/宽度(W)]：
//@-180,-500 Enter，扶手轮廓线绘制结果如图 4-84 所示
指定另一个角点或 [面积(A)/尺寸(D)/旋转(R)]：
```

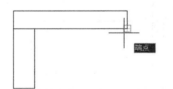
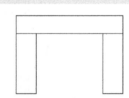

图 4-82　捕捉端点（一）　　　图 4-83　捕捉端点（二）　　　图 4-84　扶手轮廓线绘制结果

Step 06 执行菜单栏"修改"→"分解"命令，将 3 个矩形分解。

Step 07 执行菜单栏"修改"→"偏移"命令，将最上侧的水平轮廓线向下偏移 750 个绘图单位，将两侧的垂直轮廓线向内偏移 90 个绘图单位。

```
命令：_Offset
当前设置：删除源=否　图层=源　OFFSETGAPTYPE=0
指定偏移距离或 [通过(T)/删除(E)/图层(L)] <90.0000>：  //750 Enter
选择要偏移的对象，或 [退出(E)/放弃(U)] <退出>：        //选择最上侧的水平轮廓线
//在所选对象的下侧拾取点
指定要偏移的那一侧上的点，或 [退出(E)/多个(M)/放弃(U)] <退出>：
选择要偏移的对象，或 [退出(E)/放弃(U)] <退出>：       //Enter
命令：                                              //Enter
```

```
Offset 当前设置：删除源=否  图层=源  OFFSETGAPTYPE=0
指定偏移距离或 [通过(T)/删除(E)/图层(L)] <750.0000>://90 Enter
选择要偏移的对象，或 [退出(E)/放弃(U)] <退出>：     //选择最左侧的垂直轮廓线
//在所选对象的右侧拾取点
指定要偏移的那一侧上的点，或 [退出(E)/多个(M)/放弃(U)] <退出>：
选择要偏移的对象，或 [退出(E)/放弃(U)] <退出>：     //选择最右侧的垂直轮廓线
//在所选对象的左侧拾取点
指定要偏移的那一侧上的点，或 [退出(E)/多个(M)/放弃(U)] <退出>：
选择要偏移的对象，或 [退出(E)/放弃(U)] <退出>： //Enter，偏移结果如图 4-85 所示
```

Step 08 执行菜单栏"修改"→"延伸"命令，以最下侧的水平轮廓线作为边界，对其他两条垂直边进行延伸。

```
命令：_Extend
当前设置：投影=UCS，边=延伸
选择边界的边...
选择对象或 <全部选择>：    //选择水平边作为边界，如图 4-86 所示
选择对象：              //Enter
选择要延伸的对象，或按住 Shift 键选择要修剪的对象，或[栏选(F)/窗交(C)/投影(P)/边
(E)/放弃(U)]：           //在垂直轮廓边 1 的下端单击鼠标左键
选择要延伸的对象，或按住 Shift 键选择要修剪的对象，或[栏选(F)/窗交(C)/投影(P)/边
(E)/放弃(U)]：           //在垂直轮廓边 2 的下端单击鼠标左键
选择要延伸的对象，或按住 Shift 键选择要修剪的对象，或[栏选(F)/窗交(C)/投影(P)/边
(E)/放弃(U)]：           //Enter，结束命令，延伸结果如图 4-87 所示
```

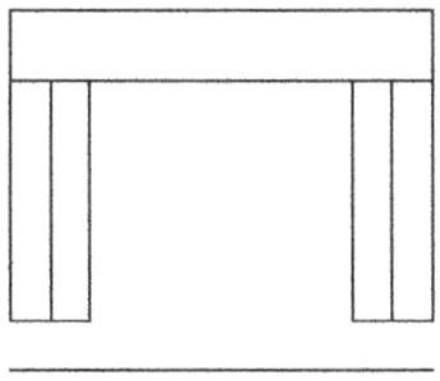

图 4-85 偏移结果 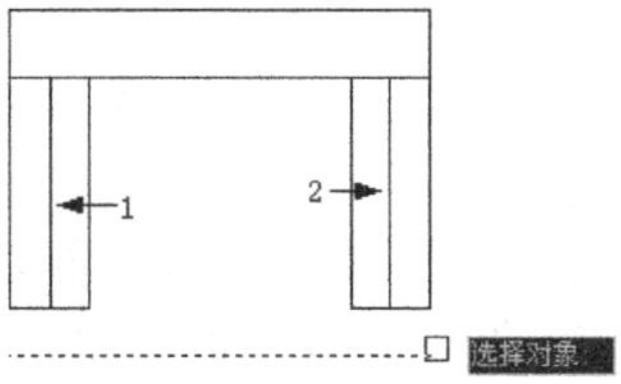　　　　图 4-86 选择边界 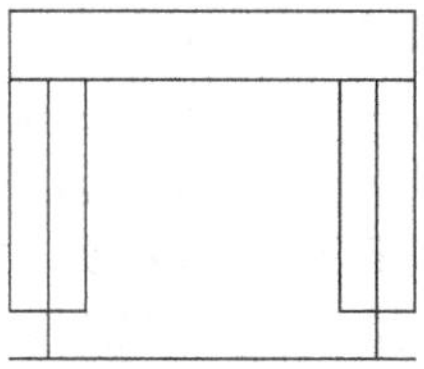　　　　图 4-87 延伸结果

Step 09 执行菜单栏"修改"→"修剪"命令，对下侧的水平边进行修剪。

```
命令：_Trim
当前设置:投影=UCS，边=延伸
选择剪切边...
选择对象或 <全部选择>：    //选择两条垂直边作为边界，如图 4-88 所示
选择对象：              //Enter
选择要修剪的对象，或按住 Shift 键选择要延伸的对象，或[栏选(F)/窗交(C)/投影(P)/边
(E)/删除(R)/放弃(U)]：    //在水平边 L 的左端单击
选择要修剪的对象，或按住 Shift 键选择要延伸的对象，或[栏选(F)/窗交(C)/投影(P)/边
(E)/删除(R)/放弃(U)]：    //在水平边 L 的右端单击
选择要修剪的对象，或按住 Shift 键选择要延伸的对象，或[栏选(F)/窗交(C)/投影(P)/边
(E)/删除(R)/放弃(U)]：    //Enter，修剪结果如图 4-89 所示
```

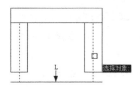 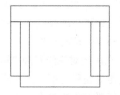

图 4-88　选择边界　　　　　　　　图 4-89　修剪结果

Step 10 执行菜单栏"修改"→"拉长"命令，对内部的两条垂直轮廓边进行编辑。

```
命令：_Lengthen
选择对象或 [增量(DE)/百分数(P)/全部(T)/动态(DY)]：   //DE Enter
输入长度增量或 [角度(A)] <10.0000>：                  //-500 Enter
选择要修改的对象或 [放弃(U)]：   //在指定位置单击鼠标左键，如图 4-90 所示
选择要修改的对象或 [放弃(U)]：   //在指定位置单击鼠标左键，如图 4-91 所示
选择要修改的对象或 [放弃(U)]：   //Enter，结束命令，操作结果如图 4-92 所示
```

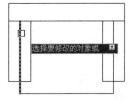 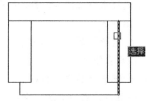 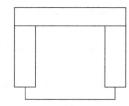

图 4-90　单击指定位置（一）　　图 4-91　单击指定位置（二）　　图 4-92　操作结果

Step 11 执行菜单栏"修改"→"倒角"命令，对沙发靠背轮廓边进行倒角编辑。

```
命令：_Chamfer
（"修剪"模式）当前倒角距离 1 = 0.0000，距离 2 = 0.0000
//A Enter，激活"角度"选项
选择第一条直线或 [放弃(U)/多段线(P)/距离(D)/角度(A)/修剪(T)/方式(E)/多个(M)]：
指定第一条直线的倒角长度 <0.0000>：   //50 Enter
指定第一条直线的倒角角度 <45>：       //45 Enter
//M Enter，激活"多个"选项
选择第一条直线或 [放弃(U)/多段线(P)/距离(D)/角度(A)/修剪(T)/方式(E)/多个(M)]：
//在轮廓边 1 的上端单击，如图 4-93 所示
选择第一条直线或 [放弃(U)/多段线(P)/距离(D)/角度(A)/修剪(T)/方式(E)/多个(M)]：
//在轮廓边 2 的左端单击
选择第二条直线，或按住 Shift 键选择直线以应用角点或 [距离(D)/角度(A)/方法(M)]：
//在轮廓边 2 的右端单击
选择第一条直线或 [放弃(U)/多段线(P)/距离(D)/角度(A)/修剪(T)/方式(E)/多个(M)]：
//在轮廓边 3 的上端单击
选择第二条直线，或按住 Shift 键选择直线以应用角点或 [距离(D)/角度(A)/方法(M)]：
//Enter，结束命令，倒角结果如图 4-94 所示
选择第一条直线或 [放弃(U)/多段线(P)/距离(D)/角度(A)/修剪(T)/方式(E)/多个(M)]：
```

Step 12 使用快捷键 L 执行"直线"命令，配合端点捕捉功能，绘制水平轮廓边，如图 4-95 所示。

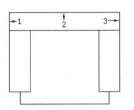 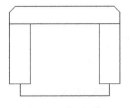 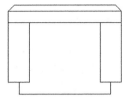

图 4-93　定位倒角边　　　　图 4-94　倒角结果　　　　图 4-95　水平轮廓边绘制结果

Step 13 单击"默认"→"修改"→"圆角"按钮，对下侧的轮廓边进行圆角。

```
命令: _Fillet
当前设置: 模式 = 修剪, 半径 = 0.0000
选择第一个对象或 [放弃(U)/多段线(P)/半径(R)/修剪(T)/多个(M)]:    //R Enter
指定圆角半径 <0.0000>:              //50 Enter
选择第一个对象或 [放弃(U)/多段线(P)/半径(R)/修剪(T)/多个(M)]:    //M Enter
//在轮廓边 1 的下端单击，如图 4-96 所示
选择第一个对象或 [放弃(U)/多段线(P)/半径(R)/修剪(T)/多个(M)]:
//在轮廓边 2 的左端单击，如图 4-96 所示
选择第二个对象，或按住 Shift 键选择对象以应用角点或 [半径(R)]:
//在轮廓边 2 的右端单击，如图 4-96 所示
选择第一个对象或 [放弃(U)/多段线(P)/半径(R)/修剪(T)/多个(M)]:
//在轮廓边 3 的下端单击，如图 4-96 所示
选择第二个对象，或按住 Shift 键选择对象以应用角点或 [半径(R)]:
//Enter，结束命令，圆角结果如图 4-97 所示
选择第一个对象或 [放弃(U)/多段线(P)/半径(R)/修剪(T)/多个(M)]:
```

Step 14 在无命令执行的前提下，拉出窗交选择框，如图 4-98 所示，然后按住鼠标右键进行拖曳，当松开鼠标右键时，从弹出的快捷菜单中选择"复制到此处"选项，对其进行复制，如图 4-99 所示。

 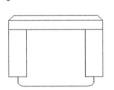 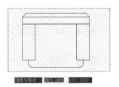

图 4-96　定位圆角边　　　　图 4-97　圆角结果　　　　图 4-98　窗交选择

Step 15 重复上一步操作，将沙发图形再复制一份。

Step 16 单击"默认"→"修改"→"拉伸"按钮，配合极轴追踪功能，将复制出的沙发拉伸为双人沙发。

```
命令: _Stretch
以交叉窗口或交叉多边形选择要拉伸的对象...
选择对象:                    //拉出窗交选择框，如图 4-100 所示
选择对象:                    //Enter
指定基点或 [位移(D)] <位移>:   //在绘图区拾取一点
//水平向右引出极轴矢量，如图 4-101 所示，输入 590 Enter，双人沙发拉伸结果如图 4-102 所示
指定第二个点或 <使用第一个点作为位移>:
```

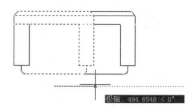

图 4-99　快捷菜单　　　　图 4-100　窗交选择　　　　图 4-101　引出极轴矢量

Step 17 使用快捷键 L 执行"直线"命令,配合中点捕捉功能绘制分界线,如图 4-103 所示。

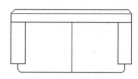

图 4-102　双人沙发拉伸结果　　　　　　　图 4-103　分界线绘制结果

Step 18 重复执行"拉伸"命令,配合极轴追踪功能,将另一个沙发拉伸为三人沙发。

```
命令: _Stretch
以交叉窗口或交叉多边形选择要拉伸的对象...
选择对象:                  //拉出窗交选择框,如图 4-100 所示
选择对象:                  //Enter
指定基点或 [位移(D)] <位移>:  //在绘图区拾取一点
//引出极轴矢量,如图 4-101 所示,输入 1180 Enter,三人沙发拉伸结果如图 4-104 所示
指定第二个点或 <使用第一个点作为位移>:
```

Step 19 使用快捷键 L 执行"直线"命令,配合对象捕捉功能绘制两条分界线,如图 4-105 所示。

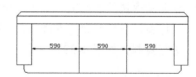

图 4-104　三人沙发拉伸结果　　　　　　　图 4-105　两条分界线绘制结果

Step 20 单击"默认"→"修改"→"旋转"按钮,将双人沙发旋转 90°。

```
命令: _Rotate
UCS 当前的正角方向: ANGDIR=逆时针  ANGBASE=0
选择对象:                  //拉出窗口选择框,如图 4-106 所示
选择对象:                  //Enter
指定基点:                  //拾取任一点
指定旋转角度,或 [复制(C)/参照(R)] <0>:  //90 Enter,旋转结果(一)如图 4-107 所示
```

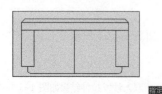

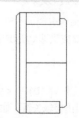

图 4-106　窗口选择　　　　　　　图 4-107　旋转结果(一)

第 4 章　常用几何图元的编辑功能

Step 21 重复执行"旋转"命令，将单人沙发旋转-90°。

```
命令：_Rotate
UCS 当前的正角方向：ANGDIR=逆时针  ANGBASE=0
选择对象：            //选择单人沙发，如图 4-108 所示
选择对象：            //Enter
指定基点：            //拾取任一点
指定旋转角度，或 [复制(C)/参照(R)] <0>：  //-90 Enter, 旋转结果（二）如图 4-109 所示
```

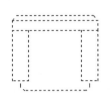
图 4-108　选择单人沙发

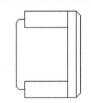
图 4-109　旋转结果（二）

Step 22 使用快捷键 M 执行"移动"命令，将单人沙发、双人沙发和三人沙发进行位移，组合成沙发组，组合结果如图 4-110 所示。

Step 23 使用快捷键 REC 执行"矩形"命令，绘制矩形作为茶几，如图 4-111 所示。

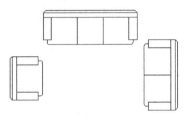
图 4-110　组合结果

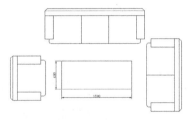
图 4-111　绘制结果

Step 24 单击"默认"→"修改"→"旋转"按钮，将图 4-111 中的沙发组旋转 180°。旋转结果（三）如图 4-112 所示。

Step 25 执行"缩放"命令，配合两点之间的中点功能对茶几进行缩放复制。

```
命令：_Scale
选择对象：            //选择矩形茶几
选择对象：            //Enter
指定基点：            //激活"两点之间的中点"功能
_m2p 中点的第一点：    //捕捉矩形上侧水平边的中点
中点的第二点：        //捕捉矩形下侧水平边的中点
指定比例因子或 [复制(C)/参照(R)]：  //C Enter
缩放一组选定对象。
指定比例因子或 [复制(C)/参照(R)]：  //0.9 Enter, 缩放复制结果如图 4-113 所示
```

Step 26 使用快捷键 H 执行"图案填充"命令，打开"图案填充和渐变色"对话框，设置填充图案和填充参数，如图 4-114 所示。为茶几填充图案，填充结果（一）如图 4-115 所示。

Step 27 重复执行"图案填充"命令，打开"图案填充和渐变色"对话框，设置填充图案和

125

填充参数，如图 4-116 所示。为沙发填充图案，填充结果（二）如图 4-117 所示。

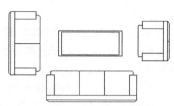

图 4-112　旋转结果（三）　　　　　图 4-113　缩放复制结果

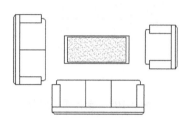

图 4-114　设置填充图案和填充参数（一）　　　图 4-115　填充结果（一）

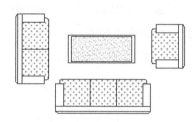

图 4-116　设置填充图案和填充参数（二）　　　图 4-117　填充结果（二）

Step 28 重复执行"图案填充"命令，打开"图案填充和渐变色"对话框，设置填充图案和填充参数，如图 4-118 所示。为沙发填充图案，填充结果（三）如图 4-119 所示。

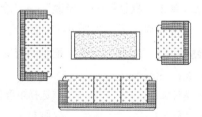

图 4-118　设置填充图案和填充参数（三）　　　图 4-119　填充结果（三）

Step 29 执行"保存"命令，将图形存储为"上机实训二.dwg"。

4.8　小结与练习

4.8.1　小结

本章集中讲解了 AutoCAD 的图形修改功能，如对象的边角编辑功能、边角细化功能，以及更改对象的位置、形状及大小等功能。掌握这些基本的修改功能，可以方便用户对图形进行编辑和修饰，将有限的基本几何图元编辑组合为千变万化的复杂图形，以满足设计的需要。

本章知识点如下。

- ◇ 对象的边角编辑功能，具体包括修剪、延伸、拉伸、拉长、打断和合并。
- ◇ 对象的边角细化功能，具体包括倒角和圆角。
- ◇ 更改对象的位置、形状及大小功能，具体包括移动、旋转、缩放和分解。

4.8.2 练习

1. 综合运用相关知识绘制图形，如图 4-120 所示。

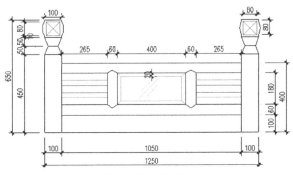

图 4-120 练习 1

2. 综合运用相关知识绘制图形，如图 4-121 所示。

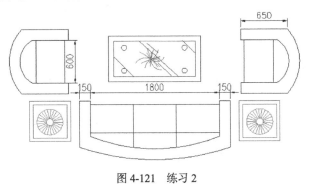

图 4-121 练习 2

第二篇 绘图技能

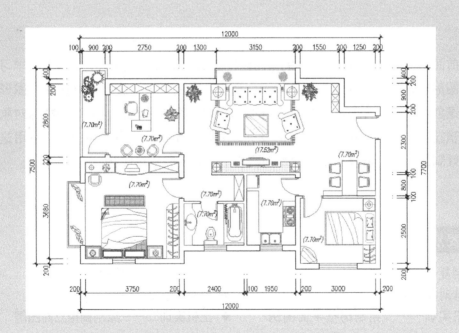

第 5 章

复合图形结构的绘制与编辑

前面两章学习了 AutoCAD 的常用绘图工具和图形修改工具，本章重点学习复合图形结构的快速创建与组合知识。通过本章的学习，应熟练掌握复合图形的快速创建工具，即复制、偏移、阵列和镜像；掌握多段线、多线等特殊对象的编辑技巧；理解和掌握图形夹点及夹点编辑功能的操作方法和技巧。运用这些高效制图功能，可以方便快速地创建与组合复杂的图形结构。

内容要点

- ◆ 绘制复合图形结构
- ◆ 特殊对象的编辑
- ◆ 上机实训一——绘制树桩平面图例
- ◆ 绘制规则图形结构
- ◆ 对象的夹点编辑
- ◆ 上机实训二——绘制橱柜立面图例

5.1 绘制复合图形结构

本节主要学习"复制"和"偏移"命令,以方便创建和组合复合图形结构。

5.1.1 复制对象

"复制"命令用于复制图形,复制出的图形的尺寸、形状等保持不变,唯一发生改变的是图形的位置,如图 5-1 所示。

执行"复制"命令主要有以下几种方式。

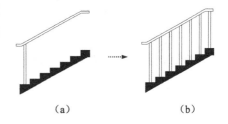

- ◆ 单击"默认"→"修改"→"复制"按钮。
- ◆ 执行菜单栏"修改"→"复制"命令。
- ◆ 在命令行输入 Copy 按 Enter 键。
- ◆ 使用 CO 快捷键。

图 5-1 复制示例

一般情况下,通常使用"复制"命令创建结构相同、位置不同的复合图形。下面通过实例来学习此命令,具体操作步骤如下。

Step 01 打开配套资源中的"\素材文件\5-1.dwg"文件,如图 5-1(a)所示。

Step 02 单击"默认"→"修改"→"复制"按钮,配合点的输入功能,对栏杆进行多重复制。

```
命令: _Copy
选择对象:                                    //拉出窗交选择框,如图 5-2 所示
选择对象:                                    //Enter,结束选择
当前设置: 复制模式 = 多个
指定基点或 [位移(D)/模式(O)] <位移>:          //捕捉中点,如图 5-3 所示
指定第二个点或 [阵列(A)] <使用第一个点作为位移>: //捕捉中点,如图 5-4 所示
指定第二个点或 [阵列(A)/退出(E)/放弃(U)] <退出>: //捕捉中点,如图 5-5 所示
指定第二个点或 [阵列(A)/退出(E)/放弃(U)] <退出>: //捕捉中点,如图 5-6 所示
指定第二个点或 [阵列(A)/退出(E)/放弃(U)] <退出>: //捕捉中点,如图 5-7 所示
指定第二个点或 [阵列(A)] <使用第一个点作为位移>: //捕捉中点,如图 5-8 所示
指定第二个点或 [阵列(A)/退出(E)/放弃(U)] <退出>: //捕捉中点,如图 5-9 所示
指定第二个点或 [阵列(A)/退出(E)/放弃(U)] <退出>: //Enter,复制结果如图 5-10 所示
```

图 5-2 窗交选择

图 5-3 捕捉中点(一)

图 5-4 捕捉中点(二)

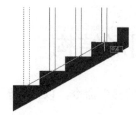
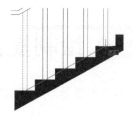

图 5-5 捕捉中点（三）　　图 5-6 捕捉中点（四）　　图 5-7 捕捉中点（五）

> **小技巧**
>
> "复制"按钮命令只能在当前文件中复制对象，如果用户需要在多个文件之间复制对象，则必须执行菜单栏"编辑"→"复制"命令。

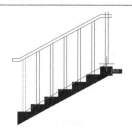

图 5-8 捕捉中点（六）　　　　　图 5-9 捕捉中点（七）

Step 03 使用快捷键 TR 执行"修剪"命令，对复制出的栏杆轮廓线进行修剪，修剪结果如图 5-11 所示。

图 5-10 复制结果　　　　　　　图 5-11 修剪结果

5.1.2 偏移对象

"偏移"命令用于将图线按照一定的距离或指定通过的目标点进行偏移。

执行"偏移"命令主要有以下几种方式。

- ◇ 单击"默认"→"修改"→"偏移"按钮。
- ◇ 执行菜单栏"修改"→"偏移"命令。
- ◇ 在命令行输入 Offset 后按 Enter 键。
- ◇ 使用 O 快捷键。

不同结构的图形，其偏移结果也不同。比如，圆、椭圆等对象偏移后，对象的尺寸发生了变化，而直线偏移后，尺寸则保持不变。下面通过实例来学习使用"偏移"命令，具体操作步骤如下。

Step 01 打开配套资源中的"\素材文件\5-2.dwg"文件，如图 5-12 所示。

Step 02 单击"默认"→"修改"→"偏移"按钮，对各图形进行距离偏移。

图 5-12　打开结果

```
命令: _Offset
当前设置: 删除源=否　图层=源　OFFSETGAPTYPE=0
指定偏移距离或 [通过(T)/删除(E)/图层(L)] <10.0000>: //20 Enter，设置偏移距离
选择要偏移的对象，或 [退出(E)/放弃(U)] <退出>: //单击左侧的圆图形
//在圆的内侧拾取一点
指定要偏移的那一侧上的点，或 [退出(E)/多个(M)/放弃(U)] <退出>:
选择要偏移的对象，或 [退出(E)/放弃(U)] <退出>: //单击圆弧
//在圆弧的内侧拾取一点
指定要偏移的那一侧上的点，或 [退出(E)/多个(M)/放弃(U)] <退出>:
选择要偏移的对象，或 [退出(E)/放弃(U)] <退出>: //单击右侧的圆图形
//在圆的外侧拾取一点
指定要偏移的那一侧上的点，或 [退出(E)/多个(M)/放弃(U)] <退出>:
选择要偏移的对象，或 [退出(E)/放弃(U)] <退出>: //Enter，偏移结果如图 5-13 所示
```

图 5-13　偏移结果

小技巧

在执行"偏移"命令时，只能以点选的方式选择对象，且每次只能偏移一个对象。

Step 03 重复执行"偏移"命令，对水平直线和外轮廓线进行偏移。

```
命令: _Offset
当前设置: 删除源=否　图层=源　OFFSETGAPTYPE=0
指定偏移距离或 [通过(T)/删除(E)/图层(L)] <20.0000>: //40 Enter，设置偏移距离
选择要偏移的对象，或 [退出(E)/放弃(U)] <退出>:     //单击外轮廓线，如图 5-14 所示
//在外轮廓线的外侧拾取一点
指定要偏移的那一侧上的点，或 [退出(E)/多个(M)/放弃(U)] <退出>:
选择要偏移的对象，或 [退出(E)/放弃(U)] <退出>:     //单击下侧的水平直线
//在水平直线的下侧拾取一点
指定要偏移的那一侧上的点，或 [退出(E)/多个(M)/放弃(U)] <退出>:
//Enter，外轮廓线偏移结果如图 5-15 所示
```

选择要偏移的对象,或 [退出(E)/放弃(U)] <退出>:

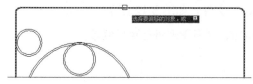
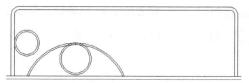

图 5-14　选择偏移对象　　　　　　　　　图 5-15　外轮廓线偏移结果

● 定点偏移

在偏移对象时,除根据事先指定的距离偏移之外,还可以指定通过的目标点对对象进行偏移。下面通过使偏移出的圆通过椭圆的左象限点,如图 5-16 所示,来学习定点偏移功能,具体操作步骤如下。

Step 01 新建文件,并设置捕捉模式为象限点捕捉。

Step 02 绘制一个圆和一个椭圆,如图 5-17 所示。

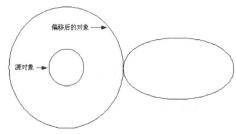

图 5-16　定点偏移结果　　　　　　　　　图 5-17　绘制圆与椭圆

Step 03 单击"默认"→"修改"→"偏移"按钮,对圆进行定点偏移。

```
命令:_Offset
当前设置:删除源=否  图层=源  OFFSETGAPTYPE=0
//T Enter,激活"通过"选项
指定偏移距离或 [通过(T)/删除(E)/图层(L)] <20.0000>:
选择要偏移的对象,或 [退出(E)/放弃(U)] <退出>:   //单击圆作为偏移对象
指定通过点或 [退出(E)/多个(M)/放弃(U)] <退出>:   //捕捉椭圆的左象限点
选择要偏移的对象,或 [退出(E)/放弃(U)] <退出>:   //Enter,结束命令
```

⁂ 小技巧

"通过"选项用于按照指定的通过点将对象进行偏移,所偏移出的对象将通过事先指定的目标点。

Step 04 定点偏移结果如图 5-16 所示。

⁂ 小技巧

"删除"选项用于将源偏移对象删除;"图层"选项用于设置对象偏移后的所在图层(有关图层的概念将在下一章详细讲述)。

5.2 绘制规则图形结构

本节主要学习"镜像"和"阵列"命令，以方便创建和组合规则图形结构。

5.2.1 镜像对象

"镜像"命令用于将选择的对象沿着指定的两点进行对称复制。在镜像过程中，源对象可以保留，也可以删除。

执行"镜像"命令主要有以下几种方式。

- ◇ 单击"默认"→"修改"→"镜像"按钮。
- ◇ 执行菜单栏"修改"→"镜像"命令。
- ◇ 在命令行输入 Mirror 后按 Enter 键。
- ◇ 使用 MI 快捷键。

"镜像"命令通常用于创建一些结构对称的图形，如图 5-18 所示。下面通过具体的图形结构来学习使用"镜像"命令，具体操作步骤如下。

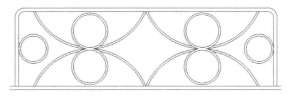

图 5-18 镜像图形示例

Step 01 打开配套资源中的 "\素材文件\5-3.dwg" 文件，如图 5-15 所示。

Step 02 单击"默认"→"修改"→"镜像"按钮，对图形进行镜像。

```
命令：_Mirror
选择对象：              //拉出窗交选择框，如图 5-19 所示
选择对象：              //Enter，结束对象的选择
指定镜像线的第一点：    //捕捉大圆弧的中点，如图 5-20 所示
指定镜像线的第二点：    //@1,0 Enter
要删除源对象吗？[是(Y)/否(N)] <N>：    //Enter，镜像结果如图 5-21 所示
```

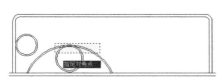

图 5-19 窗交选择（一）

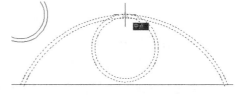

图 5-20 捕捉中点（一）

Step 03 使用快捷键 TR 执行"修剪"命令，对图线进行修整完善，修剪结果如图 5-22 所示。

135

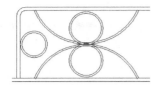
图 5-21 镜像结果

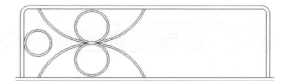
图 5-22 修剪结果

Step 04 单击"默认"→"修改"→"镜像"按钮,继续对内部的图形进行镜像。

```
命令:_Mirror
选择对象:                    //拉出窗交选择框,如图 5-23 所示
选择对象:                    //Enter,结束对象的选择
指定镜像线的第一点:          //捕捉中点,如图 5-24 所示
指定镜像线的第二点:  //向下引出极轴矢量,如图 5-25 所示,然后在矢量上拾取一点
要删除源对象吗?[是(Y)/否(N)] <N>:      //Enter,镜像结果如图 5-18 所示
```

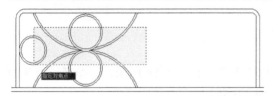
图 5-23 窗交选择(二)

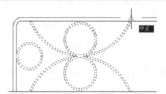
图 5-24 捕捉中点(二)

::: 小技巧

对文字进行镜像时,镜像后文字的可读性取决于系统变量 IRRTEXT 的值,当 IRRTEXT 为 1 时,镜像文字不具有可读性;当 IRRTEXT 为 0 时,镜像后的文字具有可读性,如图 5-26 所示。

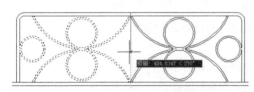
图 5-25 引出极轴矢量

图 5-26 文字镜像示例

5.2.2 矩形阵列

"矩形阵列"命令是一种用于创建规则图形结构的复合命令,使用此命令可以创建均布结构或聚心结构的复合图形。

执行"矩形阵列"命令主要有以下几种方式。

- ◆ 单击"默认"→"修改"→"矩形阵列"按钮。
- ◆ 执行菜单栏"修改"→"阵列"→"矩形阵列"命令。
- ◆ 在命令行输入 Arrayrect 后按 Enter 键。
- ◆ 使用 AR 快捷键。

第 5 章　复合图形结构的绘制与编辑

"矩形阵列"指的是将图形对象按照指定的行数和列数，以"矩形"的排列方式进行大规模复制。下面通过典型的实例来学习"矩形阵列"命令的使用方法和操作技巧，具体操作步骤如下。

Step 01　打开配套资源中的"\素材文件\5-4.dwg"文件，如图 5-27 所示。

Step 02　单击"默认"→"修改"→"矩形阵列"按钮，配合窗口选择功能对图形进行阵列。

```
命令:_Arrayrect
选择对象：              //选择对象,如图 5-28 所示
选择对象：              //Enter
类型 = 矩形  关联 = 是
选择夹点以编辑阵列或 [关联(AS)/基点(B)/计数(COU)/间距(S)/列数(COL)/行数(R)/层
数(L)/退出(X)] <退出>：         //COU Enter
输入列数数或 [表达式(E)] <4>：  //4 Enter
输入行数数或 [表达式(E)] <3>：  //1 Enter
选择夹点以编辑阵列或 [关联(AS)/基点(B)/计数(COU)/间距(S)/列数(COL)/行数(R)/层
数(L)/退出(X)] <退出>：         //S Enter
指定列之间的距离或 [单位单元(U)] <7610>：  //50 Enter
指定行之间的距离 <4369>：       //1 Enter
选择夹点以编辑阵列或 [关联(AS)/基点(B)/计数(COU)/间距(S)/列数(COL)/行数(R)/层
数(L)/退出(X)] <退出>：         //Enter,阵列结果（一）如图 5-29 所示
```

 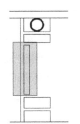 

图 5-27　打开结果　　　　图 5-28　窗口选择　　图 5-29　阵列结果（一）

Step 03　单击"默认"→"修改"→"矩形阵列"按钮，配合窗交选择功能继续对图形进行阵列。

```
命令:_Arrayrect
选择对象：              //选择对象,如图 5-30 所示
选择对象：              //Enter
类型 = 矩形  关联 = 是
选择夹点以编辑阵列或 [关联(AS)/基点(B)/计数(COU)/间距(S)/列数(COL)/行数(R)/层
数(L)/退出(X)] <退出>：         //COU Enter
输入列数数或 [表达式(E)] <4>：  //8Enter
输入行数数或 [表达式(E)] <3>：  //1 Enter
选择夹点以编辑阵列或 [关联(AS)/基点(B)/计数(COU)/间距(S)/列数(COL)/行数(R)/层
数(L)/退出(X)] <退出>：         //S Enter
指定列之间的距离或 [单位单元(U)] <7610>：  //215ter
指定行之间的距离 <4369>：       //1 Enter
```

选择夹点以编辑阵列或 [关联(AS)/基点(B)/计数(COU)/间距(S)/列数(COL)/行数(R)/层数(L)/退出(X)] <退出>:   //Enter，阵列结果（二）如图 5-31 所示

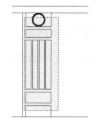

图 5-30 窗交选择

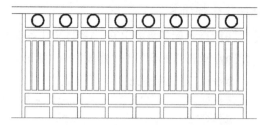

图 5-31 阵列结果（二）

选项解析

- "关联"选项用于设置阵列后图形的关联性，如果为阵列图形设定了关联特性，那么阵列图形和源图形将被作为一个独立的图形结构，与图块的性质类似。用户可以执行"分解"命令取消这种关联特性。
- "基点"选项用于设置阵列的基点。
- "计数"选项用于设置阵列的行数、列数。
- "间距"选项用于设置对象的行偏移或列偏移距离。

5.2.3 环形阵列

"环形阵列"命令用于将图形对象按照指定的中心点和阵列数目，成圆形排列阵列对象，以快速创建聚心结构图形，如图 5-32 所示。

执行"环形阵列"命令主要有以下几种方式。

- 单击"默认"→"修改"→"环形阵列"按钮。
- 执行菜单栏"修改"→"阵列"→"环形阵列"命令。
- 在命令行输入 Arraypolar 后按 Enter 键。
- 使用 AR 快捷键。

图 5-32 环形阵列

下面通过创建图形结构来学习"环形阵列"命令的使用方法和操作技巧，如图 5-32 所示，具体操作步骤如下。

Step 01 打开配套资源中的"\素材文件\5-5.dwg"文件，如图 5-33 所示。

Step 02 使用快捷键 O 执行"偏移"命令，将外侧的圆向外偏移 50 个绘图单位，将内侧的圆向内偏移 50 个绘图单位。

```
命令: O                                              //Enter
OFFSET 当前设置：删除源=否  图层=源  OFFSETGAPTYPE=0
指定偏移距离或 [通过(T)/删除(E)/图层(L)] <通过>:    //50 Enter
选择要偏移的对象，或 [退出(E)/放弃(U)] <退出>:      //选择外侧的大圆
//在大圆的外侧拾取一点
指定要偏移的那一侧上的点，或 [退出(E)/多个(M)/放弃(U)] <退出>:
选择要偏移的对象，或 [退出(E)/放弃(U)] <退出>:      //选择内侧的小圆
```

//在小圆的内侧拾取一点
指定要偏移的那一侧上的点，或 [退出(E)/多个(M)/放弃(U)] <退出>:
选择要偏移的对象，或 [退出(E)/放弃(U)] <退出>:　　//Enter，偏移结果如图 5-34 所示

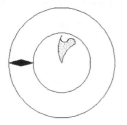
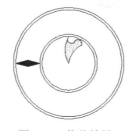
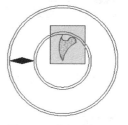

图 5-33　打开结果　　　　　图 5-34　偏移结果　　　　　图 5-35　窗口选择

Step 03 单击"默认"→"修改"→"环形阵列"按钮，配合窗口选择功能对图形进行阵列。

命令：_Arraypolar
选择对象：　　　　　　　　//拉出窗口选择框，如图 5-35 所示
选择对象：　　　　　　　　//Enter
类型 = 极轴　关联 = 是
指定阵列的中心点或 [基点(B)/旋转轴(A)]:　　//捕捉圆心，如图 5-36 所示
选择夹点以编辑阵列或 [关联(AS)/基点(B)/项目(I)/项目间角度(A)/填充角度(F)/行(ROW)/层(L)/旋转项目(ROT)/退出(X)] <退出>:　　//I Enter
输入阵列中的项目数或 [表达式(E)] <6>:　　//6 Enter
选择夹点以编辑阵列或 [关联(AS)/基点(B)/项目(I)/项目间角度(A)/填充角度(F)/行(ROW)/层(L)/旋转项目(ROT)/退出(X)] <退出>:　　//F Enter
指定填充角度(+=逆时针、-=顺时针)或 [表达式(EX)] <360>:　　// Enter
选择夹点以编辑阵列或 [关联(AS)/基点(B)/项目(I)/项目间角度(A)/填充角度(F)/行(ROW)/层(L)/旋转项目(ROT)/退出(X)] <退出>:　　//Enter，阵列结果如图 5-37 所示

Step 04 重复执行"环形阵列"命令，配合窗交选择功能继续对图形进行阵列。

命令：_Arraypolar
选择对象：　　　　　　　　//拉出窗交选择框，如图 5-38 所示
选择对象：　　　　　　　　//Enter
类型 = 极轴　关联 = 是
指定阵列的中心点或 [基点(B)/旋转轴(A)]:　　//捕捉圆心，如图 5-36 所示
选择夹点以编辑阵列或 [关联(AS)/基点(B)/项目(I)/项目间角度(A)/填充角度(F)/行(ROW)/层(L)/旋转项目(ROT)/退出(X)] <退出>:　　//I Enter
输入阵列中的项目数或 [表达式(E)] <6>:　　//15 Enter
选择夹点以编辑阵列或 [关联(AS)/基点(B)/项目(I)/项目间角度(A)/填充角度(F)/行(ROW)/层(L)/旋转项目(ROT)/退出(X)] <退出>:　　//F Enter
指定填充角度(+=逆时针、-=顺时针)或 [表达式(EX)] <360>:　　// Enter
选择夹点以编辑阵列或 [关联(AS)/基点(B)/项目(I)/项目间角度(A)/填充角度(F)/行(ROW)/层(L)/旋转项目(ROT)/退出(X)] <退出>:　　//Enter，环形阵列如图 5-32 所示

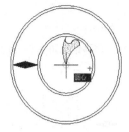 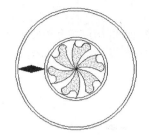 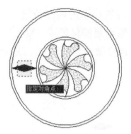

图 5-36　捕捉圆心　　　　图 5-37　阵列结果　　　　图 5-38　窗交选择

📖 **选项解析**

- ◇ "基点"选项用于设置阵列对象的基点。
- ◇ "旋转轴"选项用于指定阵列对象的旋转轴。
- ◇ "项目"选项用于设置环形阵列的数目。
- ◇ "填充角度"选项用于设置环形阵列的角度,正值为逆时针阵列,负值为顺时针阵列。
- ◇ "项目间角度"选项用于设置每相邻阵列单元间的角度。
- ◇ "旋转项目"选项用于设置阵列对象的旋转角度。
- ◇ "关联"选项用于设置阵列图形的关联性,当设置了阵列的关联性后,阵列中的所有对象将被看作一个整体。

5.2.4　路径阵列

"路径阵列"命令用于将对象沿指定的路径或路径的某部分进行等距阵列。路径可以是直线、多段线、三维多段线、样条曲线、螺旋线、圆、椭圆和圆弧等。

执行"路径阵列"命令主要有以下几种方式。

- ◇ 单击"默认"→"修改"→"路径阵列"按钮。
- ◇ 执行菜单栏"修改"→"阵列"→"路径阵列"命令。
- ◇ 在命令行输入 Arraypath 后按 Enter 键。
- ◇ 使用 AR 快捷键。

下面通过典型的实例来学习"路径阵列"命令的使用方法和操作技巧,具体操作步骤如下。

Step 01 打开配套资源中的"\素材文件\5-6.dwg"文件,如图 5-39 所示。

Step 02 单击"默认"→"修改"→"路径阵列"按钮,执行"路径阵列"命令,配合窗交选择功能对楼梯栏杆进行阵列。

```
命令：_Arraypath
选择对象：          //拉出窗交选择框,如图 5-40 所示
选择对象：          //Enter
类型 = 路径  关联 = 是
选择路径曲线：       //选择轮廓线,如图 5-41 所示
```

选择夹点以编辑阵列或 ［关联(AS)/方法(M)/基点(B)/切向(T)/项目(I)/行(R)/层(L)/对齐项目(A)/Z 方向(Z)/退出(X)］ <退出>：   //M Enter

输入路径方法 ［定数等分(D)/定距等分(M)］ <定距等分>：   //M Enter

选择夹点以编辑阵列或 ［关联(AS)/方法(M)/基点(B)/切向(T)/项目(I)/行(R)/层(L)/对齐项目(A)/Z 方向(Z)/退出(X)］ <退出>：   //I Enter

指定沿路径的项目之间的距离或 ［表达式(E)］ <75>：   //652 Enter

最大项目数 = 11

指定项目数或 ［填写完整路径(F)/表达式(E)］ <11>：   //11 Enter

选择夹点以编辑阵列或 ［关联(AS)/方法(M)/基点(B)/切向(T)/项目(I)/行(R)/层(L)/对齐项目(A)/Z 方向(Z)/退出(X)］ <退出>：   //A Enter

是否将阵列项目与路径对齐？［是(Y)/否(N)］ <否>：   //N Enter

选择夹点以编辑阵列或 ［关联(AS)/方法(M)/基点(B)/切向(T)/项目(I)/行(R)/层(L)/对齐项目(A)/Z 方向(Z)/退出(X)］ <退出>：   //AS Enter

创建关联阵列 ［是(Y)/否(N)］ <是>：   //N Enter

选择夹点以编辑阵列或 ［关联(AS)/方法(M)/基点(B)/切向(T)/项目(I)/行(R)/层(L)/对齐项目(A)/Z 方向(Z)/退出(X)］ <退出>：   //Enter，结束命令

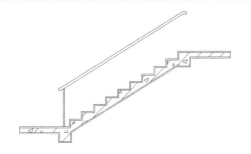

图 5-39 打开结果

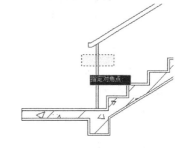

图 5-40 窗交选择

Step 03 路径阵列结果如图 5-42 所示。

图 5-41 选择路径曲线

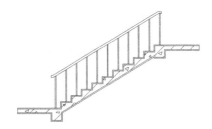

图 5-42 路径阵列结果

5.3 特殊对象的编辑

本节主要学习"编辑多段线""多线编辑"和"光顺曲线"等命令的使用方法和操作技能。

5.3.1 编辑多段线

"编辑多段线"命令用于编辑多段线或具有多段线性质的图形,如矩形、正多边形、圆环、三维多段线、三维多边形网格等。

执行"多段线"命令主要有以下几种方式。

- ✧ 单击"默认"→"修改"→"编辑多段线"按钮。
- ✧ 执行菜单栏"修改"→"对象"→"多段线"命令。
- ✧ 在命令行输入 Pedit 后按 Enter 键。
- ✧ 使用 PE 快捷键。

"编辑多段线"命令可以闭合、打断、拉直、拟合多段线,还可以增加、移动、删除多段线顶点。

执行"编辑多段线"命令,命令行提示如下。

```
命令: Pedit
//系统提示选择需要编辑的多段线。如果用户选择了直线或圆弧,而不是多段线,系统出现如下提示
选择多段线或 [多条(M)]:
选定的对象不是多段线。
//输入"Y",将选择的对象即直线或圆弧转换为多段线,再进行编辑。如果选择的对象是多段线,系统出现如下提示
是否将其转换为多段线? <Y>:
输入选项[闭合(C)/合并(J)/宽度(W)/编辑顶点(E)/拟合(F)/样条曲线(S)/非曲线化(D)/线型生成(L)/反转(R)/放弃(U)]
```

📖 选项解析

- ✧ "闭合"选项用于打开或闭合多段线。如果用户选择的多段线是非闭合的,使用该选项可使之封闭;如果用户选中的多段线是闭合的,将该选项替换成"打开",使用该选项可打开闭合的多段线。
- ✧ "合并"选项用于将其他的多段线、直线或圆弧连接到正在编辑的多段线上,形成一条新的多段线。

> **小技巧**
>
> 如果要往多段线上连接实体,那么该实体与原多段线必须有一个共同的端点,即需要连接的对象必须首尾相连。

- ✧ "宽度"选项用于修改多段线的线宽,并将多段线的各段线宽统一更改为新输入的线宽值。激活该选项后,系统提示输入所有线段的新宽度。
- ✧ "拟合"选项用于对多段线进行曲线拟合,将多段线变成通过每个顶点的光滑连续的圆弧曲线。曲线经过多段线的所有顶点并使用任何指定的切线方向,如图 5-43 所示。

（a）曲线拟合前　　　　　（b）曲线拟合后

图 5-43　对多段线进行曲线拟合

- ◆ "非曲线化"选项用于还原已被编辑的多段线。取消拟合、样条曲线及"多段线"命令中"弧"选项所创建的圆弧段，将多段线中各段拉直，同时保留多段线顶点的所有切线信息。
- ◆ "线型生成"选项用于控制多段线为非实线状态时的显示方式。
- ◆ "样条曲线"选项用于将图 5-43（b）中的样条曲线拟合多段线，生成由多段线顶点控制的样条曲线。
- ◆ "编辑顶点"选项用于对多段线的顶点进行移动、插入新顶点、改变顶点的线宽及切线方向等。

小技巧

当"线型生成"选项为打开状态时，虚线或中心线等非实线线型的多段线在角点处封闭；当"线型生成"选项为关闭状态时，角点处是否封闭，取决于线型比例的大小。

5.3.2　多线编辑

多线是一种比较特殊的复合图线，AutoCAD 为此类图元提供了专门的编辑工具，如图 5-44 所示。使用"多线编辑工具"对话框中的各功能，可以控制和编辑多线的交叉点、控制多线的断开和增加多线顶点等。

执行"多线"命令主要有以下几种方式。

- ◆ 执行菜单栏"修改"→"对象"→"多线"命令。
- ◆ 在命令行输入 Mledit 后按 Enter 键。
- ◆ 在需要编辑的多线上双击鼠标左键。

执行"多线"命令后，可打开"多线编辑工具"对话框，如图 5-44 所示，用户可以根据需要选择一种选项功能进行多线编辑。

图 5-44　"多线编辑工具"对话框

● 十字交线

- ◆ "十字闭合"：表示相交两条多线的十字封闭状态。A、B 代表选择多线的次序，水平多线为 A，垂直多线为 B。
- ◆ "十字打开"：表示相交两打多线的十字开放状态。A、B 两条多线的相交部分全部断开，多线 A 的轴线在相交部分也要断开。
- ◆ "十字合并"：表示相交两打多线的十字合并状态。A、B 两条多线的相交部分全部断开,但 A、B 两条多线的轴线在相交部分相交。

十字编辑的效果如图 5-45 所示。

(a)原图　　(b)十字闭合　(c)十字打开　(d)十字合并

图 5-45　十字编辑的效果

- **T 形交线**

  ◇ "T 形闭合":表示相交两条多线的 T 形封闭状态。选择的第一条多线与第二条多线的相交部分,修剪去掉,而第二条多线保持原样连通。

  ◇ "T 形打开":表示相交两条多线的 T 形开放状态。两条多线的相交部分全部断开,第一条多线的轴线在相交部分也断开。

  ◇ "T 形合并":表示相交两条多线的 T 形合并状态。两条多线的相交部分全部断开,但第一条与第二条多线的轴线在相交部分相交。

T 形编辑的效果如图 5-46 所示。

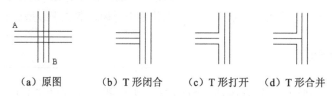

(a)原图　　(b)T 形闭合　(c)T 形打开　(d)T 形合并

图 5-46　T 形编辑的效果

- **角形交线**

  ◇ "角点结合":表示修剪或延长两条多线直到它们接触形成一相交角,将第一条和第二条多线的拾取部分保留,并将其相交部分全部断开剪去。

  ◇ "添加顶点":表示在多线上产生一个顶点并显示出来,相当于打开显示连接开关,与显示交点一样。

  ◇ "删除顶点":表示删除多线转折处的交点,使其变为直线形多线。删除某顶点后,系统会将该顶点两边的另外两顶点连接成一条多线线段。

角形编辑的效果如图 5-47 所示。

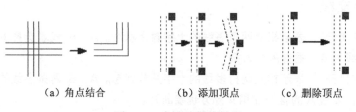

(a)角点结合　　　(b)添加顶点　　　(c)删除顶点

图 5-47　角形编辑的效果

● 切断交线

◇ "单个剪切":表示在多线中的某条线上拾取两个点从而断开此线。
◇ "全部剪切":表示在多线上拾取两个点从而将此多线全部切除一截。
◇ "全部接合":表示连接多线中的所有可见间断,但不能用来连接两条单独的多线。

多线的剪切与接合效果如图 5-48 所示。

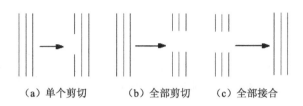

（a）单个剪切　　　（b）全部剪切　　　（c）全部接合

图 5-48　多线的剪切与接合效果

5.3.3　光顺曲线

"光顺曲线"命令用于在两条选定的直线或曲线之间创建样条曲线,如图 5-49 所示。执行此命令在两图线间创建样条曲线时,具体有两个过渡类型,分别是相切和平滑。

执行"光顺曲线"命令主要有以下几种方式。

◇ 单击"默认"→"修改"→"光顺曲线"按钮。
◇ 执行菜单栏"修改"→"光顺曲线"命令。
◇ 在命令行输入 Blend 后按 Enter 键。
◇ 使用 BL 快捷键。

执行"光顺曲线"命令后,其命令行操作如下。

命令: _Blend
连续性 = 相切
选择第一个对象或 [连续性(CON)]:　　//在直线右上端点单击,如图 5-49（a）所示
选择第二个点:　//在样条曲线的左端单击,创建结果如图 5-49（b）所示

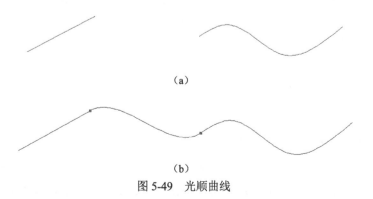

（a）

（b）

图 5-49　光顺曲线

5.4 对象的夹点编辑

AutoCAD 为用户提供了"夹点编辑"功能，使用此功能可以非常方便地进行图形编辑。在学习此功能之前，首先了解两个概念，即夹点和夹点编辑。

5.4.1 夹点和夹点编辑概念

夹点指的是在没有命令执行的前提下选择图形时，这些图形上会显示出一些蓝色实心的小方框，如图 5-50 所示，这些蓝色小方框即为图形的夹点。不同的图形结构，其夹点个数及位置也会不同。

夹点编辑功能是将多种修改工具组合在一起，通过编辑图形上的这些夹点来达到快速编辑图形的目的。用户只需单击图形上的任何一个夹点，即可进入夹点编辑模式，此时所单击的夹点以红色亮显，称为热点或夹基点，如图 5-51 所示。

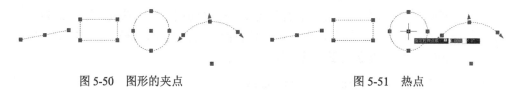

图 5-50 图形的夹点　　　　　　　　图 5-51 热点

5.4.2 启用夹点编辑功能

在进入夹点编辑模式后，用户可以通过两种方式启用夹点编辑功能，具体如下。

- **通过夹点菜单启动夹点命令**

当用户进入夹点编辑模式后，单击鼠标右键，即可打开夹点菜单，如图 5-52 所示。在此菜单中，为用户提供了"移动""旋转""缩放""镜像""拉伸"等 5 种命令，这些命令都是平级的，其操作功能与"修改"工具栏上的各工具相同，用户只需单击相应的菜单项，即可启动相应的夹点编辑工具。

图 5-52 夹点菜单

在夹点菜单的下侧，是夹点命令中的一些选项功能，有"基点""复制""参照""放弃"等，不过这些选项在一级修改命令的前提下才能使用。

- **通过命令行启动夹点命令**

当进入夹点编辑模式后，按 Enter 键，系统将会在"移动""旋转""缩放""镜像""拉伸"等 5 种命令中循环切换，用户可以根据命令行的操作提示，选择相应的夹点命令选项。

第 5 章 复合图形结构的绘制与编辑

> **小技巧**
> 如果用户在按住 Shift 键的同时单击多个夹点,那么所单击的这些夹点都将被看作夹基点;如果用户需要从多个夹基点的选择集中删除特定对象,也要按住 Shift 键进行相应操作。

5.5 上机实训——绘制树桩平面图例

本例通过绘制树桩平面图例,在综合所学知识的前提下,来学习夹点编辑功能的具体使用方法和操作技巧。树桩平面图如图 5-53 所示,具体操作步骤如下。

Step 01 单击"标准"工具栏→"新建"按钮,新建绘图文件。

Step 02 打开状态栏上的对象捕捉和对象追踪功能,并设置"对象捕捉模式",如图 5-54 所示。

Step 03 使用快捷键 Z 执行视窗的调整工具,将当前视口的高度调整为 4000 个绘图单位。

Step 04 执行菜单栏"绘图"→"矩形"命令,绘制边长为 1000 个绘图单位的正四边形,如图 5-55 所示。

Step 05 在无命令执行的前提下,选择刚绘制的正四边形,使其呈现夹点显示,如图 5-56 所示。

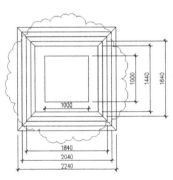

图 5-53 树桩平面图

图 5-54 设置"对象捕捉模式"

图 5-55 绘制结果(一)

图 5-56 夹点显示(一)

Step 06 单击其中的一个夹点,使其转换为夹基点,进入夹点编辑模式,使用夹点缩放功能,对其进行缩放复制。

147

命令: //单击夹点，打开夹点拉伸功能
** 拉伸 **
指定拉伸点或 [基点(B)/复制(C)/放弃(U)/退出(X)]: //Enter，打开夹点移动功能
** 移动 **
指定移动点或 [基点(B)/复制(C)/放弃(U)/退出(X)]: //Enter，打开夹点旋转功能
** 旋转 **
指定旋转角度或 [基点(B)/复制(C)/放弃(U)/参照(R)/退出(X)]: //Enter
** 比例缩放 **
指定比例因子或 [基点(B)/复制(C)/放弃(U)/参照(R)/退出(X)]: //B Enter
//配合中点捕捉和对象追踪功能，分别通过两边中点，引出追踪虚线，如图 5-57 所示，然后捕捉追踪虚线的交点
指定基点:
** 比例缩放 **
指定比例因子或 [基点(B)/复制(C)/放弃(U)/参照(R)/退出(X)]: //C Enter
** 比例缩放 (多重) **
指定比例因子或 [基点(B)/复制(C)/放弃(U)/参照(R)/退出(X)]: //1.44 Enter，
** 比例缩放 (多重) **
指定比例因子或 [基点(B)/复制(C)/放弃(U)/参照(R)/退出(X)]: //1.64 Enter
** 比例缩放 (多重) **
指定比例因子或 [基点(B)/复制(C)/放弃(U)/参照(R)/退出(X)]: //1.84 Enter
** 比例缩放 (多重) **
指定比例因子或 [基点(B)/复制(C)/放弃(U)/参照(R)/退出(X)]: //2.04 Enter
** 比例缩放 (多重) **
指定比例因子或 [基点(B)/复制(C)/放弃(U)/参照(R)/退出(X)]: //2.24 Enter
** 比例缩放 (多重) **
//Enter，退出夹点编辑模式，夹点缩放结果如图 5-58 所示
指定比例因子或 [基点(B)/复制(C)/放弃(U)/参照(R)/退出(X)]:

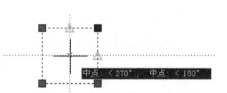

图 5-57 定位夹基点

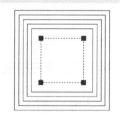

图 5-58 夹点缩放结果

Step 07 按 Esc 键取消对象的夹点显示，如图 5-59 所示。

Step 08 执行菜单栏"绘图"→"直线"命令，配合端点捕捉功能绘制直线，如图 5-60 所示。

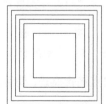

图 5-59 取消夹点（一）

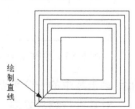

图 5-60 绘制直线

第5章 复合图形结构的绘制与编辑

Step 09 单击刚绘制的直线，使其夹点显示，如图 5-61 所示。

Step 10 单击其中的一个夹点，进入夹点编辑模式。此时单击鼠标右键，打开夹点编辑菜单，选择"旋转"命令，激活夹点旋转功能。

Step 11 再次打开夹点编辑菜单，选择菜单中的"基点"选项，然后在命令行的"指定基点："提示下，捕捉正中心点，如图 5-62 所示。

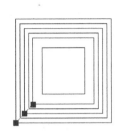

图 5-61 夹点显示（二）

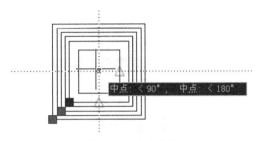

图 5-62 夹点旋转

Step 12 再次单击鼠标右键打开夹点编辑菜单，选择菜单中的"复制"命令，然后根据命令行的操作提示，进行夹点旋转复制直线，命令行操作如下。

```
** 旋转 (多重) **
指定旋转角度或 [基点(B)/复制(C)/放弃(U)/参照(R)/退出(X)]:     //90 Enter
** 旋转 (多重) **
指定旋转角度或 [基点(B)/复制(C)/放弃(U)/参照(R)/退出(X)]:     //-90 Enter
** 旋转 (多重) **
指定旋转角度或 [基点(B)/复制(C)/放弃(U)/参照(R)/退出(X)]:     //180 Enter
** 旋转 (多重) **
//Enter，退出夹点编辑模式，编辑结果如图 5-63 所示
指定旋转角度或 [基点(B)/复制(C)/放弃(U)/参照(R)/退出(X)]:
```

Step 13 按 Esc 键取消对象的夹点显示，如图 5-64 所示。

Step 14 执行菜单栏"格式"→"颜色"命令，在打开的"选择颜色"对话框中修改当前颜色，如图 5-65 所示。

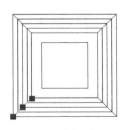

图 5-63 编辑结果

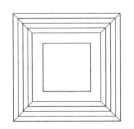

图 5-64 取消夹点（二）

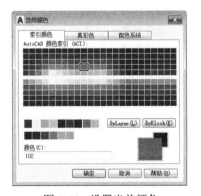

图 5-65 设置当前颜色

Step 15 执行菜单栏"绘图"→"圆"→"圆心、半径"命令，以正四边形的正中心点作为圆心，绘制半径为 1250 个绘图单位的圆。

```
命令：_Circle
//配合中点捕捉和对象追踪功能，捕捉追踪虚线交点作为圆心，如图 5-66 所示
指定圆的圆心或 [三点(3P)/两点(2P)/切点、切点、半径(T)]：
指定圆的半径或 [直径(D)] <1250>：    //1250 Enter，绘制结果（二）如图 5-67 所示
```

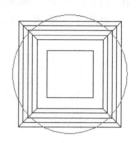

图 5-66 定位圆心   图 5-67 绘制结果

Step 16 执行菜单栏"绘图"→"修订云线"命令，将刚绘制的圆转化为云线。

```
命令：_Revcloud
最小弧长：150    最大弧长：300    样式：普通
指定起点或 [弧长(A)/对象(O)/样式(S)] <对象>：    //A Enter
指定最小弧长 <150>：                              //750 Enter
指定最大弧长 <750>：                              //750 Enter
指定起点或 [弧长(A)/对象(O)/样式(S)] <对象>：    //O Enter
选择对象：                                        //选择刚绘制的圆
反转方向 [是(Y)/否(N)] <否>：                    //N Enter，操作结果如图 5-68 所示
```

Step 17 按 Enter 键，重复执行"修订云线"命令，继续对刚创建的云线进行编辑。

```
命令：_Revcloud
最小弧长：750    最大弧长：750    样式：普通
指定起点或 [弧长(A)/对象(O)/样式(S)] <对象>：    //A Enter
指定最小弧长 <750>：                              //150 Enter
指定最大弧长 <150>：                              //300 Enter
指定起点或 [弧长(A)/对象(O)/样式(S)] <对象>：    //O Enter
选择对象：                                        //选择刚创建的云线
反转方向 [是(Y)/否(N)] <否>：                    //N Enter，最终效果如图 5-69 所示
```

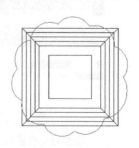
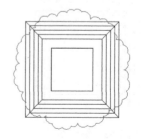

图 5-68 操作结果   图 5-69 最终效果

Step 18 执行"保存"命令，将图形存储为"上机实训一.dwg"。

5.6 上机实训二——绘制橱柜立面图例

本例通过绘制橱柜立面图,来对本章所讲述的"复制""镜像"和"矩形阵列"等重点知识进行综合练习和巩固应用。橱柜立面图如图 5-70 所示,具体操作步骤如下。

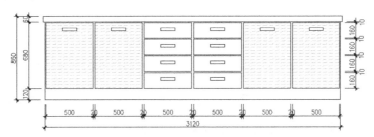

图 5-70 橱柜立面图

Step 01 单击"标准"工具栏→"新建"按钮,新建绘图文件。

Step 02 打开状态栏上的对象捕捉和对象追踪功能,并设置对象捕捉模式为端点、中点和交点。

Step 03 使用快捷键 Z 执行视窗的调整工具,将当前视口的高度调整为 1500 个绘图单位。

Step 04 使用快捷键 REC 执行"矩形"命令,绘制长度为 520 个绘图单位、宽度为 800 个绘图单位的矩形。

Step 05 重复执行"矩形"命令,配合捕捉自功能,绘制长度为 500 个绘图单位、宽度为 670 个绘图单位的矩形,如图 5-71 所示。

Step 06 重复执行"矩形"命令,配合捕捉自功能,绘制长度为 150 个绘图单位、宽度为 30 个绘图单位的矩形作为把手。

```
命令: Rectang
指定第一个角点或 [倒角(C)/标高(E)/圆角(F)/厚度(T)/宽度(W)]: //激活捕捉自功能
_from 基点:              //捕捉内部矩形上侧水平边的中点
<偏移>:                  //@-75,-50 Enter
//@150,-30 Enter,把手绘制结果如图 5-72 所示
指定另一个角点或 [面积(A)/尺寸(D)/旋转(R)]:
```

Step 07 使用快捷键 CO 执行"复制"命令,对 3 个矩形进行复制,基点为大矩形左下角点,目标点为大矩形右下角点,复制结果如图 5-73 所示。

Step 08 使用快捷键 MI 执行"镜像"命令,配合捕捉自功能对图 15-73 中的图形进行镜像,命令行操作如下。

```
命令:Mirror
选择对象:                //All Enter
选择对象:                //Enter
指定镜像线的第一点:       //激活捕捉自功能
```

```
_from 基点：                      //选择右侧大矩形的右下角点
<偏移>：                          //@520,0 Enter
指定镜像线的第二点：              //@0,1 Enter
是否删除源对象？[是(Y)/否(N)] <N>：//Enter
```

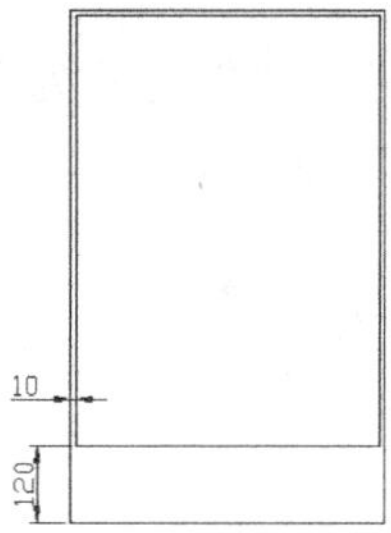

图 5-71 绘制结果（一） 　　图 5-72 把手绘制结果 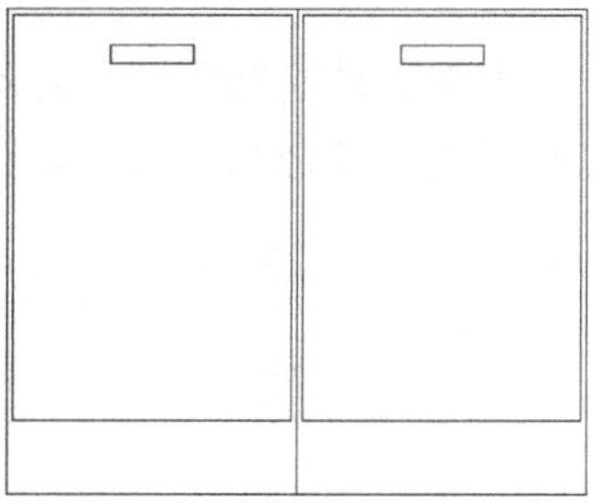　　图 5-73 复制结果

Step 09 执行"矩形"命令，配合捕捉自功能绘制台面轮廓线。

```
命令：Rectang
指定第一个角点或 [倒角(C)/标高(E)/圆角(F)/厚度(T)/宽度(W)]：
                                  //激活捕捉自功能
_from 基点：                      //捕捉左侧大矩形的左上角点
<偏移>：                          //@-20,0 Enter
//@3160,60Enter，绘制结果（二）如图 5-74 所示
指定另一个角点或 [面积(A)/尺寸(D)/旋转(R)]：
```

Step 10 重复执行"矩形"命令，配合捕捉自功能绘制长度为 500 个绘图单位、宽度为 160 个绘图单位的矩形作为抽屉，如图 5-75 所示。

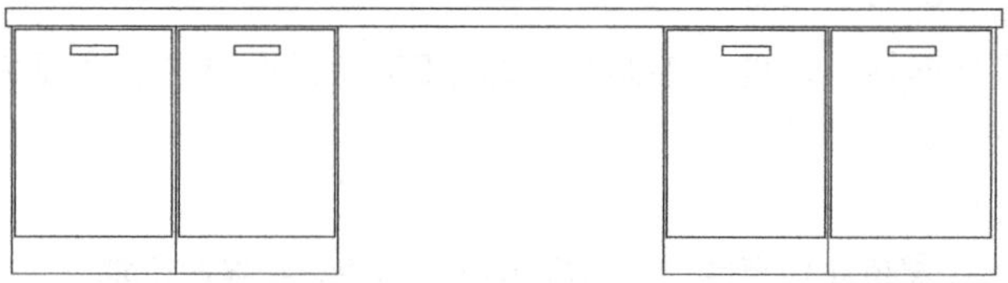

图 5-74 绘制结果（二） 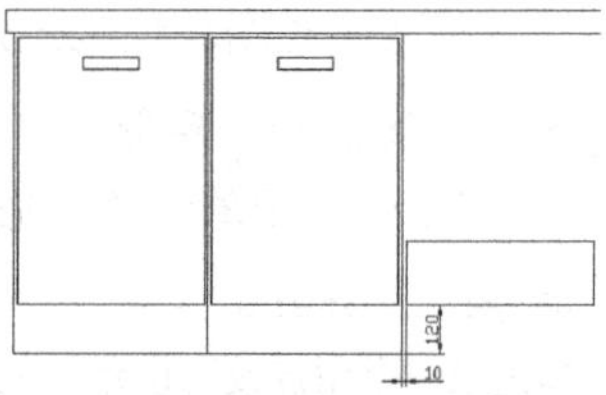　　　　　　　　图 5-75 绘制结果（三）

Step 11 按 Enter 键，以距抽屉上边中点水平向左 75 个绘图单位、垂直向下 50 个绘图单位的点作为起点，绘制尺寸为 150 个绘图单位×30 个绘图单位的矩形作为拉手，拉手绘制结果如图 5-76 所示。

Step 12 单击"默认"→"修改"→"矩形阵列"按钮，对抽屉和拉手进行阵列。

```
命令：_Arrayrect
选择对象：                        //选择抽屉和拉手
选择对象：                        //Enter
类型 = 矩形　关联 = 是
选择夹点以编辑阵列或 [关联(AS)/基点(B)/计数(COU)/间距(S)/列数(COL)/行数(R)/层数(L)/退出(X)] <退出>：
                                  //COU Enter
输入列数数或 [表达式(E)] <4>：   //2 Enter
输入行数数或 [表达式(E)] <3>：   //4 Enter
```

```
选择夹点以编辑阵列或 [关联(AS)/基点(B)/计数(COU)/间距(S)/列数(COL)/行数(R)/层
数(L)/退出(X)] <退出>:            //S Enter
    指定列之间的距离或 [单位单元(U)] <7610>:  //520 Enter
    指定行之间的距离 <4369>:            //170 Enter
    选择夹点以编辑阵列或 [关联(AS)/基点(B)/计数(COU)/间距(S)/列数(COL)/行数(R)/层
数(L)/退出(X)] <退出>:            //Enter，阵列结果如图 5-77 所示
```

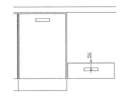

图 5-76 拉手绘制结果

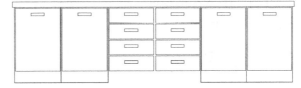

图 5-77 阵列结果

Step 13 使用快捷键 X 执行"分解"命令，将下侧的 4 个矩形分解。

Step 14 使用快捷键 E 执行"删除"命令，删除垂直的矩形边，删除结果如图 5-78 所示。

Step 15 使用快捷键 J 执行"合并"命令，对下侧的两条直线进行合并，合并结果如图 5-79 所示。

图 5-78 删除结果　　　　　　　　图 5-79 合并结果

Step 16 使用快捷键 H 执行"图案填充"命令，并激活"图案填充和渐变色"对话框，设置填充图案和填充参数，如图 5-80 所示。立面图填充图案如图 5-81 所示。

Step 17 执行"保存"命令，将图形命名存储为"上机实训二.dwg"。

图 5-80 设置填充图案和填充参数　　　　图 5-81 立面图填充图案

5.7 小结与练习

5.7.1 小结

本章主要学习了规则和不规则复合图形结构的快速创建功能和快速组合功能，以及图形的夹点编辑功能和特殊对象的编辑细化功能。巧妙运用本章知识，可以方便快速地创建与组合复杂的图形结构，本章具体知识点如下：

（1）多重图形结构的创建功能，包括基点复制、距离偏移和定点偏移。

（2）规则图形结构的创建功能，包括矩形阵列、环形阵列、路径阵列和镜像复制。使用这些功能可以快速创建均布结构、聚心结构和对称结构的图形。

（3）图形的夹点编辑功能，包括夹点功能的概念、启用和快速编辑等，可以快速地创建与组合复杂的图形结构。

（4）特殊对象的编辑功能，包括编辑多段线和编辑多线，可以对多段线和多线等对象进行编辑细化。

5.7.2 练习

1. 综合运用相关知识绘制拼花图（局部尺寸自定），如图 5-82 所示。

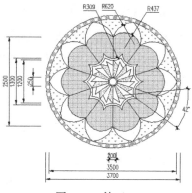

图 5-82 练习 1

2. 综合运用相关知识绘制组合柜立面图（局部尺寸自定），如图 5-83 所示。

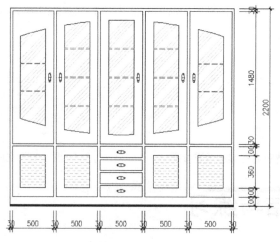

图 5-83 练习 2

第6章

建筑设计资源的组织与共享

通过前几章的学习，读者已具备了图样的设计能力和绘图能力。为了使读者能够快速、高效地绘制设计图样，还需要了解和掌握一些高级制图工具。为此，本章将集中讲述 AutoCAD 的高级制图工具，灵活掌握这些工具，能使读者更加方便地对图形资源进行组织、管理、共享和完善。

内容要点

- 图块的定义与应用
- 上机实训———为某屋面风井详图标注标高
- 设计中心
- 特性与快速选择
- 上机实训二——为户型平面图布置室内用具
- 属性的定义与管理
- 图层的应用
- 工具选项板

6.1 图块的定义与应用

图块指的是将多个图形集合起来，形成一个单一的组合图元，以方便用户对其进行选择、应用和编辑等。图形与图块的夹点显示效果如图 6-1 所示。

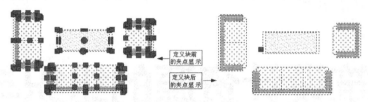

图 6-1 图形与图块的夹点显示效果

6.1.1 创建块

"创建块"命令主要用于将单个或多个图形集合成为一个整体图形单元，并保存于当前图形文件内，以供当前文件重复使用。使用此命令创建的图块被称为内部块。

执行"创建块"命令主要有以下几种方式。

◆ 单击"默认"→"块"→"创建"按钮。
◆ 执行菜单栏"绘图"→"块"→"创建"命令。
◆ 在命令行输入 Block 或 Bmake 后按 Enter 键。
◆ 使用快捷键 B。

下面通过典型的实例来学习"创建块"命令的使用方法和操作技巧，具体操作步骤如下。

Step 01 打开配套资源中的"\素材文件\6-1.dwg"文件，如图 6-2 所示。

Step 02 单击"默认"→"块"→"创建"按钮，打开"块定义"对话框，如图 6-3 所示。

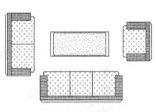

图 6-2 打开结果

图 6-3 "块定义"对话框

Step 03 定义图块名。在"名称"文本框内输入"沙发组"作为块的名称，在"对象"组合框单击"保留"单选按钮，其他参数采用默认设置。

> **小技巧**
>
> 图块名是一个不超过 255 个字符的字符串，其可以包含字母、数字，以及 $、-、_ 等符号。

Step 04 定义基点。在"基点"组合框中,单击"拾取点"按钮,返回绘图区捕捉中点作为图块的基点,如图 6-4 所示。

> :bulb: **小技巧**
>
> 在定位图块的基点时,一般是在图形上的特征点中进行捕捉。

Step 05 选择块对象。单击"选择对象"按钮,返回绘图区框选所有图形对象。

Step 06 预览效果。按 Enter 键返回到"块定义"对话框,在此对话框内出现图块的预览图标,如图 6-5 所示。

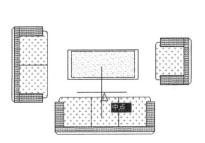

图 6-4 捕捉中点　　　　　图 6-5 出现预览图标

> :bulb: **小技巧**
>
> 如果在定义块时,勾选了"按统一比例缩放"复选框,那么在插入块时,只可以对块进行等比缩放。

Step 07 单击 [确定] 按钮关闭"块定义"对话框,所创建的图块保存在当前文件中,此图块将会与文件一起存盘。

📖 选项解析

- ◇ "名称"文本框用于为新图块赋名。图块名是一个不超过 255 个字符的字符串,其可以以包含字母、数字,以及 $、-、_ 等符号。
- ◇ "基点"选项组主要用于确定图块的插入基点。用户可以直接在 X、Y、Z 的文本框中输入基点坐标值,也可以在绘图区直接捕捉图形上的特征点。AutoCAD 默认基点为原点。
- ◇ 单击"快速选择"按钮,弹出"快速选择"对话框,用户可以按照一定的条件定义一个选择集。
- ◇ "转换为块"选项用于将图块的源图形转化为图块。
- ◇ "删除"选项用于将组成图块的图形从当前绘图区中删除。
- ◇ "在块编辑器中打开"复选框用于定义完块后自动进入块编辑器窗口,以便对图块进行编辑管理。

6.1.2 写块

由于内部块仅供当前文件所引用，因此为了弥补内部块的这一缺陷，AutoCAD 为用户提供了"写块"命令。使用此命令创建的图块不仅可以被当前文件所使用，而且还可以供其他文件重复使用。下面学习外部块的创建过程，具体操作步骤如下。

Step 01 继续上例操作。

Step 02 在命令行输入 Wblock 或 W 后按 Enter 键，打开"写块"对话框。

Step 03 在"源"选项组内单击"块"单选按钮，然后展开"块"下拉列表，选择"沙发组"内部块，如图 6-6 所示。

Step 04 在"文件名和路径"文本框内，设置外部块的存盘路径、名称。展开"插入单位"下拉列表，设置单位，如图 6-7 所示。

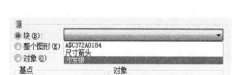

图 6-6　选择块　　　　　图 6-7　创建外部块

Step 05 单击 确定 按钮，结果"沙发组"内部块被转化为外部块，并以独立文件形式存盘。

选项解析

- "块"单选按钮用于将当前文件中的内部块转换为外部块，并进行存盘。单击该按钮，其右侧的下拉列表被激活，可从中选择需要被写入块文件的内部图块。
- "整个图形"单选按钮用于将当前文件中的所有图形对象集合为一个整体图块并进行存盘。
- "对象"单选按钮是系统默认选择按钮，用于有选择性地将当前文件中的部分图形或全部图形创建为一个独立的外部块，具体操作与创建内部块相同。

6.1.3 插入块

"插入块"命令用于将内部块、外部块和已存盘的 .dwg 文件，引用到当前图形文件中，以组合更为复杂的图形结构。

执行"插入块"命令主要有以下几种方式。

第 6 章　建筑设计资源的组织与共享

- ✧ 单击"默认"→"块"→"插入"按钮。
- ✧ 执行菜单栏"插入"→"块选项板"命令。
- ✧ 在命令行输入 Insert 后按 Enter 键。
- ✧ 使用 I 快捷键。

下面通过典型的实例来学习"插入块"命令的使用方法和操作技巧，具体操作步骤如下。

Step 01 继续上节操作。单击"默认"→"块"→"插入"按钮，打开"块"选项板。

Step 02 单击"最近使用"选项卡，选择"沙发组"内部块作为需要插入的图块。

Step 03 在"比例"选项组中选择"统一比例"，同时设置块的参数，如图 6-8 所示。

图 6-8　设置插入图块参数

⁜ 小技巧

如果勾选了"分解"复选框，那么插入的图块则不是一个独立的图形对象，而是被还原成一个个单独的图形对象。

如果需要插入外部块或已存盘的图形文件，可以单击 … 按钮，从打开的"选择图形文件"对话框中选择相应的外部块或文件。

Step 04 其他参数采用默认设置，双击"沙发组"图块，在命令行"指定插入点或[基点（B）比例（S）旋转（R）]"提示下拾取一点作为图块的插入点，插入结果如图 6-9 所示。

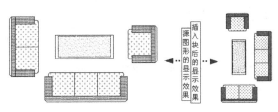

图 6-9　插入结果

📖 选项解析

- ✧ "名称"文本框用于设置需要插入的内部块。
- ✧ "插入点"选项组用于确定图块插入点的坐标。用户可以勾选"在屏幕上指定"复选框，直接在屏幕绘图区拾取一点，也可以在 X、Y、Z 的 3 个文本框中输入插入点的坐标值。
- ✧ "比例"选项组用于确定图块的插入比例。
- ✧ "旋转"选项组用于确定图块插入时的旋转角度。用户可以勾选"在屏幕上指定"复选框，直接在绘图区指定旋转的角度，也可以在"角度"文本框中输入图块的旋转角度。

6.1.4 编辑块

执行"块编辑器"命令,可以对当前文件中的图块进行编辑,以更新先前图块的定义。

执行"块编辑器"命令主要有以下几种方式。

- ◇ 单击"默认"→"块"→"编辑"按钮。
- ◇ 选择菜单栏中的"工具"→"块编辑器"命令。
- ◇ 在命令行输入 Bedit 后按 Enter 键。
- ◇ 使用 BE 快捷键。

下面通过典型的实例来学习"块编辑器"命令的使用方法和操作技巧,具体操作步骤如下。

Step 01 打开配套资源中的"\素材文件\6-2.dwg"文件,如图 6-10 所示。

Step 02 单击"默认"→"块"→"编辑"按钮,打开"编辑块定义"对话框,如图 6-11 所示。

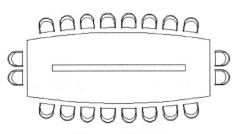

图 6-10 打开结果

图 6-11 "编辑块定义"对话框

Step 03 在"编辑块定义"对话框中双击对应图块,如图 6-12 所示,打开"块编辑器"窗口,如图 6-13 所示。

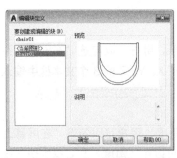

图 6-12 双击图块

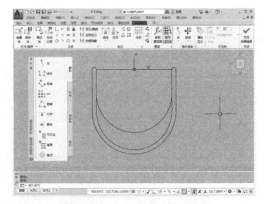

图 6-13 "块编辑器"窗口

Step 04 使用快捷键 H 执行"图案填充"命令,并打开"图案填充和渐变色"对话框,设置填充图案与填充参数,如图 6-14 所示。椅子平面图填充图案如图 6-15 所示。

图 6-14　设置填充图案与填充参数　　　　图 6-15　椅子平面图填充图案

小技巧

在"块编辑器"窗口中可以为图块添加约束、参数及动作特征，也可以对图块进行重新命名并保存。

Step 05　单击"块编辑器"→"打开\保存"→"保存块定义"按钮，将上述操作进行保存。

Step 06　关闭块编辑器，所有会议椅图块被更新，如图 6-16 所示。

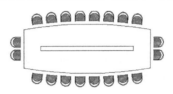

图 6-16　操作结果

6.2　属性的定义与管理

属性实际上是一种图块的文字信息。属性不能独立存在，它是附属于图块的一种非图形信息，用于对图块进行文字说明。

6.2.1　定义属性

"定义属性"命令用于为几何图形定义文字属性，以表达几何图形无法表达的一些内容。

执行"定义属性"命令主要有以下几种方式。

- ◆ 单击"默认"→"块"→"定义属性"按钮。
- ◆ 执行菜单栏"绘图"→"块"→"定义属性"命令。
- ◆ 在命令行输入 Attdef 后按 Enter 键。
- ◆ 使用 ATT 快捷键。

下面通过典型实例来学习"定义属性"命令的使用方法和操作技能，具体操作步骤如下。

Step 01　新建绘图文件。绘制直径为 8 个绘图单位的圆，如图 6-17 所示。

Step 02　打开状态栏上的对象捕捉功能，并将捕捉模式设为圆心捕捉。

Step 03　单击"默认"→"块"→"定义属性"按钮，打开"属性定义"对话框，然后设置属性的标记名、提示说明、默认值、对正方式及文字高度等参数，如图 6-18 所示。

Step 04 单击 确定 按钮返回绘图区，在命令行"指定起点："提示下，捕捉圆心作为属性插入点，如图 6-19 所示。

图 6-17　绘制结果　　　图 6-18　"属性定义"对话框　　　图 6-19　定义属性

小技巧

当用户需要重复定义几何图形的属性时，可以勾选"在上一个属性定义下对齐"复选框，系统将自动沿用上次设置的各属性的文字样式、对正方式及文字高度等参数。

📖 属性的模式

"模式"选项组主要用于控制属性的显示模式，各选项功能如下：

- ◆ "不可见"复选框用于设置插入块后是否显示属性值。
- ◆ "固定"复选框用于设置属性是否为固定值。
- ◆ "验证"复选框用于设置在插入块时提示确认属性值是否正确。
- ◆ "预设"复选框用于将属性值定为默认值。
- ◆ "锁定位置"复选框用于将属性位置进行固定。
- ◆ "多行"复选框用于设置多行的属性文本。

小技巧

用户可以运用系统变量 Attdisp 直接在命令行对属性进行设置或修改属性的显示状态。

6.2.2　块属性管理器

"编辑属性"命令主要用于对含有属性的图块进行编辑和管理，如更改属性的值、特性等。

执行"编辑属性"命令主要有以下几种方式。

- ◆ 单击"默认"→"块"→"定义属性"按钮。
- ◆ 执行菜单栏"修改"→"对象"→"属性"→"单个"命令。

◆ 在命令行输入 Eattedit 后按 Enter 键。

下面通过典型实例来学习"编辑属性"命令的使用方法和操作技巧，具体操作步骤如下。

Step 01 继续上例操作。执行"创建块"命令，将上例绘制的圆及其属性一起创建为属性块，基点为圆心，块参数设置如图 6-20 所示。

Step 02 单击 确定 按钮，打开"编辑属性"对话框，如图 6-21 所示，在此对话框中即可定义正确的文字属性值。

图 6-20　块参数设置

图 6-21　"编辑属性"对话框

Step 03 单击 确定 按钮，采用默认属性值，结果创建了一个属性值为 5 的属性块，如图 6-22 所示。

Step 04 执行菜单栏"修改"→"对象"→"属性"→"单个"命令，在命令行"选择块:"提示下，选择属性块，打开"增强属性编辑器"对话框，然后修改属性值为 D，如图 6-23 所示。

Step 05 单击 确定 按钮，关闭"增强属性编辑器"对话框，结果属性值被修改，如图 6-24 所示。

图 6-22　定义属性块

图 6-23　"增强属性编辑器"对话框

图 6-24　修改结果

◎ **选项解析**

◆ "属性"选项卡用于显示当前文件中所有属性块的属性标记、提示和默认值，还可以修改属性块的属性值。

小技巧

单击"增强属性编辑器"对话框右上角的"选择块"按钮，可以连续对当前图形中的其他属性块进行修改。

◆ "文字选项"选项卡用于修改属性的文字特性，如文字样式、对正方式、高度和宽度因子等。修改属性的文字效果如图 6-25 所示。

图 6-25　修改属性的文字效果

◆ "特性"选项卡用于修改属性的图层、线型、颜色和线宽等特性，如图 6-26 所示。

图 6-26　修改属性的特性

6.3　上机实训——为某屋面风井详图标注标高

本例通过为某屋面风井详图标注标高尺寸，对图块的定义与应用、属性定义与编辑等重点知识进行综合练习和巩固应用。标注的效果图如图 6-27 所示，具体操作步骤如下。

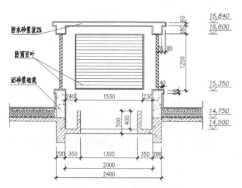

图 6-27　标注的效果图

Step 01 打开配套资源中的"\素材文件\6-3.dwg"文件，如图 6-28 所示。

Step 02 在"草图设置"对话框中单击"极轴追踪"选项卡,并设置极轴角为 45°,如图 6-29 所示。

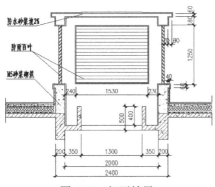

图 6-28　打开结果　　　　　　　　　图 6-29　设置极轴参数

Step 03 使用快捷键 PL 执行"多段线"命令,参照图示尺寸绘制出标高符号,如图 6-30 所示。

Step 04 执行菜单栏"绘图"→"块"→"定义属性"命令,打开"属性定义"对话框,为标高符号设置属性参数,如图 6-31 所示。

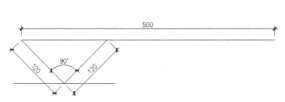

图 6-30　绘制标高　　　　　　　　　图 6-31　设置属性参数

Step 05 单击 确定 按钮,在命令行"指定起点:"提示下捕捉端点,如图 6-32 所示。定义结果如图 6-33 所示。

图 6-32　捕捉端点　　　　　　　　　图 6-33　定义结果

Step 06 使用快捷键 B 执行"创建块"命令,在打开的"块定义"对话框中设置参数,如图 6-34 所示。将标高符号和属性一起创建为内部块,图块的基点为图 6-35 中的中点。

Step 07 使用快捷键 I 执行"插入块"命令,以默认参数插入刚定制的"屋面标高"内部块,属性值为默认值。

Step 08 在命令行"指定插入点或 [基点(B)/比例(S)/旋转(R)]:"提示下,引出延伸矢量,如图 6-36 所示,然后在此矢量上拾取一点作为插入点,插入结果如图 6-37 所示。

图 6-34 "块定义"对话框

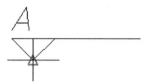

图 6-35 定位基点

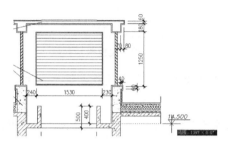

图 6-36 引出延伸矢量

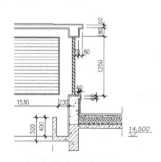

图 6-37 插入结果

Step 09 执行菜单栏"修改"→"复制"命令，将刚插入的屋面标高复制到其他位置，命令行操作如下。

```
命令：_Copy
选择对象：                                          //选择刚插入的屋面标高
选择对象：                                          //Enter
当前设置：复制模式 = 多个
指定基点或 [位移(D)/模式(O)] <位移>：              //Enter
指定第二个点或 [阵列(A)] <使用第一个点作为位移>：   //@0,250 Enter
指定第二个点或 [阵列(A)/退出(E)/放弃(U)] <退出>：   //@0,850 Enter
指定第二个点或 [阵列(A)/退出(E)/放弃(U)] <退出>：   //@0,2100 Enter
指定第二个点或 [阵列(A)/退出(E)/放弃(U)] <退出>：   //@0,2340 Enter
指定第二个点或 [阵列(A)/退出(E)/放弃(U)] <退出>：   //Enter，复制结果如图 6-38 所示
```

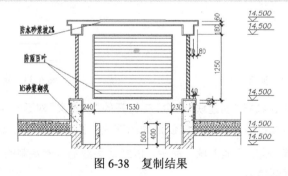

图 6-38 复制结果

Step 10 在复制出的标高属性块上双击鼠标左键，打开"增强属性编辑器"对话框，然后修改属性值，如图 6-39 所示。

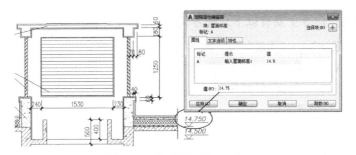

图 6-39 修改属性值（一）

Step 11 单击 应用(A) 按钮，然后单击"选择块"按钮，返回绘图区选择上侧的标高，修改属性值，如图 6-40 所示。

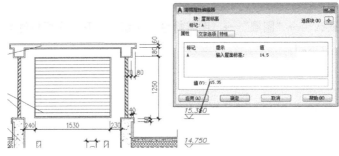

图 6-40 修改属性值（二）

Step 12 重复上一步操作，分别修改其他位置的标高属性值。其他属性值修改结果如图 6-41 所示。

Step 13 执行"另存为"命令，将图形存储为"上机实例一.dwg"。

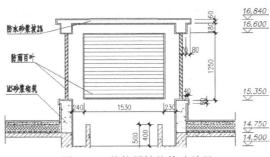

图 6-41 其他属性值修改结果

6.4 图层的应用

图层的概念比较抽象，可以将其比作透明的电子纸，在每张透明电子纸上都可以绘制不同线型、线宽和颜色的图形，最后将这些电子纸叠加起来，即可得到完整的图样。使用图层可以控制每张透明电子纸上图形的线型、线宽、颜色等特性及其显示状态，以方便用户对图形资源进行管理、规划和控制等。

执行"图层"命令主要有以下几种方式。

- ❖ 单击"默认"→"图层"→"图层特性"按钮。
- ❖ 执行菜单栏"格式"→"图层"命令。
- ❖ 在命令行输入 Layer 后按 Enter 键。
- ❖ 使用 LA 快捷键。

6.4.1 设置图层

在默认设置下，系统没有为用户提供现有图层，下面学习图层的设置技能，具体操作步骤如下。

Step 01 新建绘图文件。

Step 02 单击"默认"→"图层"→"图层特性"按钮，打开"图层特性管理器"面板，如图 6-42 所示。

图 6-42 "图层特性管理器"面板

Step 03 单击"图层特性管理器"面板中的"新建图层"按钮，新图层将以临时名称"图层 1"显示在列表中，如图 6-43 所示。

图 6-43 新建图层

Step 04 在反白显示的"图层 1"区域输入新图层的名称，如图 6-44 所示，创建第一个新图层。

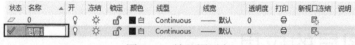

图 6-44 输入图层名

小技巧

图层名最长可达 255 个字符，可以是数字、字母或其他字符；图层名中不允许含有大于号（>）、小于号（<）、斜杠（/）、反斜杠（\）及标点符号等。另外，为图层命名时，必须确保图层名的唯一性。

Step 05 按 Alt+N 组合键，或者再次单击按钮，创建另外两个图层。新图层创建结果如图 6-45 所示。

状态	名称	开	冻结	锁定	颜色	线型	线宽	透明度	打印	新视口冻结	说明
	0				白	Continuous	—— 默认	0			
✓	轮廓线				白	Continuous	—— 默认	0			
	细实线				白	Continuous	—— 默认	0			
	隐藏线				白	Continuous	—— 默认	0			

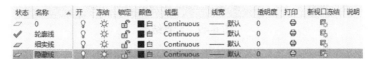

图 6-45　新图层创建结果

小技巧

如果在创建新图层时选择了一个现有图层，或者为新建图层指定了图层特性，那么以下创建的新图层将继承先前图层的一切特性（如颜色、线型等）。

6.4.2　设置特性

上一小节学习了图层的具体设置技能，本小节将学习各图层上图形对象的颜色、线型和线宽特性的设置技能。

- **设置图层的颜色特性**

Step 01 继续上节操作。在“图层特性管理器”面板中单击名为“隐藏线”的图层，使其处于激活状态，如图 6-46 所示。

Step 02 在图 6-46 中的颜色区域上单击鼠标左键，打开“选择颜色”对话框，然后选择颜色“洋红”，如图 6-47 所示。

状态	名称	开	冻结	锁定	颜色	线型	线宽	透明度
	0				白	Conti...	—— 默认	0
✓	轮廓线				白	Conti...	—— 默认	0
	细实线				白	Conti...	—— 默认	0
	隐藏线				白	Conti...	—— 默认	0

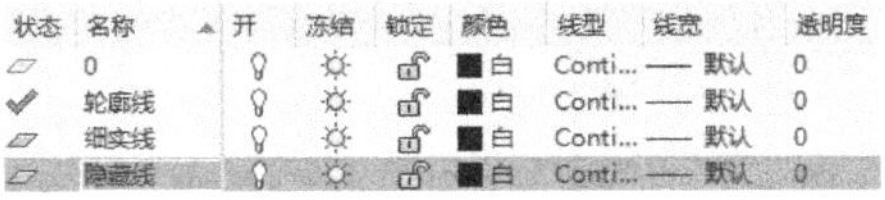

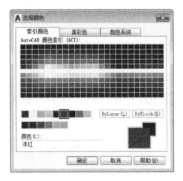

图 6-46　修改图层颜色

图 6-47　“选择颜色”对话框

Step 03 单击“选择颜色”对话框中的 确定 按钮，即可将图层的颜色设置为“洋红”，设置颜色后的图层如图 6-48 所示。

状态	名称	开	冻结	锁定	颜色	线型	线宽	透明度	打印	新视口冻结	说明
	0				白	Conti...	—— 默认	0			
✓	轮廓线				白	Conti...	—— 默认	0			
	细实线				白	Conti...	—— 默认	0			
	隐藏线				洋红	Conti...	—— 默认	0			

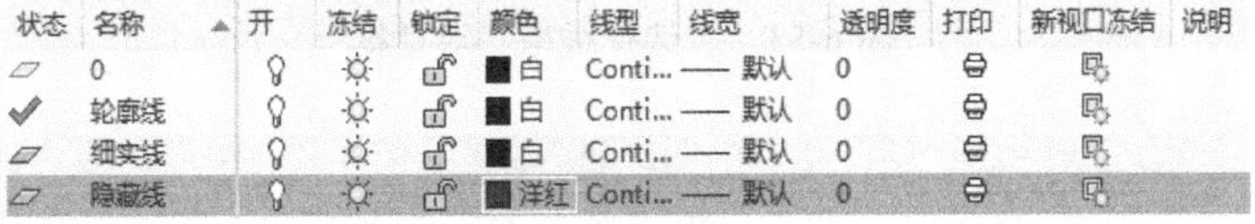

图 6-48　设置颜色后的图层

Step 04 参照上述操作，将“细实线”图层的颜色设置为蓝色，设置结果如图 6-49 所示。

图 6-49 设置结果

小技巧

用户也可以单击"选择颜色"对话框中的"真彩色"和"配色系统"两个选项卡,如图 6-50 和图 6-51 所示,以定义自己需要的颜色。

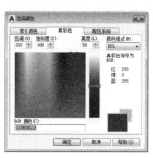 

图 6-50 "真彩色"选项卡　　　　图 6-51 "配色系统"选项卡

● 设置图层的线型特性

Step 01 继续上节操作。在"图层特性管理器"面板中单击名为"隐藏线"的图层,使其处于激活状态,如图 6-52 所示。

图 6-52 单击指定位置

Step 02 在图层的"线型"位置单击鼠标左键,如图 6-52 所示,打开"选择线型"对话框,如图 6-53 所示。

图 6-53 "选择线型"对话框

小技巧

在默认设置下,系统为用户提供一种 Continuous 线型,如果用户需要使用其他线型,则必须进行加载。

Step 03 在"选择线型"对话框中单击 加载(L)... 按钮,打开"加载或重载线型"对话框,选择"ACAD_ISO04W100"线型,如图 6-54 所示。

Step 04 单击 确定 按钮,选择的线型被加载到"选择线型"对话框内,如图 6-55 所示。

图 6-54 "加载或重载线型"对话框

图 6-55 加载线型

Step 05 选择刚加载的线型,然后单击 确定 按钮,即将此线型附加给当前被选择的图层,如图 6-56 所示。

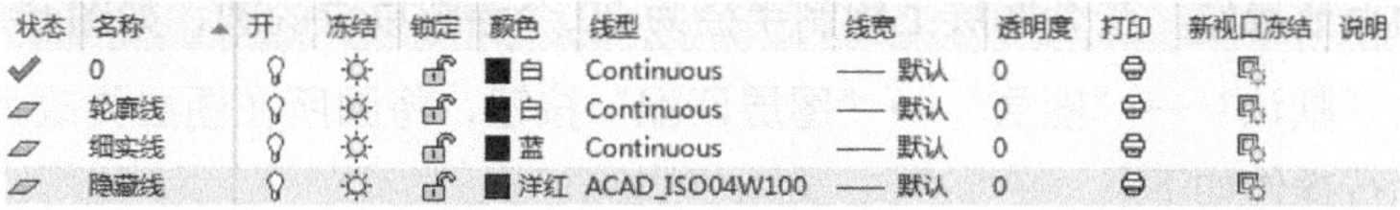

图 6-56 设置线型

● **设置图层的线宽特性**

Step 01 继续上节操作。在"图层特性管理器"面板中单击"轮廓线"图层,使其处于激活状态,如图 6-57 所示。

Step 02 在"线宽"位置单击鼠标左键,打开"线宽"对话框,如图 6-58 所示。

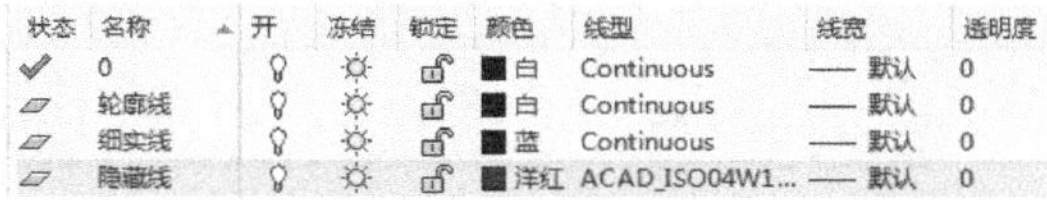

图 6-57 指定图层位置   图 6-58 "线宽"对话框

Step 03 在"线宽"对话框中选择"0.30mm",然后单击 确定 按钮返回"图层特性管理器"面板,则"轮廓线"图层的线宽被设置为 0.30mm。设置结果如图 6-59 所示。

Step 04 单击 确定 按钮关闭"图层特性管理器"面板。

Note

状态	名称	开	冻结	锁定	颜色	线型	线宽	透明度	打印	新视口冻结	说明
	0				白	Continuous	—— 默认	0			
	轮廓线				白	Continuous	—— 0.30...	0			
	细实线				蓝	Continuous	—— 默认	0			
	隐藏线				洋红	ACAD_ISO04W1...	—— 默认	0			

图 6-59　设置结果

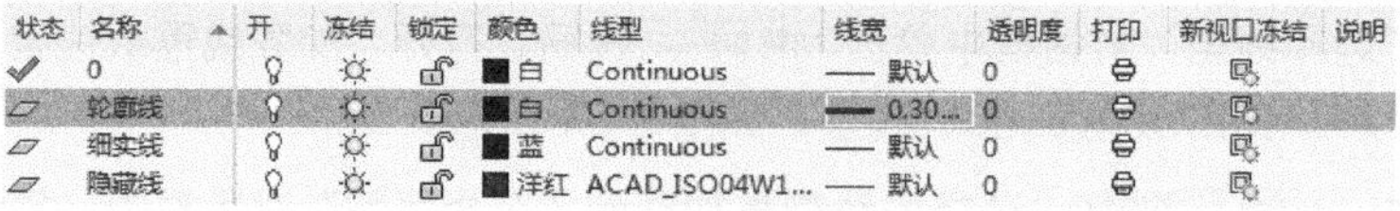

6.4.3　图层匹配

“图层匹配”命令用于将选定对象的图层更改为目标图层。

执行“图层匹配”命令主要有以下几种方式。

- ✧ 单击“默认”→“图层”→“匹配图层”按钮。
- ✧ 执行菜单栏“格式”→“图层工具”→“图层匹配”命令。
- ✧ 在命令行输入 Laymch 后按 Enter 键。

下面通过实例来学习“图层匹配”命令的使用方法和操作技巧，具体操作步骤如下。

Step 01 继续上节操作。在 0 图层上绘制半径为 30 个绘图单位的圆，如图 6-60 所示。

Step 02 单击“默认”→“图层”→“图层匹配”按钮，将圆所在图层更改为“点画线”，命令行操作如下。

```
命令: _Laymch
选择要更改的对象:                    //选择圆
选择对象:                            //Enter，结束选择
//N Enter，打开“更改到图层”对话框，如图 6-61 所示，然后双击“隐藏线”
选择目标图层上的对象或 [名称(N)]:
```

Step 03 图层更改后的显示效果如图 6-62 所示。

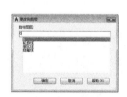

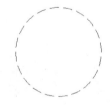

图 6-60　绘制圆

图 6-61　“更改到图层”对话框

图 6-62　图层更改后的显示效果

小技巧

如果单击“更改为当前图层”按钮，可以将选定对象的图层更改为当前图层；如果单击“将对象复制到新图层”按钮，可以将选定的对象复制到其他图层。

6.4.4　图层隔离

“图层隔离”命令用于将选定图层之外的所有图层都锁定，以达到隔离图层的目的。

执行“图层隔离”命令主要有以下几种方式。

- 单击"默认"→"图层"→"图层隔离"按钮。
- 执行菜单栏"格式"→"图层工具"→"图层隔离"命令。
- 在命令行输入 Layiso 后按 Enter 键。

执行"图层隔离"命令后,其命令行操作如下。

```
命令: _Layiso
当前设置: 锁定图层, Fade=50
选择要隔离的图层上的对象或 [设置(S)]://选择所需图形
//Enter, 除所选图形所在图层之外, 其他图层均被锁定
选择要隔离的图层上的对象或 [设置(S)]:
```

小技巧

单击"取消图层隔离"按钮,或者在命令行输入 Layuniso,都可以取消图层隔离,将被锁定的图层解锁。

6.4.5 图层控制

为了方便对图形进行状态控制,AutoCAD 为用户提供了几种状态控制功能,具体有开关、冻结与解冻、锁定与解锁等,如图 6-63 所示。

图 6-63 状态控制图标

- 开关控制功能。💡/💡按钮用于控制图层的开关状态。默认状态下的图层都为打开状态,按钮显示为💡。当按钮显示为💡时,位于图层上的对象都是可见的,并且可在该图层上进行绘图和修改操作;在开关按钮上单击鼠标左键,即可关闭该图层,按钮显示为💡(按钮变暗)。

小技巧

图层被关闭后,位于图层上的所有图形将被隐藏,该图层上的图形也不能被打印或由绘图仪输出,但重新生成图形时,图层上的实体仍将重新生成。

- 冻结与解冻。☀/❄ 按钮用于在所有视图窗口中冻结或解冻图层。默认状态下的图层是解冻状态的,按钮显示为☀;在该按钮上单击鼠标左键,按钮显示为❄,位于该图层上的对象不能在屏幕上显示或由绘图仪输出,不能进行重生成、消隐、渲染和打印等操作。

小技巧

关闭与冻结的图层都是不可见和不可以输出的。冻结图层不参加运算处理,但可以加快视窗缩放、视窗平移和许多其他操作的处理速度,增强对象选择的性能并减少复杂图形的重生成时间。建议冻结长时间不需操作的图层。

- 锁定与解锁。🔒🔓按钮用于锁定图层或解锁图层。默认状态下的图层处于解锁状态,

按钮显示为 🔓，在此按钮上单击鼠标左键，图层被锁定，按钮显示为 🔒。图层被锁定后，用户只能观察该图层上的图形，不能对其进行编辑和修改，但该图层上的图形仍可以显示和输出。

- **状态控制功能的启动**

状态控制功能的启动，主要有以下两种方式。
（1）展开"图层控制"下拉列表，然后单击各图层左端的状态控制按钮。
（2）在"图层特性管理器"面板中选择要操作的图层，然后单击相应控制按钮。

6.5 设计中心

"设计中心"命令与 Windows 的资源管理器界面功能相似，"设计中心"窗口如图 6-64 所示。"设计中心"命令主要用于对 AutoCAD 的图形资源进行管理、查看与共享等，它是一个直观、高效的绘图工具。

执行"设计中心"命令主要有以下几种方式。

- 单击"视图"→"选项板"→"设计中心"按钮。
- 执行菜单栏"工具"→"选项板"→"设计中心"命令。
- 在命令行输入 Adcenter 后按 Enter 键。
- 使用 ADC 快捷键或按 Ctrl+2 组合键。

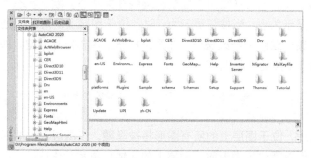

图 6-64 "设计中心"窗口

6.5.1 窗口概述

"设计中心"窗口共包括"文件夹""打开的图形""历史记录"等 3 个选项卡，分别用于显示计算机或网络驱动器中文件与文件夹的层次关系、打开图形的列表、自定义内容等，具体如下：

- 在"文件夹"选项卡中，左侧为树状管理视窗，用于显示计算机或网络驱动器中文件和文件夹的层次关系；右侧为控制面板，用于显示在左侧树状管理视窗中选定文件的内容。
- "打开的图形"选项卡用于显示 AutoCAD 任务中当前所有打开的图形，包括最小化的图形。

第 6 章 建筑设计资源的组织与共享

◆ "历史记录"选项卡用于显示最近在"设计中心"窗口打开过的文件列表。它还可以显示"浏览 Web"对话框最近连接过的 20 条地址记录。

📖 选项解析

◆ 单击"加载"按钮（ ），将弹出"加载"对话框，以方便浏览本地和网络驱动器或 Web 上的文件，然后选择相应内容加载到内容区域。

◆ 单击"上一级"按钮（ ），将显示活动容器的上一级容器的内容。容器可以是文件夹，也可以是一个图形文件。

◆ 单击"搜索"按钮（ ），将弹出"搜索"对话框，用于指定搜索条件，查找图形、块及图形中的非图形对象，如线型、图层等。它还可以将搜索到的对象添加到当前文件中，并为当前图形文件所使用。

◆ 单击"收藏夹"按钮（ ），将在"设计中心"窗口右侧显示 Autodesk Favorites 文件夹内容。

◆ 单击"主页"按钮（ ），系统将"设计中心"窗口返回到默认文件夹。在安装 AutoCAD 时，默认文件夹被设置为 ...\Sample\DesignCenter。

◆ 单击"树状图切换"按钮（ ），"设计中心"窗口左侧将显示或隐藏树状管理视窗。如果在绘图区域中需要更多空间，可以单击该按钮隐藏树状管理视窗。

◆ "预览"按钮（ ）用于显示和隐藏图像的预览框。当预览框被打开时，在上部的面板中选择一个项目，则在预览框内将显示出该项目的预览图像。如果选定项目没有保存的预览图像，则该预览框为空。

◆ "说明"按钮（ ）用于显示和隐藏选定项目的文字信息。

6.5.2 资源查看

通过"设计中心"窗口，不仅可以方便查看本机或网络上的 AutoCAD 资源，而且还可以单独将选择的.dwg 文件打开。

Step 01 单击"视图"→"选项板"→"设计中心"按钮，执行"设计中心"命令，打开"设计中心"窗口。

Step 02 查看文件夹资源。在"设计中心"窗口左侧树状管理视窗中定位并展开需要查看的文件夹，那么在右侧窗口中，即可查看该文件夹中的所有图形资源，如图 6-65 所示。

图 6-65 查看文件夹资源

Step 03 查看文件内部资源。在"设计中心"窗口的左侧树状管理视窗中定位需要查看的文件，则右侧窗口中即可显示出文件内部的所有资源，如图 6-66 所示。

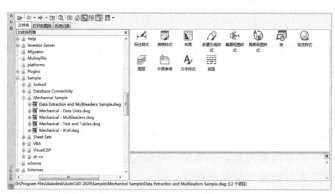

图 6-66　查看文件内部资源

Step 04 如果用户需要进一步查看某一类内部资源，如文件内部的所有图块，可以在右侧窗口中双击块的图标，即可显示出所有的图块，如图 6-67 所示。

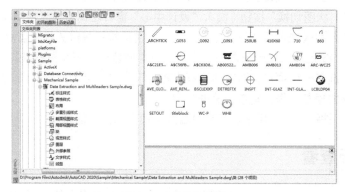

图 6-67　查看块资源

Step 05 打开.dwg 文件。如果用户需要打开某.dwg 文件，可以在该文件图标上单击鼠标右键，然后单击快捷菜单上的"在应用程序窗口中打开"选项，即可打开此文件，如图 6-68 所示。

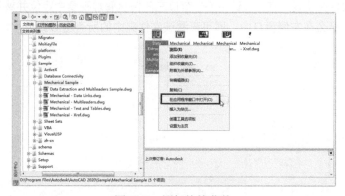

图 6-68　图标快捷菜单

小技巧

在"设计中心"窗口中按住 Ctrl 键定位文件,按住鼠标左键不动将其拖动到绘图区,即可打开此图形文件;将图形图标从"设计中心"窗口直接拖曳到应用程序窗口或绘图区以外的任何位置,即可打开此图形文件。

6.5.3 资源共享

用户不仅可以随意查看本机上的所有设计资源,而且还可以将有用的图形资源及图形的一些内部资源应用到自己的图纸中。

Step 01 继续上例操作。

Step 02 共享文件资源。在"设计中心"窗口左侧树状管理视窗中查找并定位所需文件的上一级文件夹,然后在右侧窗口中定位所需文件。

Step 03 在所需文件图标上单击鼠标右键,从弹出的快捷菜单中选择"插入为块"选项,如图 6-69 所示。

图 6-69 共享文件

Step 04 打开"插入"对话框,如图 6-70 所示,根据实际需要设置参数,然后单击 确定 按钮,即可将选择的图形以块的形式共享到当前文件中。

Step 05 共享文件内部资源。在"设计中心"窗口左侧的树状管理视窗中定位并打开所需文件的内部资源,如图 6-71 所示。

Step 06 在"设计中心"窗口右侧选择某一图块,单击鼠标右键,从弹出的快捷菜单中选择"插入为块"选项,就可以将此图块插入到当前图形文件中了。

图 6-70 "插入"对话框

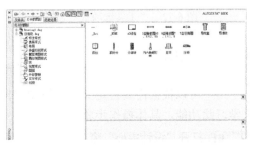

图 6-71 浏览图块资源

小技巧

用户也可以共享图形文件内部的文字样式、尺寸样式、图层和线型等资源。

6.6 工具选项板

"工具选项板"命令用于组织、共享图形资源和高效执行命令等,其窗口包含一系列选项卡,这些选项卡分布在"工具选项板"窗口中,如图 6-72 所示。

执行"工具选项板"命令主要有以下几种方式。

- ◆ 单击"视图"→"选项板"→"工具选项板"按钮。
- ◆ 执行菜单栏"工具"→"选项板"→"工具选项板"命令。
- ◆ 在命令行输入 Toolpalettes 后按 Enter 键。
- ◆ 按 Ctrl+3 组合键。

执行"工具选项板"命令后,可打开"工具选项板"窗口,如图 6-72 所示。该窗口主要由各选项卡和标题栏两部分组成,在窗口标题栏上单击鼠标右键,可打开标题栏菜单以控制窗口及工具选项卡的显示状态等。

在工具选项板中单击鼠标右键,可打开快捷菜单,如图 6-73 所示,通过此快捷菜单可以控制工具面板的显示状态、透明度,还可以很方便地创建、删除和重命名工具面板等。

图 6-72 "工具选项板"窗口　　　　图 6-73 工具面板快捷菜单

6.6.1 选项板定义

用户可以根据需要自定义选项板中的内容及创建新的工具选项板,下面将通过实例来学习此功能,具体操作步骤如下。

Step 01 打开"设计中心"窗口和"工具选项板"窗口。

Step 02 定义选项板内容。在"设计中心"窗口中定位需要添加到工具选项板中的图形、图块或图案填充等内容，然后按住鼠标左键不放，将选择的内容直接拖到工具选项板中即可添加这些项目，如图 6-74 所示。添加结果如图 6-75 所示。

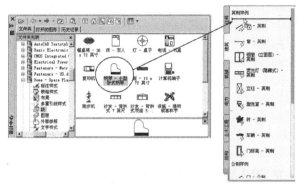

图 6-74　向工具选项板中添加内容　　　　　图 6-75　添加结果

Step 03 定义选项板。在"设计中心"窗口左侧选择文件夹，然后单击鼠标右键，选择"创建块的工具选项板"选项，如图 6-76 所示。

Step 04 系统将选择的文件夹中的所有图形文件创建为新的工具选项板选项，各选项名称为文件的名称，如图 6-77 所示。

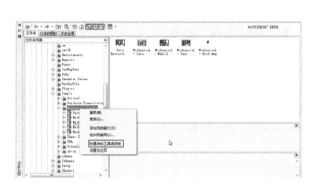

图 6-76　定位文件　　　　　　　　　图 6-77　定义选项板

6.6.2　选项板的资源共享

下面通过向图形文件中插入图块及填充图案，来学习"工具选项板"命令的使用方法和操作技巧，具体操作步骤如下。

Step 01 新建空白文件。

Step 02 单击"视图"→"选项板"→"工具选项板"按钮，打开"工具选项板"窗口，然后单击"建筑"选项卡。

Step 03 在选择的图例上单击鼠标左键，然后在命令行"指定插入点或 [基点(B)/比例(S)/X/Y/Z/旋转(R)]:"提示下，在绘图区拾取一点，将此图例插入到当前文件中。插入结果如图 6-78 所示。

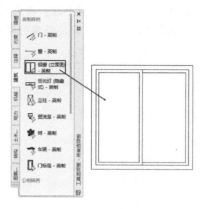

图 6-78　插入结果

小技巧

用户也可以将光标定位到所需图例上，然后按住鼠标左键不放，将其拖入当前图形中。

6.7　特性与快速选择

本节主要学习"特性""特性匹配"和"快速选择"命令。

6.7.1　特性

特性窗口如图 6-79 所示，在此窗口中可以显示出每一种图元的基本特性、几何特性及其他特性，用户可以通过此窗口查看和修改图形的内部特性。

执行"特性"命令主要有以下几种方式。

- 执行菜单栏"工具"→"选项板"→"特性"命令。
- 执行菜单栏"修改"→"特性"命令。
- 单击"视图"→"选项板"→"特性"按钮。
- 在命令行输入 Properties 后按 Enter 键。
- 使用 PR 快捷键。
- 按 Ctrl+1 组合键。

图 6-79　"特性"窗口

窗口概述

- 标题栏。标题栏位于"特性"窗口的一侧，其中 按钮用于控制"特性"窗口的显示与隐藏状态；单击标题栏底端的 按钮，可弹出一个快捷菜单，用于改变"特性"窗口的尺寸大小、位置及窗口的显示与否等。

- ✧ 工具栏。为特性窗口工具栏，用于显示被选择的图形名称，以及用于构建新的选择集。下拉列表框用于显示当前绘图窗口中所有被选择的图形名称；按钮用于切换系统变量 PICKADD 的参数值；按钮用于快速构造选择集；按钮用于在绘图区选择一个或多个图形，按 Enter 键，选择的图形名称及所包含的实体特性都将显示在"特性"窗口内，以便对其进行编辑。
- ✧ "特性"窗口。系统默认的"特性"窗口共包括"常规""三维效果""打印样式""视图"和"其他"等 5 个组合框，分别用于控制和修改所选图形的各种特性。

● 特性编辑

Step 01 新建文件，并绘制边长为 200 个绘图单位的正五边形。

Step 02 执行菜单栏"视图"→"三维视图"→"西南等轴测"命令，将视图切换为西南视图。

Step 03 在无命令执行的前提下，夹点显示正五边形，打开"特性"窗口，然后单击"厚度"选项，此时该选项以文本框形式显示，然后输入厚度值为 120，如图 6-80 所示。

Step 04 按 Enter 键，结果正五边形的厚度被修改为 120，如图 6-81 所示。

Step 05 单击"全局宽度"选项，修改边的宽度参数，在文本框输入宽度值 20，如图 6-82 所示。

图 6-80　修改"厚度"特性　　　图 6-81　修改后的效果　　　图 6-82　修改宽度特性

Step 06 关闭"特性"窗口，取消图形夹点显示。修改结果如图 6-83 所示。

Step 07 执行菜单栏"视图"→"消隐"命令，消隐效果如图 6-84 所示。

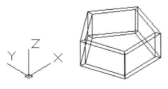 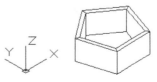

图 6-83　修改结果　　　　　　　图 6-84　消隐效果

6.7.2 特性匹配

"特性匹配"命令用于将图形的特性复制给另外一个图形，从而使这些图形拥有相同的特性。

执行"特性匹配"命令主要有以下几种方式。

- ❖ 单击"默认"→"特性"→"特性匹配"按钮。
- ❖ 执行菜单栏"修改"→"特性匹配"命令。
- ❖ 在命令行输入 Matchprop 后按 Enter 键。
- ❖ 使用 MA 快捷键。

● 匹配内部特性

Step 01 继续上例操作。

Step 02 使用"矩形"命令绘制长度为 500 个绘图单位、宽度为 200 个绘图单位的矩形，如图 6-85 所示。

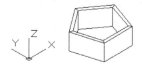 

图 6-85　绘制结果

Step 03 单击"默认"→"特性"→"特性匹配"按钮，匹配宽度和厚度特性，命令行操作如下。

```
命令：_Matchprop
选择源对象：                //选择左侧的正五边形
当前活动设置： 颜色 图层 线型 线型比例 线宽 透明度 厚度 打印样式 标注 文字 填充图案
多段线 视口 表格材质 阴影显示 多重引线
选择目标对象或 [设置(S)]：    //选择右侧的矩形
//Enter，结果正五边形的宽度和厚度特性复制给矩形，如图 6-86 所示
选择目标对象或 [设置(S)]：
```

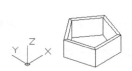 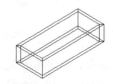

图 6-86　匹配结果

Step 04 执行菜单栏"视图"→"消隐"命令，消隐效果如图 6-87 所示。

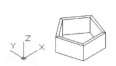

图 6-87　消隐效果

选项解析

- "设置"选项用于设置需要匹配的特性。在命令行"选择目标对象或 [设置(S)]:"提示下,输入 S 并按 Enter 键,可打开"特性设置"对话框,如图 6-88 所示,用户可以根据自己的需要选择需要匹配的基本特性和特殊特性。

图 6-88 "特性设置"对话框

在默认设置下,AutoCAD 将匹配"特性设置"对话框中的所有特性,如果用户需要选择性地匹配某些特性,可以在此对话框中进行设置。其中,"颜色"和"图层"选项适用于除 OLE(对象链接嵌入)对象之外的所有对象;"线型"选项适用于除属性、图案填充、多行文字、OLE 对象、点和视口之外的所有对象;"线型比例"选项适用于除属性、图案填充、多行文字、OLE 对象、点和视口之外的所有对象。

6.7.3 快速选择

"快速选择"命令用于根据图形的类型、图层、颜色、线型、线宽等属性来设定过滤条件,通过该命令 AutoCAD 将自动进行筛选,最终过滤出符合设定条件的所有图形。该命令还是一个快速构造选择集的高效制图工具。

执行"快速选择"命令主要有以下几种方式。

- 单击"默认"→"实用工具"→"快速选择"按钮。
- 执行菜单栏"工具"→"快速选择"命令。
- 在命令行输入 Qselect 后按 Enter 键。

执行"快速选择"命令后,可打开"快速选择"对话框,如图 6-89 所示。在此对话框内可以根据图形的内部特性或对象类型,快速选择出具有某一共性的所有图形。

图 6-89 "快速选择"对话框

● 一级过滤功能

在"快速选择"对话框中,"应用到"下拉列表框属于一级过滤功能,用于指定是否将过滤条件应用到整个图形或当前选择集(如果存在的话),此时使用"选择对象"按钮完成对象选择后，按 Enter 键重新显示该对话框。在"应用到"下拉列表框选择"当前选择"选项，表示对当前已有的选择集进行过滤，只有当前选择集中符合过滤条件的对象才能被选择。

▦ 小技巧

如果已选定"快速选择"对话框下方的"附加到当前选择集"复选框，那么 AutoCAD 会将该过滤条件应用到整个图形，并将符合过滤条件的对象添加到当前选择集中。

● 二级过滤功能

"对象类型"下拉列表框属于"快速选择"对话框中的二级过滤功能，用于指定要包含在过滤条件中的对象类型。如果过滤条件正应用于整个图形，那么"对象类型"下拉列表框包含全部的对象类型，包括自定义，否则，该下拉列表框只包含选定对象的对象类型。

▦ 小技巧

"快速选择"对话框的默认设置是"整个图形"或当前选择集的"所有图元"，用户也可以选择某一特定的对象类型，如"直线"或"圆"等，系统将根据选择的对象类型来确定选择集。

● 三级过滤功能

"特性"列表框属于"快速选择"对话框中的三级过滤功能，三级过滤功能包括"特性""运算符""值"和"如何应用"等 4 个选项。

  ◇ "特性"下拉列表框用于指定过滤器的对象特性。在此下拉列表框内包括选定对象类型的所有可搜索特性，通过选定的特性来确定"运算符"和"值"中的可用选项。例如，在"对象类型"下拉列表框中选择"圆"，则"特性"下拉列表框中就列出了圆的所有特性，可从中选择一种用户需要的对象的共同特性。
  ◇ "运算符"下拉列表框用于控制过滤器值的范围。根据选定的对象属性，其过滤的值的范围分别是"=等于""<>不等于"">大于""<小于"和"*通配符匹配"。对于某些特性，">大于"和"<小于"选项不可用。
  ◇ "值"下拉列表框用于指定过滤器的特性值。如果选定对象的已知值可用，那么"值"成为一个列表框，可以从中选择一个值；如果选定对象的已知值不存在或没有达到绘图的要求，那么该列表框成为一个文本框，可以在该文本框中输入一个值。
  ◇ "如何应用"选项组用于指定是否将符合过滤条件的对象"包括在新选择集中"或"排除在新选择集之外"。

6.8 上机实训二——为户型平面图布置室内用具

本例通过为户型平面图布置室内用具，对插入块、设计中心、工具选项板等重点知识进行综合练习和巩固应用。户型平面图布置室内用具绘制效果如图 6-90 所示，具体操作步骤如下。

Step 01 打开配套资源中的"\素材文件\6-4.dwg"文件，如图 6-91 所示。

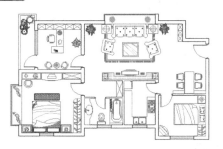

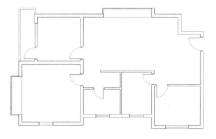

图 6-90 户型平面图布置室内用具绘制效果

图 6-91 打开结果

Step 02 设置"家具层"为当前图层，然后单击"默认"→"块"→"插入"按钮，在打开的"插入"对话框中单击 ... 按钮，然后选择配套资源中的"\图块文件\双人床01.dwg"。

Step 03 返回"插入"对话框，设置块参数，如图 6-92 所示，将双人床图形插入到客厅平面图中，插入点为图 6-93 中的端点。

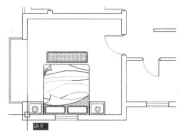

图 6-92 设置参数

图 6-93 捕捉端点（一）

Step 04 重复执行"插入块"命令，采用默认参数设置插入配套资源中的"\图块文件\电视与电视柜.dwg"文件，插入点为图 6-94 中的中点。

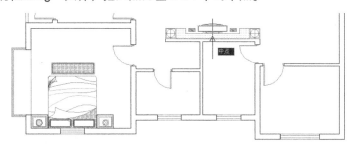

图 6-94 捕捉中点

Step 05 单击"视图"→"选项板"→"设计中心"按钮，在打开的"设计中心"窗口中定位配套资源中的"图块文件"文件夹。

Step 06 在打开的"设计中心"窗口右侧选择"电视柜与梳妆台.dwg"文件，然后单击鼠标右键，在弹出的快捷菜单中选择"插入为块"选项，如图 6-95 所示，将此图形以

185

块的形式共享到平面图中。

图 6-95 选择文件

Step 07 打开"插入"对话框，设置块参数，如图 6-96 所示，将该图块插入到平面图中，插入点为图 6-97 中的端点。

图 6-96 设置块参数

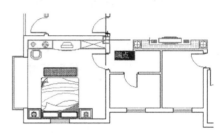

图 6-97 捕捉端点（二）

Step 08 向下移动"设计中心"窗口右侧的滑块，找到"衣柜 01.dwg"文件并选择，如图 6-98 所示。

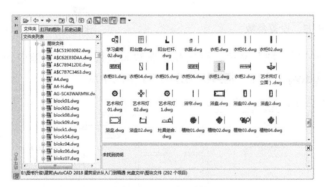

图 6-98 定位文件

Step 09 按住鼠标左键不放，将"衣柜 01.dwg"拖曳至平面图中，配合端点捕捉功能将图块插入到平面图中，命令行操作如下。

```
命令：_Insert 输入块名或 [?]
单位：毫米  转换：    1.0
指定插入点或 [基点(B)/比例(S)/X/Y/Z/旋转(R)]： //X Enter
指定 X 比例因子 <1>：                          //-1 Enter
指定插入点或 [基点(B)/比例(S)/X/Y/Z/旋转(R)]： //捕捉端点，如图 6-99 所示
```

指定旋转角度 <0.0>: //Enter，插入结果如图 6-100 所示

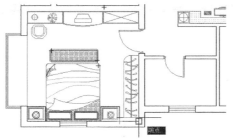

图 6-99　捕捉端点（三）　　　　　　　　图 6-100　插入结果

Step 10 在"设计中心"窗口左侧的树状管理视窗中定位"图块文件"文件夹，然后在文件夹上单击鼠标右键，打开文件夹快捷菜单，单击"创建块的工具选项板"选项，如图 6-101 所示。

Step 11 此时系统自动将此文件夹创建为块的工具选项板，同时自动打开所创建的块的工具选项板。

Step 12 在工具选项板上向下拖动滑块，然后定位并单击工具选项板上的"浴盆02"图块，如图 6-102 所示。

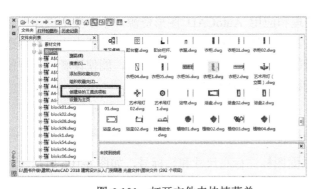

图 6-101　打开文件夹快捷菜单　　　　　图 6-102　定位共享文件

Step 13 在命令行"指定插入点或 [基点(B)/比例(S)/X/Y/Z/旋转(R)]:"提示下，捕捉端点，如图 6-103 所示。

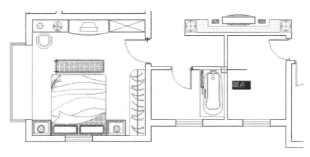

图 6-103　捕捉端点（四）

Step 14 参照上述操作步骤，分别为平面图布置其他室内用具和绿化植物，如图 6-104 所示。

Step 15 执行"多段线"命令，配合坐标输入功能绘制厨房操作台轮廓线，绘制结果如图 6-105 所示。

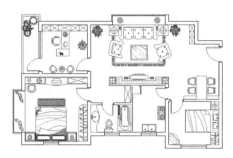
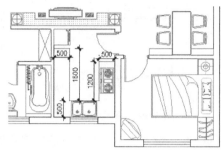

图 6-104　布置其他图例　　　　　图 6-105　绘制结果

Step 16 执行"另存为"命令，将图形存储为"上机实训二.dwg"。

6.9　小结与练习

6.9.1　小结

为了方便读者能够快速组合、管理和应用 AutoCAD 图形资源，本章集中讲述了几个图形资源的综合组织和高级管理工具，具体有图层、图块、特性、设计中心、工具选项板等。这些都是 AutoCAD 的高级制图工具，灵活掌握这些工具，能使读者更加方便地对 AutoCAD 资源进行综合管理、共享和修改编辑等。

6.9.2　练习

1. 综合运用相关知识，为别墅立面图标注标高尺寸和轴标号，如图 6-106 所示。

图 6-106　练习 1

> **操作提示**
>
> 练习1所需素材文件位于配套资源中的"素材文件"文件夹，文件名为"6-5.dwg"。

2. 综合运用相关知识，为别墅平面图布置室内用具图例并编写墙体序号，如图6-107所示。

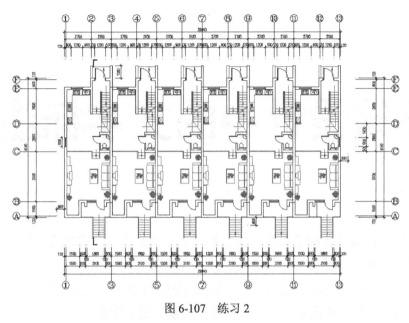

图6-107 练习2

> **操作提示**
>
> 练习2所需素材文件位于配套资源中的"素材文件"文件夹，文件名为"6-6.dwg"。

建筑设计中的文字标注

前几章都是通过各种基本几何图元的相互组合来表达作者的设计思想和设计意图的，但是有些图形信息仅通过几何图元不能完整的表达出来。因此，本章将讲述 AutoCAD 的文字创建功能和图形信息的查询功能，以向读者详细地表达图形无法传递的一些图形信息，使图形更直观，更易于交流。

内容要点

- 单行文字注释
- 引线文字注释
- 表格与表格样式
- 上机实训二——标注户型图房间使用面积
- 多行文字注释
- 查询图形信息
- 上机实训———标注户型图房间功能

第 7 章 建筑设计中的文字标注

7.1 单行文字注释

在 AutoCAD 中，文字注释包括单行文字、多行文字和引线文字，本节学习单行文字注释。

7.1.1 设置文字样式

在标注文字注释前，需要先设置文字样式，使其更符合文字标注的要求。文字样式的设置是通过"文字样式"命令来完成的，通过该命令，可以控制文字的外观效果，如字体、字号及其他的特殊效果等。相同内容的文字，如果使用不同的文字样式，其外观效果也不相同，如图 7-1 所示。

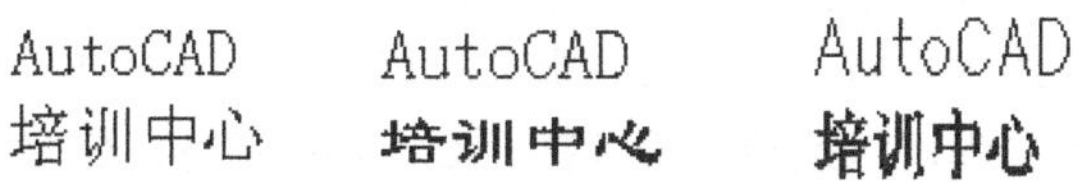

图 7-1 文字示例

执行"文字样式"命令主要有以下几种方式。

- 单击"默认"→"注释"→"文字样式"按钮。
- 执行菜单栏"格式"→"文字样式"命令。
- 在命令行输入 Style 后按 Enter 键。
- 使用 ST 快捷键。

下面通过设置名为"仿宋"的文字样式，学习"文字样式"命令的使用方法和操作技巧，具体操作步骤如下。

Step 01 单击"默认"→"注释"→"文字样式"按钮，打开"文字样式"对话框，如图 7-2 所示。

图 7-2 "文字样式"对话框

Step 02 单击 新建(N)... 按钮，在打开的"新建文字样式"对话框中为新样式赋名，如图 7-3 所示。

Step 03 设置字体。在"字体"选项组中展开"字体名"下拉列表框,选择所需的字体,如图 7-4 所示。

图 7-3 "新建文字样式"对话框　　　　　图 7-4 "字体名"下拉列表框

小技巧

如果不勾选"使用大字体"复选框,那么所有 SHX(编译型)字体和 TrueType 字体都显示在下拉列表框内以供选择;若选择 TrueType 字体,那么在右侧"字体样式"列表框中可以设置当前字体样式,如图 7-5 所示;若选择了 SHX 字体,且勾选了"使用大字体"复选框,则右端的下拉列表框用于选择所需的大字体,如图 7-6 所示。

图 7-5 选择 TrueType 字体　　　　　图 7-6 选择 SHX 字体

Step 04 设置字体高度。在"高度"文本框中设置文字的高度。

小技巧

如果设置了字体高度,那么当创建文字时,命令行就不会再提示输入文字的高度,建议在此不设置字体高度;"注释性"复选框用于为文字添加注释特性。

Step 05 设置文字效果。"颠倒"复选框可以将文字设置为倒置状态;"反向"复选框可以将文字设置为反向状态;"垂直"复选框可以设置文字为垂直排列状态;"倾斜角度"文本框用于设置文字的倾斜角度,如图 7-7 所示。

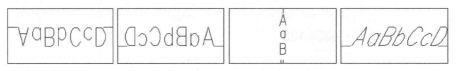

(a)颠倒状态　　　(b)反向状态　　　(c)垂直状态　　　(d)倾斜状态

图 7-7 设置字体效果

Step 06 设置宽度因子。在"宽度因子"文本框中设置字体的宽高比。

小技巧

国标规定工程图样中的汉字应采用长仿宋体，宽高比为 0.7，当此比值大于 1 时，文字宽度放大，否则缩小。

Step 07 单击 删除(D) 按钮，可以将多余的文字样式删除。

小技巧

默认的标准文字样式、当前文字样式及在当前文件中已使用过的文字样式，都不能被删除。

Step 08 单击 应用(A) 按钮，设置的文字样式被用作当前文字样式。

Step 09 单击 关闭(C) 按钮，关闭"文字样式"对话框。

7.1.2 标注单行文字

"单行文字"命令用于创建单行或多行文字对象，所创建的每一行文字，都被看作一个独立的对象，如图 7-8 所示。

执行"单行文字"命令主要有以下几种方式。

- ◇ 单击"默认"→"注释"→"单行文字"按钮。
- ◇ 执行菜单栏"绘图"→"文字"→"单行文字"命令。
- ◇ 在命令行输入 Dtext 后按 Enter 键。
- ◇ 使用 DT 快捷键。

图 7-8 单行文字示例

下面通过简单的实例来学习"单行文字"命令的使用方法和操作技巧，具体操作步骤如下。

Step 01 打开配套资源中的"\素材文件\7-1.dwg"文件，如图 7-9 所示。

Step 02 使用快捷键 L 执行"直线"命令，配合对象捕捉或追踪功能绘制指示线，如图 7-10 所示。

Step 03 执行菜单栏"绘图"→"圆环"命令，配合最近点捕捉功能绘制外径为 100 个绘图单位的实心圆环，如图 7-11 所示。

Step 04 单击"默认"→"注释"→"单行文字"按钮，根据命令行的操作提示标注文字注释。

```
命令: _Dtext
当前文字样式: 仿宋体  当前文字高度: 0
指定文字的起点或 [对正(J)/样式(S)]:          //J Enter
输入选项 [对齐(A)/布满(F)/居中(C)/中间(M)/右对齐(R)/左上(TL)/中上(TC)/右上
(TR)/左中(ML)/正中(MC)/右中(MR)/左下(BL)/中下(BC)/右下(BR)]:  //ML Enter
指定文字的左中点:          //捕捉最上端水平指示线的右端点，如图 7-12 所示
指定高度 <0>:          //285 Enter，结束对象的选择
```

指定文字的旋转角度 <0>:　　//Enter，采用当前参数设置

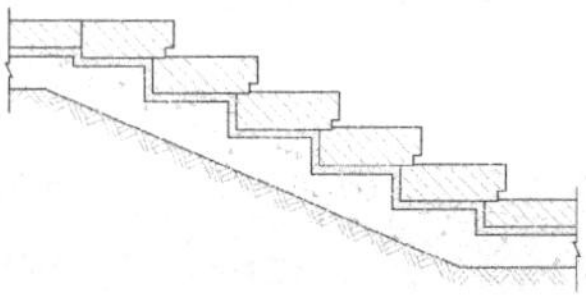

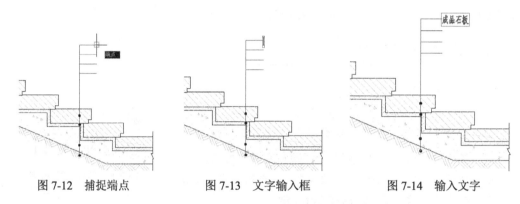

图 7-9　打开结果 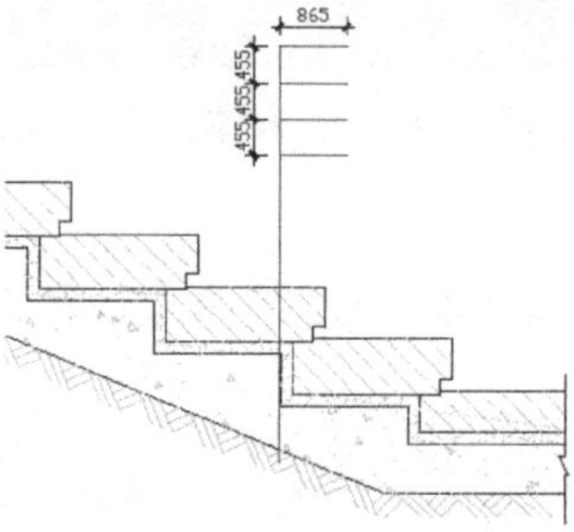　　　　图 7-10　绘制指示线 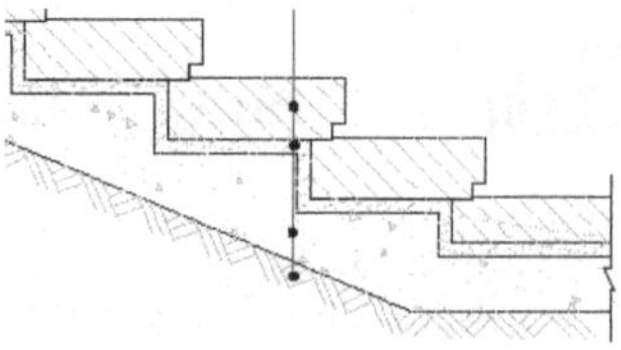　　　　图 7-11　绘制圆环

Step 05 此时系统在指定的起点处出现一单行文字输入框，如图 7-13 所示，然后在此文字输入框内输入文字内容，如图 7-14 所示。

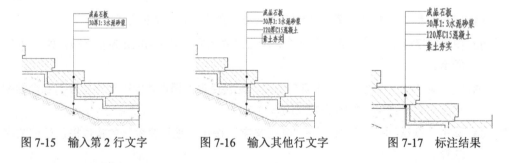

图 7-12　捕捉端点　　　　图 7-13　文字输入框　　　　图 7-14　输入文字

Step 06 按 Enter 键进行换行，然后输入第 2 行文字内容，如图 7-15 所示。

Step 07 按 Enter 键再次换行，然后分别输入第 3 行和第 4 行文字内容，如图 7-16 所示。

Step 08 连续两次按 Enter 键，结束"单行文字"命令，标注结果如图 7-17 所示。

图 7-15　输入第 2 行文字　　　　图 7-16　输入其他行文字　　　　图 7-17　标注结果

7.1.3　文字的对正

文字的对正指的是文字的哪一位置与插入点对齐，它是基于 4 条参考线而言的，如图 7-18 所示，这 4 条参考线分别为顶线、中线、基线、底线。其中，中线是大写字符高度的水平中心线（即顶线至基线的中间），而不是小写字符高度的水平中心线。

图 7-18　文字对正参考线

执行"单行文字"命令后,在命令行"指定文字的起点或 [对正(J)/样式(S)]:"提示下激活"对正"选项,打开选项菜单,如图 7-19 所示,同时命令行操作提示如下。

"输入选项 [左(L)/居中(C)/右(R)/对齐(A)/中间(M)/布满(F)/左上(TL)/中上(TC)/右上(TR)/左中(ML)/正中(MC)/右中(MR)/左下(BL)/中下(BC)/右下(BR)]:"

文字的各种对正方式如图 7-20 所示,对正选项菜单中各选项功能如下。

图 7-19　对正选项菜单

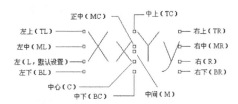

图 7-20　文字的各种对正方式

- ❖ "左"选项用于提示用户拾取一点作为文字串基线的左端点,以基线的左端点对齐文字。此对正方式为默认方式。
- ❖ "居中"选项用于提示用户拾取文字串基线的中心点,此中心点就是文字串基线的中点,即以基线的中点对齐文字。
- ❖ "右"选项用于提示用户拾取一点作为文字串基线的右端点,以基线的右端点对齐文字。
- ❖ "对齐"选项用于提示用户拾取文字串基线的起点和终点,系统会根据起点和终点的距离自动调整字高。
- ❖ "中间"选项用于提示用户拾取文字串的中间点,此中间点就是文字串基线的垂直中线与文字串高度的水平中线的交点。
- ❖ "布满"选项用于提示用户拾取文字串基线的起点和终点,系统会以拾取的两点之间的距离自动调整宽度系数,但不改变字高。
- ❖ "左上"选项用于提示用户拾取文字串顶线的左上点,此左上点就是文字串顶线的左端点,即以顶线的左端点对齐文字。
- ❖ "中上"选项用于提示用户拾取文字串顶线的中上点,此中上点就是文字串顶线的中点,即以顶线的中点对齐文字。

- ❖ "右上"选项用于提示用户拾取文字串的右上点,此右上点就是文字串顶线的右端点,即以顶线的右端点对齐文字。
- ❖ "左中"选项用于提示用户拾取文字串的左中点,此左中点就是文字串中线的左端点,即以中线的左端点对齐文字。
- ❖ "正中"选项用于提示用户拾取文字串的中间点,此中间点就是文字串中线的中点,即以中线的中点对齐文字。
- ❖ "右中"选项用于提示用户拾取文字串的右中点,此右中点就是文字串中线的右端点,即以中线的右端点对齐文字。
- ❖ "左下"选项用于提示用户拾取文字串的左下点,此左下点就是文字串底线的左端点,即以底线的左端点对齐文字。
- ❖ "中下"选项用于提示用户拾取文字串的中下点,此中下点就是文字串底线的中点,即以底线的中点对齐文字。
- ❖ "右下"选项用于提示用户拾取文字串的右下点,此右下点就是文字串底线的右端点,即以底线的右端点对齐文字。

7.2 多行文字注释

"多行文字"命令用于标注较为复杂的文字注释,如段落性文字。多行文字与单行文字不同,无论创建的多行文字包含多少行、多少段,AutoCAD 都将其作为一个独立的对象。

执行"多行文字"命令主要有以下几种方式。

- ❖ 单击"默认"→"注释"→"多行文字"按钮。
- ❖ 执行菜单栏"绘图"→"文字"→"多行文字"命令。
- ❖ 在命令行输入 Mtext 后按 Enter 键。
- ❖ 使用 T 快捷键。

7.2.1 创建段落性文字注释

下面通过创建段落文字来学习"多行文字"的使用方法和操作技巧,如图 7-21 所示,具体操作步骤如下。

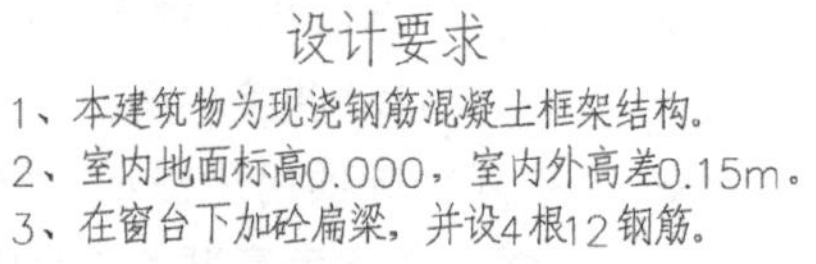

Step 01 新建绘图文件,然后执行"多行文字"命令,在命令行"指定第一角点:"提示下,在绘图区拾取一点。

Step 02 在命令行"指定对角点或 [高度(H)/对正(J)/行距(L)/旋转(R)/样式(S)/宽度(W)/栏(C)]]:"提示下拾取对角点,打开文字编辑器,如图 7-22 所示。

设计要求
1、本建筑物为现浇钢筋混凝土框架结构。
2、室内地面标高0.000,室内外高差0.15m。
3、在窗台下加砼扁梁,并设4根12钢筋。

图 7-21 多行文字示例

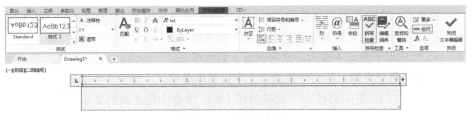

图 7-22　文字编辑器

Step 03 在文字编辑器中设置字高为 12，然后在下侧文字输入框内单击鼠标左键，指定文字的输入位置，然后输入标题文字，如图 7-23 所示。

Step 04 向下拖曳输入框下侧的下三角按钮，调整列高。

Step 05 按 Enter 键换行，更改字高为 9，然后输入第一行文字，如图 7-24 所示。

图 7-23　输入文字

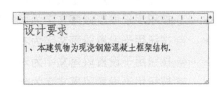
图 7-24　输入第一行文字

Step 06 按 Enter 键，分别输入其他两行文字，如图 7-25 所示。

Step 07 将光标移至标题前，然后按 Enter 键添加空格，如图 7-26 所示。

Step 08 关闭文字编辑器。

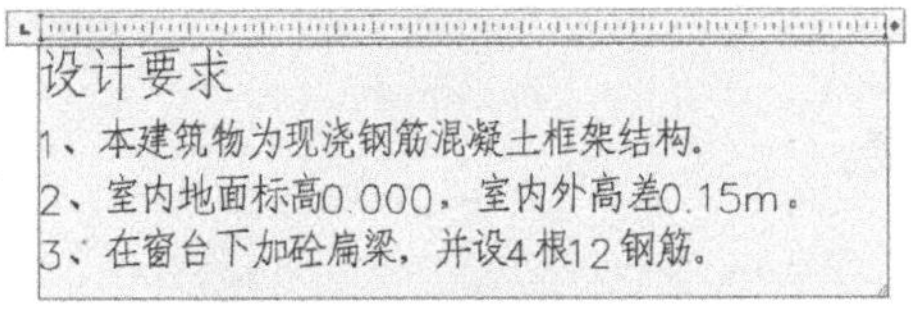

图 7-25　输入其他行文字

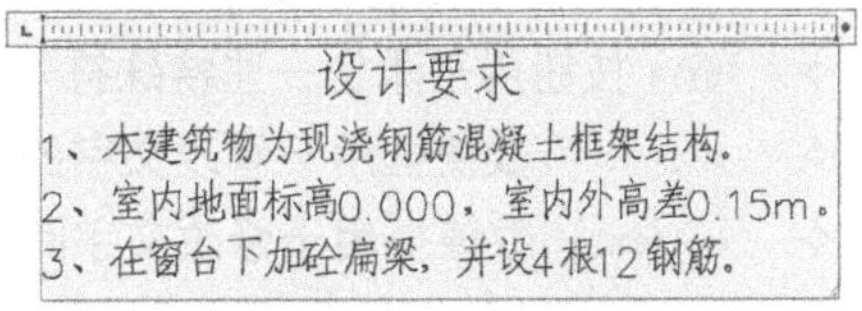

图 7-26　添加空格

7.2.2　文字编辑器

文字编辑器包括工具栏、顶部带标尺的文本输入框两部分。各组成部分功能如下。

● **工具栏**

工具栏主要用于控制多行文字的文字样式和选定文字的各种字符格式、对正方式、项目编号等。

其中：

◆ Standard 下拉列表框用于设置当前的文字样式。

◆ 宋体 下拉列表框用于设置或修改文字的字体。

◆ 2.5 数值框用于设置新字符高度或更改选定文字的高度。

◆ ByLayer 下拉列表框用于为文字指定颜色或修改选定文字的颜色。

◆ **B** 按钮用于为输入的文字或选定的文字设置粗体格式；*I* 按钮用于为输入的文字

或选定的文字设置斜体格式。这两个按钮仅适用于使用 TrueType 字体的字符。
- ◆ U 按钮用于为文字或选定文字设置下划线格式。
- ◆ O 按钮用于为文字或选定文字设置上划线格式。
- ◆ 按钮用于为输入的文字或选定文字设置堆叠格式。要使文字堆叠，文字中须包含插入符（^）、正向斜杠（/）或磅符号（#），堆叠字符左侧的文字将堆叠在字符右侧的文字之上。
- ◆ 按钮用于控制文字输入框顶端标尺的开关状态。
- ◆ 按钮用于为段落文字进行分栏排版。
- ◆ 按钮用于设置多行文字的对正方式。
- ◆ 按钮用于设置段落文字的制表位、缩进量、对齐方式、间距等。
- ◆ 按钮用于设置段落文字为左对齐方式。
- ◆ 按钮用于设置段落文字为居中对齐方式。
- ◆ 按钮用于设置段落文字为右对齐方式。
- ◆ 按钮用于设置段落文字为对正方式。
- ◆ 按钮用于设置段落文字为分布排列方式。
- ◆ 按钮用于设置段落文字的行间距。
- ◆ 按钮用于为段落文字进行编号。
- ◆ 按钮用于为段落文字插入一些特殊字段。
- ◆ 按钮用于修改英文字符为大写。
- ◆ 按钮用于修改英文字符为小写。
- ◆ @ 按钮用于添加一些特殊符号。
- ◆ 0/ 0.0000 数值框用于修改文字的倾斜角度。
- ◆ a-b 1.0000 数值框用于修改文字间的距离。
- ◆ o 1.0000 数值框用于修改文字的宽度比例。

● 多行文字输入框

文字输入框位于工具栏下侧，如图 7-27 所示。文字输入框主要用于输入和编辑文字，它由标尺和输入框两部分组成。在文字输入框内单击鼠标右键，可弹出用于对输入的多行文字进行调整的快捷菜单，如图 7-28 所示，其各选项功能如下。

- ◆ "全部选择"选项用于选择多行文字输入框中的所有文字。
- ◆ "改变大小写"选项用于改变选定文字的大小写。
- ◆ "查找和替换"选项用于搜索指定文字串并使用新的文字将其替换。
- ◆ "自动大写"选项用于将新输入的文字或当前选择的文字转换成大写。
- ◆ "删除格式"选项用于删除选定文字的粗体、斜体或下划线等格式。
- ◆ "合并段落"选项用于将选定的段落合并为一段并用空格替换每段的回车。
- ◆ "符号"选项用于在光标所在的位置插入一些特殊符号或不间断空格。
- ◆ "输入文字"选项用于向多行文字编辑器中插入 TXT 格式的文本、样板等文件或插入 RTF 格式的文件。

第 7 章 建筑设计中的文字标注

图 7-27 文字输入框

图 7-28 快捷菜单

7.2.3 编辑单行与多行文字

"编辑文字"命令主要用于修改、编辑现有的文字，或者为文字添加前缀或后缀等内容。

执行"编辑文字"命令主要有以下几种方式。

- ✧ 执行菜单栏"修改"→"对象"→"文字"→"编辑"命令。
- ✧ 在命令行输入 Ddedit 后按 Enter 键。
- ✧ 使用 ED 快捷键。

如果需要编辑的文字是使用"单行文字"命令创建的，那么在执行"编辑文字"命令后，命令行会出现"选择注释对象或 [放弃（U）]"的操作提示，此时用户只需要单击需要编辑的单行文字，系统即可弹出单行文字编辑框，如图 7-29 所示。在此编辑框中输入正确的文字内容即可。

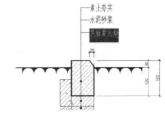

图 7-29 单行文字编辑框

如果编辑的文字是使用"多行文字"命令创建的，那么在执行"编辑文字"命令后，命令行出现"选择注释对象或[放弃（U）]"的操作提示，此时用户单击需要编辑的文字对象，将会打开文字编辑器。在此编辑器内不仅可以修改文字的内容，而且还可以修改文字的样式、字体、字高及对正方式等特性。

7.3 引线文字注释

除前面所讲的单行文字注释与多行文字注释之外，还有引线文字注释。引线文字注释是一种带有引线的文字注释，其包括快速引线和多重引线两种文字注释方式。

7.3.1 快速引线

"快速引线"命令用于创建一端带有箭头,另一端带有文字注释的引线,其中,引线可以为直线段,也可以为平滑的样条曲线,如图 7-30 所示。

在命令行输入 Qleader 或 LE 后按 Enter 键,执行"快速引线"命令,然后在命令行"指定第一个引线点或 [设置(S)] <设置>:"提示下,选择"设置"选项,打开"引线设置"对话框,如图 7-31 所示,在该对话框中设置引线参数。

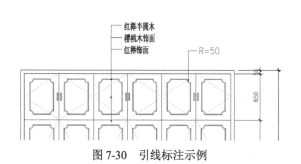

图 7-30　引线标注示例

图 7-31　"引线设置"对话框

- **"注释"选项卡**

在"引线设置"对话框中展开"注释"选项卡,如图 7-31 所示。此选项卡主要用于设置引线文字的注释类型及其相关的一些选项功能。

"注释类型"选项组:

- ◇ "多行文字"单选按钮用于在引线末端创建多行文字注释。
- ◇ "复制对象"单选按钮用于复制已有引线注释作为需要创建的引线注释。
- ◇ "公差"单选按钮用于在引线末端创建公差注释。
- ◇ "块参照"单选按钮用于以内部块作为注释对象。
- ◇ "无"单选按钮表示创建无注释的引线。

"多行文字选项"选项组:

- ◇ "提示输入宽度"复选框用于提示用户指定多行文字注释的宽度。
- ◇ "始终左对齐"复选框用于自动设置多行文字使用左对齐方式。
- ◇ "文字边框"复选框主要用于为引线注释添加边框。

"重复使用注释"选项组:

- ◇ "无"单选按钮表示不对当前所设置的引线注释进行重复使用。
- ◇ "重复使用下一个"单选按钮用于重复使用下一个引线注释。
- ◇ "重复使用当前"单选按钮用于重复使用当前的引线注释。

- **"引线和箭头"选项卡**

展开"引线和箭头"选项卡,如图 7-32 所示。该选项卡主要用于设置引线的类型、点数、箭头及引线的角度约束等参数。

- ◆ "直线"单选按钮用于在指定的引线点之间创建直线段。
- ◆ "样条曲线"单选按钮用于在引线点之间创建样条曲线,即引线为样条曲线。
- ◆ "箭头"下拉列表框用于设置引线箭头的样式。
- ◆ "无限制"复选框表示系统不限制引线点的数量,用户可以通过按 Enter 键,手动结束引线点的设置过程。
- ◆ "最大值"数值框用于设置引线点数的最多数量。
- ◆ "角度约束"选项组用于设置第一条引线与第二条引线的角度约束。

● "附着"选项卡

展开"附着"选项卡,如图 7-33 所示。该选项卡主要用于设置引线和多行文字注释之间的附着位置,只有在"注释"选项卡内勾选了"多行文字"单选按钮时,此选项卡才可用。

- ◆ "第一行顶部"单选按钮用于将引线放置在多行文字的第一行文字的顶部。
- ◆ "第一行中间"单选按钮用于将引线放置在多行文字的第一行文字的中间。
- ◆ "多行文字中间"单选按钮用于将引线放置在多行文字的中部。
- ◆ "最后一行中间"单选按钮用于将引线放置在多行文字的最后一行文字的中间。
- ◆ "最后一行底部"单选按钮用于将引线放置在多行文字的最后一行文字的底部。
- ◆ "最后一行加下划线"单选按钮用于为多行文字的最后一行文字添加下划线。

图 7-32 "引线和箭头"选项卡

图 7-33 "附着"选项卡

7.3.2 多重引线

与"快速引线"命令相同,"多重引线"命令也可以创建具有多个选项的引线对象,只是其选项没有"快速引线"命令那么直观,需要通过命令行进行设置。

执行"多重引线"命令主要有以下几种方式。

- ◆ 单击"默认"→"注释"→"多重引线"按钮。
- ◆ 执行菜单栏"标注"→"多重引线"命令。
- ◆ 在命令行输入 Mleader 后按 Enter 键。

执行"多重引线"命令后,其命令行操作如下。

```
命令: _Mleader
指定引线基线的位置或 [引线箭头优先(H)/内容优先(C)/选项(O)] <选项>: //Enter
```

输入选项 [引线类型(L)/引线基线(A)/内容类型(C)/最大节点数(M)/第一个角度(F)/第二个角度(S)/退出选项(X)] <退出选项>:   //输入一个选项
指定引线基线的位置或 [引线箭头优先(H)/内容优先(C)/选项(O)] <选项>:   //指定基线位置
指定引线箭头的位置://指定箭头位置，此时系统打开文字编辑器，用于输入注释内容

7.4 查询图形信息

查询图形信息是文字标注中不可缺少的操作，单击菜单栏"工具"→"查询"选项，在弹出的快捷菜单中有多种查询图形信息的相关命令，如图 7-34 所示。

下面只对常用的几种图形信息的查询方法进行讲解，其他查询内容不太常用，在此不做讲解。

图 7-34　查询命令

7.4.1　距离查询

"距离"命令用于查询任意两点之间的距离，还可以查询两点的连线与 X 轴或 XY 平面的夹角等参数信息。

执行"距离"命令主要有以下几种方式。

- ◆ 单击"默认"→"实用工具"→"距离"按钮。
- ◆ 选择菜单栏中的"工具"→"查询"→"距离"命令。
- ◆ 在命令行输入 Dist 或 Measuregeom 后按 Enter 键。
- ◆ 使用快捷键 DI。

执行"距离"命令后，即可查询出线段的相关几何信息，其命令行操作如下。

```
命令：_Measuregeom
输入选项 [距离(D)/半径(R)/角度(A)/面积(AR)/体积(V)] <距离>: _Distance
指定第一点：             //捕捉线段的下端点
指定第二个点或 [多个点(M)]：   //捕捉线段的上端点
查询结果：
距离 = 200.0000, XY 平面中的倾角 = 30,  与 XY 平面的夹角 = 0
X 增量 = 173.2051,  Y 增量 = 100.0000,   Z 增量 = 0.0000
//X Enter, 退出命令
输入选项 [距离(D)/半径(R)/角度(A)/面积(AR)/体积(V)/退出(X)] <距离>:
```

其中：

- ◆ "距离"选项表示拾取的两点之间的实际长度。
- ◆ "XY 平面中的倾角"表示所拾取的两点连线与 X 轴正方向的夹角。
- ◆ "与 XY 平面的夹角"表示所拾取的两点连线与当前坐标系 XY 平面的夹角。
- ◆ "X 增量"表示所拾取的两点在 X 轴方向上的坐标差。
- ◆ "Y 增量"表示所拾取的两点在 Y 轴方向上的坐标差。

第 7 章 建筑设计中的文字标注

- "Z 增量"表示所拾取的两点在 Z 轴方向上的坐标差。

📖 选项解析

- "半径"选项用于查询圆弧或圆的半径、直径等。
- "角度"选项用于设置圆弧、圆或直线等对象的角度。
- "面积"选项用于查询单个对象或由多个对象所围成的闭合区域的面积及周长。
- "体积"选项用于查询图形对象的体积。

7.4.2 面积查询

"面积"命令主要用于查询单个对象或由多个对象所围成的闭合区域的面积及周长。执行"面积"命令主要有以下几种方式。

- 单击"默认"→"实用工具"→"面积"按钮。
- 执行菜单栏"工具"→"查询"→"面积"命令。
- 在命令行输入 Measuregeom 或 Area 后按 Enter 键。

下面通过查询正六边形的面积和周长来学习"面积"命令的使用方法和操作技巧，具体操作步骤如下。

Step 01 新建文件，并绘制边长为 150 个绘图单位的正六边形。

Step 02 单击"查询"工具栏上的 按钮，查询正六边形的面积和周长。

```
命令：_Measuregeom
输入选项 [距离(D)/半径(R)/角度(A)/面积(AR)/体积(V)] <距离>：_Area
//捕捉正六边形左上角点
指定第一个角点或 [对象(O)/增加面积(A)/减少面积(S)/退出(X)] <对象(O)>：
指定下一个点或 [圆弧(A)/长度(L)/放弃(U)]：    //捕捉正六边形左角点
指定下一个点或 [圆弧(A)/长度(L)/放弃(U)]：    //捕捉正六边形左下角点
指定下一个点或 [圆弧(A)/长度(L)/放弃(U)/总计(T)] <总计>：//捕捉正六边形右下角点
指定下一个点或 [圆弧(A)/长度(L)/放弃(U)/总计(T)] <总计>：//捕捉正六边形右角点
指定下一个点或 [圆弧(A)/长度(L)/放弃(U)/总计(T)] <总计>：//捕捉正六边形右上角点
//Enter，结束面积的查询过程
指定下一个点或 [圆弧(A)/长度(L)/放弃(U)/总计(T)] <总计>：
查询结果：
面积 = 58456.7148，周长 = 900.0000
```

Step 03 在命令行"输入选项 [距离(D)/半径(R)/角度(A)/面积(AR)/体积(V)/退出(X)] <面积>:"提示下，输入 X 并按 Enter 键，结束命令。

📖 选项解析

- "对象"选项用于查询单个闭合图形的面积和周长，如圆、椭圆、矩形、多边形、面域等。另外，使用此选项也可以查询由多段线或样条曲线围成的区域的面积和周长。
- "增加面积"选项主要用于将新选图形实体的面积加入总面积中，此功能属于"面积的加法运算"。另外，如果用户需要执行面积的加法运算，则必须先将当前的操

203

作模式转换为加法运算模式。

✧ "减少面积"选项用于将所选图形实体的面积从总面积中减去,此功能属于"面积的减法运算"。另外,如果用户需要执行面积的减法运算,则必须先将当前的操作模式转换为减法运算模式。

7.4.3 列表查询

"列表"命令用于查询图形所包含的众多内部信息,如图层、面积、点坐标及其他的空间特性参数等。

执行"列表"命令主要有以下几种方式。

✧ 执行菜单栏"工具"→"查询"→"列表"命令。
✧ 在命令行输入 List 后按 Enter 键。
✧ 使用 LI 或 LS 快捷键。

当执行"列表"命令后,选择需要查询信息的图形,AutoCAD 会自动切换到文本窗口,并滚动显示所有选择对象的相关特性参数。下面学习使用"列表"命令,具体操作步骤如下。

Step 01 新建文件,并绘制半径为 200 个绘图单位的圆。

Step 02 单击工具栏"查询"→"列表"按钮。

Step 03 在命令行"选择对象:"提示下,选择刚绘制的圆。

Step 04 继续在命令行"选择对象:"提示下,按 Enter 键,系统将以文本窗口的形式直观显示所查询出的信息,如图 7-35 所示。

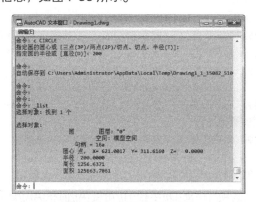

图 7-35 列表查询结果

7.5 表格与表格样式

本节主要学习"表格样式"与"插入表格"两个命令的使用方法和操作技巧,用于快速设置表格样式并创建和填充表格等。

7.5.1 表格样式

"表格样式"命令用于新建表格样式、修改现有表格样式和删除当前文件中无用的表格样式。执行"表格样式"命令后,可打开"表格样式"对话框,如图 7-36 所示。

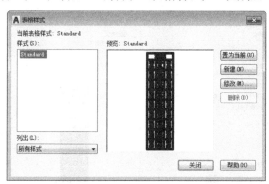

图 7-36 "表格样式"对话框

执行"表格样式"命令主要有以下几种方式。

- ◇ 单击"默认"→"注释"→"表格样式"按钮。
- ◇ 执行菜单栏"格式"→"表格样式"命令。
- ◇ 在命令行输入 Tablestyle 后按 Enter 键。
- ◇ 使用 TS 快捷键。

下面通过设置名为"明细表"的表格样式,来学习"表格样式"命令的使用方法和操作技巧,具体操作步骤如下。

Step 01 新建空白文件。

Step 02 单击"默认"→"注释"→"表格样式"按钮,打开"表格样式"对话框。

Step 03 单击 新建(N)... 按钮,打开"创建新的表格样式"对话框,在"新样式名"文本框内输入"明细表"作为新表格样式的名称,如图 7-37 所示。

Step 04 单击 继续 按钮,打开"新建表格样式:明细表"对话框,设置"数据"参数如图 7-38 所示。

图 7-37 为新样式赋名

图 7-38 设置"数据"参数

Step 05 在"新建表格样式:明细表"对话框中单击"文字"选项卡,设置文字的高度参数,如图 7-39 所示。

Step 06 在"新建表格样式:明细表"对话框中单击"单元样式"下拉按钮,选择"表头"选项,并设置表头参数,如图 7-40 所示。

图 7-39 设置文字参数　　　　　　　图 7-40 设置表头参数

Step 07 在"新建表格样式:明细表"对话框中单击"文字"选项卡,设置"文字"的高度参数,如图 7-41 所示。

Step 08 在"新建表格样式:明细表"对话框中展开"单元样式"下拉列表,选择"标题"选项,并设置"标题"参数如图 7-42 所示。

图 7-41 设置表头字高　　　　　　　图 7-42 设置标题参数

Step 09 在"新建表格样式:明细表"对话框中单击"文字"选项卡,设置文字的高度参数,如图 7-43 所示。

Step 10 单击 确定 按钮返回"表格样式"对话框,将新设置的表格样式设置为"置为当前",如图 7-44 所示。

Step 11 单击 关闭 按钮,关闭"表格样式"对话框。

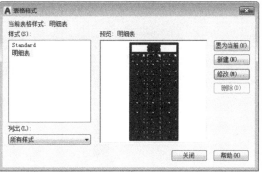

图 7-43 设置字高　　　　　　　　　图 7-44 将表格样式"置为当前"

7.5.2 创建表格

AutoCAD 为用户提供了表格的创建与填充功能,使用"表格"命令不仅可以创建表格、填充表格,而且还可以将表格连接至 Microsoft Excel 电子表格中的数据。

执行"表格"命令主要有以下几种方式。

- ✧ 单击"默认"→"注释"→"表格"按钮。
- ✧ 执行菜单栏"绘图"→"表格"命令。
- ✧ 在命令行输入 Table 后按 Enter 键。
- ✧ 使用 TB 快捷键。

下面通过创建一个简易表格来学习"表格"命令的使用方法和操作技巧,具体操作步骤如下。

Step 01 继续上节操作。单击"默认"→"注释"→"表格"按钮,在打开的"插入表格"对话框中设置参数,如图 7-45 所示。

图 7-45 "插入表格"对话框

Step 02 单击 确定 按钮,在命令行"指定插入点:"提示下,在绘图区拾取一点,插入表格,系统同时打开文字编辑器,用于输入表格内容,如图 7-46 所示。

Note

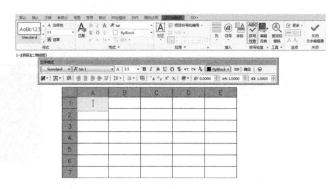

图 7-46　插入表格

Step 03 在反白显示的表格内输入“序号”，如图 7-47 所示。

Step 04 按 Tab 键或右方向键，在右侧的表格内输入“代号”，如图 7-48 所示。

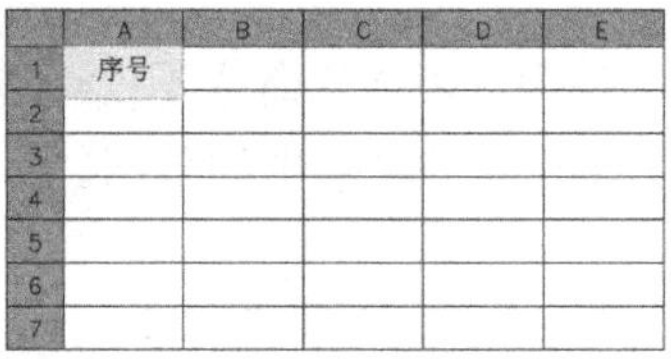

图 7-47　输入表格文字（一）

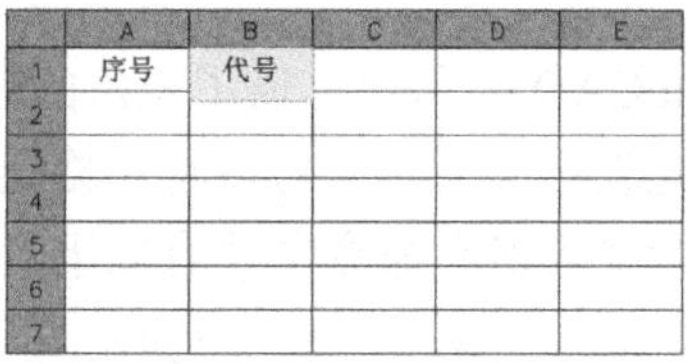

图 7-48　输入表格文字（二）

Step 05 按 Tab 键，在其他表格内分别输入文字内容。输入结果如图 7-49 所示。

Step 06 关闭文字编辑器，创建的明细表如图 7-50 所示。

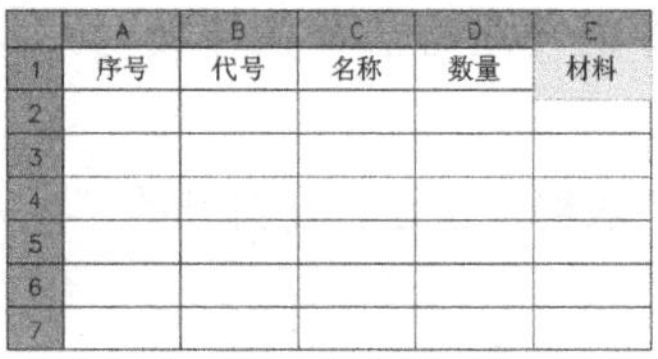

图 7-49　输入结果

序号	代号	名称	数量	材料

图 7-50　创建的明细表

选项解析

- ✧ “表格样式”下拉列表框用于设置、新建或修改当前表格样式，也可以对样式进行预览。
- ✧ “插入选项”选项组用于设置表格的填充方式，具体有“从空表格开始”“自数据链接”和“自图形中的对象数据（数据提取）”等 3 种方式。
- ✧ “插入方式”选项组用于设置表格的插入方式，具体有“指定插入点”和“指定窗口”两种方式，默认方式为“指定插入点”方式。
- ✧ “列和行设置”选项组用于设置表格的列参数、行参数及列宽和行宽参数，系统默认的列参数为 5、行参数为 1。
- ✧ “设置单元样式”选项组用于设置第一行、第二行或其他行的单元样式。
- ✧ 单击 Standard 右侧的按钮，打开“表格样式”对话框，此对话框用于设置、修改表格样式。

7.6 上机实训——标注户型图房间功能

本例通过标注户型图房间功能，对本章所讲知识进行综合练习和巩固应用。户型图房间功能的标注效果如图 7-51 所示，具体操作步骤如下。

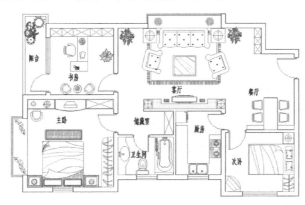

图 7-51　户型图房间功能的标注效果

Step 01 打开配套资源中的"\素材文件\7-2.dwg"文件。

Step 02 单击"默认"→"注释"→"文字样式"按钮，在打开的"文字样式"对话框中设置名为"仿宋体"的新样式，如图 7-52 所示。

Step 03 单击"默认"→"注释"→"单行文字"按钮，在命令行"指定文字的起点或 [对正(J)/样式(S)]:"提示下，在厨房房间内的适当位置单击鼠标左键，拾取一点作为文字的起点。在命令行"指定高度<200.0>:"提示下输入 240，然后按 Enter 键。

Step 04 在命令行"指定文字的旋转角度<0.00>:"提示下按 Enter 键，表示不旋转文字。此时绘图区会出现一个单行文字输入框，如图 7-53 所示。

图 7-52　设置文字样式

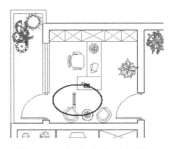

图 7-53　单行文字输入框

Step 05 在单行文字输入框内输入"书房"，此时输入的文字出现在单行文字输入框内，如图 7-54 所示。

Step 06 按两次 Enter 键结束操作，标注结果如图 7-55 所示。

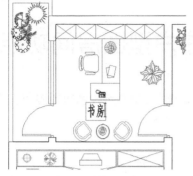
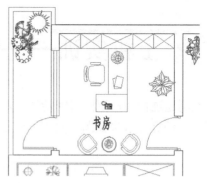

图 7-54　输入文字　　　　　　　　图 7-55　标注结果

Step 07 执行菜单栏"修改"→"复制"命令，将标注的单行文字注释复制到其他房间内。复制结果如图 7-56 所示。

Step 08 使用快捷键 ED 执行"编辑文字"命令，在命令行"选择注释对象或 [放弃(U)]:"提示下，选择阳台位置的文字，此时选择的文件反白显示，如图 7-57 所示。

Step 09 在反白显示的文字上输入正确的文字内容，如图 7-58 所示。

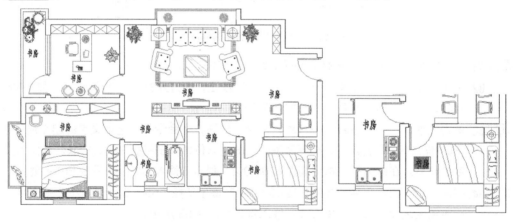

图 7-56　复制结果　　　　　　　　图 7-57　反白显示状态

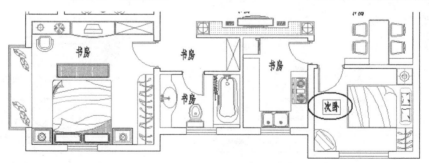

图 7-58　输入文字

Step 10 按 Enter 键，继续在命令行"选择注释对象或 [放弃(U)]:"提示下，选择其他位置的文字注释，输入正确的文字内容，最终编辑结果如图 7-59 所示。

第 7 章　建筑设计中的文字标注

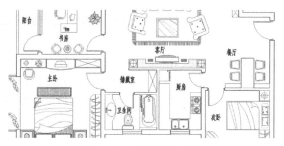

图 7-59　最终编辑结果

Step 11　执行"另存为"命令，将图形存储为"上机实训一.dwg"。

7.7　上机实训二——标注户型图房间使用面积

本例通过标注户型图房间使用面积，对本章所讲知识进行综合练习和巩固应用。户型图房间面积的标注效果如图 7-60 所示，具体操作步骤如下。

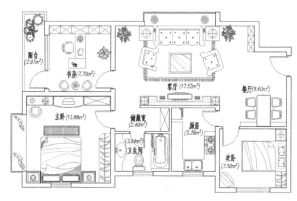

图 7-60　户型图房间使用面积的标注效果

Step 01　打开配套资源中的"\素材文件\7-3.dwg"文件。

Step 02　展开"图层控制"下拉列表，将"面积"设置为当前图层。

Step 03　单击"默认"→"注释"→"文字样式"按钮，在打开的"文字样式"对话框中设置名为"面积"的新样式，如图 7-61 所示。

图 7-61　设置文字样式

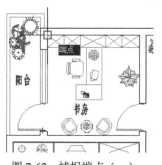

图 7-62　捕捉端点（一）

211

Step 04 执行菜单的"工具"→"查询"→"面积"命令,查询卧室房间的使用面积。

```
命令: _Measuregeom
输入选项 [距离(D)/半径(R)/角度(A)/面积(AR)/体积(V)] <距离>: _Area
指定第一个角点或 [对象(O)/增加面积(A)/减少面积(S)/退出(X)] <对象(O)>:
                                              //捕捉端点,如图 7-62 所示
指定下一个点或 [圆弧(A)/长度(L)/放弃(U)]:     //捕捉端点,如图 7-63 所示
指定下一个点或 [圆弧(A)/长度(L)/放弃(U)]:     //捕捉端点,如图 7-64 所示
//捕捉端点,如图 7-65 所示
指定下一个点或 [圆弧(A)/长度(L)/放弃(U)/总计(T)] <总计>:
指定下一个点或 [圆弧(A)/长度(L)/放弃(U)/总计(T)] <总计>://Enter
区域 = 7700000.0, 周长 = 11100.0
输入选项 [距离(D)/半径(R)/角度(A)/面积(AR)/体积(V)/退出(X)] <面积>: //X Enter
```

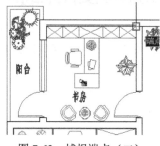
图 7-63 捕捉端点(二)

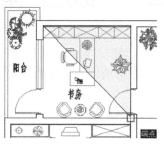
图 7-64 捕捉端点(三)

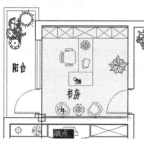
图 7-65 捕捉端点(四)

Step 05 重复执行"面积"命令,配合端点捕捉或交点捕捉功能分别查询其他房间的使用面积。

Step 06 单击"默认"→"注释"→"多行文字"按钮,拉出矩形窗口选择框,如图 7-66 所示,打开文字编辑器。

Step 07 在文字编辑器内输入阳台位置的使用面积,如图 7-67 所示。

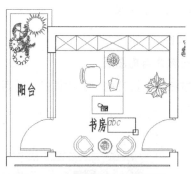
图 7-66 拉出矩形窗口选择框

图 7-67 输入使用面积(一)

Step 08 在下侧的多行文字输入框内选择"2^",然后单击文字编辑器中的"堆叠"按钮,对数字 2 进行堆叠,堆叠结果如图 7-68 所示。

Step 09 单击"关闭文字编辑器"按钮,结束"多行文字"命令,标注结果如图 7-69 所示。

第 7 章 建筑设计中的文字标注

图 7-68 堆叠结果

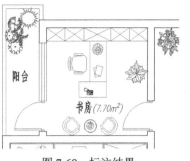

图 7-69 标注结果

Step 10 执行菜单栏"修改"→"复制"命令，将标注的面积分别复制到其他房间内，复制结果如图 7-70 所示。

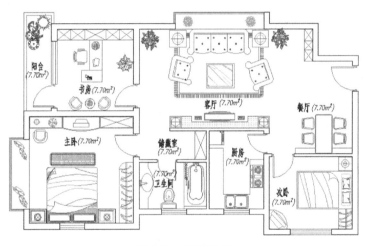

图 7-70 复制结果

Step 11 执行菜单栏"修改"→"对象"→"文字"→"编辑"命令，或者在需要编辑的文字对象上双击鼠标左键，打开文字编辑器，如图 7-71 所示。

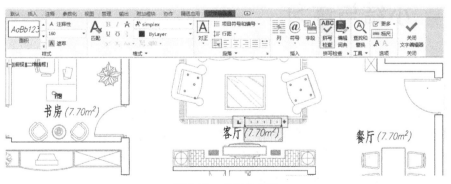

图 7-71 文字编辑器

Step 12 在多行文字输入框内输入正确的文字内容，如图 7-72 所示。

Step 13 单击"关闭文字编辑器"按钮，结束"多行文字"命令，修改结果如图 7-73 所示。

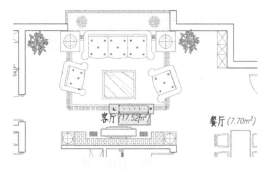
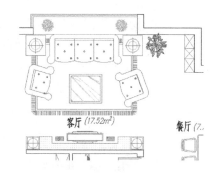

图 7-72 输入使用面积（二）   图 7-73 修改结果

Step 14 参照操作步骤 11～13，分别修改其他位置的使用面积，如图 7-74 所示。

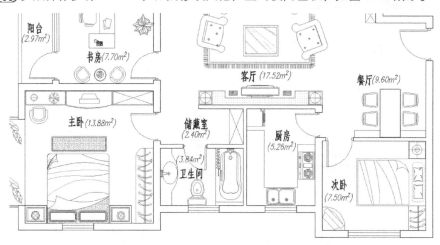

图 7-74 修改其他位置的使用面积

Step 15 执行 "另存为" 命令，将图形存储为 "上机实训二.dwg"。

7.8 小结与练习

7.8.1 小结

    本章集中讲述了 AutoCAD 的文字、表格、字符等的创建功能和图形信息的查询功能。通过本章的学习，读者应了解和掌握单行文字与多行文字的区别，以及其创建方式和修改技巧；掌握文字样式的设置及特殊字符的输入技巧。另外，还需要熟练掌握表格的创建、设置、填充及一些图形信息的查询功能。

7.8.2 练习

    1. 综合运用相关知识，为户型图标注文字注释，如图 7-75 所示。

第 7 章　建筑设计中的文字标注

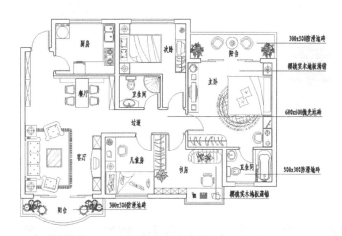

图 7-75　练习 1

> **操作提示**
>
> 练习 1 所需素材文件位于配套资源中的"素材文件"文件夹，文件名为"7-4.dwg"。

2. 综合运用相关知识，为立面图标注引线文字注释，如图 7-76 所示。

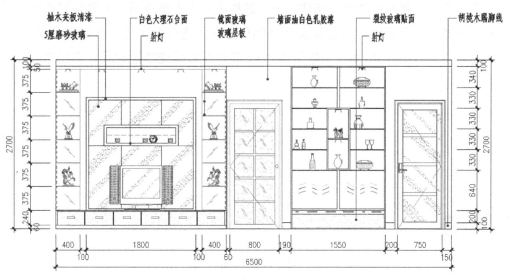

图 7-76　练习 2

> **操作提示**
>
> 练习 2 所需素材文件位于配套资源中的"素材文件"文件夹，文件名为"7-5.dwg"。

第8章

建筑设计中的尺寸标注

尺寸标注也是图纸的重要组成部分,是指导施工人员现场施工的重要依据。尺寸标注能将图形间的相互位置关系及图形形状等进行数字化、参数化,以更直观地表达图形的尺寸。本章将学习 AutoCAD 的尺寸标注功能和尺寸编辑功能。

内容要点

- ◆ 标注直线尺寸
- ◆ 标注复合尺寸
- ◆ 尺寸编辑与更新
- ◆ 小结与练习
- ◆ 标注曲线尺寸
- ◆ 尺寸样式管理器
- ◆ 上机实训——标注户型布置图尺寸

第 8 章　建筑设计中的尺寸标注

8.1　标注直线尺寸

根据不同的图形结构，AutoCAD 为用户提供了不同的尺寸标注工具，这些尺寸标注工具都被组织在图 8-1 中的菜单栏上和图 8-2 中的"标注"面板上。本节主要学习直线型尺寸的标注工具，具体有线性、对齐、角度、坐标等 4 个标注命令。

图 8-1　"快速标注"菜单栏

图 8-2　"标注"面板

8.1.1　标注线性尺寸

"线性"命令主要用于标注两点之间的水平尺寸或垂直尺寸，该命令是一种比较常用的标注工具。

执行"线性"命令主要有以下几种方式。

- ◇　单击"注释"→"标注"→"线性"按钮。
- ◇　执行菜单栏"标注"→"线性"命令。
- ◇　在命令行输入 Dimlinear 或 Dimlin 后按 Enter 键。

下面通过标注长度尺寸和垂直尺寸，来学习使用"线性"命令，如图 8-3 所示，具体操作步骤如下。

Step 01 打开配套资源中的"\素材文件\8-1.dwg"文件，如图 8-4 所示。

Step 02 单击"注释"→"标注"→"线性"按钮，配合端点捕捉功能标注图形下侧的长度尺寸。

```
命令：_Dimlinear
指定第一个尺寸界线原点或 <选择对象>：    //捕捉端点 1
指定第二条尺寸界线原点：                //捕捉端点 2
//向下移动光标，在适当位置拾取一点，以定位尺寸线的位置，标注结果如图 8-5 所示
指定尺寸线位置或[多行文字(M)/文字(T)/角度(A)/水平(H)/垂直(V)/旋转(R)]：
标注文字 = 3300
```

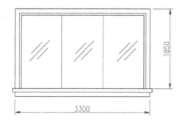

图 8-3　线性尺寸示例

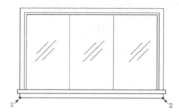

图 8-4　打开结果

Step 03 重复执行"线性"命令，配合端点捕捉功能标注宽度尺寸。

```
命令：                                 //Enter，重复执行"线性"命令
Dimlinear 指定第一个尺寸界线原点或 <选择对象>：  //Enter
选择标注对象：                          //单击如垂直边，图 8-6 所示
//水平向右移动光标，然后在适当位置指定尺寸线位置，结果如图 8-3 所示
指定尺寸线位置或[多行文字(M)/文字(T)/角度(A)/水平(H)/垂直(V)/旋转(R)]：
标注文字 = 1850
```

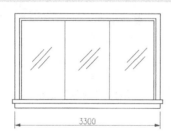

图 8-5　标注结果

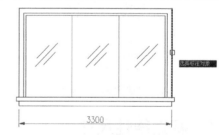

图 8-6　选择垂直边

选项解析

- "多行文字"选项主要是在文字编辑器内，手动输入尺寸文字的内容，或者为尺寸文字添加前后缀等，如图 8-7 所示。
- "文字"选项主要是通过命令行手动输入尺寸文字的内容。
- "角度"选项用于设置尺寸文字的旋转角度，如图 8-8 所示。单击该选项后，命令行出现"指定标注文字的角度："的提示，用户可根据此提示，输入标注角度值来放置尺寸文字。
- "水平"选项用于标注两点之间的水平尺寸。
- "垂直"选项主要用于标注两点之间的垂直尺寸，单击该选项后，无论如何移动光标，所标注的尺寸始终是垂直尺寸。
- "旋转"选项用于设置尺寸线的旋转角度。

第 8 章　建筑设计中的尺寸标注

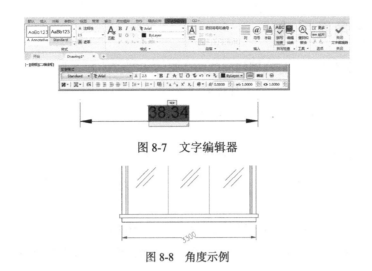

图 8-7　文字编辑器

图 8-8　角度示例

8.1.2　标注对齐尺寸

"对齐"命令主要用于标注平行于所选对象或平行于两尺寸界线原点连线的直线型尺寸，此命令比较适合标注倾斜图线的尺寸。

执行"对齐"命令主要有以下几种方式。

- ◇ 单击"注释"→"标注"→"对齐"按钮。
- ◇ 执行菜单栏"标注"→"对齐"命令。
- ◇ 在命令行输入 Dimaligned 或 Dimali 后按 Enter 键。

下面通过标注对齐尺寸来学习"对齐"命令的使用方法和操作技巧，具体操作步骤如下。

Step 01　打开配套资源中的"\素材文件\8-2.dwg"文件。

Step 02　单击"注释"→"标注"→"对齐"按钮，配合端点捕捉功能标注对齐尺寸。

```
命令: _Dimaligned
指定第一个尺寸界线原点或 <选择对象>:    //捕捉端点，如图 8-9 所示
指定第二条尺寸界线原点:                 //捕捉端点，如图 8-10 所示
指定尺寸线位置或[多行文字(M)/文字(T)/角度(A)]:    //在适当位置指定尺寸线位置
标注文字 = 13600
```

Step 03　标注结果如图 8-11 所示。

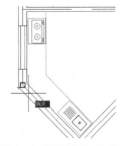
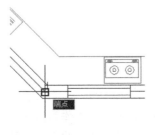

图 8-9　捕捉端点（一）　　图 8-10　捕捉端点（二）　　图 8-11　标注结果

219

8.1.3 标注角度尺寸

"角度"命令主要用于标注图线间的角度尺寸或圆弧的圆心角等。

执行"角度"命令主要有以下几种方式。

- ❖ 单击"注释"→"标注"→"角度"按钮。
- ❖ 执行菜单栏"标注"→"角度"命令。
- ❖ 在命令行输入 Dimangular 或 Dimang 后按 Enter 键。

下面通过标注矩形对角线与水平边的角度尺寸，来学习使用"角度"命令，具体操作步骤如下。

Step 01 打开配套资源中的"\素材文件\8-3.dwg"，如图 8-12 所示。

Step 02 单击"注释"→"标注"→"角度"按钮，配合端点捕捉功能标注角度尺寸。

```
命令：_Dimangular
选择圆弧、圆、直线或 <指定顶点>：      //单击矩形的对角线
选择第二条直线：                      //单击矩形的下侧水平边
//在适当位置拾取一点，定位尺寸线位置
指定标注弧线位置或 [多行文字(M)/文字(T)/角度(A) /象限点(Q)]：
标注文字 = 33
```

Step 03 标注结果（一）如图 8-13 所示。

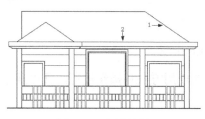

图 8-12 打开结果

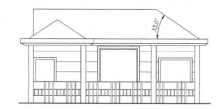

图 8-13 标注结果（一）

Step 04 重复执行"角度"命令，标注左侧的角度尺寸，标注结果（二）如图 8-14 所示。

在标注角度尺寸时，如果选择的是圆弧，系统将自动以圆弧的圆心作为顶点、以圆弧端点作为尺寸界线的原点标注圆弧的角度，如图 8-15 所示。

图 8-14 标注结果（二）

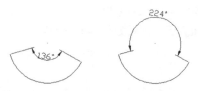

图 8-15 圆弧标注示例

小技巧

如果选择的对象为圆，系统将以选择的点作为第一个尺寸界线的原点，以圆心作为顶点，第二条尺寸界线的原点可以位于圆上，也可以在圆外或圆内，如图 8-16 所示。

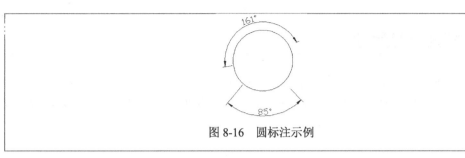

图 8-16　圆标注示例

8.1.4　标注点的坐标

"坐标"命令用于标注点的 X 坐标值和 Y 坐标值,标注的坐标为点的绝对坐标,如图 8-17 所示。

执行"坐标"命令主要有以下几种方式。

- ✧　单击"注释"→"标注"→"坐标"按钮。
- ✧　执行菜单栏"标注"→"坐标"命令。
- ✧　在命令行输入 Dimordinate 或 Dimord 后按 Enter 键。

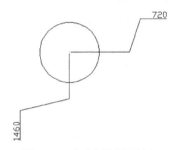

图 8-17　点坐标标注示例

执行"坐标"命令后,命令行出现如下操作提示。

```
命令:_Dimordinate
指定点坐标:                    //捕捉点
//定位引线端点
指定引线端点或 [X 基准(X)/Y 基准(Y)/多行文字(M)/文字(T)/角度(A)]:
```

∷∷ 小技巧

上下移动光标,则可以标注点的 X 坐标值;左右移动光标,则可以标注点的 Y 坐标值。另外,单击"X 基准"选项,可以强制性地标注点的 X 坐标,而不受光标引导方向的限制;单击"Y 基准"选项可以标注点的 Y 坐标,同样不受光标引导方向的限制。

8.2　标注曲线尺寸

本节学习半径、直径、弧长、折弯等命令的使用方法和操作技巧。

8.2.1 标注半径尺寸

"半径"命令用于标注圆、圆弧的半径尺寸。标注的半径尺寸由一条指向圆或圆弧的带箭头的半径尺寸线组成。当用户采用系统的实际测量值标注尺寸时，系统会在测量数值前自动添加"R"，如图 8-18 所示。

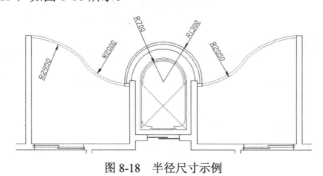

图 8-18　半径尺寸示例

执行"半径"命令主要有以下几种方式。

- ✧　单击"注释"→"标注"→"半径"按钮。
- ✧　执行菜单栏"标注"→"半径"命令。
- ✧　在命令行输入 Dimradius 或 Dimrad 后按 Enter 键。

执行"半径"命令后，命令行会出现如下操作提示。

```
命令: _Dimradius
选择圆弧或圆:                    //选择需要标注的圆或圆弧
标注文字 = 55
指定尺寸线位置或 [多行文字(M)/文字(T)/角度(A)]:    //指定尺寸的位置
```

8.2.2 标注直径尺寸

"直径"命令用于标注圆或圆弧的直径尺寸，如图 8-19 所示。当用户采用系统的实际测量值标注尺寸时，系统会在测量数值前自动添加"∅"。

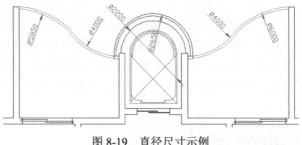

图 8-19　直径尺寸示例

执行"直径"命令主要有以下几种方式。

- ✧　单击"注释"→"标注"→"直径"按钮。

第 8 章　建筑设计中的尺寸标注

✧ 执行菜单栏"标注"→"直径"命令。
✧ 在命令行输入 Dimdiameter 或 Dimdia。

执行"直径"命令后,命令行会出现如下操作提示。

```
命令: _Dimdiameter
选择圆弧或圆:                              //选择需要标注的圆或圆弧
标注文字 = 110
指定尺寸线位置或 [多行文字(M)/文字(T)/角度(A)]:    //指定尺寸的位置
```

8.2.3　标注弧长尺寸

"弧长"命令主要用于标注圆弧或多段线弧的长度尺寸,在默认设置下,系统会在尺寸数字的一端添加弧长符号,如图 8-20 所示。

执行"弧长"命令主要有以下几种方式。

✧ 单击"注释"→"标注"→"弧长"按钮。
✧ 执行菜单栏"标注"→"弧长"命令。
✧ 在命令行输入 Dimarc 后按 Enter 键。

图 8-20　弧长标注示例

执行"弧长"命令后,命令行会出现如下操作提示。

```
命令: _Dimarc
选择弧线段或多段线弧线段:                    //选择需要标注的弧线段
//指定弧长尺寸的位置
指定弧长标注位置或 [多行文字(M)/文字(T)/角度(A)/部分(P)/引线(L)]:
标注文字 = 160
```

● **标注部分弧长**

单击"弧长"命令中的"部分"选项,可以标注圆弧或多段线弧上的部分弧长。下面通过具体的实例来学习此种标注功能。

Step 01 绘制一段圆弧,如图 8-21 所示。

Step 02 执行"弧长"命令,根据命令行提示标注弧的部分弧长。

```
命令: _Dimarc
选择弧线段或多段线弧线段:                    //选择需要标注的弧线段
//P Enter,单击"部分"选项
指定弧长标注位置或 [多行文字(M)/文字(T)/角度(A)/部分(P)/引线(L)]:
指定圆弧长度标注的第一个点:                  //捕捉圆弧的中点
指定圆弧长度标注的第二个点:                  //捕捉圆弧端点
//在弧的上侧拾取一点,以指定尺寸位置
指定弧长标注位置或 [多行文字(M)/文字(T)/角度(A)/部分(P)/]:
```

Step 03 标注结果如图 8-22 所示。

- **"引线"选项**

"引线"选项用于为圆弧的弧长尺寸添加指示线,指示线的一端指向所选择的圆弧对象,另一端连接弧长尺寸,如图 8-23 所示。

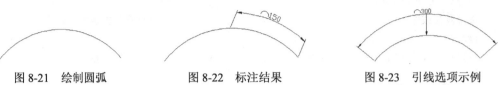

图 8-21　绘制圆弧　　　　　图 8-22　标注结果　　　　　图 8-23　引线选项示例

8.2.4　标注折弯尺寸

图 8-24　折弯尺寸

"折弯"命令主要用于标注含有折弯的半径尺寸,其中,引线的折弯角度可以根据实际需要进行设置,如图 8-24 所示。

执行"折弯"命令主要有以下几种方式。

- ✧ 单击"注释"→"标注"→"折弯"按钮。
- ✧ 执行菜单栏"标注"→"折弯"命令。
- ✧ 在命令行输入 Dimjogged 后按 Enter 键。

执行"折弯"命令后,命令行会出现如下操作提示。

```
命令: _Dimjogged
选择圆弧或圆:                                    //选择弧或圆作为标注对象
指定图示中心位置:                                //指定中心线位置
标注文字 = 175
指定尺寸线位置或 [多行文字(M)/文字(T)/角度(A)]:   //指定尺寸线位置
指定折弯位置:                                    //定位折弯位置
```

8.3　标注复合尺寸

本节将学习基线、连续、快速标注等命令的使用方法和操作技巧。

8.3.1　标注基线尺寸

"基线"命令属于一个复合尺寸工具,此工具需要在现有尺寸的基础上,以所选择的尺寸界限作为基线尺寸的尺寸界限创建基线尺寸,如图 8-25 所示。

执行"基线"命令主要有以下几种方式。

- ✧ 单击"注释"→"标注"→"基线"按钮。
- ✧ 执行菜单栏"标注"→"基线"命令。
- ✧ 在命令行输入 Dimbaseline 或 Dimbase 后按 Enter 键。

下面通过标注基线尺寸，来学习"基线"命令的使用方法和操作技巧，如图 8-25 所示，具体操作步骤如下。

Step 01 打开配套资源中的"\素材文件\8-4.dwg"文件，如图 8-26 所示。

Step 02 展开"图层控制"下拉列表，选择"轴线层"，如图 8-27 所示。

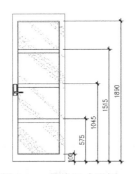

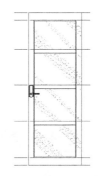

图 8-25　基线尺寸示例　　　　图 8-26　打开结果　　　　图 8-27　打开"轴线层"

Step 03 执行"线性"命令，配合端点捕捉或交点捕捉功能，标注线性尺寸作为基准尺寸，如图 8-28 所示。

Step 04 单击"注释"→"标注"→"基线"按钮，配合端点捕捉功能标注基线尺寸。

```
命令：_Dimbaseline
指定第二条尺寸界线原点或 [放弃(U)/选择(S)] <选择>：    //捕捉端点，如图 8-29 所示
标注文字 =575
指定第二条尺寸界线原点或 [放弃(U)/选择(S)] <选择>：    //捕捉端点，如图 8-30 所示
标注文字 = 1045
指定第二条尺寸界线原点或 [放弃(U)/选择(S)] <选择>：    //捕捉端点，如图 8-31 所示
标注文字 = 1515
指定第二条尺寸界线原点或 [放弃(U)/选择(S)] <选择>：    //捕捉端点，图 8-32 所示
标注文字 = 1890
指定第二条尺寸界线原点或 [放弃(U)/选择(S)] <选择>：    //Enter，退出基线标注状态
选择基准标注：                                        //Enter，退出命令
```

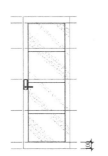
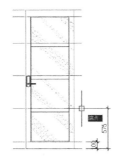
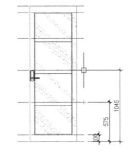

图 8-28　标注结果（一）　　图 8-29　捕捉端点（一）　　图 8-30　捕捉端点（二）

小技巧

当执行"基线"命令后，AutoCAD 将自动以刚创建的线性尺寸作为基准尺寸，再进入基线尺寸的标注状态。

Step 05 标注结果（二）如图 8-33 所示。

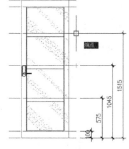
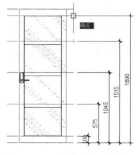
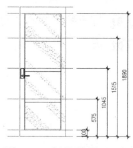

图 8-31　捕捉端点（三）　　　图 8-32　捕捉端点（四）　　　图 8-33　标注结果（二）

8.3.2　标注连续尺寸

"连续"命令需要在现有的尺寸基础上创建连续的尺寸对象，创建的连续尺寸位于同一个方向矢量上，如图 8-34 所示。

执行"连续"命令主要有以下几种方式。

- ✧　单击"注释"→"标注"→"连续"按钮。
- ✧　执行菜单栏"标注"→"连续"命令。
- ✧　在命令行输入 Dimcontinue 或 Dimcont 后按 Enter 键。

下面通过标注连续尺寸，来学习"连续"命令的使用方法和操作技巧，如图 8-34 所示，具体操作步骤如下。

Step 01 打开配套资源中的"\素材文件\8-5.dwg"文件。

Step 02 展开"图层控制"下拉列表，打开被关闭的"轴线层"。

Step 03 执行"线性"命令，配合交点捕捉功能，标注线性尺寸，如图 8-35 所示。

图 8-34　连续尺寸标注结果　　　　　图 8-35　标注结果（一）

Step 04 单击"注释"→"标注"→"连续"按钮，根据命令行的提示标注连续尺寸。

```
命令：_Dimcontinue
指定第二条尺寸界线原点或 [放弃(U)/选择(S)] <选择>：  //捕捉交点，如图 8-36 所示
标注文字 = 3500
指定第二条尺寸界线原点或 [放弃(U)/选择(S)] <选择>：  //捕捉交点，如图 8-37 所示
标注文字 = 2600
指定第二条尺寸界线原点或 [放弃(U)/选择(S)] <选择>：  //捕捉交点，如图 8-38 所示
```

标注文字 = 4000
指定第二条尺寸界线原点或 [放弃(U)/选择(S)] <选择>： //捕捉交点,如图 8-39 所示
标注文字 = 600
指定第二条尺寸界线原点或 [放弃(U)/选择(S)] <选择>： //Enter,退出连续尺寸状态
选择连续标注：   //Enter,退出命令,标注结果（二）如图 8-40 所示

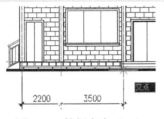

图 8-36 捕捉交点（一）

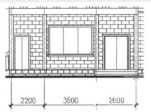

图 8-37 捕捉交点（二）

图 8-38 捕捉交点（三）

图 8-39 捕捉交点（四）

Step 05 参照上述操作步骤，综合使用"线性"和"连续"命令，标注右侧的连续尺寸，如图 8-41 所示。

图 8-40 标注结果（二）

图 8-41 标注右侧尺寸

Step 06 展开"图层控制"下拉列表，关闭"轴线层"，连续尺寸标注结果如图 8-34 所示。

8.3.3 快速标注尺寸

"快速标注"命令用于一次标注多个图形对象间的水平尺寸或垂直尺寸，如图 8-42 所示。

执行"快速标注"命令主要有以下几种方式。

◇ 单击"注释"→"标注"→"快速标注"按钮。

◇ 执行菜单栏"标注"→"快速标注"命令。

◆ 在命令行输入 Qdim 后按 Enter 键。

下面通过标注图 8-42 中的尺寸，来学习"快速标注"命令的使用方法和操作技巧，具体操作步骤如下。

Step 01 打开配套资源中的"\素材文件\8-6.dwg"文件，如图 8-43 所示。

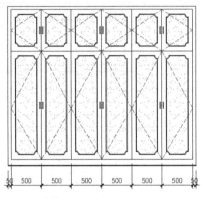

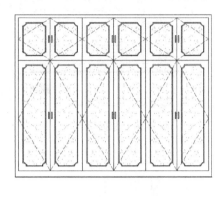

图 8-42　快速标注示例　　　　　　　　图 8-43　打开结果

Step 02 执行"快速标注"命令后，根据命令行的提示快速标注图形对象间的水平尺寸。

```
命令： _Qdim
选择要标注的几何图形：           //拉出窗交选择框，如图 8-44 所示
选择要标注的几何图形：   //Enter，结束选择，出现快速标注状态，如图 8-45 所示
指定尺寸线位置或 [连续(C)/并列(S)/基线(B)/坐标(O)/半径(R)/直径(D)/基准点(P)/
编辑(E)/设置(T)] <连续>：          //向下引导光标，在适当位置指定尺寸线位置
```

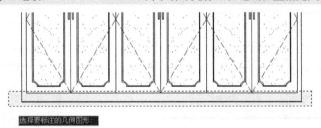

图 8-44　窗交选择框

Step 03 标注结果如图 8-46 所示。

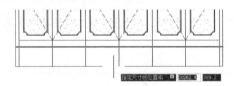

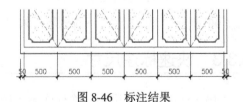

图 8-45　选择结果　　　　　　　　　　图 8-46　标注结果

选项解析

◆ "连续"选项用于创建一系列连续标注。
◆ "并列"选项用于快速生成并列的尺寸标注。

第 8 章　建筑设计中的尺寸标注

- ✧ "基线"选项用于对选择的各个对象以基线标注的形式快速标注。
- ✧ "坐标"选项用于对选择的多个对象快速生成坐标标注。
- ✧ "半径"选项用于对选择的多个对象快速生成半径标注。
- ✧ "直径"选项用于对选择的多个对象快速生成直径标注。
- ✧ "基准点"选项用于为基线标注和连续标注确定一个新的基准点。
- ✧ "编辑"选项用于对快速标注的选择集进行修改。
- ✧ "设置"选项用于设置关联标注的优先级。

8.4　尺寸样式管理器

一般情况下，尺寸对象包括尺寸文字、尺寸线、尺寸界线和箭头等元素，在这些尺寸元素内包含了众多的尺寸变量。不同的尺寸变量决定了不同的尺寸外观形态，而所有尺寸变量的设置与调整，都是通过"标注样式"命令来实现的。

执行"标注样式"命令主要有以下几种方式。

- ✧ 执行菜单栏"标注"→"标注样式"命令。
- ✧ 单击"注释"面板上的 按钮。
- ✧ 在命令行输入 Dimstyle 后按 Enter 键。
- ✧ 使用 D 快捷键。

执行"标注样式"命令后，系统打开"标注样式管理器"对话框，如图 8-47 所示。在此对话框中，用户不仅可以设置尺寸的样式，而且还可以修改、替代和比较尺寸的样式。

📖 选项解析

- ✧ "当前标注样式"用于显示当前文件中的所有尺寸样式，并且当前样式亮显显示。在一种尺寸样式处单击鼠标右键，在弹出的快捷菜单中可以设置当前样式、重命名样式和删除样式。

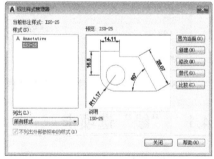

图 8-47　"标注样式管理器"对话框

⁂ 小技巧

当前标注样式和当前文件中已使用的样式不能被删除。默认标准样式为 ISO-25。

- ✧ "列出"下拉列表中提供了两个显示标注样式的选项，即"所有样式"和"正在使用的样式"。前一个选项用于显示当前图形中的所有标注样式；后一个选项仅用于显示被当前图形中的标注引用过的样式。
- ✧ "预览"区域主要显示"样式"区中选定的尺寸样式的标注效果。
- ✧ 置为当前(U) 按钮用于把选定的标注样式设置为当前标注样式。

- ◆ 修改(M)... 按钮用于修改当前选择的标注样式。当用户修改了标注样式后，当前图形中的所有尺寸标注都会自动改变为所修改的标注样式。
- ◆ 替代(O)... 按钮用于设置当前使用的标注样式的临时替代样式。当用户创建了替代样式后，当前标注样式将被应用到之后的所有尺寸标注中，直到用户删除替代样式为止。此按钮不会改变替代样式之前的标注样式。
- ◆ 比较(C)... 按钮用于比较两种标注样式的特性或浏览一种标注样式的全部特性，并将比较结果输出到 Windows 剪贴板上，然后再粘贴到其他 Windows 应用程序中。
- ◆ 新建(N)... 按钮用于设置新的标注样式。单击此按钮后，系统将弹出"创建新标注样式"对话框，如图 8-48 所示，其中，"新样式名"文本框用于为新样式赋名；"基础样式"下拉列表框用于设置新样式的基础样式；"注释性"复选框用于为新样式添加注释；"用于"下拉列表框用于创建一种仅适用于特定标注类型的样式。

在"创建新标注样式"对话框中单击 继续 按钮，打开"新建标注样式：副本 ISO-25"对话框，如图 8-49 所示。此对话框包括"线""符号和箭头""文字""调整""主单位""换算单位"和"公差"等选项卡，主要内容如下。

图 8-48 "创建新标注样式"对话框

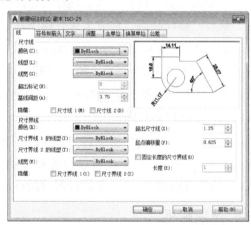

图 8-49 "新建标注样式：副本 ISO-25"对话框

8.4.1 "线"选项卡

"线"选项卡主要用于设置尺寸线、尺寸界线的格式和特性等变量，如图 8-49 所示，具体如下。

● "尺寸线"选项组

- ◆ "颜色"下拉列表框用于设置尺寸线的颜色。
- ◆ "线型"下拉列表框用于设置尺寸线的线型
- ◆ "线宽"下拉列表框用于设置尺寸线的线宽。
- ◆ "超出标记"数值框用于设置尺寸线超出尺寸界限的长度。在默认状态下，该数值框处于不可用状态，只有当用户选择建筑标记箭头时，该数值框才处于可用状态。
- ◆ "基线间距"数值框用于设置在基线标注时两条尺寸线之间的距离。

● "尺寸界线"选项组

- ◆ "颜色"下拉列表框用于设置尺寸界线的颜色。
- ◆ "线宽"下拉列表框用于设置尺寸界线的线宽。
- ◆ "尺寸界线1的线型"下拉列表框用于设置尺寸界线1的线型。
- ◆ "尺寸界线2的线型"下拉列表框用于设置尺寸界线2的线型。
- ◆ "超出尺寸线"数值框用于设置尺寸界线超出尺寸线的长度。
- ◆ "起点偏移量"数值框用于设置尺寸界线起点与被标注对象间的距离。
- ◆ 勾选"固定长度的尺寸界线"复选框后，可在下侧的"长度"文本框内设置尺寸界线的固定长度。

8.4.2 "符号和箭头"选项卡

"符号和箭头"选项卡主要用于设置箭头、圆心标记、弧长符号和半径标注等参数，如图8-50所示，具体如下。

图8-50 "符号和箭头"选项卡

● "箭头"选项组

- ◆ "第一个"/"第二个"下拉列表框用于设置箭头的形状。
- ◆ "引线"下拉列表框用于设置引线箭头的形状。
- ◆ "箭头大小"数值框用于设置箭头的大小。

● "圆心标记"选项组

- ◆ "无"单选按钮表示不添加圆心标记。
- ◆ "标记"单选按钮用于为圆添加十字形标记。
- ◆ "直线"单选按钮用于为圆添加直线型标记。

● "折断标注"选项组

- ◆ "折断大小"数值框用于设置圆心标记的大小。

- "弧长符号"选项组

  ◇ "标注文字的前缀"单选按钮用于为弧长标注添加前缀。
  ◇ "标注文字的上方"单选按钮用于设置标注文字的位置。
  ◇ "无"单选按钮表示在弧长标注上不出现弧长符号。

- "半径折弯标注"选项组

  ◇ "折弯角度"数值框用于设置半径折弯的角度。

- "线性折弯标注"选项组

  ◇ "折弯高度因子"数值框用于设置线性折弯的高度因子。

8.4.3 "文字"选项卡

"文字"选项卡主要用于设置标注文字的样式、颜色、位置及对齐方式等变量，如图 8-51 所示，具体如下。

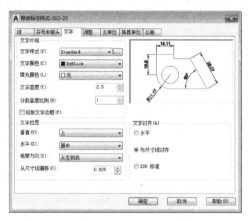

图 8-51 "文字"选项卡

- "文字外观"选项组

  ◇ "文字样式"下拉列表框用于设置标注的文字样式。单击该下拉列表框右端的 按钮，将弹出"文字样式"对话框，该对话框用于新建或修改文字样式。
  ◇ "文字颜色"下拉列表框用于设置标注的文字颜色。
  ◇ "填充颜色"下拉列表框用于设置标注文字的背景色。
  ◇ "文字高度"数值框用于设置标注文字的高度。
  ◇ "分数高度比例"数值框用于设置标注分数的高度比例。只有在选择分数标注单位时，此选项才可用。
  ◇ "绘制文字边框"复选框用于设置是否为标注文字加上边框。

- "文字位置"选项组

  ◇ "垂直"下拉列表框用于设置标注文字相对于尺寸线垂直方向的放置位置。

- ✧ "水平"下拉列表框用于设置标注文字相对于尺寸线水平方向的放置位置。
- ✧ "观察方向"下拉列表框用于设置标注文字从左到右、从右到左等的观察方式。
- ✧ "从尺寸线偏移"数值框用于设置标注文字与尺寸线之间的距离。

● "文字对齐"选项组

- ✧ "水平"单选按钮用于设置标注文字以水平方向放置。
- ✧ "与尺寸线对齐"单选按钮用于设置标注文字以与尺寸线平行的方向放置。
- ✧ "ISO 标准"单选按钮用于根据 ISO 标准设置标注文字,它是"水平"与"与尺寸线对齐"两者的综合。当标注文字在尺寸界线中时,采用"与尺寸线对齐"对齐方式;当标注文字在尺寸界线外时,采用"水平"对齐方式。

8.4.4 "调整"选项卡

"调整"选项卡主要用于设置标注文字与尺寸线、尺寸界线等之间的位置,如图 8-52 所示,具体如下。

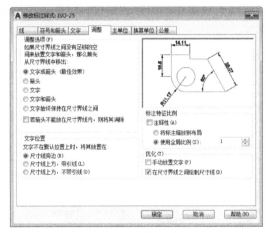

图 8-52 "调整"选项卡

● "调整"选项组

- ✧ "文字或箭头(最佳效果)"单选按钮用于自动调整标注文字与箭头的位置,使二者达到最佳效果。
- ✧ "箭头"单选按钮用于将箭头移到尺寸界线外。
- ✧ "文字"单选按钮用于将标注文字移到尺寸界线外。
- ✧ "文字和箭头"单选按钮用于将标注文字与箭头都移到尺寸界线外。
- ✧ "文字始终保持在尺寸界线之间"单选按钮用于将标注文字始终放置在尺寸界线之间。

● "文字位置"选项组

- ✧ "尺寸线旁边"单选按钮用于将标注文字放置在尺寸线旁边。
- ✧ "尺寸线上方,加引线"单选按钮用于将标注文字放置在尺寸线上方,并加引线。

- ◆ "尺寸线上方，不带引线"单选按钮用于将标注文字放置在尺寸线上方，但不加引线。

● **"标注特征比例"选项组**

- ◆ "注释性"复选框用于将标注设置为注释性标注。
- ◆ "使用全局比例"单选按钮用于设置标注的比例因子。
- ◆ "将标注缩放到布局"单选按钮用于根据当前模型空间的视口与布局空间的大小来确定比例因子。

● **"优化"选项组**

- ◆ "手动放置文字"复选框用于手动放置标注文字。
- ◆ "在尺寸界线之间绘制尺寸线"复选框用于在标注圆弧或圆时，设置尺寸线始终在尺寸界线之间。

8.4.5 "主单位"选项卡

"主单位"选项卡主要用于设置线性标注和角度标注的单位格式及精确度等变量，如图8-53所示，具体如下。

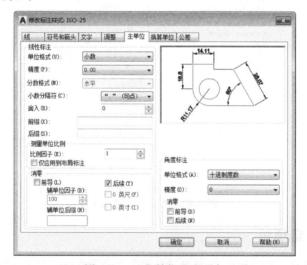

图8-53 "主单位"选项卡

● **"线性标注"选项组**

- ◆ "单位格式"下拉列表框用于设置线性标注的单位格式，默认单位格式为小数。
- ◆ "精度"下拉列表框用于设置尺寸的精度。
- ◆ "分数格式"下拉列表框用于设置分数的格式。
- ◆ "小数分隔符"下拉列表框用于设置小数的分隔符号。
- ◆ "舍入"数值框用于设置除角度之外的标注测量值的四舍五入规则。
- ◆ "前缀"文本框用于设置尺寸文字的前缀，可以为数字、文字、符号等。
- ◆ "后缀"文本框用于设置尺寸文字的后缀，可以为数字、文字、符号等。

◆ "比例因子"数值框用于设置除角度之外的标注比例因子。
◆ "仅应用到布局标注"复选框仅对在布局里创建的标注应用线性比例值。
◆ "前导"复选框用于消除小数点前面的0。当标注文字小于1时,如"0.5",则勾选此复选框后,此"0.5"变为".5",前面的0已消除。
◆ "后续"复选框用于消除小数点后面的0。
◆ "0 英尺"复选框用于消除英尺前的0。如"0′-1/2″"表示为"1/2″"。
◆ "0 英寸"复选框用于消除英寸后的0。如"2′-1.400″"表示为"2-1.4″"。

● "角度标注"选项组

◆ "单位格式"下拉列表用于设置角度标注的单位格式。
◆ "精度"下拉列表用于设置角度的小数位数。
◆ "前导"复选框用于消除角度标注前面的0。
◆ "后续"复选框用于消除角度标注后面的0。

8.4.6 "换算单位"选项卡

"换算单位"选项卡主要用于显示和设置标注文字的换算单位、精度等变量,如图 8-54 所示,只有勾选了"显示换算单位"复选框,才可以激活"换算单位"选项卡中的所有选项组。

图 8-54 "换算单位"选项卡

● "换算单位"选项组

◆ "单位格式"下拉列表用于设置换算单位格式。
◆ "精度"下拉列表用于设置换算单位的小数位数。
◆ "换算单位倍数"下拉列表用于设置主单位与换算单位间的换算因子的倍数。
◆ "舍入精度"下拉列表用于设置换算单位的四舍五入规则。
◆ "前缀"文本框中输入的值将显示在换算单位的前面。
◆ "后缀"文本框中输入的值将显示在换算单位的后面。

- **"消零"与"位置"选项组**
  ◇ "消零"选项组用于消除换算单位的前导0和后继0,以及英尺、英寸前后的0,其作用与"主单位"选项卡中的"消零"选项组相同。
  ◇ "主值后"单选按钮用于将换算单位放在主单位之后。
  ◇ "主值下"单选按钮用于将换算单位放在主单位之下。

8.5 尺寸编辑与更新

本节主要学习几个尺寸的编辑命令,主要有标注间距、标注打断、倾斜标注、标注更新和编辑标注文字等。

8.5.1 标注间距

"标注间距"命令用于自动调整平行的线性标注和角度标注的间距,或者根据指定的间距值进行调整。

执行"标注间距"命令主要有以下几种方式。

◇ 单击"注释"→"标注"→"调整间距"按钮。
◇ 执行菜单栏"标注"→"标注间距"命令。
◇ 在命令行输入 Dimspace 后按 Enter 键。

下面通过典型的实例来学习使用"标注间距"命令的使用方法和操作技巧,具体操作步骤如下。

Step 01 打开配套资源中的"\素材文件\8-7.dwg"文件,如图 8-55 所示。

Step 02 单击"注释"→"标注"→"调整间距"按钮,将各尺寸线间的距离调整为 10 个绘图单位。

```
命令: _Dimspace
选择基准标注:            //选择尺寸文字为 16.0 的尺寸对象
选择要产生间距的标注::    //选择其他 3 个尺寸对象
选择要产生间距的标注:     //Enter,结束对象的选择
输入值或 [自动(A)] <自动>: //10 Enter
```

Step 03 调整结果如图 8-56 所示。

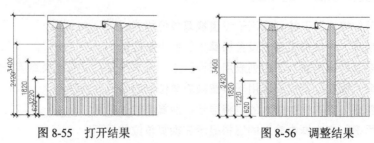

图 8-55 打开结果   图 8-56 调整结果

小技巧

"自动"选项用于根据现有尺寸位置,自动调整各尺寸对象的位置,使之间隔相等。

8.5.2 标注打断

"标注打断"命令可以在尺寸线、尺寸界线与几何对象或其他标注相交的位置将其打断。

执行"标注打断"命令主要有以下几种方式。

- ✧ 单击"注释"→"标注"→"打断"按钮。
- ✧ 执行菜单栏"标注"→"标注打断"命令。
- ✧ 在命令行输入 Dimbreak 后按 Enter 键。

下面通过实例来学习使用"标注打断"命令的使用方法和操作技巧,具体操作步骤如下。

Step 01 打开配套资源中的"\素材文件\8-8.dwg"文件,如图 8-57 所示。

Step 02 执行"标注打断"命令,根据命令行提示,对尺寸对象进行打断。

```
命令:_Dimbreak
选择要添加/删除折断的标注或 [多个(M)]:    //选择尺寸对象,如图 8-58 所示
//选择最下侧的水平轮廓线
选择要折断标注的对象或 [自动(A)/手动(M)/删除(R)] <自动>:
选择要折断标注的对象:              //Enter,结束命令
```

Step 03 打断结果(一)如图 8-59 所示。

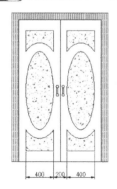
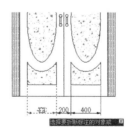
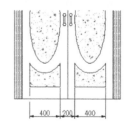

图 8-57 打开结果   图 8-58 选择尺寸对象   图 8-59 打断结果(一)

小技巧

"手动"选项用于手动定位打断位置;"删除"选项用于恢复被打断的尺寸对象。

Step 04 重复执行"标注打断"命令,分别对其他两个尺寸对象进行打断。

```
命令:_Dimbreak
选择要添加/删除折断的标注或 [多个(M)]:    //M Enter
```

```
选择标注:                  //拉出窗交选择框，如图 8-60 所示
选择标注:                  //Enter
选择要折断标注的对象或 [自动(A)/删除(R)] <自动>：//选择水平图线，如图 8-61 所示
选择要折断标注的对象：     //Enter，结束命令
```

Step 05 打断结果（二）如图 8-62 所示。

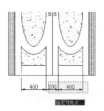

图 8-60　窗交选择

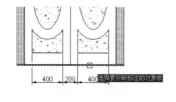

图 8-61　选择水平图线

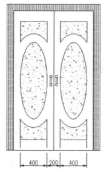

图 8-62　打断结果（二）

8.5.3 倾斜标注

"倾斜"命令用于修改尺寸文字的内容、旋转角度及尺寸界线的倾斜角度等。

执行"倾斜"命令主要有以下几种方式。

- ❖ 单击"注释"→"标注"→"倾斜"按钮。
- ❖ 执行菜单栏"标注"→"倾斜"命令。
- ❖ 在命令行输入 Dimedit 后按 Enter 键。

执行"倾斜"命令后，其命令行操作提示如下。

```
命令：_Dimedit
输入标注编辑类型 [默认(H)/新建(N)/旋转(R)/倾斜(O)] <默认>：_o
选择对象：                //选择尺寸对象，如图 8-63（a）所示
选择对象：：              //Enter
输入倾斜角度（按 ENTER 表示无）：//-45 Enter，倾斜标注如图 8-63（b）所示
```

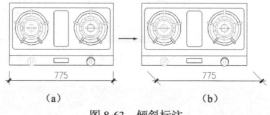

图 8-63　倾斜标注

8.5.4 标注更新

"更新"命令用于将尺寸对象的标注样式更新为当前尺寸标注样式，同时还可以将当

前的标注样式保存起来，以供随时调用。

执行"更新"命令主要有以下几种方式。

- ✧ 单击"注释"→"标注"→"更新"按钮。
- ✧ 执行菜单栏"标注"→"更新"命令。
- ✧ 在命令行输入 Dimstyle 后按 Enter 键。

执行"更新"命令后，仅选择需要更新的尺寸对象即可，命令行操作如下。

```
命令：_Dimstyle
当前标注样式:NEWSTYLE 注释性：否
输入标注样式选项[注释性(AN)/保存(S)/恢复(R)/状态(ST)/变量(V)/应用(A)/?] <恢复>：
选择对象：                //选择需要更新的尺寸对象
选择对象：                //Enter，结束命令
```

 选项解析

- ✧ "状态"选项用于以文本窗口的形式显示当前标注样式的各设置数据。
- ✧ "应用"选项用于将选择的尺寸对象的标注样式自动更换为当前标注样式。
- ✧ "保存"选项用于将当前标注样式存储为用户定义的样式。
- ✧ "恢复"选项。选择该选项后，用户在系统提示下输入已定义过的标注样式名称，即可用此标注样式更换当前的标注样式。
- ✧ "变量"选项。选择该选项后，命令行提示用户选择一个标注样式，选定后，系统打开文本窗口，并在窗口中显示所选样式的设置数据。

8.5.5 编辑标注文字

"文字角度"命令主要用于编辑标注文字的放置位置及旋转角度。

执行"文字角度"命令主要有以下几种方式。

- ✧ 单击"注释"→"标注"→"文字角度"按钮。
- ✧ 执行菜单栏"标注"→"对齐文字"级联菜单中的各命令。
- ✧ 在命令行输入 Dimtedit 后按 Enter 键。

下面通过更改某标注文字的位置及旋转角度，来学习"文字角度"命令的使用方法和操作技巧，具体操作步骤如下。

Step 01 任意标注一个线性尺寸，如图 8-64 所示。

Step 02 执行"文字角度"命令，根据命令行提示编辑标注文字。

```
命令：_Dimtedit
选择标注：                //选择刚标注的尺寸对象
为标注文字指定新位置或 [左对齐(L)/右对齐(R)/居中(C)/默认(H)/角度(A)]：
                        //A Enter，执行"角度"命令
指定标注文字的角度：       //15 Enter，如图 8-65 所示
```

Step 03 重复执行"文字角度"命令，修改标注文字的位置。

命令：_Dimtedit
选择标注：   //选择尺寸对象，如图 8-64 所示
//L Enter，如图 8-66 所示
为标注文字指定新位置或 [左对齐(L)/右对齐(R)/居中(C)/默认(H)/角度(A)]：

图 8-64 标注尺寸   图 8-65 更改尺寸文字的角度   图 8-66 修改标注文字的位置

选项解析

- "左对齐"选项用于沿尺寸线左端放置标注文字。
- "右对齐"选项用于沿尺寸线右端放置标注文字。
- "居中"选项用于把标注文字放置在尺寸线的中心。
- "默认"选项用于将标注文字移回默认位置。
- "角度"选项用于按照输入的角度放置标注文字。

8.6 上机实训——标注户型布置图尺寸

本例通过标注户型布置图尺寸，对本章所讲述的尺寸标注与编辑等重点知识进行综合练习和巩固应用。户型布置图尺寸标注效果如图 8-67 所示，具体操作步骤如下。

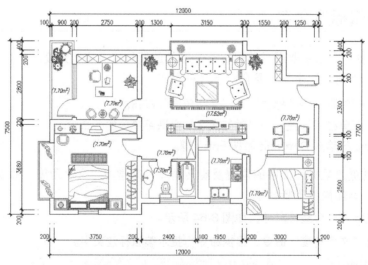

图 8-67 户型布置图尺寸标注效果

Step 01 打开配套资源中的"\素材文件\8-9.dwg"文件。

Step 02 展开"图层控制"下拉列表，关闭"文本层"，同时设置"尺寸层"为当前图层。

Step 03 执行菜单栏"标注"→"标注样式"命令，在打开的"标注样式管理器"对话框中单击 修改(M)... 按钮，修改当前样式的线参数及符号和箭头参数，如图 8-68 和

第 8 章　建筑设计中的尺寸标注

图 8-69 所示。

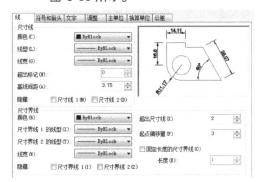

图 8-68　修改线参数

图 8-69　修改符号和箭头参数

Step 04 分别单击"文字"选项卡和"调整"选项卡，修改标注文字的样式、大小、位置及其他参数，如图 8-70 和图 8-71 所示。

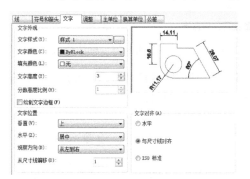

图 8-70　修改文字参数

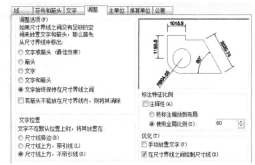

图 8-71　调整标注元素

Step 05 返回"标注样式管理器"对话框，将修改后的标注样式置为当前样式。

Step 06 使用快捷键 XL 执行"构造线"命令，分别在平面图 4 侧绘制 4 条构造线作为尺寸定位轴线，如图 8-72 所示。

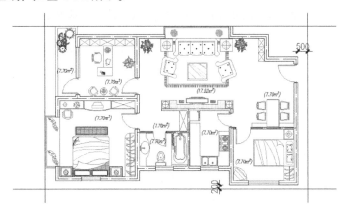

图 8-72　绘制结果

Step 07 执行菜单栏"标注"→"线性"命令，配合对象捕捉与追踪功能，标注平面图左侧的尺寸。

241

命令：_Dimlinear
//引出矢量，如图8-73所示，然后捕捉虚线与构造线的交点作为第一界线点
指定第一个尺寸界线原点或 <选择对象>：
指定第二条尺寸界线原点：//引出矢量，如图8-74所示，捕捉虚线与构造线交点
//200 Enter，在距离辅助线下侧200个绘图单位的位置定位尺寸线，标注结果（一）如图8-75所示
指定尺寸线位置或[多行文字(M)/文字(T)/角度(A)/水平(H)/垂直(V)/旋转(R)]：

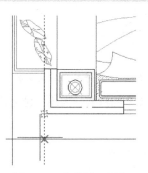 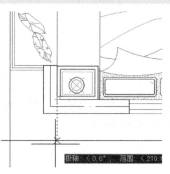 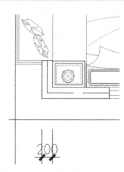

图8-73 定位第一原点　　　　图8-74 定位第二原点　　　　图8-75 标注结果（一）

Step 08 执行菜单栏"标注"→"连续"命令，以刚标注的线性尺寸作为基准尺寸，配合对象捕捉与追踪等功能，继续标注平面图右侧的细部尺寸。

命令：_Dimcontinue
指定第二条尺寸界线原点或 [放弃(U)/选择(S)] <选择>：//捕捉交点，如图8-76所示
标注文字 = 3750
指定第二条尺寸界线原点或 [放弃(U)/选择(S)] <选择>：//捕捉交点，如图8-77所示
标注文字 = 200
指定第二条尺寸界线原点或 [放弃(U)/选择(S)] <选择>：//捕捉交点，如图8-78所示
标注文字 = 2400
指定第二条尺寸界线原点或 [放弃(U)/选择(S)] <选择>：//捕捉交点，如图8-79所示
标注文字 = 100
指定第二条尺寸界线原点或 [放弃(U)/选择(S)] <选择>：//捕捉交点，如图8-80所示
标注文字 = 1950
指定第二条尺寸界线原点或 [放弃(U)/选择(S)] <选择>：//捕捉交点，如图8-81所示
标注文字 = 200
指定第二条尺寸界线原点或 [放弃(U)/选择(S)] <选择>：//捕捉交点，如图8-82所示
标注文字 = 3000
指定第二条尺寸界线原点或 [放弃(U)/选择(S)] <选择>：//捕捉交点，如图8-83所示
标注文字 = 200
指定第二条尺寸界线原点或 [放弃(U)/选择(S)] <选择>： //Enter，退出连续标注状态
选择连续标注：　　　　//Enter，标注结果（二）如图8-84所示

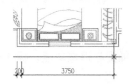 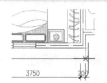

图8-76 定位第二界线点（一）　　　　图8-77 定位第二界线点（二）

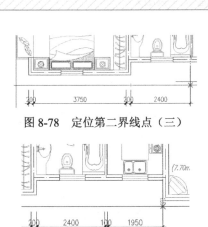
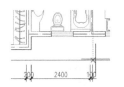

图 8-78 定位第二界线点（三）　　图 8-79 定位第二界线点（四）

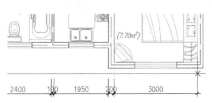
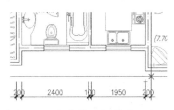

图 8-80 定位第二界线点（五）　　图 8-81 定位第二界线点（六）

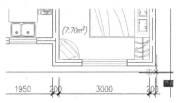

图 8-82 定位第二界线点（七）　　图 8-83 定位第二界线点（八）

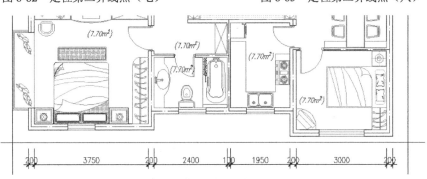

图 8-84 标注结果（二）

Step 09 单击"标注"→"编辑标注文字"按钮，选择重叠尺寸，适当调整标注文字的位置，调整结果如图 8-85 所示。

Step 10 执行"线性"命令，并配合对象捕捉与追踪功能分别标注平面图下侧的总尺寸，标注结果（三）如图 8-86 所示。

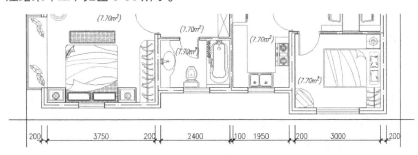

图 8-85 调整结果

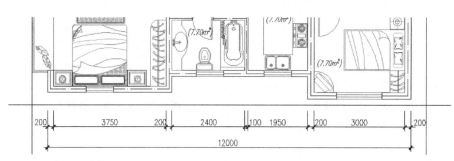

图 8-86 标注结果（三）

Step 11 参照上述操作步骤，综合使用"线性""连续"和"编辑标注文字"等命令，分别标注平面图其他 3 侧的尺寸，标注结果（四）如图 8-87 所示。

Step 12 使用快捷键 E 执行"删除"命令，删除 4 条构造线，并打开"文本层"，户型布置图标尺寸注效果如图 8-67 所示。

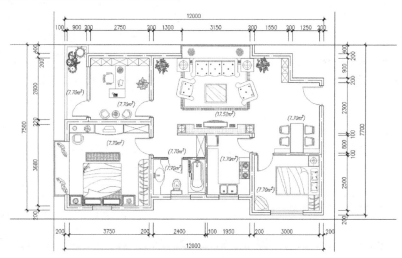

图 8-87 标注结果（四）

Step 13 执行"另存为"命令，将图形存储为"第 8 章上机实训.dwg"。

8.7 小结与练习

8.7.1 小结

尺寸是施工图参数化的直接表现，是施工人员现场施工的主要依据，也是绘制施工图的一个重要操作环节。本章主要讲述了直线型尺寸、曲线型尺寸、复合型尺寸等各类常用尺寸的具体标注方法和技巧，同时还学习了尺寸样式的设置与调整、尺寸标注的修改与完善等，最后通过为某户型图标注尺寸，对所讲知识进行了综合巩固和实际应用。

8.7.2 练习

1. 综合运用相关知识，为室内立面图标注尺寸，如图 8-88 所示。

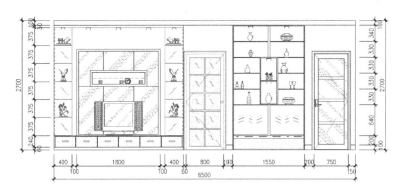

图 8-88　练习 1

> **操作提示**
>
> 练习 1 所需素材文件位于配套资源中的"素材文件"文件夹，文件名为 "8-10.dwg"。

2. 综合运用相关知识，为别墅平面图标注尺寸，如图 8-89 所示。

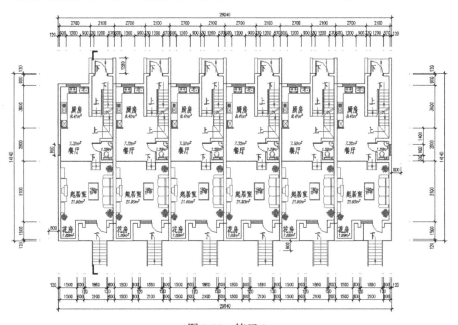

图 8-89　练习 2

> **操作提示**
>
> 练习 2 所需素材文件位于配套资源中的"素材文件"文件夹，文件名为 "8-11.dwg"。

第三篇 应用技能

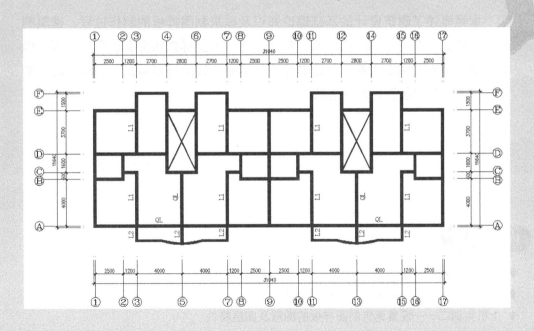

建筑设计理论与制图样板

本章概述了建筑设计的基础理论知识及建筑制图样板的制作过程。建筑制图样板就是包含一定的绘图环境、参数变量、绘图样式和页面设置等内容,但并未绘制图形的空白文件,在此类文件的基础上绘图可以避免许多参数的重复设置,使绘制的图形更符合规范。

内容要点

- ◆ 建筑设计理论概述
- ◆ 建筑制图相关规范
- ◆ 上机实训一——设置建筑制图样板绘图环境
- ◆ 上机实训二——设置建筑制图样板的图层及图层特性
- ◆ 上机实训三——设置建筑制图样板常用样式
- ◆ 上机实训四——绘制建筑制图样板 A2-H 图框
- ◆ 上机实训五——绘制建筑制图样板常用符号
- ◆ 上机实训六——建筑制图样板的页面布局

第 9 章　建筑设计理论与制图样板

9.1　建筑设计理论概述

建筑设计是指对建筑物进行功能设计，如建筑物的造型、功能分区和装饰装修风格等。在通常情况下，它是由具有设计资质的单位和具有设计资格的人员遵照国家颁布的建筑设计规范和相关资料，根据设计任务书的要求，对建筑物所做的设计。下面通过概述建筑设计的相关知识，使没有建筑设计知识的读者对此有一个大体的认识，如果读者需要掌握更详细的专业知识，还需要查阅相关的书籍。

9.1.1　建筑物的分类与组成

建筑物按其使用功能通常可分为工业建筑、农业建筑和民用建筑三大类，其中民用建筑又可分为居住建筑和公共建筑。居住建筑是指供人休息、生活起居所用的建筑物，如住宅、宿舍、公寓、旅馆等；公共建筑是指供人们进行政治、经济、文化及科学技术交流活动等所需要的建筑物，如商场、学校、医院、办公楼和汽车站等。

不同的建筑物，虽然它们的使用要求、空间组合、外形处理、结构形式、构造方式及规模大小等方面各有各的特点，但是其基本构造的组成内容是相似的。一幢楼房是由基础、墙或柱、楼地面、楼梯、房顶和门窗等部分组成的，它们各处在不同的部位，发挥着不同的作用。另外，一般建筑物还有其他配件和设施，如通风道、垃圾道、阳台、雨篷、雨水管、勒脚、散水和明沟等。

9.1.2　建筑物的设计程序

根据房屋规模及复杂程度，其设计过程可以分为两阶段设计和三阶段设计两种程序。

（1）大型的、重要的、复杂的房屋必须采用三阶段设计，即初步设计、技术设计和施工图设计。

- 初步设计包括建筑物的总平面图，以及建筑平面图、建筑立面图、建筑剖面图及其简要说明、主要结构方案及主要技术经济指标、工程概算书等，上述内容均需供相关部门分析、研究和审批。
- 技术设计是在批准的初步设计的基础上，进一步确定各专业工种之间的技术性问题。
- 施工图设计是建筑设计的最后阶段，其任务是绘制满足施工要求的全套图纸，并编制工程说明书、结构计算书和工程预算书等。

（2）对于那些不复杂的中小型建筑多采用两阶段设计，即扩大初步设计和施工图设计。

9.1.3 建筑物形体的表达

平时绘制的建筑平面图、建筑立面图和建筑剖面图等，都是根据投影原理绘制的。在工程上常用的一种投影法是正投影法，使用正投影法绘制的投影图称为正投影图，如图 9-1 所示，它能准确地反映空间物体的形状与大小，是施工生产中的主要图样。

图 9-1 正投影图示例

- **三面正投影图**

使用 3 组分别垂直于 3 个投影面的平行投射线投影得到的物体在 3 个不同方向上的投影图，称为物体的三面正投影图，如图 9-2 所示。

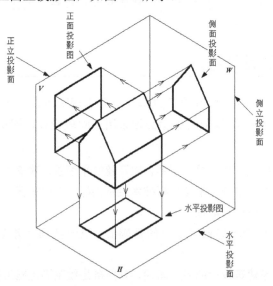

图 9-2 三面正投影示例

在三面正投影图中，平行投射线由上向下垂直投影产生的投影图称为水平投影图；平行投射线由前向后垂直投影产生的投影图称为正面投影图；平等投射线由左向右垂直投影产生的投影图称为侧面投影图。同一物体的 3 个正投影图之间具有以下 3 种关系。

第 9 章　建筑设计理论与制图样板

- ◆ 正面投影图和水平投影图——长对正。
- ◆ 正面投影图和侧面投影图——高平齐。
- ◆ 水平投影图和侧面投影图——宽相等。

长对正、高平齐、宽相等是绘制和识读物体三面正投影图必须遵循的投影规律。

在建筑制图中,如果建筑物形体比较复杂,为了便于绘图和识图,则需要画出建筑物形体的六面投影图,其中正面投影称为正立面图,水平投影称为平面图,侧面投影称为左侧立面图,其他投影根据投射方向分别称为右侧立面图、底面图和背立面图。

● **展开投影图**

当物体立面的某些部分与投影面不平行时,如折线形、曲线形,可将该部分展开(旋转)至与投影面平行后再进行正投影,不过需要在图名后加注"展开"字样。

● **镜像投影图**

镜像投影是物体在镜面中的反射图形的正投影,该镜面平行于相应的投影面。此种镜像投影图一般用于绘制房屋顶棚的平面图,在装饰工程中应用较多。例如,吊顶图案的施工图,无论是使用一般正投影法还是仰视法,绘制的吊顶图案平面图都不利于施工人员看图施工,如果把地面看作一面镜子,采用镜像投影法得到吊顶图案平面图,那么就能真实地反映吊顶图案的实际情况,有利于施工人员看图施工。

● **剖视图**

由于建筑物形体的三面投影图只能表明其外形的可见部分的轮廓线,因此形体上不可见部分的轮廓线在投影图中用虚线表示。对于内部构造比较复杂的建筑物形体来说,这必然会造成图中的虚、实线重叠交错,混淆不清,既不易识读,又不便于标注尺寸。要解决这一问题,必须减少或消除投影中的虚线,在工程制图中常采用剖视的方法。假设用一个剖切面将形体剖开,移去剖切面与观察者之间的那部分形体,对与剖切面平行的剩余部分的投影面做投影,并在剖切面与形体接触的部分画上剖面线或材料图例,这样得到的投影图称为剖视图。

- ◆ 全剖视图。用剖切面完全剖开物体所得到的剖视图称为全剖视图。此种类型的剖视图适用于结构不对称的物体,或者虽然结构对称但外形简单、内部结构比较复杂的物体。
- ◆ 半剖视图。当物体内外形状规则,为左右对称或前后对称结构,而外形又比较复杂时,可将其投影的一半画成表示物体外部形状的正投影,另一半画成表示物体内部结构的剖视图。当物体的对称中心线为竖直线时,将外形投影绘制于对称中心线左方,剖视图绘制于对称中心线右方,如图 9-3 所示;当对称中心线为水平线时,将外形投影绘制于水平中心线上方,剖视图绘制于水平中心线的下方。这种投影图和剖视图各占一半的图称为半剖视图。
- ◆ 局部剖视图。使用剖切面局部地剖开物体后得到的视图称为局部剖视图,如图 9-4 所示。局部剖视图只是物体整个形状投影图中的一部分,因此,不标注剖切线,但是局部剖视图和物体外形投影之间要用波浪线分开,且波浪线既不能与轮廓线重合,又不能超出轮廓线。

251

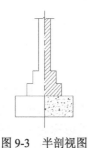

图 9-3　半剖视图

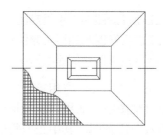

图 9-4　局剖视图

9.2　建筑制图相关规范

建筑施工图一般是按照正投影原理，以及视图、剖视和断面等的基本图示方法绘制的。为了保证制图的质量、提高制图效率、统一制图表达和便于识读，我国制定了一系列制图标准。在绘制建筑施工图时，应严格遵守制图标准中的相关规定。

9.2.1　常用图纸幅面

CAD 工程图要求图纸的大小必须按照规定的图纸幅面和图框尺寸裁剪。在建筑施工图中，常用的图纸幅面和图框尺寸如表 9-1 所示。

表 9-1　常用的图纸幅面和图框尺寸　　　　　　　　　　（单位：mm）

尺寸代号	A0	A1	A2	A3	A4
$L×B$	1188×841	841×594	594×420	420×297	297×210
c	10			5	
a	25				
e	20			10	

在表 9-1 中，L 表示图纸的长边尺寸，B 表示图纸的短边尺寸，图纸的长边尺寸 L 等于短边尺寸 B 的 $\sqrt{2}$ 倍。当图纸带有装订边时，a 为图纸的装订边，尺寸为 25mm；c 为非装订边，A0～A2 图纸的非装订边边宽为 10mm，A3、A4 图纸的非装订边边宽为 5mm。当图纸为无装订边图纸时，e 为图纸的非装订边，A0～A2 图纸边宽为 20mm，A3、A4 图纸边宽为 10mm。图纸、图框尺寸如图 9-5 所示。

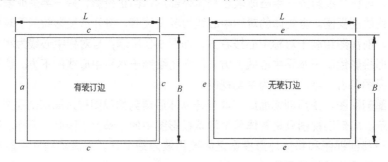

图 9-5　图纸、图框尺寸

> **小技巧**
>
> 图纸的长边可以加长，短边不可以加长，但长边加长时须符合如下标准：对于 A0、A2 和 A4 图纸，可按 A0 图纸长边 1/8 的倍数加长，对于 A1 和 A3 图纸，可按 A0 图纸短边 1/4 的整数倍加长。

9.2.2 标题栏与会签栏

在一张标准的工程图纸上，总有一个特定的位置用来记录该图纸的相关信息，这个特定的位置就是标题栏。虽然标题栏的尺寸是有规定的，但是各行各业也可以有自己的规定和特色。一般来说，常见的 CAD 工程图纸标题栏有 4 种形式，如图 9-6 所示。

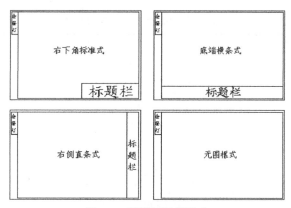

图 9-6　图纸标题栏形式

一般 A0～A4 图纸的标题栏尺寸均为 40mm×180mm，也可以是 30mm×180mm 或 40mm×180mm。另外，需要会签栏的图纸要在图纸规定的位置绘制会签栏，以在图纸会审后签名使用。会签栏的尺寸一般为 20mm×75mm，如图 9-7 所示。

图 9-7　会签栏

9.2.3 比例与图线

建筑物形体庞大，必须采用不同的比例来绘制。对于整幢建筑物、建筑物的局部和建筑物细部结构都分别予以缩小绘制，特殊细小的线脚等有时不缩小绘制，甚至需要放大绘制。在建筑施工图中，各种图样的常用比例如表 9-2 所示。在一般情况下，一个图样应使用一种比例，但在特殊情况下，由于专业制图的需要，同一种图样也可以使用两种不同的比例。

表 9-2 各种图样的常用比例

图 名	常 用 比 例	备 注
总平面图	1:500、1:1000、1:2000	
平面图	1:50、1:100、1:200	
立面图		
剖视图		
次要平面图	1:300、1:400	次要平面图指屋面平面图、工具建筑的地面平面图等
详图	1:1、1:2、1:5、1:10、1:20、1:25、1:50	1:25 仅适用于结构构件详图

在建筑施工图中，为了表明不同的内容并使图层次分明，须采用不同线型和线宽的图线绘制图样。图线的线型、线宽及用途如表 9-3 所示。

表 9-3 图线的线型、线宽及用途

名 称	线 宽	用 途
粗实线	b	（1）建筑平面图、建筑剖面图中被剖切的主要建筑构造（包括构配件）的轮廓线 （2）建筑立面图的外轮廓线 （3）建筑构造详图中被剖切的主要部分的轮廓线 （4）建筑构配件详图中的构件的外轮廓线
中实线	0.5b	（1）建筑平面图、建筑剖面图中被剖切的次要建筑构造（包括构配件）的轮廓线 （2）建筑平面图、建筑立面图、建筑剖面图中建筑构配件的轮廓线 （3）建筑构造详图及建筑构配件详图中的一般轮廓线
细实线	0.35b	小于 0.5b 的图形线、尺寸线、尺寸界线、图例线、索引符号、标高符号等
中虚线	0.5b	（1）建筑构造及建筑构配件中不可见的轮廓线 （2）建筑平面图中的起重机轮廓线 （3）拟扩建的建筑物轮廓线
细虚线	0.35b	图例线、小于 0.5b 的不可见轮廓线
粗点画线	b	起重机轨道线
细点画线	0.35b	中心线、对称线、定位轴线
折断线	0.35b	不需绘制全的断开界线
波浪线	0.35b	不需绘制全的断开界线、构造层次的断开界线

9.2.4 定位轴线

建筑施工图中的定位轴线是施工定位、放线的重要依据。凡是承重墙、柱子等主要承重构件，都应绘上定位轴线来确定其位置。对于非承重的分隔墙、次要的局部承重构件等，有时用分轴线定位，有时也可由注明其与附近轴线的相关尺寸来定位。定位轴线采用细点画线表示，定位轴线的端部用细实线绘制直径为 8mm 的圆，并对其进行编号。

9.2.5 尺寸、标高与字体

图纸上的尺寸应包括尺寸界线、尺寸线、尺寸起止符号和尺寸数字等。尺寸界线是用来度量图形尺寸的范围边限的，用细实线标注；尺寸线是表示图形尺寸度量方向的直线，它与被标注的对象之间距离不宜小于10mm,且互相平行的尺寸线之间的距离要保持一致,一般为7～10mm；尺寸数字一律使用阿拉伯数字,在打印出图的图纸上,字高一般为2.5～3.5mm,同一张图纸上的尺寸数字大小应一致,并且图样上的尺寸单位,除建筑标高和总平面图等建筑图纸以米（m）为单位之外,其他均应以毫米（mm）为单位。

标高是标注建筑高度的一种尺寸形式,标高符号形式如图9-8所示。用细实线绘制的标高符号形式如图9-8（f）所示。当同一位置表示几个不同的标高时,可采用数字注写形式如图9-8（e）所示。

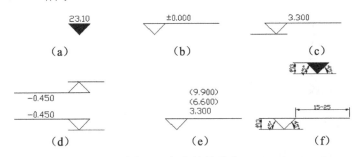

图9-8 标高符号形式

标高数字以米（m）为单位,单体建筑工程的施工图注写到小数点后三位,在总平面图中则注写到小数点后两位。在单体建筑工程中,零点标高注写成±0.000,负数标高数字前必须加注"-",正数标高前不写"+"；标高数字不到1m时,小数点前应加写"0"。在总平面图中,标高数字注写形式与上述相同。标高有绝对标高和相对标高两种。

图纸上标注的文字、字符和数字等,应做到排列整齐、清楚正确,尺寸大小协调一致。当汉字、字符和数字并列书写时,汉字的字高要略高于字符和数字；汉字应采用国家标准规定的矢量汉字,汉字的高度应不小于2.5mm,字母与数字的高度应不小于1.8mm；图纸及说明中的汉字的字体应采用长仿宋体,图名、大标题、标题栏中的汉字的字体可选用长仿宋体、宋体、楷体或黑体等；汉字的最小行距应不小于2mm,字符与数字的最小行距应不小于1mm,当汉字与字符、数字混合时,最小行距应根据汉字的规定使用。

9.2.6 常用图面符号

● 索引符号和详图符号

图样中的某一局部或某一构件和构件间的构造如需另见详图,应以索引符号索引,即在需要另绘制详图的部位编上索引符号,并在绘制的详图上编上详图符号且两者必须对应一致,以便看图时查找相应的图样。

索引符号的圆和水平直线均以细实线绘制,圆的直径一般为10mm。详图符号的圆应绘成直径为14mm的粗实线圆。

● 指北针及风向频率玫瑰图

在房屋的底层平面图上,应绘出指北针来表明房屋的朝向,其符号应按国标规定绘制,细实线圆的直径一般以24mm为宜,箭尾宽度宜为圆直径的1/8,即3mm,圆内指针应涂黑并指向正北，如图 9-9 所示。

风向频率玫瑰图，简称风玫瑰图，它是根据某一地区多年统计的平均各个方向吹风次数的百分数值按一定比例绘制的，如图 9-10 所示。一般多用 8 个或 16 个罗盘方位表示，风向频率玫瑰图上表示的风的吹向是从外面吹向地区中心的，图中实线为全年风向频率玫瑰图，虚线为夏季风向频率玫瑰图。

图 9-9　指北针

图 9-10　风向频率玫瑰图

9.2.7　图例代号与图名

建筑物和构筑物是按比例缩小绘制在图纸上的，有些建筑细部、构件形状及建筑材料等，往往不能如实绘出，也难以用文字注释来表达清楚，为得到图纸简单明了的效果，都按统一规定的图例和代号来表示。

图样的下方应标注图名，在图名下应绘制一条粗横线，其粗度应不粗于同张图中所绘图形的粗实线，且同张图样中的这种横线粗度应一致。图名下的横线长度应以所写文字所占长短为准，不要任意绘制。在图名的右侧应用比图名的字号小一号或二号的字号注写比例尺。

9.3　上机实训——设置建筑制图样板绘图环境

本例主要学习建筑制图样板绘图环境的制作过程和制作技巧，具体包括绘图单位、图形界限、捕捉模数、追踪功能，以及各种常用变量的设置等，具体操作步骤如下。

Step 01 单击"快速访问"工具栏或"标准"工具栏→"新建"按钮，打开"选择样板"对话框。

Step 02 在"选择样板"对话框中选择"acadISO -Named Plot Styles"作为基础样板，新建空白文件，如图 9-11 所示。

Step 03 单击菜单栏中的"格式"→"单位"选项，或者使用快捷键 UN 执行"单位"命令，打开"图形单位"对话框。

Step 04 在"图形单位"对话框中设置长度类型、角度类型及单位精度等参数，如图 9-12 所示。

第 9 章　建筑设计理论与制图样板

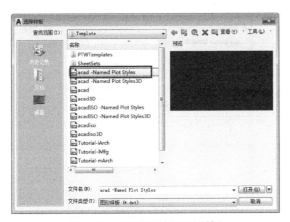

图 9-11　"选择样板"对话框

图 9-12　设置单位与精度

Step 05 设置建筑制图样板图形界限。在菜单栏中执行"格式"→"图形界限"命令，设置默认作图区域为 59400 个绘图单位 × 42000 个绘图单位，命令行操作如下。

```
命令：_Limits
重新设置模型空间界限：
指定左下角点或 [开(ON)/关(OFF)] <0.0,0.0>：          //Enter
指定右上角点 <420.0,297.0>：                        //59400,42000 Enter
```

Step 06 执行菜单栏"视图"→"缩放"→"全部"命令，将设置的图形界限最大化显示。

Step 07 如果用户想直观地观察设置的图形界限，可按功能键 F7，打开栅格功能，通过坐标的栅格点或栅格线，可以直观形象地显示图形界限，如图 9-13 和图 9-14 所示。

图 9-13　栅格点显示界限图

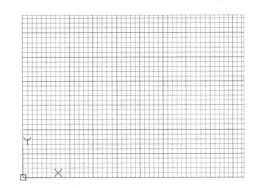

图 9-14　栅格线显示界限图

Step 08 设置建筑制图样板捕捉追踪。执行菜单栏"工具"→"草图设置"命令，或者使用快捷键 DS 执行"草图设置"命令，打开"草图设置"对话框。

Step 09 在"草图设置"对话框中单击"对象捕捉"选项卡，启用和设置一些常用的对象捕捉功能，如图 9-15 所示。

Step 10 单击"极轴追踪"选项卡，设置追踪参数，如图 9-16 所示。

Step 11 单击  按钮，关闭"草图设置"对话框。

Step 12 按下功能键 F12，打开状态栏上的动态输入功能。

257

图 9-15 设置捕捉参数　　　　　图 9-16 设置追踪参数

Step 13 设置建筑制图样板系统变量。在命令行输入系统变量"Ltscale",以调整线型的显示比例,命令行操作如下。

```
命令:_Ltscale                              //Enter
输入新线型比例因子 <1.0000>:                  //100 Enter
正在重新生成模型。
```

Step 14 使用系统变量"Dimscale"设置和调整尺寸比例,命令行操作如下。

```
命令: _Dimscale                            //Enter
输入 Dimscale 的新值 <1>:                   //100 Enter
```

::: 提示

将尺寸比例调整为 100,并不是绝对参数值,用户也可根据实际情况修改设置。

Step 15 系统变量"Mirrtext"用于设置镜像文字的可读性,当变量值为 0 时,镜像后的文字可读;当变量为 1 时,镜像后的文字不可读,命令行操作如下。

```
命令: _Mirrtext                            //Enter
输入 Mirrtext 的新值 <1>:                   //0 Enter
```

Step 16 由于属性块的引用一般有"对话框"和"命令行"两种方式,因此可以使用系统变量"Attdia"控制属性值的输入方式,命令行操作如下。

```
命令: _Attdia                              //Enter
输入 Attdia 的新值 <1>:                     //0 Enter
```

::: 小技巧

当变量 Attdia=0 时,系统将以"命令行"形式提示输入属性值;当 Attdia=1 时,系统将以"对话框"形式提示输入属性值。

Step 17 最后执行"保存"命令,将当前文件存储为"上机实训一.dwg"

9.4 上机实训二——设置建筑制图样板的图层及图层特性

下面通过为建筑制图样板设置常用的图层及图层特性,来学习图层及其特性的设置方法和技巧,以方便用户对各类图形资源进行组织和管理,具体操作步骤如下。

Step 01 打开配套资源中的"/效果文件/第 9 章/上机实训一.dwg"文件。

Step 02 单击"默认"→"图层"→"图层特性"按钮,打开"图层特性管理器"面板,如图 9-17 所示。

图 9-17 "图层特性管理器"面板

Step 03 在"图层特性管理器"面板中单击"新建图层"按钮,创建一个名为"墙线层"的新图层,如图 9-18 所示。

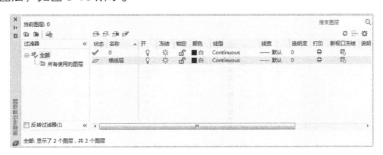

图 9-18 创建新图层

Step 04 连续按 Enter 键,分别创建柱子层、文本层、图块层等图层,如图 9-19 所示。

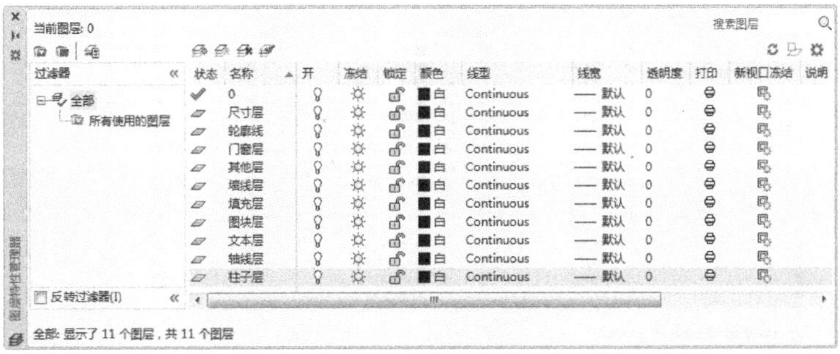

图 9-19 创建其他图层

> **小技巧**
>
> 连续按两次 Enter 键，也可以创建多个图层。在创建新图层时，创建出的新图层将继承先前图层的一切特性（如颜色、线型等）。

Step 05 设置建筑制图样板图层的颜色特性。选择"尺寸层"，单击"颜色"图标，如图 9-20 所示，打开"选择颜色"对话框。

Step 06 在"选择颜色"对话框中的"颜色"文本框中输入"蓝"，为所选图层设置颜色特性，如图 9-21 所示。

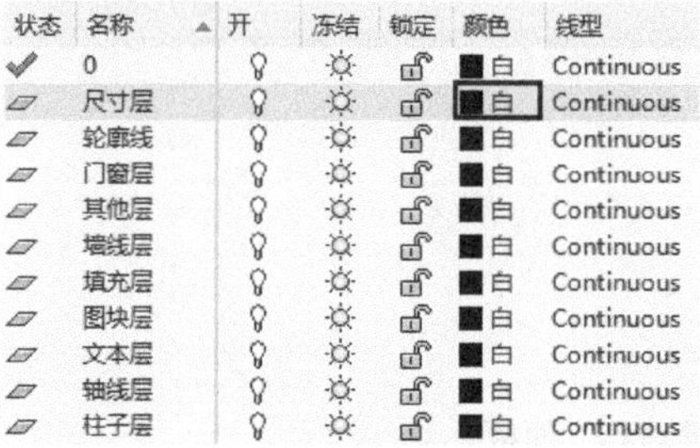

图 9-20 单击指定位置（一）　　图 9-21 "选择颜色"对话框

Step 07 单击 确定 按钮，返回"图层特性管理器"面板，"尺寸层"的颜色被设置为"蓝"色，如图 9-22 所示。

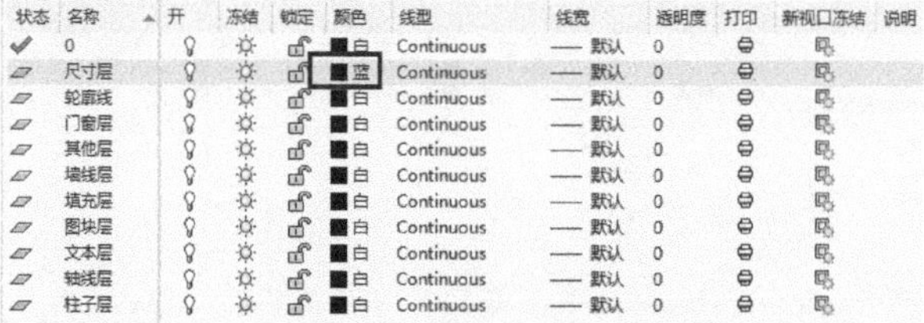

图 9-22 颜色设置效果

Step 08 参照操作步骤 5~7，分别为其他图层设置颜色特性，设置结果如图 9-23 所示。

图 9-23 设置结果

小技巧

用户也可以通过"选择颜色"对话框中的"真彩色"选项卡和"配色系统"选项卡，如图 9-24 和图 9-25 所示，定义自己需要的颜色。

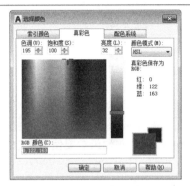

图 9-24 "真彩色"选项卡

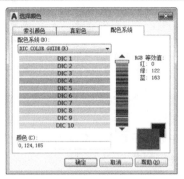

图 9-25 "配色系统"选项卡

Step 09 设置建筑制图样板图层的线型特性。选择"轴线层"，单击"线型"图标，如图 9-26 所示，打开"选择线型"对话框。

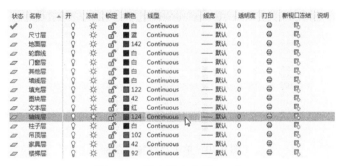

图 9-26 单击指定位置（二）

Step 10 在"选择线型"对话框中单击 加载(L)... 按钮，在打开的"加载或重载线型"对话框中选择"ACAD_ISO04W100"线型，如图 9-27 所示。

Step 11 单击 确定 按钮，选择的线型被加载到"选择线型"对话框中，如图 9-28 所示。

图 9-27 选择线型

图 9-28 "选择线型"对话框

Step 12 选择刚加载的线型，单击 确定 按钮，将加载的线型附给当前的"轴线层"，图层线型设置结果如图 9-29 所示。

图9-29 图层线型设置结果

> **小技巧**
>
> 在默认设置下，系统为用户提供的线型为"Continuous"，如果需要使用其他线型，必须进行加载。

Step 13 设置建筑制图样板图层的线宽特性。选择"墙线层"，单击"线宽"图标，如图9-30所示，设置线宽。

图9-30 单击"线宽"图标

Step 14 打开"线宽"对话框，选择"1.00mm"的线宽，如图9-31所示。

Step 15 单击 确定 按钮，返回"图层特性管理器"面板，"墙线层"的线宽被设置为"1.00毫米"，如图9-32所示。

Step 16 在"图层特性管理器"面板中单击 ✗ 按钮，关闭对话框。

图9-31 选择线宽

图9-32 设置线宽

Step 17 最后执行"另存为"命令，将文件存储为"上机实训二.dwg"。

9.5 上机实训三——设置建筑制图样板常用样式

本节主要学习建筑制图样板中的墙体、阳台、窗子、文字和标注等样式的具体设置过程和技巧，具体操作步骤如下。

Step 01 打开配套资源中的"/效果文件/第9章/上机实训二.dwg"文件。

Step 02 设置墙线样式。执行菜单栏"格式"→"多线样式"命令，或者在命令行输入"mlstyle"，打开"多线样式"对话框。

Step 03 单击 新建(N)... 按钮，打开"创建新的多线样式"对话框，为新样式赋名，如图9-33 所示。

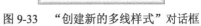

图9-33 "创建新的多线样式"对话框

Step 04 单击 继续 按钮，打开"新建多线样式：墙线样式"对话框，设置多线样式的封口形式，如图9-34 所示。

Step 05 单击 确定 按钮，返回"多线样式"对话框，设置的新样式显示在预览框内，如图9-35 所示。

图9-34 设置封口形式

图9-35 墙线样式预览

Step 06 参照上述操作步骤，设置窗线样式，其参数设置和效果预览分别如图9-36 和图9-37 所示。

图9-36 设置参数

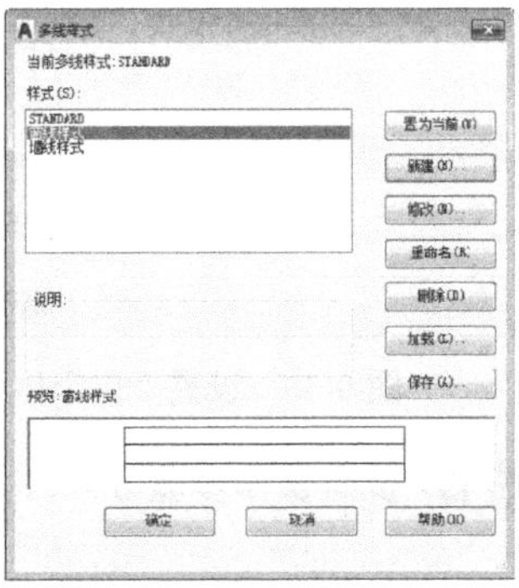

图9-37 窗线样式预览

> **小技巧**
>
> 如果用户需要将新设置的样式应用到其他图形文件中，可以单击 保存(A)... 按钮，在弹出的对话框中，以"*.mln"的格式进行保存。在其他文件中使用时，仅需加载即可。

Step 07 在"多线样式"对话框中选择"墙线样式"，单击 置为当前(U) 按钮，将其设置为当前样式，并关闭对话框。

Step 08 设置建筑制图样板文字样式。单击"默认"→"注释"→"文字样式"按钮，打开"文字样式"对话框，图9-38所示。

Step 09 单击 置为当前(U) 按钮，在弹出的"新建文字样式"对话框中为新样式赋名，如图9-39所示。

图9-38 "文字样式"对话框　　　　图9-39 "新建文字样式"对话框

Step 10 单击 确定 按钮，返回"文字样式"对话框，设置新样式的字体、大小及效果等参数，如图9-40所示。

Step 11 单击 应用(A) 按钮。至此创建了一种名为"仿宋体"的文字样式。

Step 12 参照操作步骤8~11，设置一种名为"宋体"的文字样式，如图9-41所示。

图9-40 设置"仿宋体"样式　　　　图9-41 设置"宋体"样式

Step 13 参照操作步骤8~11，设置一种名为"COMPLEX"的文字样式，如图9-42所示。

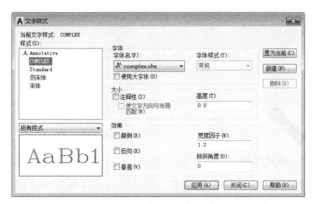

图 9-42 设置"COMPLEX"文字样式

小技巧

当创建完一种新样式后,需要单击 应用(A) 按钮,然后才能再创建下一种文字样式。

Step 14 参照操作步骤 8~11,设置一种名为"SIMPLEX"的文字样式,如图 9-43 所示。

Step 15 单击 关闭(C) 按钮,关闭"文字样式"对话框。

Step 16 设置建筑制图样板尺寸箭头。单击"默认"→"绘图"→"多段线"按钮,绘制宽度为 0.5 个绘图单位、长度为 2 个绘图单位的多段线作为尺寸箭尖,并使用"窗口缩放"功能将绘制的多段线放大显示。

Step 17 进行"直线"命令,绘制一条长度为 3 个绘图单位的水平线段,并使直线段的中点与多段线的中点对齐,绘制结果如图 9-44 所示。

图 9-43 设置"SIMPLEX"文字样式　　　图 9-44 绘制结果

Step 18 单击"默认"→"修改"→"旋转"按钮,将尺寸箭头逆时针旋转 45°,旋转结果如图 9-45 所示。

Step 19 单击"默认"→"块"→"创建块"按钮,在打开的"块定义"对话框中设置块参数,如图 9-46 所示。

Step 20 单击"拾取点"按钮,返回绘图区,捕捉多段线中点作为块的基点,然后将其创建为图块。

图 9-45　旋转结果　　　　　　　　　　图 9-46　设置块参数

Step 21 设置建筑制图样板标注样式。单击"默认"→"注释"→"标注样式"按钮，在打开的"标注样式管理器"对话框中单击 新建(N)... 按钮，为新样式命名，如图 9-47 所示。

Step 22 单击 继续 按钮，打开"新建标注样式：建筑标注"对话框，设置基线间距、起点偏移量等参数，如图 9-48 所示。

图 9-47　"创建新标注样式"对话框　　　　图 9-48　设置"线"参数

Step 23 单击"符号和箭头"选项卡，然后单击"箭头"选项组中的"第一个"下拉列表框，选择列表中的"用户箭头"选项，如图 9-49 所示。

Step 24 此时系统弹出"选择自定义箭头块"对话框，然后选择"尺寸箭头"块作为尺寸箭头，如图 9-50 所示。

图 9-49　"第一个"下拉列表框　　　　　图 9-50　设置箭头块

Step 25 单击 确定 按钮，返回"符号和箭头"选项卡，设置直线和箭头参数，如图 9-51 所示。

Step 26 在"新建标注样式：建筑标注"对话框中单击"文字"选项卡，设置尺寸文字的样式、颜色和高度等参数，如图 9-52 所示。

第 9 章 建筑设计理论与制图样板

图 9-51 设置直线和箭头参数

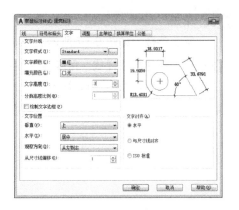

图 9-52 设置文字参数

Step 27 单击"调整"选项卡，调整文字、箭头与尺寸线等的位置，如图 9-53 所示。

Step 28 单击"主单位"选项卡，设置线型参数和角度标注参数，如图 9-54 所示。

图 9-53 "调整"选项卡

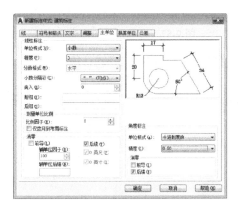

图 9-54 "主单位"选项卡

Step 29 单击 确定 按钮，返回"标注样式管理器"对话框，新设置的标注样式出现在此对话框中，如图 9-55 所示。

Step 30 单击 置为当前(U) 按钮，将"建筑标注"设置为当前样式。

Step 31 设置建筑制图样板角度样式。在"标注样式管理器"对话框中单击 新建(N)... 按钮，打开"创建新标注样式"对话框为新样式命名，如图 9-56 所示。

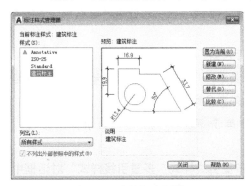

图 9-55 建筑标注预览

图 9-56 为角度样式命名

267

Step 32 单击 继续 按钮，在打开的"新建标注样式：角度标注"对话框中设置符号和箭头参数，如图 9-57 所示。

Step 33 在"新建标注样式：角度标注"对话框中单击"调整"选项卡，设置尺寸文字与箭头的位置，如图 9-58 所示。

图 9-57 设置符号和箭头参数　　　　图 9-58 设置尺寸文字与箭头的位置

Step 34 在"新建标注样式：角度标注"对话框中单击"文字"选项卡，设置尺寸文字的对齐方式，如图 9-59 所示。

Step 35 单击 确定 按钮，返回"标注样式管理器"对话框，角度标注预览如图 9-60 所示。

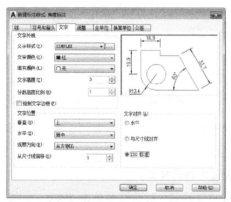
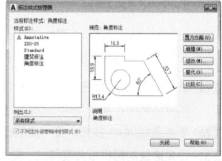

图 9-59 设置文字对齐方式　　　　图 9-60 角度标注预览

Step 36 在"标注样式管理器"对话框中选择"建筑标注"样式，并将其设置为当前标注样式，如图 9-61 所示。

Step 37 单击 关闭 按钮，关闭"标注样式管理器"对话框。

Step 38 设置建筑制图样板多重引线样式。执行菜单栏"格式"→"多重引线样式"命令，打开"多重引线样式管理器"对话框，如图 9-62 所示。

Step 39 在"多重引线样式管理器"对话框中单击 新建(N)... 按钮，为新样式命名，如图 9-63 所示。

Step 40 单击 继续 按钮，在打开的"修改多重引线样式：多重引线样式"对话框中单击"引线格式"选项卡，设置引线样式，如图 9-64 所示。

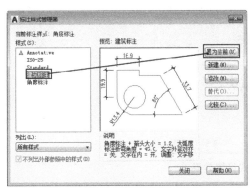

图 9-61 设置"建筑标注"样式为当前样式

图 9-62 "多重引线样式管理器"对话框

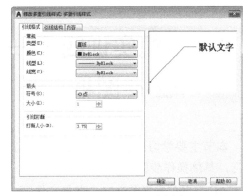

图 9-63 为多重引线样式命名　　　　　图 9-64 设置引线样式

Step 41 在"修改多重引线样式：多重引线样式"对话框中单击"引线结构"选项卡，设置引线的结构参数，如图 9-65 所示。

Step 42 在"修改多重引线样式：多重引线样式"对话框中单击"内容"选项卡，设置引线的内容参数，如图 9-66 所示。

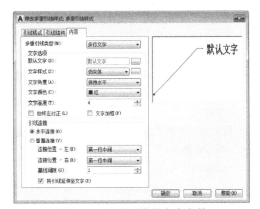

图 9-65 设置引线的结构参数　　　　　图 9-66 设置引线的内容参数

Step 43 单击 确定 按钮，返回"多重引线样式管理器"对话框，将刚设置的新样式置为当前样式，如图 9-67 所示。

Step 44 单击 关闭 按钮，关闭"多重引线样式管理器"对话框。

图 9-67　新样式设置效果

Step 45 最后执行"另存为"命令，将当前文件存储为"上机实训三.dwg"。

9.6 上机实训四——绘制建筑制图样板 A2-H 图框

本节主要学习绘制建筑制图样板 A2-H 图框的绘制技巧及图框标题栏的文字填充技巧，具体操作步骤如下。

Step 01 打开配套资源中的"/效果文件/第 9 章/上机实训三.dwg"文件。

Step 02 绘制图纸外框。单击"默认"→"绘图"→"矩形"按钮，绘制长度为 594 个绘图单位、宽度为 420 个绘图单位的矩形，作为 A2-H 图纸的外框，如图 9-68 所示。

Step 03 按 Enter 键，重复执行"矩形"命令，配合捕捉自功能绘制图纸的内框，命令行操作如下。

```
命令：_Rectang                                          //Enter
指定第一个角点或 [倒角(C)/标高(E)/圆角(F)/厚度(T)/宽度(W)]：  //W Enter
指定矩形的线宽 <0>：                                     //2 Enter，设置线宽
//激活捕捉自功能
指定第一个角点或 [倒角(C)/标高(E)/圆角(F)/厚度(T)/宽度(W)]：
_from 基点：                                           //捕捉外框的左下角点
<偏移>：                                               //@25,10 Enter
指定另一个角点或 [面积(A)/尺寸(D)/旋转(R)]：              //激活捕捉自功能
_from 基点：                                           //捕捉外框右上角点
<偏移>：                         //@-10,-10 Enter，绘制图纸内框如图 9-69 所示
```

图 9-68　绘制图纸外框

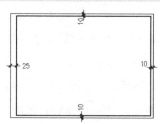

图 9-69　绘制图纸内框

Step **04** 绘制标题栏与会签栏。重复执行"矩形"命令,配合端点捕捉功能绘制标题栏外框,命令行操作如下。

```
命令:_Rectang
当前矩形模式: 宽度=2.0
指定第一个角点或 [倒角(C)/标高(E)/圆角(F)/厚度(T)/宽度(W)]: // W Enter
指定矩形的线宽 <2.0>:           //1.5 Enter,设置线宽
//捕捉内框右下角点
指定第一个角点或 [倒角(C)/标高(E)/圆角(F)/厚度(T)/宽度(W)]:
//@-240,50 Enter,绘制结果(一)如图 9-70 所示
指定另一个角点或 [面积(A)/尺寸(D)/旋转(R)]:
```

Step **05** 重复执行"矩形"命令,配合端点捕捉功能绘制会签栏的外框,命令行操作如下。

```
命令:_Rectang
当前矩形模式: 宽度=1.5
//捕捉内框的左上角点
指定第一个角点或 [倒角(C)/标高(E)/圆角(F)/厚度(T)/宽度(W)]:
//@-20,-100 Enter,绘制结果(二)如图 9-71 所示
指定另一个角点或 [面积(A)/尺寸(D)/旋转(R)]:
```

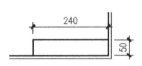

图 9-70 绘制结果(一)

图 9-71 绘制结果(二)

Step **06** 执行菜单栏"绘图"→"直线"命令,参照具体尺寸,绘制标题栏和会签栏内部的分格线,如图 9-72 和图 9-73 所示。

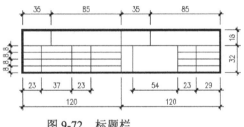

图 9-72 标题栏

图 9-73 会签栏

Step **07** 填充标题栏与会签栏。单击"默认"→"注释"→"多行文字"按钮,分别捕捉方格对角点 A 和 B,如图 9-74 所示。

Step **08** 打开文字编辑器,在文字编辑器中设置文字的对正方式为"正中",设置文字样式为"宋体",字体高度为"8",然后填充文字,文字填充效果如图 9-75 所示。

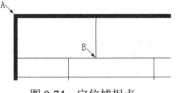

图 9-74 定位捕捉点   图 9-75 文字填充效果

Note

Step 09 重复执行“多行文字”命令，设置字体样式为“宋体”、字体高度为“4.6”、字体的对正方式为“正中”，填充标题栏其他文字，如图 9-76 所示。

设计单位				工程总称			
批准		工程主持		图名		工程编号	
审定		项目负责				图号	
审核		设计				比例	
校对		绘图				日期	

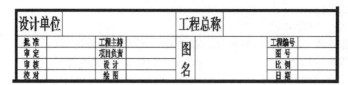

图 9-76　填充标题栏

Step 10 单击“默认”→“修改”→“旋转”按钮，使会签栏旋转-90°。

Step 11 使用快捷键 T 执行“多行文字”命令，设置字体样式为“宋体”、字体高度为“2.5”，字体的对正方式为“正中”，在会签栏填充文字，会签栏填充效果如图 9-77 所示。

专　业	名　称	日　期
建　筑		
结　构		
给 排 水		

图 9-77　会签栏填充效果

Step 12 单击“默认”→“修改”→“旋转”按钮，将会签栏及填充的文字旋转-90°，基点不变。

Step 13 单击“默认”→“块”→“创建”按钮，打开“块定义”对话框。

Step 14 在“块定义”对话框中设置块名为“A2-H”，基点为外框左下角点，其他块参数如图 9-78 所示，将图框及填充文字创建为内部块。

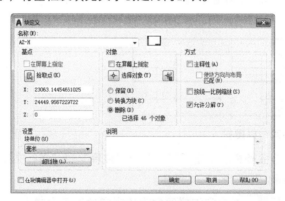

图 9-78　其他块参数

Step 15 最后执行“另存为”命令，将当前文件存储为“上机实训四.dwg”。

9.7 上机实训五——绘制建筑制图样板常用符号

本节主要学习建筑制图样板中常用符号的绘制过程和设置技巧，具体有标高符号和轴标号等，具体操作步骤如下。

Step 01 打开配套资源中的"/效果文件/第 9 章/上机实训四.dwg"文件。

Step 02 绘制标高符号。执行菜单栏"绘图"→"多段线"命令，配合对象捕捉与追踪功能，在"0 图层"上绘制标高符号，绘制结果如图 9-79 所示。

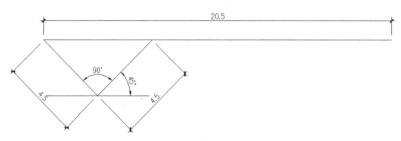

图 9-79　绘制结果

Step 03 执行菜单栏"绘图"→"块"→"定义属性"命令，为标高符号定义文字属性，如图 9-80 所示。

Step 04 单击 确定 按钮，返回绘图区，捕捉标高符号右侧端点，并将其作为属性的插入点，标高符号定义结果如图 9-81 所示。

图 9-80　为标高符号定义文字属性

图 9-81　标高符号定义结果

Step 05 使用快捷键 B 执行"创建块"命令，在打开的"块定义"对话框中将标高符号与属性一起创建为属性块，块参数设置如图 9-82 所示，块基点为图 9-83 中的中点。

图 9-82　块参数设置

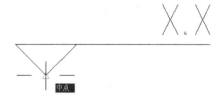

图 9-83　捕捉中点

Step 06 绘制轴标号。执行"圆"命令，在"0 图层"上绘制直径为 8 个绘图单位的圆，作为轴标号。

Step 07 使用快捷键 ATT 执行"定义属性"命令,为轴标号圆定义文字属性,如图 9-84 所示。

Step 08 单击 确定 按钮,返回绘图区捕捉圆心,并将其作为属性的插入点,如图 9-85 所示。

图 9-84 为轴标号圆定义文字属性　　　　　图 9-85 轴标号定义结果

Step 09 使用快捷键 B 执行"创建块"命令,将圆及其属性一起创建为属性块,轴标号图块定义如图 9-86 所示,块基点为图 9-87 中的圆心。

图 9-86 轴标号图块定义　　　　　图 9-87 捕捉圆心

Step 10 最后执行"另存为"命令,将当前文件存储为"上机实训五.dwg"。

9.8 上机实训六——建筑制图样板的页面布局

本节主要学习建筑制图样板的页面设置、图框配置,以及样板文件的存储方法和操作过程,具体操作步骤如下。

Step 01 打开配套资源中的"/效果文件/第 9 章/上机实训五.dwg"文件。

Step 02 单击绘图区底部的"布局 1"标签,进入"布局 1"操作空间,如图 9-88 所示,打开"页面设置管理器"对话框。

Step 03 在打开的"页面设置管理器"对话框中单击 新建(N)... 按钮,打开"新建页面设置"对话框,为新页面命名,如图 9-89 所示。

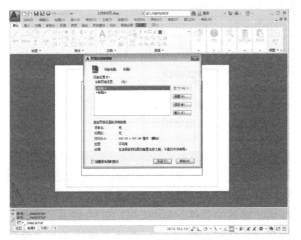

图 9-88 进入"布局 1"操作空间　　　　　图 9-89 为新页面命名

小技巧

"页面设置管理器"对话框可用于设置、修改和管理图形的打印页面。执行菜单栏"文件"→"页面设置管理器"命令或在模型或布局标签快捷菜单上选择"页面设置管理器"命令或在命令行输入 Pagesetup 后按 Enter 键,或者单击"输出"→"打印"→"页面设置管理器"按钮,都可以执行该命令。

Step 04 单击 确定 按钮进入"页面设置-布局 1"对话框,然后设置打印设备、图纸尺寸、打印样式和打印比例等参数,如图 9-90 所示。

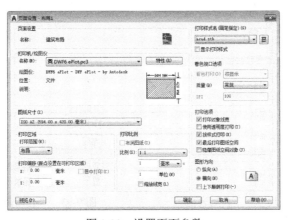

图 9-90 设置页面参数

选项解析

◆ 选择打印设备。"打印机/绘图仪"选项组主要用于配置绘图仪设备,单击"名称"下拉按钮,在展开的下拉列表框中可以选择 Windows 系统打印机或 AutoCAD 内部

".pc3" 文件打印机作为输出设备，如图 9-91 所示。

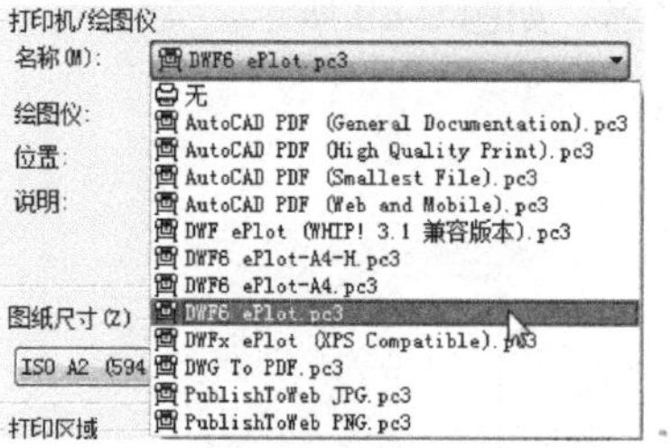

图 9-91 "打印机/绘图仪"选项组

小技巧

如果用户在此选择了".pc3"文件打印设备，AutoCAD 2020 则会创建出电子图纸，即将图形输出并存储为 Web 上可用的.dwf 格式的文件。AutoCAD 2020 提供了两类用于创建.dwf 文件的.pc3 文件，分别是 ePlot.pc3 和 eView.pc3。前者生成的.dwf 文件更适合打印，后者生成的文件更适合观察。

- ◆ 配置图纸幅面。"图纸尺寸"下拉列表框主要用于配置图纸幅面，如图 9-92 所示，展开此下拉列表，其中包含选定打印设备可用的标准图纸尺寸。当选择某种幅面的图纸后，该列表右上角就会出现所选图纸及其实际打印范围的预览图像，将光标移到预览区中，光标位置处会显示精确的图纸尺寸，以及图纸的可打印区域的尺寸。
- ◆ 指定打印区域。在"打开区域"选项组中，可以设置需要输出的图形范围。单击"打印范围"下拉按钮，如图 9-93 所示。此下拉列表包含 4 种打印区域的设置方式，具体有窗口、范围、布局和显示等。

图 9-92 "图纸尺寸"下拉列表框

图 9-93 "打印范围"下拉列表

- ◆ 设置打印比例。"打印比例"选项组用于设置图形的打印比例，如图 9-94 所示。其中"布满图纸"复选框仅适用于模型空间中的打印，当勾选该复选框后，AutoCAD 将自动调整图形与打印区域和选定的图纸等相匹配，使图形取最佳位置和比例。
- ◆ "着色视口选项"选项组。在此选项组中可以将需要打印的三维模型设置为着色、线框或以渲染图的方式进行输出，如图 9-95 所示。

图 9-94 "打印比例"选项组　　　　图 9-95 "着色视口选项"选项组

- 调整打印方向。"图形方向"选项组共有"纵向""横向"两种方式，可以调整图形在图纸上的打印方向，如图 9-96 所示，右侧图标代表图纸的放置方向，图标中的字母"A"代表图形在图纸上的打印方向。

- 打印偏移。在"打印偏移（原点设置在可打印区域）"选项组中，可以设置图形在图纸上的打印位置，如图 9-97 所示。在默认设置下，AutoCAD 从图纸左下角开始打印图形。打印原点处在图纸左下角，坐标是（0,0），用户可以在此选项组中，重新设定新的打印原点，这样图形在图纸上将沿 X 轴和 Y 轴移动。

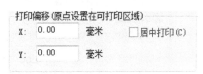

图 9-96　调整打印方向　　　　　　图 9-97　打印偏移

Step 05 单击 确定 按钮，返回"页面设置管理器"对话框，将刚设置的新页面设置为当前页面，如图 9-98 所示。

图 9-98　"页面设置管理器"对话框

Step 06 单击 关闭(C) 按钮，结束命令，新布局的页面设置效果如图 9-99 所示。

Step 07 为样板图布置图纸边框。选择布局内的矩形视口边框，执行"删除"命令，删除结果如图 9-100 所示。

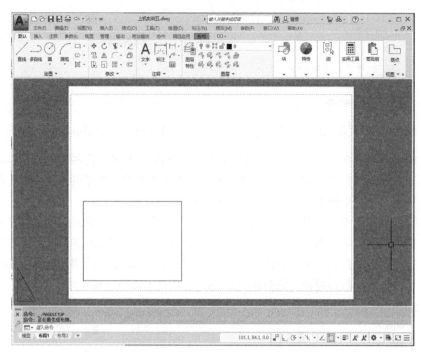

图 9-99 新布局的页面设置效果

图 9-100 删除结果

Step 08 单击"默认"→"块"→"插入块"按钮,或者使用快捷键 I 执行"插入块"命令,打开"块"选项板,设置插入点、轴向的缩放比例等参数,如图 9-101 所示。

Step 09 双击图块,A2-H 图框被插入当前布局中的原点位置,如图 9-102 所示。

Step 10 单击状态栏上的 图纸 按钮,返回模型空间。

第 9 章　建筑设计理论与制图样板

Step 11　执行菜单栏"文件"→"另存为"命令，或者按 Ctrl+Shift+S 组合键，打开"图形另存为"对话框。

图 9-101　设置块参数

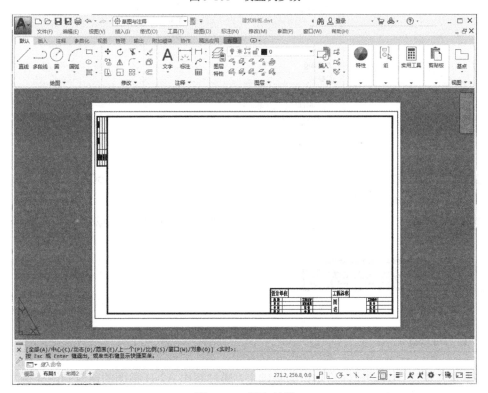

图 9-102　插入结果

Step 12　在"图形另存为"对话框中设置文件的存储类型为"AutoCAD 图形样板（*.dwt）"，如图 9-103 所示。

Step 13　在"图形另存为"对话框下部的"文件名"文本框内输入"建筑设计样板"，如图 9-104 所示。

Step 14　单击 保存(S) 按钮，打开"样板选项"对话框，输入"A2-H 幅面样板文件"，如图 9-105 所示。

279

图 9-103 "文件类型"下拉列表框　　　　图 9-104 样板文件的存储

图 9-105 "样板选项"对话框

Step 15 单击 确定 按钮，创建制图样板文件，并将其保存于 AutoCAD 安装目录下的"Template"文件夹目录下。

Step 16 最后执行"另存为"命令，将当前文件存储为"上机实训六.dwg"。

9.9　小结与练习

9.9.1　小结

　　本章在概述建筑设计理论知识的基础上，通过制作 A2-H 幅面的建筑制图样板文件，主要学习了建筑制图样板的具体制作过程和相关技巧，为以后绘制施工图纸做好了充分的准备。在具体的制作过程中，需要掌握绘图环境的设置、图层及其特性的设置、各类绘图样式的设置及打印页面的布局、图框的合理配置和样板的命名存储等技能。

9.9.2　练习

　　综合运用相关知识，制作 A3-H 幅面的建筑制图样板文件。

第10章

建筑平面图设计

　　建筑平面图是建筑设计中极其重要的一种基础图纸，本章在概述建筑平面图相关理论知识的前提下，通过绘制某居民楼标准层建筑平面施工图，主要学习 AutoCAD 在绘制建筑平面图方面的具体应用技能和相关技巧。

内容要点

- ◆ 建筑平面图理论概述
- ◆ 上机实训二——绘制平面图纵向、横向墙线图
- ◆ 上机实训四——标注平面图房间功能
- ◆ 上机实训六——标注平面图施工尺寸
- ◆ 上机实训一——绘制平面图纵向、横向定位轴线图
- ◆ 上机实训三——绘制平面图各类构件图
- ◆ 上机实训五——标注平面图房间使用面积
- ◆ 上机实训七——标注平面图墙体轴标号

10.1 建筑平面图理论概述

本节主要讲述建筑平面图（以下简称平面图）的形成方式、表达功能，以及平面图的表达内容和绘图思路等理论知识。

10.1.1 平面图概念及形成方式

平面图是建筑物各层的水平剖切图，假想通过一栋房屋的门窗洞口水平剖开（移走房屋的上半部分），将切面以下部分向下投影，所得的水平剖面图，称为平面图。这样就可以看清房间的相对位置，以及门窗洞口、楼梯、走道等位置的布置和各墙体的结构及厚度等。

10.1.2 平面图的表达功能

平面图主要用于表达房屋建筑的平面形状、房间布置、内外交通联系，以及墙、柱、门窗构配件的位置、尺寸、材料和做法等，它是建筑施工图的主要图纸之一，是施工过程中房屋的定位放线、砌墙、设备安装、装修，以及编制概预算、备料等的重要依据。

10.1.3 平面图的表达内容

一般在平面图上需要表达出如下内容。

1. 定位轴线及其编号

定位轴线是用来控制建筑物尺寸和模数的基本手段，是墙体定位的主要依据，它能表达建筑物纵向墙体和横向墙体的位置关系。

定位轴线有纵向定位轴线与横向定位轴线之分。纵向定位轴线自下而上用大写拉丁字母 A、B、C……表示（I、O、Z 这 3 个拉丁字母不能使用，避免与数字 1、0、2 混淆），横向定位轴线由左向右使用阿拉伯数字 1、2、3……顺序编号，如图 10-1 和图 10-2 所示。

2. 内部结构和朝向

平面图的内部结构和朝向应包括各房间的分布及结构间的相互关系，包括入口、走道、楼梯的位置等。一般平面图均注明房间的名称或编号，层平面图还需要注明建筑的朝向。在平面图中应注明各层楼梯的形状、走向和级数，在楼梯段中部，使用带箭头的细实线表示楼梯的走向，并注明"上"或"下"字样。

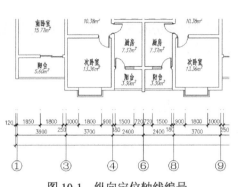

图 10-1　纵向定位轴线编号

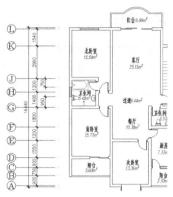

图 10-2　横向定位轴线编号

3. 门窗型号

平面图中的门用大写字母 M 表示，窗用大写字母 C 表示，并采用阿拉伯数字编号，如 M1、M2、M3……，C1、C2、C3……。同一编号代表同一类型的门或窗。

当门窗采用标准图时，注写标注图集编号及图号。从门窗编号中可知门窗共有多少种，在一般情况下，首页图纸上附有 1 个门窗表，该表列出了门窗表的编号、名称、洞口尺寸及数量等。

4. 施工尺寸

施工尺寸主要用于反映建筑物的长、宽及内部各结构的相互位置关系，是施工的依据。施工尺寸主要包括外部尺寸和内部尺寸两种，其中，内部尺寸就是在平面图内部标注的尺寸，主要表现外部尺寸无法表明的内部结构的尺寸，如门洞及门洞两侧的墙体尺寸等。外部尺寸就是在平面图的外围标注的尺寸，它在水平方向和垂直方向上各有 3 道尺寸，由里向外依次为细部尺寸、轴线尺寸和总尺寸。

- ◇ 细部尺寸：细部尺寸又称定形尺寸，是位于最内部的一道尺寸，它表示平面图内的门窗距离、窗、间墙、墙体等细部的详细尺寸，如图 10-3 所示。
- ◇ 轴线尺寸：中间的一道尺寸为轴线尺寸，表示平面图的开间和进深，如图 10-3 所示。一般情况下，两横墙之间的距离称为开间，两纵墙之间的距离称为进深。
- ◇ 总尺寸：总尺寸又称外部尺寸，它位于最外部，表示平面图的总宽和总长，通常标在平面图的最外部，如图 10-3 所示。

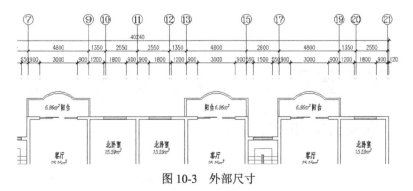

图 10-3　外部尺寸

5. 文本注释

在平面图中应注明必要的文字说明。例如，标注出各房间的名称及各房间的有效使用面积，以及平面图的名称、比例及各门窗的编号等。

6. 标高尺寸

在平面图中应标注不同楼层的地面标高，表示各层楼地面距离相对标高零点的高差，除此之外，还应标注各房间及室外地坪、台阶等的标高。

7. 剖切位置

在首层平面图上应标注剖切符号，以表明剖面图的剖切位置和剖视方向。

8. 详图的位置及编号

当某些构造细部或构件另绘有详图表示时，要在平面图中的相应位置注明索引符号，表明详图的位置和编号，以便与详图对照查阅。

对于平面较大的建筑物，可以进行分区绘制，但每张平面图均应绘制出组合示意图。各区的绘制图需要使用大写拉丁字母编号，要提示的分区在组合示意图上应采用阴影或填充的方式表示。

9. 层次、图名及比例

在平面图中，不仅要注明该平面图表达建筑的层次，而且还要注明建筑物的图名和比例，以便查找、计算和施工等。

10.1.4 平面图的绘图思路

在绘制平面图时，具体可以遵循如下步骤：
（1）设置绘图环境（可直接调用设计样板）。
（2）绘制平面图定位轴线。
（3）定位门、窗和阳台等构件的位置。
（4）绘制墙体平面图。
（5）在平面图上创建门、窗、柱、楼梯和阳台等建筑细部构件。
（6）在平面图上标注必要的文本注释等。
（7）在平面图上精确标注施工尺寸。
（8）为平面图标注必要的符号，如轴标号、指北针、标高和剖切符号等。

10.2 上机实训——绘制平面图纵向、横定位轴线图向

轴线是墙体定位的主要依据，是控制建筑物尺寸和模数的基本手段，本例主要学习

某民用住宅楼单元轴线图的绘制过程和相关技能。纵向、横向定位轴线图的绘制效果如图 10-4 所示，具体操作步骤如下。

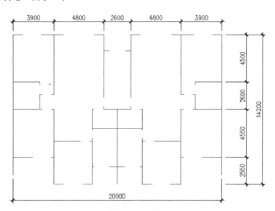

图 10-4　纵向、横向定位轴线图的绘制效果

Step 01 新建绘图文件。执行"新建"命令，选择配套资源中的"/样板文件/建筑样板.dwt"文件，将其作为基础样板，如图 10-5 所示。

Step 02 展开"图层"面板上的"图层控制"下拉列表，将"轴线层"设置为当前图层，如图 10-6 所示。

　　图 10-5　选择基础样板

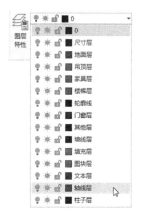
图 10-6　"图层控制"下拉列表

小技巧

用户可以直接调用配套资源中的"/绘图样板/建筑样板.dwt"文件，也可以事先将此样板文件复制到用户设备的 AutoCAD 2020 安装目录的"Template"文件夹下。

Step 03 使用快捷键 LT 执行"线型"命令，在打开的"线型管理器"对话框中将全局比例因子设置为 1，如图 10-7 所示。

Step 04 使用快捷键 REG 执行"矩形"命令，绘制长度为 10 000 个绘图单位、宽度为 15 100 个绘图单位的矩形作为基准轴线，如图 10-8 所示。

285

图 10-7 "线型管理器"对话框　　　　　　　图 10-8 绘制基准轴线

Step 05 使用快捷键 X 执行"分解"命令，将刚绘制的矩形分解为 4 条独立的线段。

Step 06 单击"默认"→"修改"→"偏移"按钮，将分解矩形的左侧垂直边向右偏移，命令行操作如下。

```
命令：_Offset
当前设置：删除源=否  图层=源  OFFSETGAPTYPE=0
指定偏移距离或 [通过(T)/删除(E)/图层(L)] <1100.0>: //2550 Enter
选择要偏移的对象，或 [退出(E)/放弃(U)] <退出>:       //选择矩形左侧垂直边
//在所选边的右侧拾取点
指定要偏移的那一侧上的点，或 [退出(E)/多个(M)/放弃(U)] <退出>:
选择要偏移的对象，或 [退出(E)/放弃(U)] <退出>:       //Enter
命令：                                               //Enter
OFFSET 当前设置：删除源=否  图层=源  OFFSETGAPTYPE=0
指定偏移距离或 [通过(T)/删除(E)/图层(L)] <2550.0>: //3900 Enter
选择要偏移的对象，或 [退出(E)/放弃(U)] <退出>:       //选择矩形左侧垂直边
//在所选边的右侧拾取点
指定要偏移的那一侧上的点，或 [退出(E)/多个(M)/放弃(U)] <退出>:
//Enter，结束命令，偏移结果（一）如图 10-9 所示
选择要偏移的对象，或 [退出(E)/放弃(U)] <退出>:
```

Step 07 重复执行"偏移"命令，将分解矩形的右侧垂直边向左偏移，偏移结果（二）如图 10-10 所示。

Step 08 单击"默认"→"修改"→"复制"按钮，创建横向定位轴线，命令行操作如下。

```
命令：_Copy
选择对象：                                  //选择矩形的下侧水平边
选择对象：                                  //Enter，结束对象的选择
当前设置：复制模式 = 多个
指定基点或 [位移(D)/模式(O)] <位移>:        //捕捉水平边的一个端点
指定第二个点或 [阵列(A)] <使用第一个点作为位移>: //@0,900 Enter
指定第二个点或 [阵列(A)/退出(E)/放弃(U)] <退出>: //@0,1650 Enter
指定第二个点或 [阵列(A)/退出(E)/放弃(U)] <退出>: //@0,2850 Enter
指定第二个点或 [阵列(A)/退出(E)/放弃(U)] <退出>: //@0,4400 Enter
指定第二个点或 [阵列(A)/退出(E)/放弃(U)] <退出>: //@0,5600 Enter
```

```
指定第二个点或 [阵列(A)/退出(E)/放弃(U)] <退出>:      //@0,8000 Enter
指定第二个点或 [阵列(A)/退出(E)/放弃(U)] <退出>:      //@0,9400 Enter
指定第二个点或 [阵列(A)/退出(E)/放弃(U)] <退出>:      //@0,10600 Enter
指定第二个点或 [阵列(A)/退出(E)/放弃(U)] <退出>:      //@0,13560 Enter
指定第二个点或 [阵列(A)/退出(E)/放弃(U)] <退出>://Enter,复制结果如图 10-11 所示
```

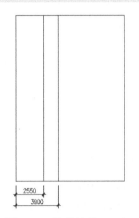
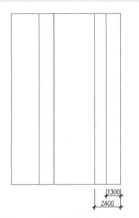
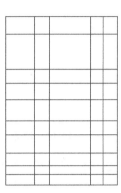

图 10-9　偏移结果（一）　　　图 10-10　偏移结果（二）　　　图 10-11　复制结果

Step 09 在无命令执行的前提下，选择下侧的"Ⓐ"号定位轴线，使其呈现夹点显示，如图 10-12 所示。

Step 10 在左侧的夹点上单击，使其变为夹基点，此时该点变为红色，如图 10-13 所示。

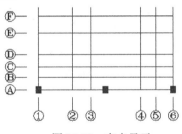
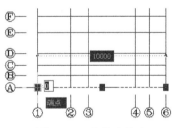

图 10-12　夹点显示　　　　　　　　图 10-13　定位夹基点

Step 11 在命令行"** 拉伸 ** 指定拉伸点或 [基点(B)/复制(C)/放弃(U)/退出(X)]:"提示下捕捉"③"号定位轴线下端点，拉伸结果（一）如图 10-14 所示。

Step 12 按 Esc 键，取消对象的夹点显示，如图 10-15 所示。

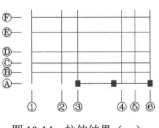
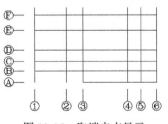

图 10-14　拉伸结果（一）　　　　　　图 10-15　取消夹点显示

Step 13 参照上述操作步骤，分别对其他横向定位轴线和纵向定位轴线进行拉伸，拉伸结果（二）如图 10-16 所示。

Step 14 删除"B"号定位轴线,然后以"③"号定位轴线、"④"号定位轴线作为修剪边界,对"H"号定位轴线进行修剪,修剪结果(一)如图10-17所示。

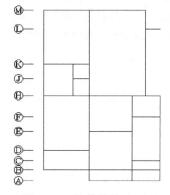
图10-16 拉伸结果(二)

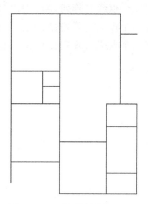
图10-17 修剪结果(一)

Step 15 执行菜单栏"修改"→"偏移"命令,将"③"号定位轴线向右偏移1000个绘图单位,将"④"号定位轴线向左偏移900个绘图单位,偏移结果(三)如图10-18所示。

Step 16 单击"默认"→"修改"→"修剪"按钮,以刚偏移出的两条辅助轴线作为边界,对"A"号定位轴线进行修剪,修剪结果(二)如图10-19所示。

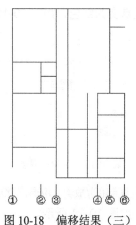
图10-18 偏移结果(三)

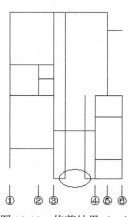
图10-19 修剪结果(二)

Step 17 选择偏移的两条辅助轴线,使用快捷键E执行"删除"命令。

Step 18 单击"默认"→"修改"→"打断"按钮,在"M"号定位轴线上创建宽度为1800个绘图单位的窗洞,命令行操作如下。

```
命令: _Break
选择对象:                          //选择"M"号定位轴线
指定第二个打断点 或 [第一点(F)]:    //F,Enter,重新指定第一断点
指定第一个打断点:                   //激活捕捉自功能
 _from 基点:                      //捕捉端点,如图10-20所示
  <偏移>:                         //@900,0 Enter
指定第二个打断点:                   //@1800,0 Enter,如图10-21所示
```

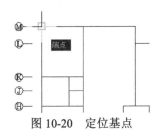
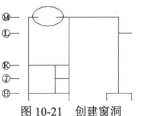

图 10-20　定位基点　　　　　　　　　　　　图 10-21　创建窗洞

Step 19 重复执行"打断"命令，配合对象捕捉和追踪功能继续创建窗洞，命令行操作如下。

```
命令: _Break
选择对象：                        //选择"Ⓓ"号定位轴线
指定第二个打断点 或 [第一点(F)]:   //F Enter
指定第一个打断点：                 //向右引出追踪虚线，如图 10-22 所示，1850 Enter
指定第二个打断点：                 //@1800,0 Enter，如图 10-23 所示
```

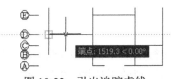
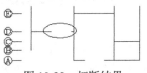

图 10-22　引出追踪虚线　　　　　　　　　　图 10-23　打断结果

Step 20 综合运用上述操作步骤，创建其他位置的门洞和窗洞，如图 10-24 所示。

Step 21 使用快捷键 MI 执行"镜像"命令，窗交选择图 10-25 中的轴线进行镜像，命令行操作如下。

```
命令: _Mirror
选择对象：                        //窗交选择轴线，如图 10-25 所示
选择对象：                        //Enter
指定镜像线的第一点：               //捕捉端点，如图 10-26 所示
指定镜像线的第二点：               //@0,1 Enter
要删除源对象吗？[是(Y)/否(N)] <N>: //Enter，镜像结果如图 10-27 所示
```

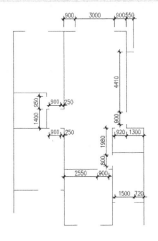
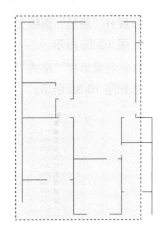

图 10-24　创建其他洞口　　　　　　　　　　图 10-25　窗交选择

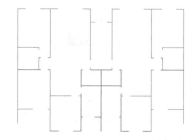

图 10-26　捕捉端点　　　　　　　　　　图 10-27　镜像结果

Step 22　最后执行"保存"命令，将图形存储为"上机实训一.dwg"。

10.3　上机实训二——绘制平面图纵向、横向墙线图

本例在综合所学知识的前提下，主要学习居民楼标准层平面图纵向、横向墙线的具体绘制过程和绘制技巧。平面图纵向、横向墙线图的绘制效果如图 10-28 所示，具体操作步骤如下。

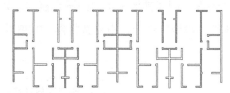

图 10-28　平面图纵向、横向墙线图的绘制效果

Step 01　继续上例操作，或者直接打开配套资源中的"/效果文件/第 10 章/上机实训一.dwg"文件。

Step 02　执行"对象捕捉"命令，并设置捕捉模式为端点捕捉和交点捕捉。

Step 03　展开"图层"面板上的"图层控制"下拉列表，将"墙线层"设置为当前图层，如图 10-29 所示。

Step 04　执行菜单栏"格式"→"多线样式"命令，将"墙线样式"设置为当前多线样式，如图 10-30 所示。

图 10-29　"图层控制"下拉列表　　　　　图 10-30　"多线样式"对话框

Step 05 使用快捷键 MI 执行"镜像"命令,窗交选择图 10-31 中的轴线,对其进行镜像,命令行操作如下。

```
命令: _Mirror
选择对象:                                    //窗交选择轴线,如图 10-31 所示
选择对象:                                    //Enter
指定镜像线的第一点:                          //捕捉端点,如图 10-32 所示
指定镜像线的第二点:                          //@0,1 Enter
要删除源对象吗? [是(Y)/否(N)] <N>:          //Enter,镜像结果(一)如图 10-33 所示
```

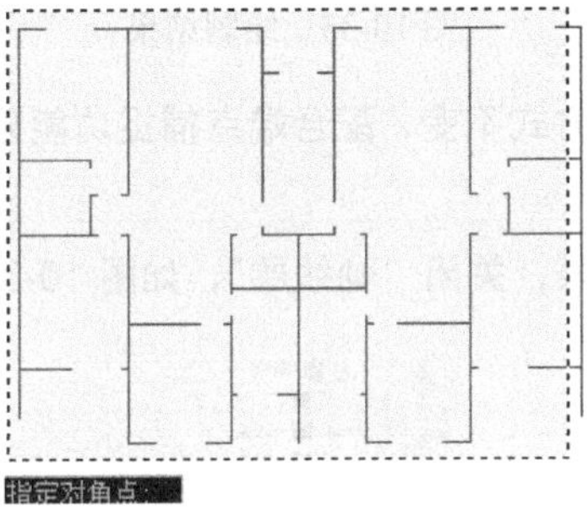

图 10-31　窗交选择 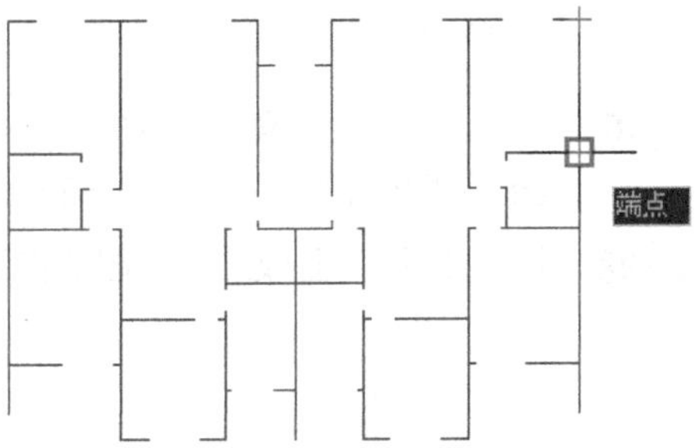　　　　　　　　　　图 10-32　捕捉端点(一)

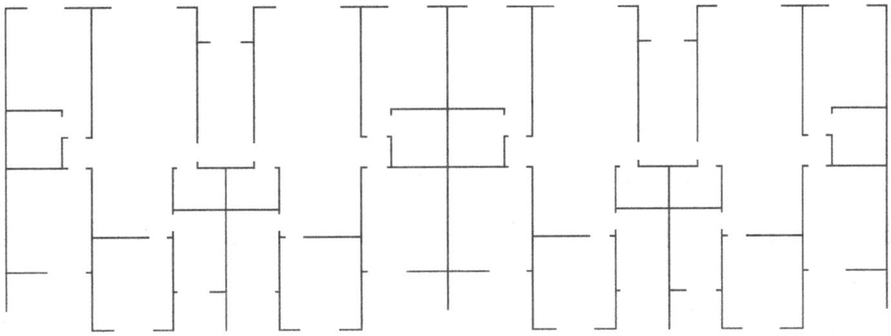

图 10-33　镜像结果(一)

Step 06 执行菜单栏"绘图"→"多线"命令,配合端点捕捉功能绘制墙线,命令行操作如下。

```
命令: _Mline
当前设置: 对正 = 上,比例 = 20.00,样式 = 墙线样式
指定起点或 [对正(J)/比例(S)/样式(ST)]:      //S Enter,激活比例功能
输入多线比例 <20.00>:                        //240 Enter,设置多线比例
当前设置: 对正 = 上,比例 = 240.00,样式 = 墙线
指定起点或 [对正(J)/比例(S)/样式(ST)]:      //J Enter,激活对正功能
输入对正类型 [上(T)/无(Z)/下(B)] <上>:      //Z Enter,设置对正方式
当前设置: 对正 = 无,比例 = 240.00,样式 = 墙线
指定起点或 [对正(J)/比例(S)/样式(ST)]:      //捕捉端点 1
指定下一点:                                  //捕捉端点 2
指定下一点或 [放弃(U)]:                      //捕捉端点 3,如图 10-34 所示
指定下一点或 [闭合(C)/放弃(U)]:              //Enter,绘制结果如图 10-35 所示
```

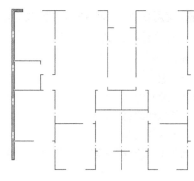

图 10-34 捕捉端点（二）　　　　　图 10-35 绘制结果

Step 07 重复上一操作步骤，设置的多线比例和对正方式不变，配合端点捕捉功能分别绘制其他位置的墙线，如图 10-36 所示。

Step 08 展开"图层"面板上的"图层控制"下拉列表，关闭"轴线层"，如图 10-37 所示。

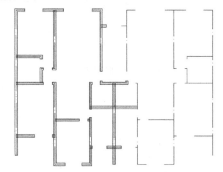 

图 10-36 绘制其他位置墙线　　　　　图 10-37 关闭轴线层

Step 09 在无命令执行的前提下，选择平面图下侧的墙线，使其呈现夹点显示，如图 10-38 所示。

Step 10 单击下侧的夹点，使其转变为夹基点，然后在命令行"** 拉伸 ** 指定拉伸点或 [基点(B)/复制(C)/放弃(U)/退出(X)]:"提示下，输入"@0,-120"并按 Enter 键，对墙线进行夹点拉伸，并取消墙线夹点显示，拉伸结果（一）如图 10-39 所示。

Step 11 重复执行操作步骤 9、10，将最右侧的垂直墙线向下拉长 240 个绘图单位，拉伸结果（二）如图 10-40 所示。

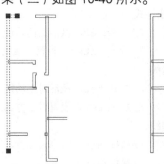 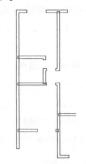 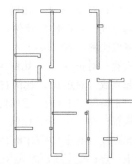

图 10-38 夹点显示　　　图 10-39 拉伸结果（一）　　　图 10-40 拉伸结果（二）

Step 12 执行菜单栏"修改"→"对象"→"多线"命令,在打开的"多线编辑工具"对话框中单击图 10-41 中的"T 形合并"按钮。

Step 13 返回绘图区,在命令行"选择第一条多线:"提示下选择墙线,如图 10-42 所示。

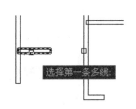

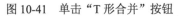

图 10-41　单击"T 形合并"按钮　　　　图 10-42　选择第一条多线(一)

Step 14 在"选择第二条多线:"提示下选择墙线,如图 10-43 所示,这两条 T 形相交的多线被合并,如图 10-44 所示。

Step 15 继续在"选择第一条多线或 [放弃(U)]:"提示下,分别选择其他位置的 T 形墙线进行合并,合并结果(一)如图 10-45 所示。

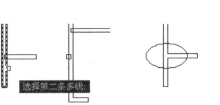

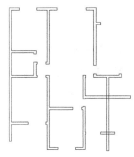

图 10-43　选择第二条多线(一)　　图 10-44　T 形合并　　图 10-45　合并结果(一)

Step 16 重复执行菜单"修改"→"对象"→"多线"命令,在打开的"多线编辑工具"对话框内单击 按钮,如图 10-46 所示。

Step 17 在命令行"选择第一条多线:"提示下选择墙线,如图 10-47 所示。

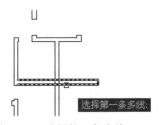

图 10-46　单击 按钮　　　　图 10-47　选择第一条多线(二)

Step 18 在"选择第二条多线:"提示下选择墙线,如图 10-48 所示,对两条墙线进行合并,如图 10-49 所示。

Step 19 继续在命令行"选择第一条多线:"提示下,对下侧的十字相交墙线进行合并,合并结果(二)如图 10-50 所示。

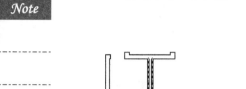
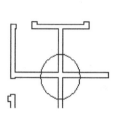
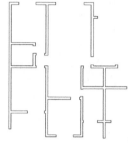

图 10-48 选择第二条多线(二)　　图 10-49 十字合并　　图 10-50 合并结果(二)

Step 20 单击"默认"→"修改"→"镜像"按钮,选择图 10-51 中的墙线进行镜像,命令行操作如下。

```
命令: _Mirror
选择对象:                        //选择对象,如图 10-51 所示
选择对象:                        //Enter
指定镜像线的第一点:              //捕捉中点,如图 10-51 所示
指定镜像线的第二点:              //@0,1 Enter
要删除源对象吗? [是(Y)/否(N)] <N>:  //Enter,镜像结果(二)如图 10-52 所示
```

Step 21 重复执行"镜像"命令,配合中点捕捉功能对单元墙线进行镜像,镜像(三)结果如图 10-53 所示。

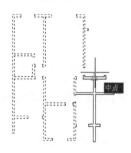
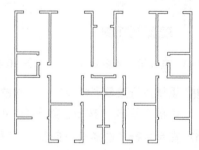

图 10-51 选择镜像对象　　　　　　图 10-52 镜像结果(二)

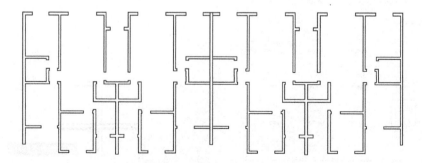

图 10-53 镜像结果(三)

第 10 章　建筑平面图设计

Step 22 综合使用"删除""多线""多线编辑"等命令，对两单元之间的墙线进行编辑完善。

Step 23 最后执行"另存为"命令，将图形存储为"上机实训二.dwg"。

10.4 上机实训三——绘制平面图各类构件图

本例在综合所学知识的前提下，主要学习居民楼标准层平面图中的窗、门、阳台和楼梯等建筑构件图的具体绘制过程和绘制技巧。平面图各类构件绘制效果如图 10-54 所示，具体操作步骤如下。

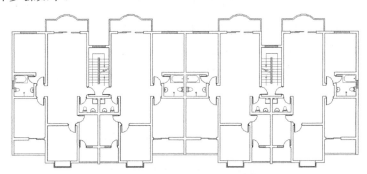

图 10-54　平面图各类构件绘制效果

Step 01 继续上例操作，或者打开配套资源中的"/效果文件/第 10 章/上机实训二.dwg"文件。

Step 02 展开"图层"面板上的"图层控制"下拉列表，将"门窗层"设置为当前图层，如图 10-55 所示。

Step 03 执行菜单栏"格式"→"多线样式"命令，在打开的"多线样式"对话框中设置"窗线样式"为当前样式，如图 10-56 所示。

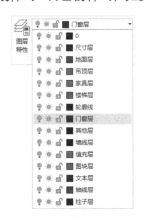

图 10-55　设置当前图层

图 10-56　设置当前样式

Step 04 执行菜单栏"绘图"→"多线"命令，配合中点捕捉功能绘制楼梯间位置的平面窗，命令行操作如下。

295

```
命令：_Mline
当前设置：对正 = 无，比例 = 240.00，样式 = 窗线样式
指定起点或 [对正(J)/比例(S)/样式(ST)]：    //捕捉中点，如图 10-57 所示
指定下一点：                              //捕捉中点，如图 10-58 所示
指定下一点或 [闭合(C)/放弃(U)]：          //Enter，绘制结果（一）如图 10-59 所示
```

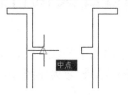
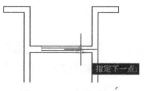
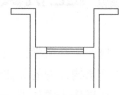

图 10-57　定位起点　　　　图 10-58　定位端点　　　　图 10-59　绘制结果（一）

Step 05 重复上一操作步骤，设置的多线比例和对正方式不变，配合中点捕捉功能绘制其他位置的窗线，如图 10-60 所示。

Step 06 单击"默认"→"绘图"→"多段线"按钮，配合端点捕捉功能绘制凸窗内轮廓线，命令行操作如下。

```
命令：_Pline
指定起点：                                //捕捉端点，如图 10-61 所示
当前线宽为 0.0
指定下一个点或 [圆弧(A)/半宽(H)/长度(L)/放弃(U)/宽度(W)]：//@0,-380 Enter
//@1800,0 Enter
指定下一点或 [圆弧(A)/闭合(C)/半宽(H)/长度(L)/放弃(U)/宽度(W)]：
//@0,380 Enter
指定下一点或 [圆弧(A)/闭合(C)/半宽(H)/长度(L)/放弃(U)/宽度(W)]：
//Enter，绘制结果（二）如图 10-62 所示
指定下一点或 [圆弧(A)/闭合(C)/半宽(H)/长度(L)/放弃(U)/宽度(W)]：
```

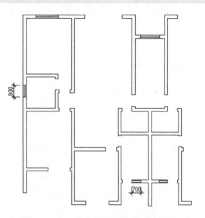

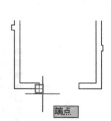

图 10-60　绘制其他位置的窗线　　　　图 10-61　捕捉端点（一）

Step 07 使用快捷键 O 执行"偏移"命令，将刚绘制的凸窗内轮廓线分别向外偏移 40 个绘图单位和 120 个绘图单位，偏移结果（一）如图 10-63 所示。

Step 08 使用快捷键 L 执行"直线"命令，配合端点捕捉功能绘制内侧的水平图线，绘制结果（三）如图 10-64 所示。

第 10 章　建筑平面图设计

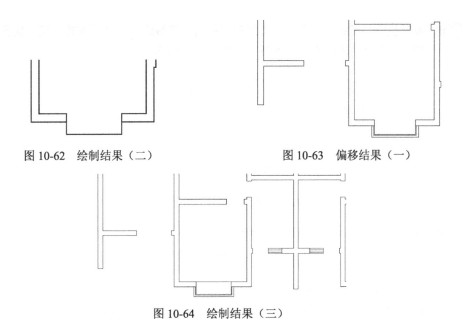

图 10-62　绘制结果（二）　　　　图 10-63　偏移结果（一）

图 10-64　绘制结果（三）

Step 09 执行菜单栏"格式"→"多线样式"命令，配合端点捕捉功能绘制阳台轮廓线，命令行操作如下。

```
命令：_Mline
当前设置：对正 = 无，比例 = 240.00，样式 = 窗线样式
指定起点或 [对正(J)/比例(S)/样式(ST)]：      //ST Enter
输入多线样式名或 [?]：                        //墙线样式 Enter
当前设置：对正 = 无，比例 = 240.00，样式 = 墙线样式
指定起点或 [对正(J)/比例(S)/样式(ST)]：      //S Enter
输入多线比例 <240.00>：                       //120 Enter
当前设置：对正 = 无，比例 = 120.00，样式 = 墙线样式
指定起点或 [对正(J)/比例(S)/样式(ST)]：      //J Enter
输入对正类型 [上(T)/无(Z)/下(B)] <无>：       //B Enter
当前设置：对正 = 下，比例 = 120.00，样式 = 墙线样式
指定起点或 [对正(J)/比例(S)/样式(ST)]：      //捕捉端点，如图 10-65 所示
指定下一点：                                  //@0,1380 Enter
指定下一点或 [放弃(U)]：                      //@-5040,0 Enter
指定下一点或 [闭合(C)/放弃(U)]：              //@0,-1380 Enter
指定下一点或 [闭合(C)/放弃(U)]：              //Enter，绘制结果（四）如图 10-66 所示
```

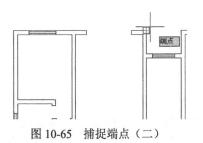
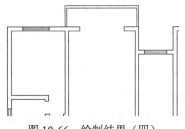

图 10-65　捕捉端点（二）　　　　图 10-66　绘制结果（四）

297

Step 10 重复执行"多线"命令,设置的多线样式、多线比例和对正方式不变,配合捕捉功能绘制其他位置的阳台轮廓线,如图 10-67 所示。

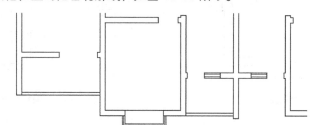

图 10-67 绘制其他位置的阳台轮廓线

Step 11 使用快捷键 REC 执行"矩形"命令,配合中点捕捉功能绘制推拉门,命令行操作如下。

```
命令: _Rectang              //Enter,激活命令

//捕捉中点,如图 10-68 所示
指定第一个角点或 [倒角(C)/标高(E)/圆角(F)/厚度(T)/宽度(W)]:
指定另一个角点或 [面积(A)/尺寸(D)/旋转(R)]:    //@935,50 Enter
命令: _ rectang             //Enter,重复执行命令
//捕捉中点,如图 10-69 所示
指定第一个角点或 [倒角(C)/标高(E)/圆角(F)/厚度(T)/宽度(W)]:
//@-935,-50 Enter,绘制结果(五)如图 10-70 所示
指定另一个角点或 [面积(A)/尺寸(D)/旋转(R)]:
```

Step 12 重复执行"矩形"命令,配合对象捕捉功能,绘制上侧的三扇推拉门,门的宽度为 50 个绘图单位、长度为 1000 个绘图单位,如图 10-71 所示。

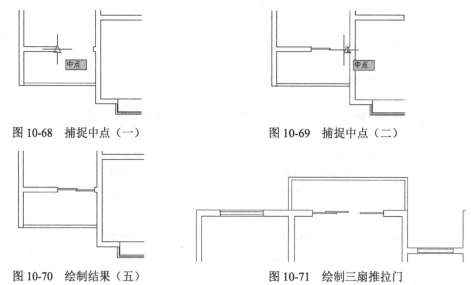

图 10-68 捕捉中点(一)　　　　图 10-69 捕捉中点(二)

图 10-70 绘制结果(五)　　　　图 10-71 绘制三扇推拉门

Step 13 将"楼梯层"设为当前图层,使用快捷键 I 执行"插入块"命令,以默认参数插入配套资源中的"/图块文件/楼梯.dwg"文件。楼梯下侧台阶线距离垂直墙线门洞为 500 个绘图单位,插入结果(一)如图 10-72 所示。继续执行"插入块"命令,以

默认参数插入配套资源中的"/图块文件/单开门.dwg"文件，插入点为图 10-72 中的中点。

Step 14 使用快捷键 MI 执行"镜像"命令，配合中点捕捉功能对刚插入的单开门进行镜像，镜像结果（一）如图 10-73 所示。

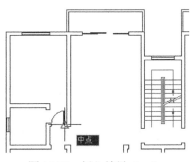 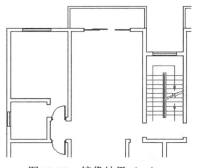

图 10-72　插入结果（一）　　　　　图 10-73　镜像结果（一）

Step 15 重复执行"插入块"命令，设置块参数（一）如图 10-74 所示，插入点为图 10-75 中的中点。

 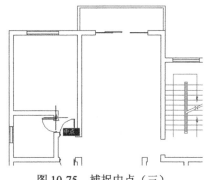

图 10-74　设置块参数（一）　　　　　图 10-75　捕捉中点（三）

Step 16 重复执行"插入块"命令，设置块参数（二）如图 10-76 所示，插入点为图 10-77 中的中点。

 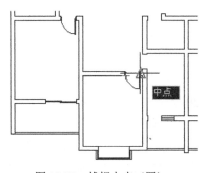

图 10-76　设置块参数（二）　　　　　图 10-77　捕捉中点（四）

Step 17 重复执行"插入块"命令，设置块参数（三）如图 10-78 所示，插入点为图 10-79 中的中点。

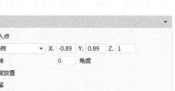

图 10-78 设置块参数（三）　　　　图 10-79 捕捉中点（五）

Step 18 重复执行"插入块"命令，设置块参数（四）如图 10-80 所示，插入点为图 10-81 中的中点。

Step 19 重复执行"插入块"命令，设置块参数（五）如图 10-82 所示，插入点为图 10-83 中的中点。

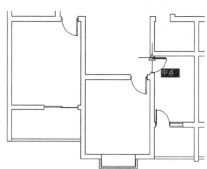

图 10-80 设置块参数（四）　　　　图 10-81 捕捉中点（六）

图 10-82 设置块参数（五）　　　　图 10-83 捕捉中点（七）

Step 20 重复执行"插入块"命令，设置块参数（六）如图 10-84 所示，插入点为图 10-85 中的中点。

Step 21 展开"图层"面板上的"图层控制"下拉列表，设置"楼梯层"为当前图层。

Step 22 重复执行"插入块"命令，配合中点捕捉功能，以默认参数插入配套资源中的"/图块文件/浴盆.dwg"文件，插入点为图 10-86 中的中点。

Step 23 重复执行"插入块"命令，插入配套资源中的"/图块文件/"目录下的"便器二.dwg""淋浴器.dwg""洗手盆.dwg"文件，插入结果（二）如图 10-87 所示。

图 10-84　设置块参数（六）

图 10-85　捕捉中点（八）

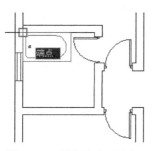

图 10-86　捕捉中点（九）

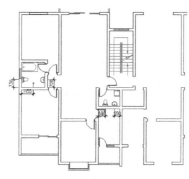

图 10-87　插入结果（二）

Step 24 展开"图层"面板上的"图层控制"下拉列表，将插入的楼梯图块放到"楼梯层"图层中。

Step 25 执行"快速选择"命令，设置过滤条件为"图层"，然后选择"门窗层"上的所有对象，如图 10-88 所示。

Step 26 按住 Shift 键单击楼梯间和卫生间的窗子，将其从当前选择集中剔除，操作结果如图 10-89 所示。

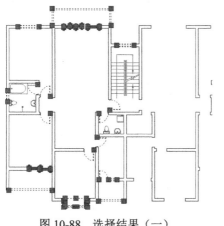

图 10-88　选择结果（一）

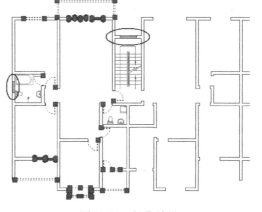

图 10-89　操作结果

Step 27 单击"默认"→"修改"→"镜像"按钮，对选择的对象进行镜像，命令行操作如下。

命令：_Mirror 找到 22 个
指定镜像线的第一点：   //捕捉中点，如图 10-90 所示
指定镜像线的第二点：   //@0,1 Enter
要删除源对象吗？[是(Y)/否(N)] <N>：   //Enter，镜像结果（二）如图 10-91 所示

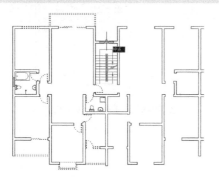
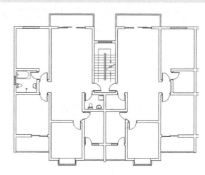

图 10-90　捕捉中点（十）　　　　　图 10-91　镜像结果（二）

Step 28 重复执行"快速选择"命令，设置过滤条件为"图层"，然后选择"图块层"上的所有对象，如图 10-92 所示。

Step 29 单击"默认"→"修改"→"镜像"按钮，对选择的对象进行镜像，命令行操作如下。

命令：_Mirror 找到 7 个
指定镜像线的第一点：   //捕捉中点，如图 10-93 所示
指定镜像线的第二点：   //@0,1 Enter
要删除源对象吗？[是(Y)/否(N)] <N>：   //Enter，镜像结果（三）如图 10-94 所示

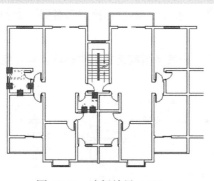
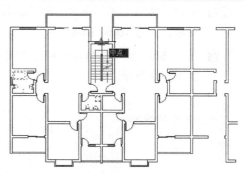

图 10-92　选择结果（二）　　　　　图 10-93　捕捉中点（十一）

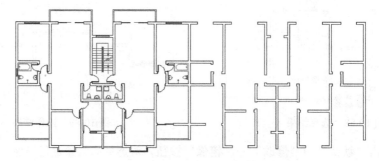

图 10-94　镜像结果（三）

Step 30 重复执行"快速选择"命令,设置过滤条件为"图层",然后选择"门窗层"上的所有对象,如图 10-95 所示。

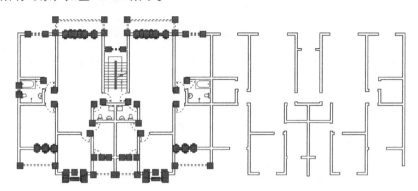

图 10-95 选择结果(三)

Step 31 按住 Ctrl 键单击楼梯图块,将其添加到当前选择集,如图 10-96 所示。

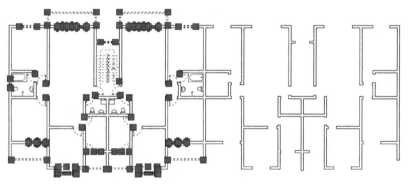

图 10-96 添加结果

Step 32 单击"默认"→"修改"→"镜像"按钮,对选择的对象进行镜像,命令行操作如下。

```
命令:_Mirror 找到 47 个
指定镜像线的第一点:                    //捕捉中点,如图 10-97 所示
指定镜像线的第二点:                    //@0,1Enter
要删除源对象吗?[是(Y)/否(N)] <N>:     //Enter,镜像结果(四)如图 10-98 所示
```

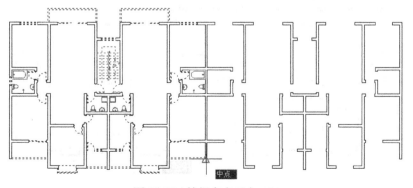

图 10-97 捕捉中点(十二)

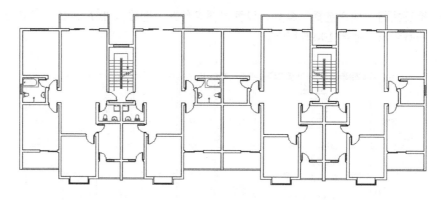

图 10-98 镜像结果（四）

Step 33 重复执行"快速选择"命令，设置过滤条件为"图层"，然后选择"图块层"上的所有对象，如图 10-99 所示。

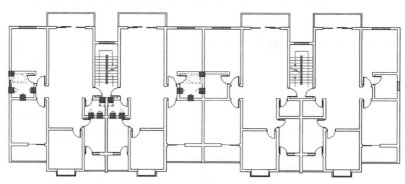

图 10-99 选择结果（四）

Step 34 单击"默认"→"修改"→"镜像"按钮，对选择的对象进行镜像，命令行操作如下。

```
命令：_Mirror 找到 7 个
指定镜像线的第一点：            //捕捉中点，如图 10-100 所示
指定镜像线的第二点：            //@0,1 Enter
要删除源对象吗？[是(Y)/否(N)] <N>：  //Enter，镜像结果（五）如图 10-101 所示
```

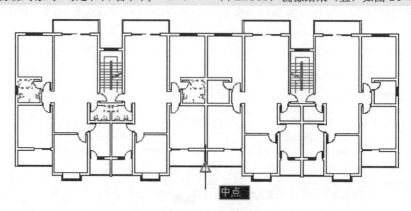

图 10-100 捕捉中点（十三）

第 10 章　建筑平面图设计

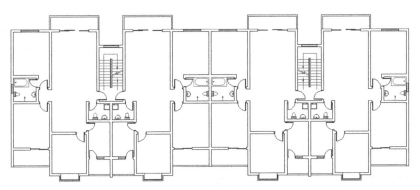

图 10-101　镜像结果（五）

Step 35 使用快捷键 X 执行"分解"命令，窗交选择图 10-102 中的阳台进行分解。

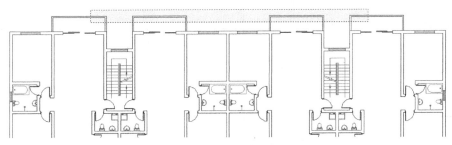

图 10-102　窗交选择

Step 36 将"门窗层"设置为当前图层，然后选择内侧的阳台水平轮廓线，将其向上偏移 500 个绘图单位，偏移结果（二）如图 10-103 所示。

Step 37 使用快捷键 L 执行"直线"命令，配合中点捕捉和对象追踪功能，通过阳台水平轮廓线的中点，绘制一条垂直的辅助线，并将垂直辅助线对称偏移 1200 个绘图单位，如图 10-104 所示。

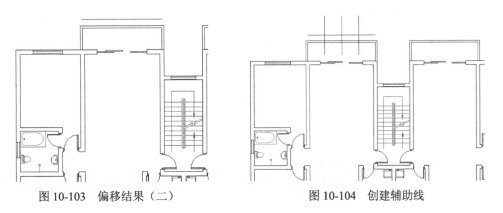

图 10-103　偏移结果（二）　　　　图 10-104　创建辅助线

Step 38 执行"三点画弧"命令，配合交点捕捉功能绘制圆弧轮廓线，如图 10-105 所示。

Step 39 使用快捷键 O 执行"偏移"命令，将圆弧向上偏移 120 个绘图单位，偏移结果（三）如图 10-106 所示。

305

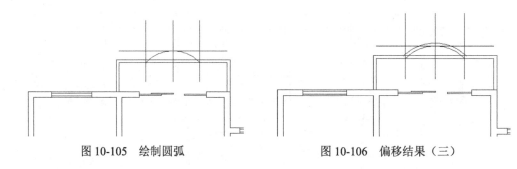

图 10-105　绘制圆弧　　　　　　　图 10-106　偏移结果（三）

Step 40　综合使用"删除"和"修剪"命令，对阳台轮廓线进行编辑，编辑结果(一)如图10-107所示。

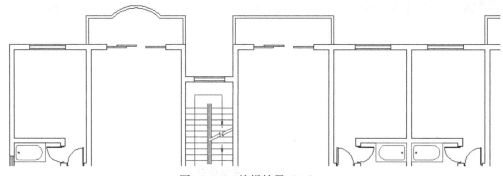

图 10-107　编辑结果（一）

Step 41　参照操作步骤 36~39，综合使用"圆弧""直线""偏移"和"修剪"等命令，对其他位置的阳台轮廓线进行编辑，编辑结果（二）如图10-108所示。

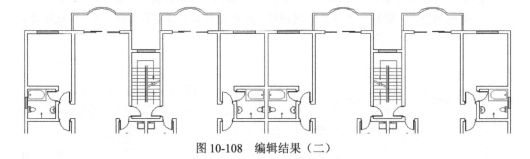

图 10-108　编辑结果（二）

Step 42　最后执行"另存为"命令，将图形存储为"上机实训三.dwg"。

10.5　上机实训四——标注平面图房间功能

本例在综合所学知识的前提下，主要学习居民楼标准层平面图房间功能性注释的快速标注过程和标注技巧。平面图房间功能的标注效果如图10-109所示，具体操作步骤如下。

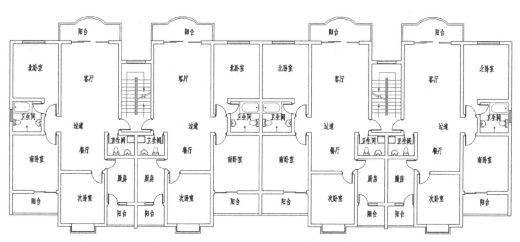

图 10-109　平面图房间功能的标注效果

Step 01 继续上例操作，或者直接打开配套资源中的"/效果文件/第 10 章/上机实训三.dwg"文件。

Step 02 展开"图层"面板上的"图层控制"下拉列表，将"文本层"设置为当前图层。

Step 03 单击"默认"→"注释"→"文字样式"按钮，在打开的"文字样式"对话框中设置名为"仿宋体"的新样式，如图 10-110 所示。

Step 04 单击"默认"→"注释"→"单行文字"按钮，在命令行"指定文字的起点或 [对正(J)/样式(S)]:"的提示下，在"北卧室"房间内的适当位置拾取一点作为文字的起点。

Step 05 继续在命令行"指定高度 <0.0>:"提示下，输入 420 并按 Enter 键。

Step 06 在"指定文字的旋转角度<0.00>:"提示下按 Enter 键，表示不旋转文字。此时绘图区会出现一个单行文字输入框，如图 10-111 所示。

图 10-110　设置文字样式

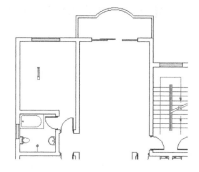

图 10-111　单行文字输入框

Step 07 在单行文字输入框内输入"北卧室"，此时输入的文字出现在单行文字输入框内，如图 10-112 所示。

Step 08 按两次 Enter 键结束操作，标注结果如图 10-113 所示。

Step 09 执行菜单栏"修改"→"复制"命令，将标注的文字注释分别复制到其他房间中，复制结果如图 10-114 所示。

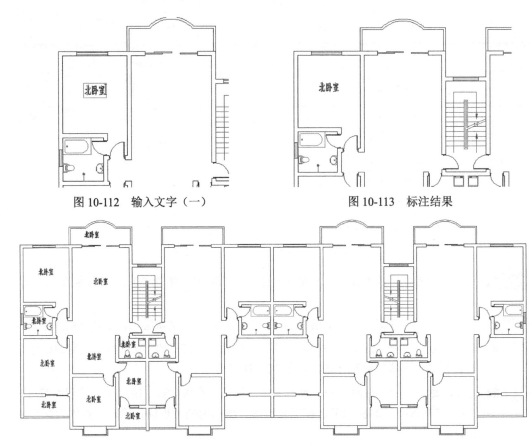

图 10-112 输入文字（一）　　　　图 10-113 标注结果

图 10-114 复制结果

Step 10 使用快捷键 ED 执行"编辑文字"命令，在命令行"选择注释对象或 [放弃(U)]:"提示下，选择阳台位置的文字，此时选择的文字反白显示，如图 10-115 所示。

Step 11 在反白显示的文字上输入正确的文字内容，如图 10-116 所示。

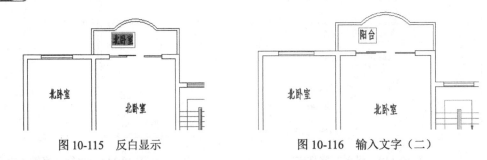

图 10-115 反白显示　　　　　　　图 10-116 输入文字（二）

Step 12 按 Enter 键，继续在命令行"选择注释对象或 [放弃(U)]:"提示下，分别选择其他位置的文字注释，并输入正确的文字内容，编辑结果如图 10-117 所示。

Step 13 重复执行"快速选择"命令，设置过滤条件为"图层"，然后选择"文本层"上的所有对象，如图 10-118 所示。

Step 14 单击"默认"→"修改"→"镜像"按钮，对选择的对象进行镜像，命令行操作如下。

```
命令：_Mirror 找到 12 个
指定镜像线的第一点：              //捕捉中点，如图 10-119 所示
指定镜像线的第二点：              //@0,1 Enter
要删除源对象吗？[是(Y)/否(N)] <N>:// Enter，结束命令，镜像结果如图 10-120 所示
```

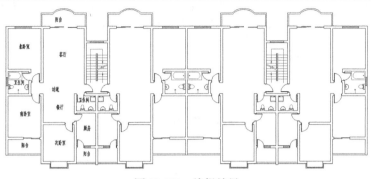

图 10-117 编辑结果

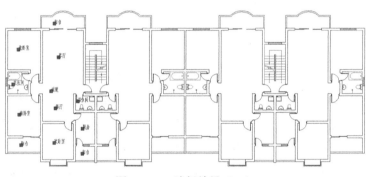

图 10-118 选择结果（一）

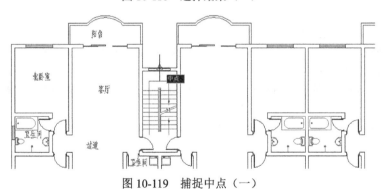

图 10-119 捕捉中点（一）

Step 15 重复执行"快速选择"命令，设置过滤条件为"图层"，然后选择"文本层"上的所有对象，如图 10-121 所示。

小技巧

在此也可以配合使用图层的状态控制功能，将不相关的图层暂时关闭，然后对需要编辑的对象进行镜像。

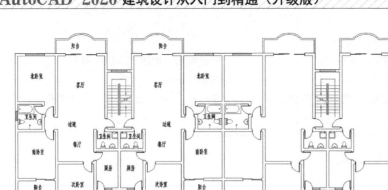

图 10-120　镜像结果

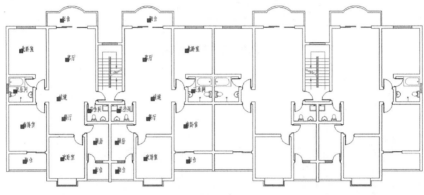

图 10-121　选择结果（二）

Step 16 单击"默认"→"修改"→"镜像"按钮，对选择的对象进行镜像，命令行操作如下。

```
命令：_Mirror 找到 24 个
指定镜像线的第一点：              //捕捉中点，如图 10-122 所示
指定镜像线的第二点：              //@0,1Enter
要删除源对象吗？[是(Y)/否(N)] <N>： //Enter，结束命令，如图 10-109 所示
```

图 10-122　捕捉中点（二）

Step 17 最后执行"另存为"命令，将图形存储为"上机实训四.dwg"。

10.6 上机实训五——标注平面图房间使用面积

本例在综合所学知识的前提下，主要学习居民楼标准层平面图房间使用面积的快速标注过程和标注技巧。平面图房间使用面积的标注效果如图 10-123 所示，具体操作步骤如下。

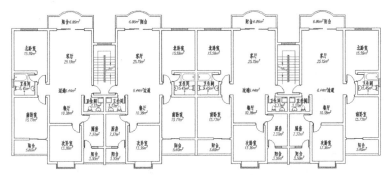

图 10-123　平面图房间使用面积的标注效果

Step 01 继续上例操作，或者直接打开配套资源中的“/效果文件/第 10 章/上机实训四.dwg”文件。

Step 02 使用快捷键 LA 执行“图层”命令，新建名为“面积层”的新图层，并将其设为当前图层，如图 10-124 所示。

状态	名称	开	冻结	锁定	颜色	线型	线宽	透明度	打印样式	打印	新视口冻结
	0				白	Continuous	—— 默认	0	Normal		
	尺寸层				蓝	Continuous	—— 默认	0	Normal		
	地面层				142	Continuous	—— 默认	0	Normal		
	吊顶层				102	Continuous	—— 默认	0	Normal		
	家具层				42	Continuous	—— 默认	0	Normal		
	楼梯层				92	Continuous	—— 默认	0	Normal		
	轮廓线				白	Continuous	—— 默认	0	Normal		
	门窗层				红	Continuous	—— 默认	0	Normal		
✔	面积层				152	Continuous	—— 默认	0	Normal		
	其他层				白	Continuous	—— 默认	0	Normal		
	墙线层				白	Continuous	1.00...	0	Normal		
	填充层				122	Continuous	—— 默认	0	Normal		

图 10-124　设置新图层

Step 03 单击“默认”→“注释”→“文字样式”按钮，在打开的“文字样式”对话框中设置名为“面积”的新样式，如图 10-125 所示。

Step 04 执行菜单栏“工具”→“查询”→“面积”命令，查询卧室房间的使用面积，命令行操作如下。

```
命令: _Measuregeom
输入选项 [距离(D)/半径(R)/角度(A)/面积(AR)/体积(V)] <距离>: _Area
//捕捉端点，如图 10-126 所示
指定第一个角点或 [对象(O)/增加面积(A)/减少面积(S)/退出(X)] <对象(O)>:
指定下一个点或 [圆弧(A)/长度(L)/放弃(U)]:              //捕捉端点，如图 10-127 所示
指定下一个点或 [圆弧(A)/长度(L)/放弃(U)]:              //捕捉端点，如图 10-128 所示
//捕捉端点，如图 10-129 所示
```

```
指定下一个点或 [圆弧(A)/长度(L)/放弃(U)/总计(T)] <总计>:
指定下一个点或 [圆弧(A)/长度(L)/放弃(U)/总计(T)] <总计>:            //Enter
区域 = 15774600.0，周长 = 15940.0
输入选项 [距离(D)/半径(R)/角度(A)/面积(AR)/体积(V)/退出(X)] <面积>: //X Enter
```

图 10-125 设置文字样式

图 10-126 捕捉端点（一）

图 10-127 捕捉端点（二）

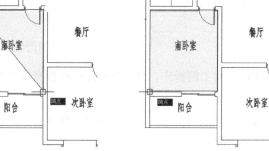

图 10-128 捕捉端点（三）　　　图 10-129 捕捉端点（四）

Step 05 重复执行"面积"命令，配合端点捕捉或交点捕捉功能分别查询其他房间的使用面积。

Step 06 单击"默认"→"注释"→"多行文字"按钮，在"南卧室"内拉出矩形选择框，并打开文字编辑器，如图 10-130 所示。

图 10-130 文字编辑器

Step 07 在文字编辑器内输入"南卧室"的房间使用面积，如图 10-131 所示。

第 10 章 建筑平面图设计

图 10-131　输入使用面积

Step 08 在下侧的多行文字输入框内选择"2^",然后单击文字编辑器中的"堆叠"按钮,如图 10-132 所示,对数字"2"进行堆叠,堆叠结果如图 10-133 所示。

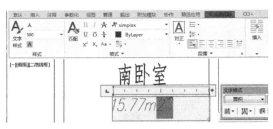 

图 10-132　堆叠文字　　　　　　　图 10-133　堆叠结果

Step 09 单击"关闭文字编辑器"按钮,结束"多行文字"命令,标注结果(一)如图 10-134 所示。

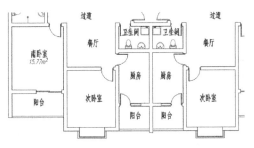

图 10-134　标注结果(一)

Step 10 执行菜单栏"修改"→"复制"命令,将标注的面积分别复制到其他房间内,复制结果如图 10-135 所示。

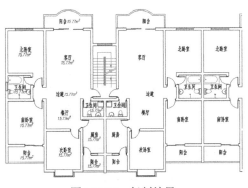

图 10-135　复制结果

Step 11 执行菜单栏"修改"→"对象"→"文字"→"编辑"命令，或者在需要编辑的文字对象上双击，打开文字编辑器，如图 10-136 所示。

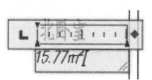

图 10-136　文本输入框

Step 12 接下来在多行文字输入框内输入正确的文字内容，如图 10-137 所示。

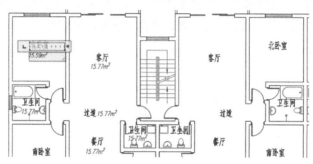

图 10-137　输入文字

Step 13 单击"关闭文字编辑器"按钮，结束"多行文字"命令，标注结果（二）如图 10-138 所示。

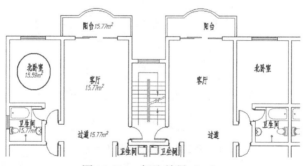

图 10-138　标注结果（二）

Step 14 参照操作步骤 11～13，修改其他房间的使用面积，如图 10-139 所示。

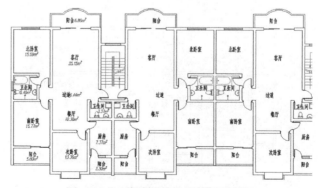

图 10-139　修改其他房间的使用面积

Step **15** 执行"快速选择"命令,设置过滤条件为"图层",然后选择"面积层"上的所有对象,如图 10-140 所示。

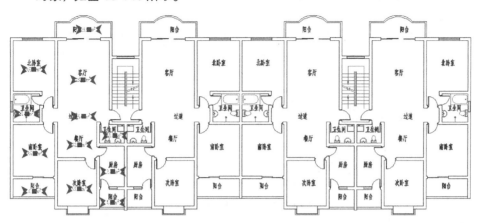

图 10-140 选择结果

Step **16** 单击"默认"→"修改"→"镜像"按钮,对选择的对象进行镜像,命令行操作如下。

命令: _Mirror 找到 12 个
指定镜像线的第一点: //捕捉中点,如图 10-141 所示
指定镜像线的第二点: //@0,1 Enter
要删除源对象吗?[是(Y)/否(N)] <N>:   //Enter,镜像结果(一)如图 10-142 所示

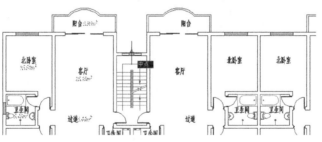

图 10-141 捕捉中点(一)

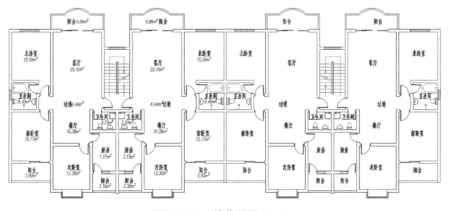

图 10-142 镜像结果(一)

Step 17 重复执行"快速选择"命令,设置过滤条件为"图层",然后选择"面积层"上的所有对象,如图 10-143 所示。

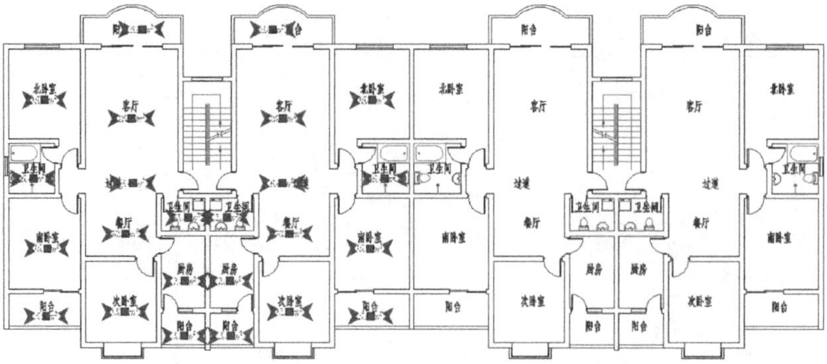

图 10-143 选择结果(二)

Step 18 单击"默认"→"修改"→"镜像"按钮,对选择的对象进行镜像,命令行操作如下。

图 10-144 捕捉中点(二)

Step 19 最后执行"另存为"命令,将图形存储为"上机实训五.dwg"。

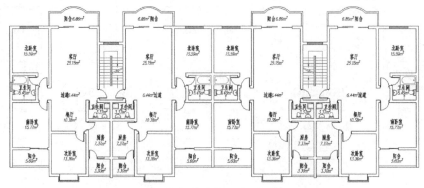

图 10-145 镜像结果(二)

10.7 上机实训六——标注平面图施工尺寸

本例在综合所学知识的前提下,主要学习居民楼标准层平面图施工尺寸的标注过程和标注技巧。平面图施工尺寸的标注效果如图10-146所示,具体操作步骤如下。

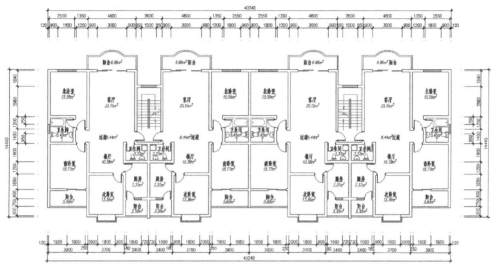

图10-146 平面图施工尺寸的标注效果

Step 01 继续上例操作,或者直接打开配套资源中的"/效果文件/第10章/上机实训五.dwg"文件。

Step 02 使用快捷键LA执行"图层"命令,在打开的"图层特性管理器"面板中打开"轴线层",冻结"面积层"和"文本层",然后选择"尺寸层"作为当前图层,如图10-147所示。此时,平面图的显示效果如图10-148所示。

Step 03 使用快捷键XL执行"构造线"命令,配合端点捕捉功能,在平面图最外侧绘制4条构造线作为尺寸定位辅助线,绘制结果如图10-149所示。

状态	名称	开	冻结	锁定	颜色	线型	线宽	透明度	打印样式	打印	新视口冻结	说明
	0	☀	☼	ᵋ	■白	Continuous	—— 默认	0	Normal	⊖	ᵋ	
✓	尺寸层	☀	☼	ᵋ	■蓝	Continuous	—— 默认	0	Normal	⊖	ᵋ	
	地面层	☀	☼	ᵋ	■142	Continuous	—— 默认	0	Normal	⊖	ᵋ	
	吊顶层	☀	☼	ᵋ	■102	Continuous	—— 默认	0	Normal	⊖	ᵋ	
	家具层	☀	☼	ᵋ	■42	Continuous	—— 默认	0	Normal	⊖	ᵋ	
	楼梯层	☀	☼	ᵋ	■92	Continuous	—— 默认	0	Normal	⊖	ᵋ	
	轮廓线	☀	☼	ᵋ	■白	Continuous	—— 默认	0	Normal	⊖	ᵋ	
	门窗层	☀	☼	ᵋ	■红	Continuous	—— 默认	0	Normal	⊖	ᵋ	
	其他层	☀	☼	ᵋ	■白	Continuous	—— 默认	0	Normal	⊖	ᵋ	
	墙线层	☀	☼	ᵋ	■白	Continuous	—— 1.00...	0	Normal	⊖	ᵋ	
	填充层	☀	☼	ᵋ	■122	Continuous	—— 默认	0	Normal	⊖	ᵋ	
	图块层	☀	☼	ᵋ	■42	Continuous	—— 默认	0	Normal	⊖	ᵋ	
	文本层	☀	❄	ᵋ	■洋红	Continuous	—— 默认	0	Normal	⊖	ᵋ	
	面积层	☀	❄	ᵋ	■152	Continuous	—— 默认	0	Normal	⊖	ᵋ	
	轴线层	☀	☼	ᵋ	■124	ACAD_ISO0...	—— 默认	0	Normal	⊖	ᵋ	
	柱子层	☀	☼	ᵋ	■白	Continuous	—— 默认	0	Normal	⊖	ᵋ	

图10-147 "图层特性管理器"面板

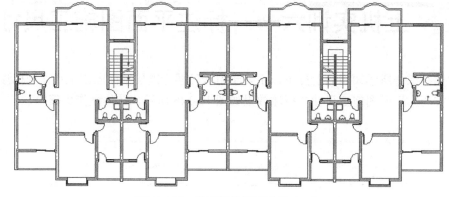

图 10-148 平面图的显示效果（一）

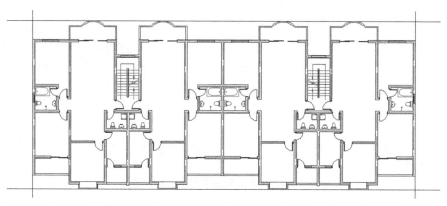

图 10-149 绘制结果

Step 04 执行菜单栏"修改"→"偏移"命令，将 4 条构造线向外侧偏移，命令行操作如下。

```
命令: _Offset
当前设置: 删除源=否  图层=源  OFFSETGAPTYPE=           //0 Enter
指定偏移距离或 [通过(T)/删除(E)/图层(L)] <120.0>:      //E Enter
要在偏移后删除源对象吗？[是(Y)/否(N)] <否>:           //Y Enter
指定偏移距离或 [通过(T)/删除(E)/图层(L)] <120.0>:      //1000 Enter
选择要偏移的对象，或 [退出(E)/放弃(U)] <退出>:         //选择上侧的水平构造线
//在所选构造线的上侧拾取点
指定要偏移的那一侧上的点，或 [退出(E)/多个(M)/放弃(U)] <退出>:
选择要偏移的对象，或 [退出(E)/放弃(U)] <退出>:         //选择下侧的水平构造线
//在所选构造线的下侧拾取点
指定要偏移的那一侧上的点，或 [退出(E)/多个(M)/放弃(U)] <退出>:
选择要偏移的对象，或 [退出(E)/放弃(U)] <退出>:         //选择左侧的垂直构造线
//在所选构造线的左侧拾取点
指定要偏移的那一侧上的点，或 [退出(E)/多个(M)/放弃(U)] <退出>:
选择要偏移的对象，或 [退出(E)/放弃(U)] <退出>:         //选择右侧的垂直构造线
//在所选构造线的右侧拾取点
指定要偏移的那一侧上的点，或 [退出(E)/多个(M)/放弃(U)] <退出>:
//Enter，结束命令，偏移结果如图 10-150 所示
选择要偏移的对象，或 [退出(E)/放弃(U)] <退出>:
```

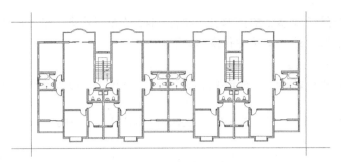

图 10-150 偏移结果

Step 05 使用快捷键 D 执行"标注样式"命令,在打开的"修改标注样式:建筑标注"对话框中,设置当前尺寸样式并修改比例,如图 10-151 所示。

Step 06 单击"标注"面板上的 按扭,在命令行"指定第一个尺寸界线原点或 <选择对象>:"提示下,以左侧第一道纵向定位轴线端点为追踪点,以捕捉追踪虚线与辅助线的交点为第一尺寸界线原点,如图 10-152 所示。

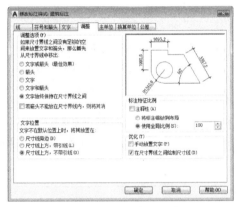 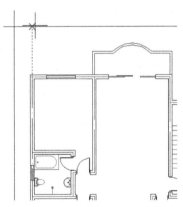

图 10-151 修改标注比例 　　　图 10-152 定位第一尺寸界线原点

Step 07 在命令行"指定第二条尺寸界线原点:"提示下,以图 10-153 中的端点作为追踪点,引出垂直追踪虚线,然后捕捉追踪虚线与辅助线的交点作为第二条界线的原点。

Step 08 在命令行"指定尺寸线位置或[多行文字(M)/文字(T)/角度(A)/水平(H)/垂直(V)/旋转(R)]:"提示下,垂直向下移动光标,输入 1200 并按 Enter 键,标注结果(一)如图 10-154 所示。

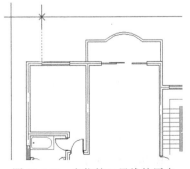 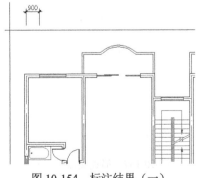

图 10-153 定位第二界线的原点 　　　图 10-154 标注结果(一)

Step 09 单击"标注"面板上的按扭，执行"连续"标注命令，配合捕捉和追踪功能标注平面图的细部尺寸，命令行操作如下。

```
命令：_Dimcontinue
指定第二条尺寸界线原点或 [放弃(U)/选择(S)] <选择>：  //捕捉交点，如图10-155所示
标注文字 = 1800
指定第二条尺寸界线原点或 [放弃(U)/选择(S)] <选择>：  //捕捉交点，如图10-156所示
标注文字 = 1200
指定第二条尺寸界线原点或 [放弃(U)/选择(S)] <选择>：  //捕捉交点，如图10-157所示
标注文字 = 900
指定第二条尺寸界线原点或 [放弃(U)/选择(S)] <选择>：  //捕捉交点，如图10-158所示
标注文字 = 3000
指定第二条尺寸界线原点或 [放弃(U)/选择(S)] <选择>：  //捕捉交点，如图10-159所示
标注文字 = 900
指定第二条尺寸界线原点或 [放弃(U)/选择(S)] <选择>：  //捕捉交点，如图10-160所示
标注文字 = 550
指定第二条尺寸界线原点或 [放弃(U)/选择(S)] <选择>：  //捕捉交点，如图10-161所示
标注文字 = 1500
指定第二条尺寸界线原点或 [放弃(U)/选择(S)] <选择>：   //Enter结束连续标注
选择连续标注：                                    //在左侧尺寸界线上单击
指定第二条尺寸界线原点或 [放弃(U)/选择(S)] <选择>：  //捕捉交点，如图10-162所示
标注文字 = 120
指定第二条尺寸界线原点或 [放弃(U)/选择(S)] <选择>：   //Enter结束连续标注
选择连续标注：                                    //Enter，标注结果如图10-163所示
```

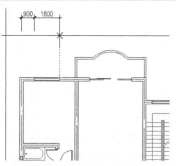

图10-155 捕捉交点（一）

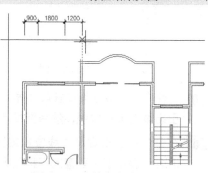

图10-156 捕捉交点（二）

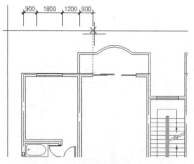

图10-157 捕捉交点（三）

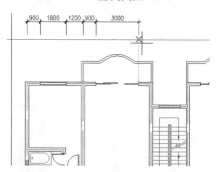

图10-158 捕捉交点（四）

第 10 章　建筑平面图设计

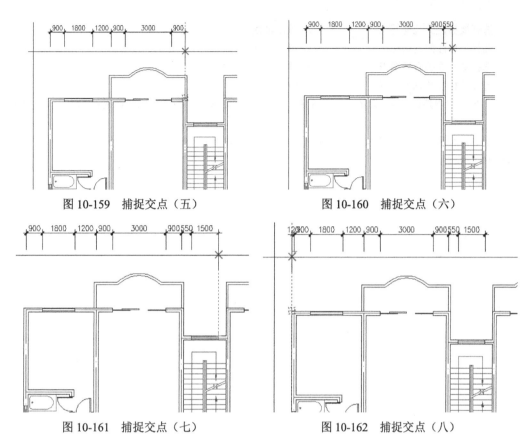

图 10-159　捕捉交点（五）　　　图 10-160　捕捉交点（六）

图 10-161　捕捉交点（七）　　　图 10-162　捕捉交点（八）

Step ⑩ 单击"标注"面板上的 A 按钮，执行"编辑标注文字"命令，对重叠的尺寸文字进行编辑，编辑结果如图 10-164 所示。

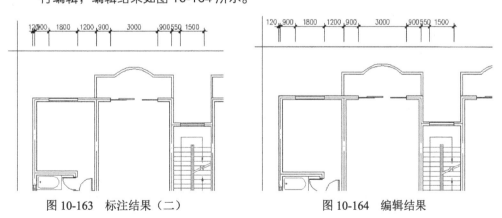

图 10-163　标注结果（二）　　　图 10-164　编辑结果

Step ⑪ 展开"图层控制"下拉列表，暂时关闭"门窗层""图块层"和"墙线层"，如图 10-165 所示。

Step ⑫ 单击"标注"面板上的 按钮，标注施工图的轴线尺寸，命令行操作如下。

```
命令：_Qdim
关联标注优先级 = 端点
选择要标注的几何图形：　　　　//单击轴线1
```

321

```
选择要标注的几何图形：        //单击轴线 2
选择要标注的几何图形：        //单击轴线 3
选择要标注的几何图形：        //单击轴线 4
选择要标注的几何图形：        //Enter
```
　　//向上引出追踪矢量，如图 10-166 所示，输入 1000 按 Enter 键，标注结果（三）如图 10-167 所示
　　指定尺寸线位置或 [连续(C)/并列(S)/基线(B)/坐标(O)/半径(R)/直径(D)/基准点(P)/编辑(E)/设置(T)] <连续>：

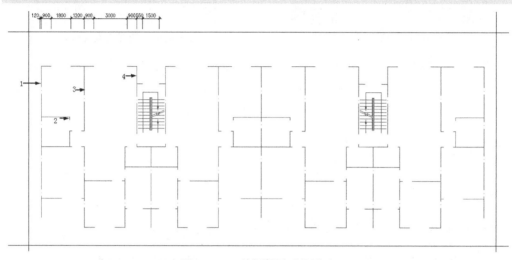

图 10-165　关闭图层后的显示

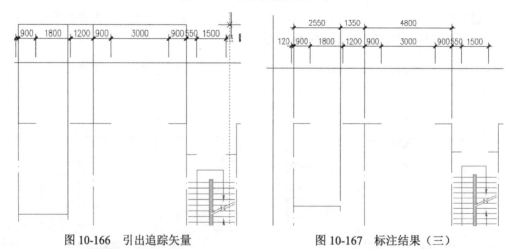

图 10-166　引出追踪矢量　　　　图 10-167　标注结果（三）

Step 13 在无命令执行的前提下，选择刚标注的轴线尺寸，使其呈现夹点显示，如图 10-168 所示。

Step 14 选择最下侧夹点，进入夹点编辑模式，根据命令行提示，捕捉此尺寸线与辅助线的交点，将其作为拉伸的目标点，将此尺寸界线的端点放置在标注辅助线上，如图 10-169 所示。

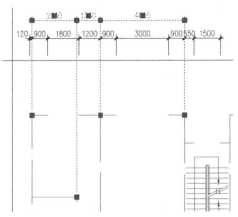

图 10-168 夹点显示　　　　　　　　　图 10-169 夹点拉伸

Step 15 按住 Shift 键依次单击其他 3 个夹点，然后单击最右侧的夹基点，根据命令行提示，捕捉尺寸界线与辅助线的交点，将其作为拉伸的目标点，并将这 3 个点拉伸至辅助线上，拉伸结果如图 10-170 所示。

Step 16 按 Esc 键取消对象的夹点显示，如图 10-171 所示。

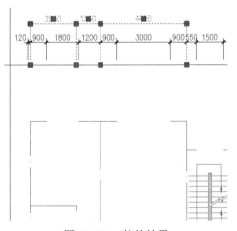
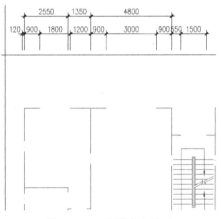

图 10-170 拉伸结果　　　　　　　　　图 10-171 取消夹点显示

Step 17 执行"连续标注"命令，捕捉交点，如图 10-172 所示，标注楼梯间的开间尺寸。

Step 18 使用快捷键 MI 执行"镜像"命令，窗口选择图 10-173 中的尺寸进行镜像，命令行操作如下。

命令：_Mirror	//按 Enter 键激活命令
选择对象：	//拉出窗口选择框，如图 10-173 所示
选择对象：	//Enter，结束对象的选择
指定镜像线的第一点：	//捕捉中点，如图 10-174 所示
指定镜像线的第二点：	//@0,1 Enter
是否删除源对象？[是(Y)/否(N)] <N>：	//Enter，镜像结果（一）如图 10-175 所示

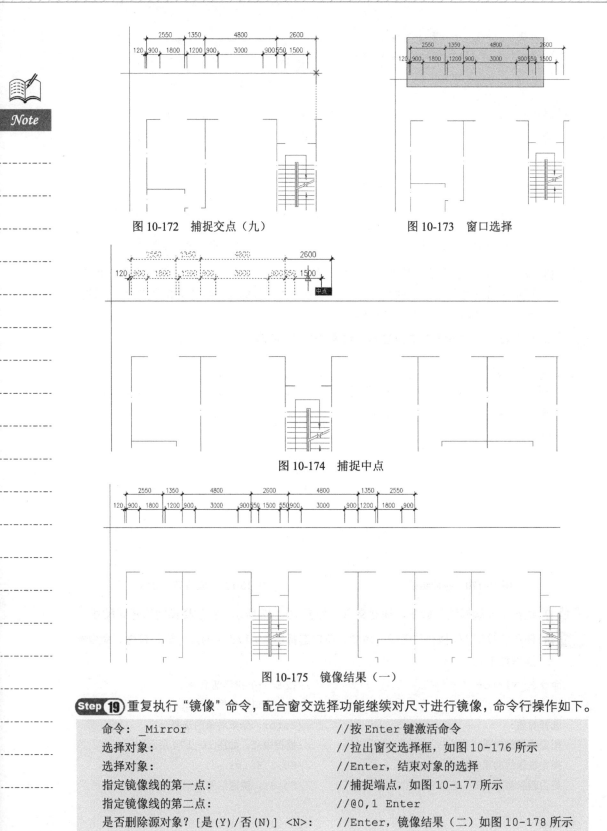

图 10-172　捕捉交点（九）　　　图 10-173　窗口选择

图 10-174　捕捉中点

图 10-175　镜像结果（一）

Step 19 重复执行"镜像"命令，配合窗交选择功能继续对尺寸进行镜像，命令行操作如下。

```
命令：_Mirror                              //按 Enter 键激活命令
选择对象：                                 //拉出窗交选择框，如图 10-176 所示
选择对象：                                 //Enter，结束对象的选择
指定镜像线的第一点：                       //捕捉端点，如图 10-177 所示
指定镜像线的第二点：                       //@0,1 Enter
是否删除源对象？[是(Y)/否(N)] <N>：        //Enter，镜像结果（二）如图 10-178 所示
```

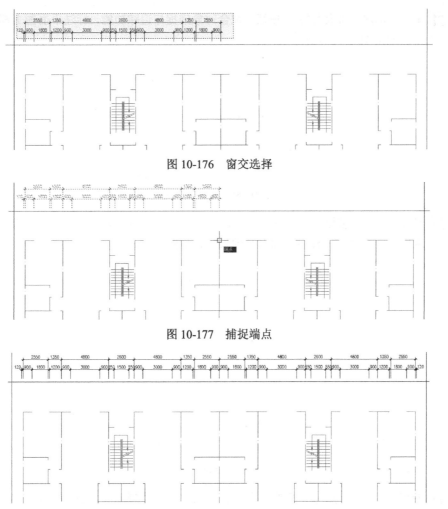

图 10-176　窗交选择

图 10-177　捕捉端点

图 10-178　镜像结果（二）

Step 20 展开"图层"面板上的"图层控制"下拉列表，打开"墙线层"和"门窗层"，此时，平面图的显示效果（二）如图 10-179 所示。

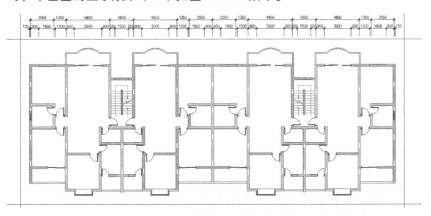

图 10-179　平面图的显示效果（二）

Step 21 单击"标注"面板上的 按钮,配合对象捕捉与追踪功能,标注平面图上侧的总尺寸,如图 10-180 所示。

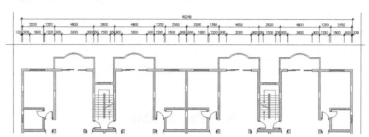

图 10-180 标注总尺寸

Step 22 参照上述操作步骤,综合使用"线性""连续""快速标注""编辑标注文字"和"夹点编辑"等命令,标注平面图其他尺寸,如图 10-181 所示。

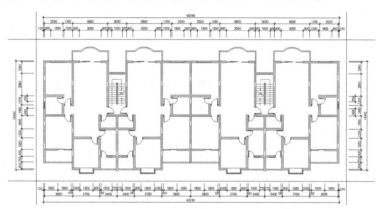

图 10-181 标注其他尺寸

Step 23 使用快捷键 E 执行"删除"命令,删除尺寸定位辅助线,删除结果如图 10-182 所示。

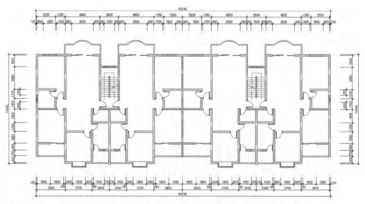

图 10-182 删除结果

Step 24 展开"图层控制"下拉列表,打开被冻结和关闭的所有图层,并关闭"轴线层",平面图施工尺寸的标注效果如图 10-146 所示。

Step 25 最后执行"另存为"命令,将图形存储为"上机实训六.dwg"。

10.8 上机实训七——标注平面图墙体轴标号

本例在综合所学知识的前提下,主要学习平面图墙体轴标号的快速标注过程和标注技巧。平面图墙体轴标号的标注效果如图 10-183 所示,具体操作步骤如下。

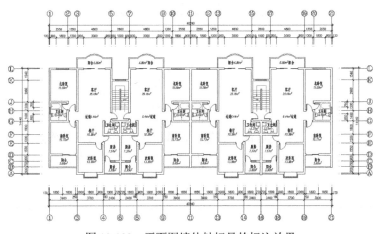

图 10-183 平面图墙体轴标号的标注效果

Step 01 继续上例操作,或者直接打开配套资源中的"/效果文件/第 10 章/上机实训六.dwg"文件。

Step 02 展开"图层"面板上的"图层控制"下拉列表,将"其他层"设为当前图层。

Step 03 在无命令执行的前提下,选择平面图的一个轴线尺寸,使其呈现夹点显示,如图 10-184 所示。

Step 04 按 Ctrl+1 组合键,打开"特性"窗口,修改尺寸界线超出尺寸线的长度,如图 10-185 所示。

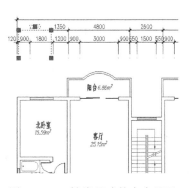

图 10-184 轴线尺寸的夹点显示

图 10-185 "特性"窗口

Step 05 关闭"特性"窗口,取消尺寸的夹点显示,选择的轴线尺寸的尺寸界线被延长,延长结果如图 10-186 所示。

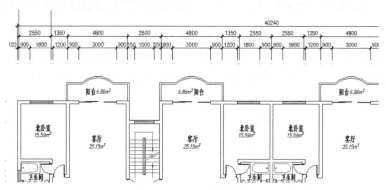

图 10-186　延长结果

Step 06 单击"特性"→"特性匹配"按钮,选择被延长的轴线尺寸作为源对象,将其尺寸界线的特性复制给其他位置的轴线尺寸,特性匹配结果如图 10-187 所示。

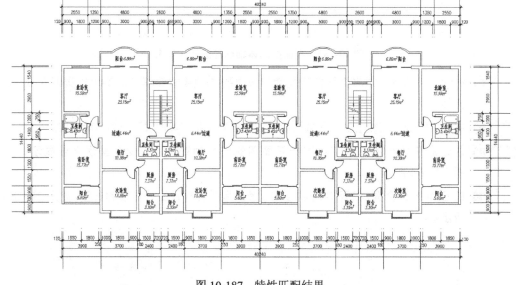

图 10-187　特性匹配结果

Step 07 使用快捷键 I 执行"插入块"命令,插入配套资源中的"/素材文件/轴标号.dwg"文件,块参数设置如图 10-188 所示。

图 10-188　块参数设置

Step 08 返回绘图区,根据命令行提示,为第一道纵向定位轴线进行编号,命令行操作如下。

```
命令：_Insert
指定插入点或 [基点(B)/比例(S)/旋转(R)]:    //捕捉下侧第一道纵向尺寸界线的端点
输入属性值
输入轴线编号：<A>:                          //1 Enter，编号结果如图10-189所示
```

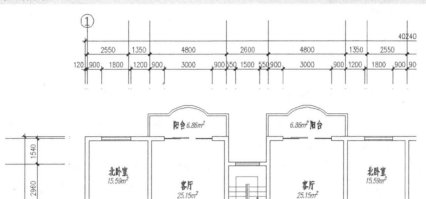

图 10-189 编号结果

Step 09 执行菜单栏"修改"→"复制"命令，将轴标号分别复制到其他指示线的末端点，基点为轴标号圆心，目标点为各指示线的末端点，复制结果如图 10-190 所示。

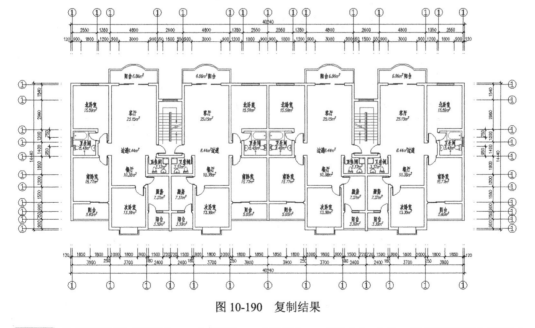

图 10-190 复制结果

Step 10 执行菜单栏"修改"→"对象"→"属性"→"单个"命令，选择平面图上侧第 2 个轴标号（从左向右），在打开的"增强属性编辑器"对话框中修改属性值为"2"，如图 10-191 所示，修改结果（一）如图 10-192 所示。

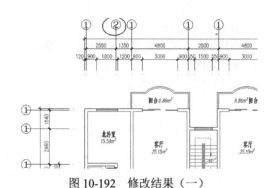

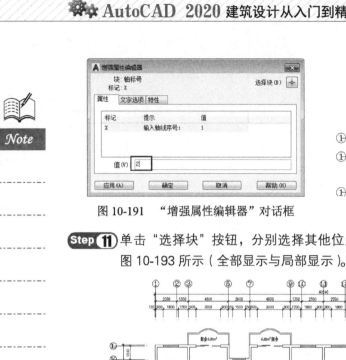

图 10-191 "增强属性编辑器"对话框　　　　图 10-192 修改结果（一）

Step 11 单击"选择块"按钮，分别选择其他位置的轴标号进行修改，修改结果（二）如图 10-193 所示（全部显示与局部显示）。

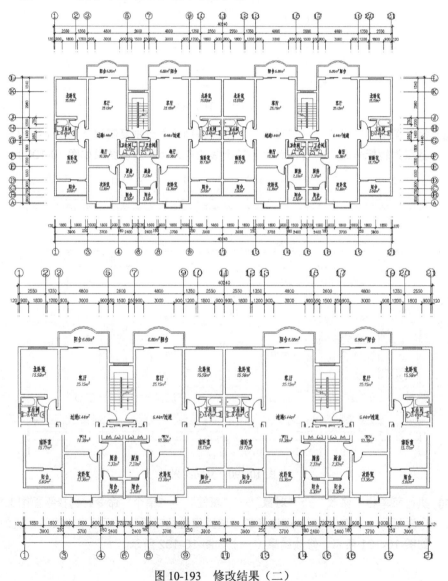

图 10-193 修改结果（二）

Step 12 双击编号为"21"的轴标号，在打开的"增强属性编辑器"对话框中修改属性文字的宽度因子，修改结果（三）如图 10-194 所示。

图 10-194 修改结果（三）

小技巧

在此巧妙地更改轴标号属性文字的宽度因子，可以在保留属性块特性的前提下，让双位数字的属性文字完全处在编号圆内，这是一种常用的操作技巧。

Step 13 依次双击所有位置的双位轴标号，修改宽度因子，使双位数字编号完全处于轴标符号内，修改结果（四）如图 10-195 所示。

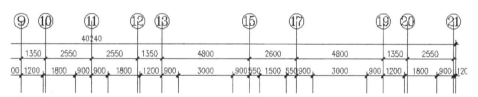

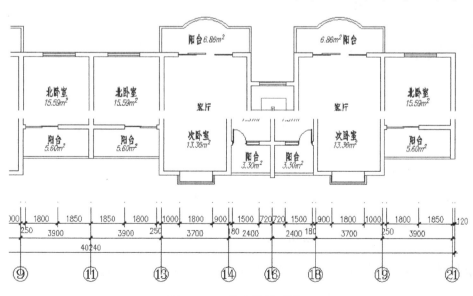

图 10-195 修改结果（四）

Step 14 执行菜单栏"修改"→"移动"命令,配合对象捕捉功能,将平面图 4 侧的轴标号进行外移,基点为轴标号与指示线的交点,目标点为各指示线端点,移动后的局部效果如图 10-196 所示。

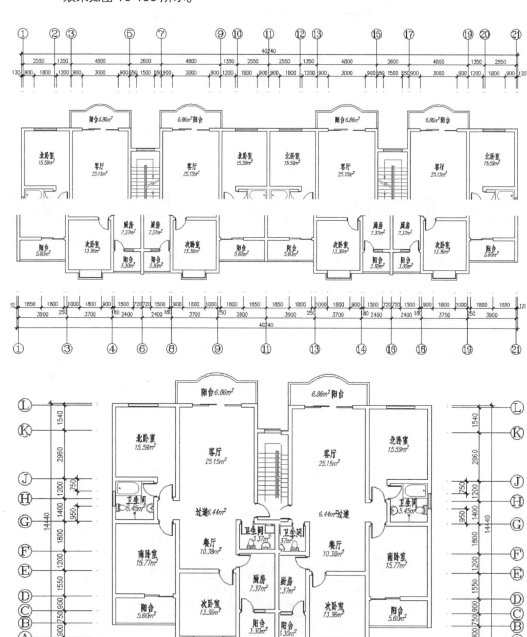

图 10-196 移动后的局部效果

Step 15 最后执行"另存为"命令,将图形存储为"上机实训七.dwg"。

10.9 小结与练习

10.9.1 小结

本章在概述平面图的表达功能、表达内容等内容的前提下，以绘制某住宅楼标准层平面图为例，通过绘制定位轴线、绘制墙线、绘制建筑构件、标注房间功能与使用面积、标注施工尺寸及为墙体编号 6 个典型实例，配合相关的制图命令和操作技巧，详细讲解了平面图的完整绘制过程和绘制技巧。

10.9.2 练习

1. 综合运用所学知识，绘制并标注联体别墅平面图（局部尺寸自定），如图 10-197 所示。

> **操作提示**
>
> 如果尺寸不清晰，在具体操作时可以调用配套资源中的"/素材文件/"目录下的"10-1.dwf"文件，以查看所需尺寸。相关设施图例读者可以自行绘制或在配套资源中的"/图块文件/"目录下直接使用。

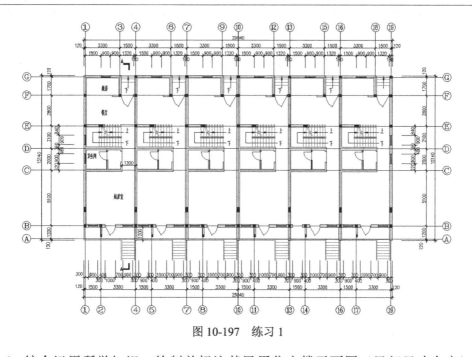

图 10-197　练习 1

2. 综合运用所学知识，绘制并标注某民用住宅楼平面图（局部尺寸自定），如图 10-198 所示。

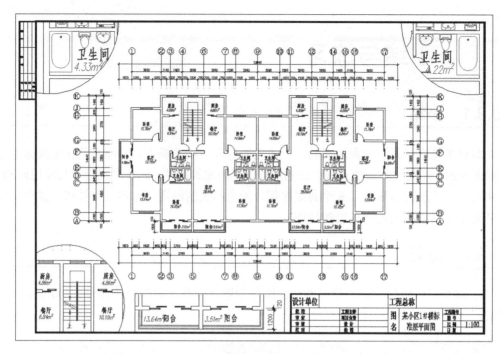

图 10-198 练习 2

操作提示

如果尺寸不清晰,在具体操作时可以调用配套资源中的"/素材文件/"目录下的"10-2.dwf"文件,以查看所需尺寸。相关设施图例读者可以自行绘制或在配套资源中的"/图块文件/"目录下直接使用。

第11章

建筑立面图设计

建筑立面图是表达建筑物空间立面结构概况的一种重要图纸，本章在概述建筑立面图相关理论知识的前提下，通过绘制某居民楼标准层建筑立面图，主要学习 AutoCAD 在绘制建筑立面图方面的具体应用技能和相关技巧。

内容要点

- ◆ 建筑立面图理论概述
- ◆ 上机实训一——绘制居民楼1~2层立面图
- ◆ 上机实训二——绘制居民楼3~6层立面图
- ◆ 上机实训三——绘制居民楼顶层立面图
- ◆ 上机实训四——为立面图标注引线注释
- ◆ 上机实训五——为立面图标注施工尺寸
- ◆ 上机实训六——为立面图标注标高尺寸

11.1 建筑立面图理论概述

本节主要概述建筑立面图（以下简称立面图）的形成方式、表达功能，以及立面图的表达内容和绘图思路等理论知识。

11.1.1 立面图的形成方式

立面图相当于正投影图中的正立投影图和侧立投影图，它是使用直接正投影法，将建筑物各个方向的外表面进行投影所得到的正投影图。通过几个不同方向的立面图，可以反映一幢建筑物的体型、外貌，以及各墙面的装饰和用料。

一般情况下，在绘制立面图时，其绘图比例需要与平面图的绘图比例保持一致，以便与平面图对照绘制和识读。

11.1.2 立面图的表达功能

立面图它是一种用于表达建筑物的外立面的造型和外貌，表达门窗在外立面上的位置、形状和开启方向，表明建筑物外墙的装修方法，以及屋顶、阳台、雨篷、窗台、勒脚、雨水管等构件的建筑材料和具体做法的建筑施工图中的基本图纸之一。

一般情况下，在设计立面图时，需要根据建筑物各立面的形状和墙面装修的要求等，来确定立面图的数量。当建筑物的各个立面造型不一样、墙面装修各异时，就需要画出所有立面的图形；当建筑物各立面造型简单，则仅需画出主要立面图即可。

11.1.3 立面图的表达内容

一般在立面图上需要表达如下内容。

1. 立面图例

由于立面图的比例较小，因此，立面图上的门窗应按图例立面式样绘制，相同类似的门窗只需画出一两个完整图，其余的只需画出单线图形即可。

2. 立面图的图名

立面图有 3 种命名方式，第 1 种命名方式就是按立面图的主次命名，即把建筑物的主要出入口或反映建筑物外貌主要特征的立面图称为正立面图，而把其他立面图分别称为背立面图、左立面图和右立面图等。

第 2 种命名方式是按照建筑物立面的朝向命名，根据建筑物立面的朝向可分别称为南立面图、北立面图、东立面图和西立面图。

第 3 种命名方式是按照轴线的编号命名，根据建筑物立面两端的轴线编号命名，如①～⑨图等。

3．立面图定位轴线

立面图横向定位轴线是一种用于表达建筑物的层高线及窗台、阳台等立面构件的高度定位线。立面图纵向定位轴线代表的是建筑物门、窗、阳台等建筑构件位置的辅助线。因此，对于立面图的纵向、横向定位轴线，可以结合建筑平面图，为建筑物各立面构件进行定位，如图11-1所示。

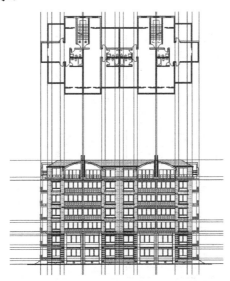

图11-1 立面图纵向、横向定位轴线

4．文本注释

在立面图上，外墙表面分格线应表示清楚，一般需要使用文字说明各部分所用的面材和色彩。例如，表明外墙装饰的做法及分格，以及表明室外台阶、勒角、窗台、阳台、檐沟、屋顶和雨水管等的立面形状及材料做法，以便指导施工。

5．立面图线宽

为了确保立面图的清晰美观，在绘制立面图时需要注意图线的线宽。一般情况下，立面图的外形轮廓线需要使用粗实线表示；室外地坪线需要使用特粗实线表示；门窗、阳台、雨罩等构件的主要轮廓线用中粗实线表示；其他如门窗扇、墙面分格线等均用细实线表示。

6．比例与轴线编号

立面图采用的比例应与平面图的比例一致，以便与平面图对照识读。另外，在立面图中，只需画出两端的轴线并注出其编号，编号应与平面图该立面两端的轴线编号一致，以便与平面图对照识读，从而确认立面的方位。对于没有定位轴线的建筑物，可以按照平面图各面的朝向进行绘制。

7．尺寸标注

沿立面图的高度方向只需要标注3道尺寸，分别是细部尺寸、层高尺寸和总高尺寸，立面图各尺寸标注如图 11-2 所示。其中，最里面的一道尺寸是细部尺寸，它用于表明室内与室外的地面高度差、窗下墙高度、门窗洞口高度、洞口顶面到上一层楼面的高度、女儿墙或挑檐板高度等；中间一道尺寸是层高尺寸，它用于表明每上下两层楼地面之间的距离；最外面一道尺寸是总高尺寸，它用于表明室外地坪至女儿墙檐口的距离。

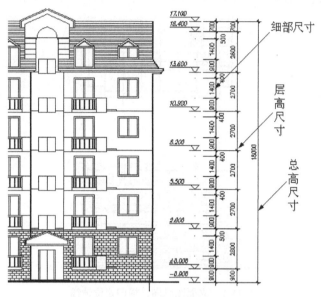

图 11-2　立面图各尺寸标注

11.1.4　立面图绘图思路

在绘制立面图时，具体可以遵循如下步骤：
（1）绘制纵向、横向定位轴线。
（2）根据立面图的纵向、横向定位轴线，绘制出立面图的主体框架和地坪线。
（3）根据纵向、横向定位轴线，绘制立面图的主体构件轮廓。
（4）对立面图内部细节进行填充和完善。例如，编辑轮廓线特性、填充图案，以及绘制墙体、阳台或窗扇等构件方格线等。
（5）在立面图上标注必要的文字注释，以表明立面图部件材料及做法等。
（6）标注立面图的细部尺寸、层高尺寸和总高尺寸。
（7）标注立面图的标高。
（8）最后一个环节就是为立面图标注一些符号，如索引符号和轴标号等。

11.2　上机实训——绘制居民楼 1～2 层立面图

本例在综合所学知识的前提下，主要学习居民楼 1～2 层立面图的具体绘制过程和绘制技巧。居民楼 1～2 层立面图的绘制效果如图 11-3 所示，具体操作步骤如下。

第 11 章　建筑立面图设计

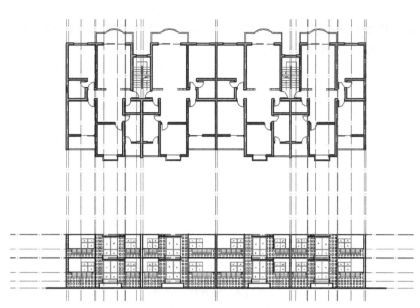

图 11-3　居民楼 1～2 层立面图的绘制效果

Step 01 打开配套资源中的"/素材文件/居民楼平面图.dwg"文件。

Step 02 使用快捷键 LA 执行"图层"命令,在打开的"图层特性管理器"面板内双击"轴线层",将其设为当前图层,然后冻结"尺寸层""文本层""面积层""图块层"和"其他层",如图 11-4 所示,平面图的显示效果如图 11-5 所示。

图 11-4　"图层特性管理器"面板

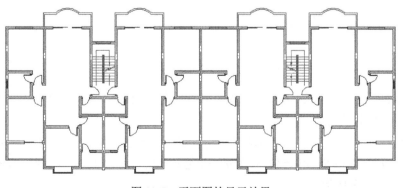

图 11-5　平面图的显示效果

Step 03 执行菜单栏"格式"→"线型"命令，在打开的"线型管理器"对话框中修改线型比例尺为 1，如图 11-6 所示。

图 11-6　设置线型比例

Step 04 使用快捷键 LA 执行"图层"命令，修改"轮廓线"图层的线宽为 0.30mm，并打开状态栏上的"线宽显示"功能。

Step 05 执行菜单栏"绘图"→"构造线"命令，分别通过平面图下侧各墙、窗等位置点，绘制垂直构造线，作为立面图纵向定位轴线，如图 11-7 和图 11-8 所示。

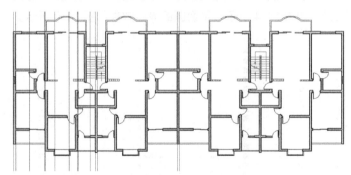

图 11-7　绘制纵向定位轴线（全局图）

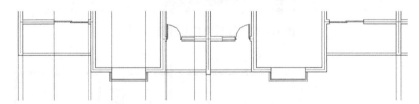

图 11-8　绘制纵向定位轴线（局部放大图）

Step 06 重复执行"构造线"命令，在平面图下侧的适当位置绘制一条水平构造线作为横向定位基准线。

Step 07 执行菜单栏"修改"→"偏移"命令，将横向定位基准线分别向上偏移 900 个绘图单位和 3900 个绘图单位，作为室内地面和底层立面的横向定位轴线，偏移结果（一）如图 11-9 所示。

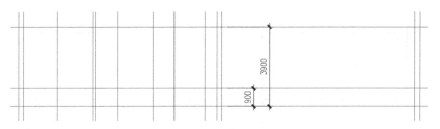

图 11-9 偏移结果（一）

Step 08 重复执行"偏移"命令，将最上侧的横向定位轴线分别向下偏移 120 个绘图单位和 1900 个绘图单位，作为外墙身和阳台栏杆定位轴线，偏移结果（二）如图 11-10 所示。

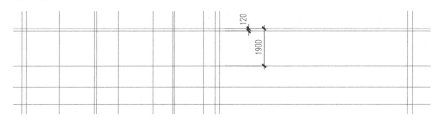

图 11-10 偏移结果（二）

Step 09 展开"图层"面板上的"图层控制"下拉列表，设置"轮廓线"为当前图层。

Step 10 执行菜单栏"绘图"→"多段线"命令，绘制宽度为 80 个绘图单位的多段线作为地坪线，如图 11-11 所示。

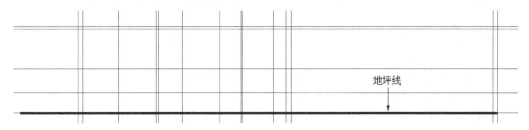

图 11-11 绘制地坪线

Step 11 执行菜单栏"绘图"→"直线"命令，配合端点和交点捕捉功能，绘制立面轮廓线，如图 11-12 所示。

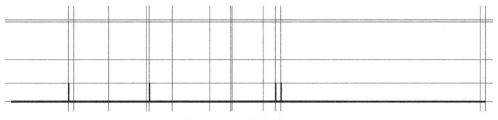

图 11-12 绘制结果（一）

Step 12 重复执行"直线"命令，配合端点和交点捕捉功能，绘制底层立面轮廓线，如图 11-13 所示。

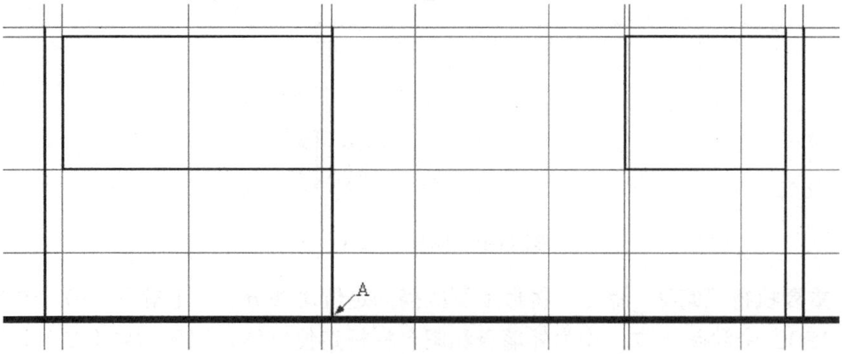

图 11-13 绘制结果（二）

Step 13 执行菜单栏"绘图"→"多段线"命令，配合捕捉自功能绘制宽度为 0 的轮廓线，命令行操作如下。

```
命令：_Pline
指定起点：                    //激活捕捉自功能
_from 基点：                  //捕捉点 A，如图 11-13 所示
<偏移>：                      //@550,0 Enter
当前线宽为 80.0
指定下一个点或 [圆弧(A)/半宽(H)/长度(L)/放弃(U)/宽度(W)]：    //W Enter
指定起点宽度 <80.0>：          //0 Enter
指定端点宽度 <0.0>：           //Enter
指定下一个点或 [圆弧(A)/半宽(H)/长度(L)/放弃(U)/宽度(W)]：//@0,600 Enter
//@2940,0 Enter
指定下一点或 [圆弧(A)/闭合(C)/半宽(H)/长度(L)/放弃(U)/宽度(W)]：
//@0,-600 Enter
指定下一点或 [圆弧(A)/闭合(C)/半宽(H)/长度(L)/放弃(U)/宽度(W)]：
//Enter，绘制结果（三）如图 11-14 所示
指定下一点或 [圆弧(A)/闭合(C)/半宽(H)/长度(L)/放弃(U)/宽度(W)]：
命令：                        //Enter
Pline 指定起点：              //激活捕捉自功能
_from 基点：                  //捕捉点 S，如图 11-14 所示
<偏移>：                      //@450,0 Enter
当前线宽为 0.0
//@0,500 Enter
指定下一个点或 [圆弧(A)/半宽(H)/长度(L)/放弃(U)/宽度(W)]：
//@2040,0 Enter
指定下一点或 [圆弧(A)/闭合(C)/半宽(H)/长度(L)/放弃(U)/宽度(W)]：
//@0,-500 Enter
指定下一点或 [圆弧(A)/闭合(C)/半宽(H)/长度(L)/放弃(U)/宽度(W)]：
//Enter，结束命令，绘制结果（四）如图 11-15 所示
指定下一点或 [圆弧(A)/闭合(C)/半宽(H)/长度(L)/放弃(U)/宽度(W)]：
```

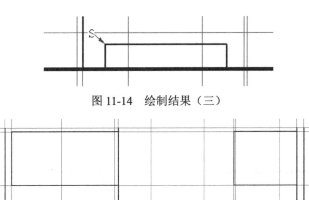

图 11-14 绘制结果（三）

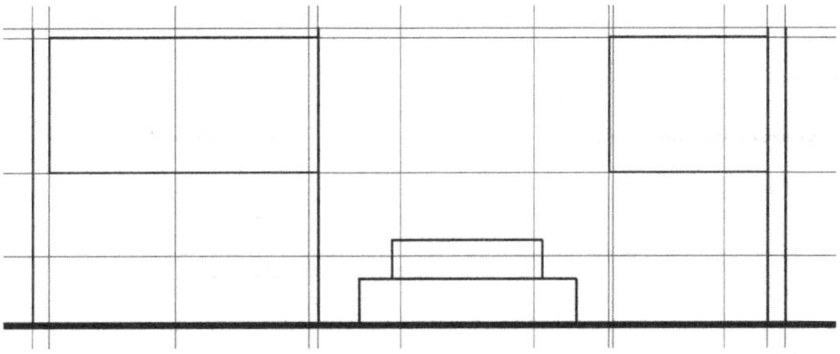

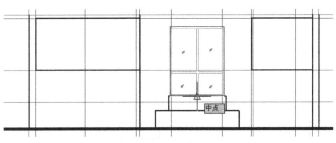

图 11-15 绘制结果（四）

Step 14 展开"图层"面板上的"图层控制"下拉列表，设置"图块层"为当前图层。

Step 15 执行菜单栏"插入"→"块"命令，插入配套资源中的"/素材文件/立面窗 01.dwg"文件，插入点为图 11-16 中的中点。

图 11-16 定位插入点（一）

Step 16 执行菜单栏"绘图"→"矩形"命令，配合捕捉自功能，在"轮廓线"图层内绘制长度为 2980 个绘图单位、宽度为 100 个绘图单位的矩形轮廓线，命令行操作如下。

```
命令：_Rectang
指定第一个角点或 [倒角(C)/标高(E)/圆角(F)/厚度(T)/宽度(W)]：
                                          //激活捕捉自功能
_from 基点：                              //捕捉端点，如图 11-17 所示
<偏移>：                                  //@-100,0 Enter
//@2980,100Enter，绘制结果（五）如图 11-18 所示
指定另一个角点或 [面积(A)/尺寸(D)/旋转(R)]：
```

Step 17 使用快捷键 I 再次激活"插入块"命令，采用默认参数，分别插入配套资源中的"/素材文件/"文件目录下的"推拉门.dwg"和"门联窗.dwg"图块，插入点分别为图 11-19 中的交点 A 和交点 B。

Step 18 使用快捷键 X 执行"分解"命令，将刚插入的两个图块进行分解，然后执行"修剪"和"删除"命令，删除被遮挡住的图线和残余图线，操作结果如图 11-20 所示。

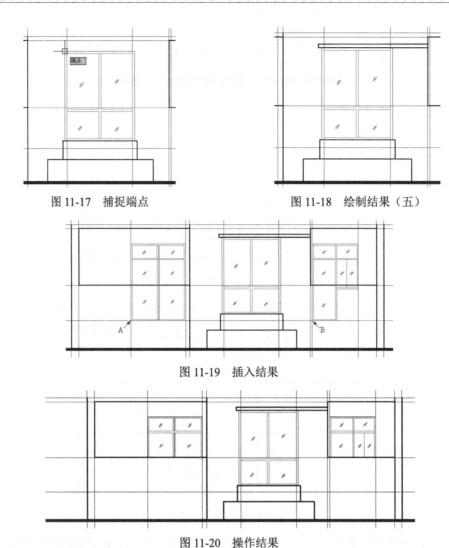

图 11-17 捕捉端点　　　　图 11-18 绘制结果（五）

图 11-19 插入结果

图 11-20 操作结果

Step 19 夹点显示推拉门和门联窗，如图 11-21 所示，然后展开"图层控制"下拉列表，修改其图层为"图块层"。

Step 20 使用快捷键 I 执行"插入块"命令，插入配套资源中的"/素材文件/铁艺栏 01.dwg"文件，插入点为图 11-22 中的中点。

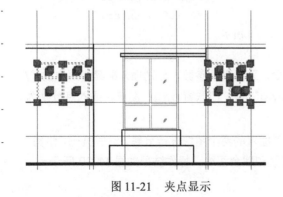

图 11-21 夹点显示　　　　图 11-22 定位插入点（二）

第 11 章　建筑立面图设计

Step 21 使用快捷键 I 执行"插入块"命令，插入配套资源中的"/素材文件/铁艺栏 02.dwg"文件，插入点为图 11-23 中的中点。

Step 22 单击"默认"→"修改"→"复制"按钮，选择上侧 3 条水平构造线进行复制，命令行操作如下。

```
命令：_Copy
选择对象：                                        //选择上侧 3 条水平构造线
选择对象：                                        //Enter,结束选择
当前设置：复制模式 = 多个
指定基点或 [位移(D)/模式(O)] <位移>：              //拾取任一点
指定第二个点或 [阵列(A)] <使用第一个点作为位移>：  //@0,3000 Enter
//Enter,结束命令，复制结果（一）如图 11-24 所示
指定第二个点或 [阵列(A)/退出(E)/放弃(U)] <退出>：
```

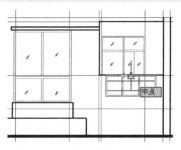

图 11-23　定位插入点（三）

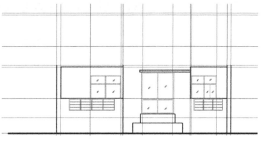

图 11-24　复制结果（一）

Step 23 展开"图层控制"下拉列表，关闭"轴线层"，执行菜单栏"修改"→"复制"命令，选择底层立面轮廓线进行复制，命令行操作如下。

```
命令：_Copy
选择对象：                                        //窗交选择图 11-25 中的图形
选择对象：                                        //Enter,结束选择
当前设置：复制模式 = 多个
指定基点或 [位移(D)/模式(O)] <位移>：              //拾取任一点作为基点
指定第二个点或 [阵列(A)] <使用第一个点作为位移>：  //@0,3000 Enter
//Enter,复制结果（二）如图 11-26 所示
指定第二个点或 [阵列(A)/退出(E)/放弃(U)] <退出>：
```

Step 24 展开"图层"面板上的"图层控制"下拉列表，将"填充层"设置为当前图层。

Step 25 单击"默认"→"绘图"→"多段线"按钮，配合端点捕捉功能，绘制墙面分界线，命令行操作如下。

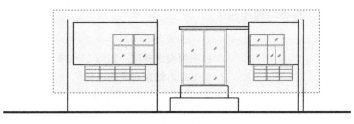

图 11-25　窗交选择（一）

345

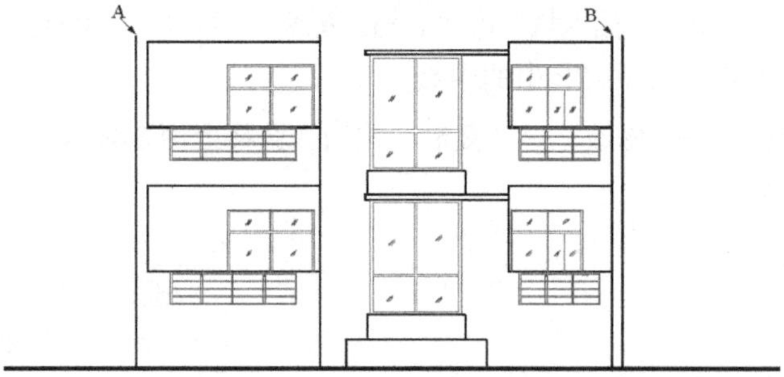

图 11-26 复制结果（二）

```
命令：_Pline
指定起点：                                //捕捉端点 A, 如图 11-26 所示
当前线宽为 0.0
指定下一个点或 [圆弧(A)/半宽(H)/长度(L)/放弃(U)/宽度(W)]: //@4900,0 Enter
//@0,-300 Enter
指定下一点或 [圆弧(A)/闭合(C)/半宽(H)/长度(L)/放弃(U)/宽度(W)]:
指定下一点或 [圆弧(A)/闭合(C)/半宽(H)/长度(L)/放弃(U)/宽度(W)]: //Enter
命令：                                   //Enter
Pline
指定起点：                                //捕捉端点 B, 如图 11-26 所示
当前线宽为 0.0
指定下一个点或 [圆弧(A)/半宽(H)/长度(L)/放弃(U)/宽度(W)]://@-3060,0 Enter
//@0,-300 Enter
指定下一点或 [圆弧(A)/闭合(C)/半宽(H)/长度(L)/放弃(U)/宽度(W)]:
//Enter, 绘制结果（六）如图 11-27 所示
指定下一点或 [圆弧(A)/闭合(C)/半宽(H)/长度(L)/放弃(U)/宽度(W)]:
```

图 11-27 绘制结果（六）

Step 26 执行"删除"和"移动"命令，对门联窗进行修改完善，然后执行菜单栏"修改"→"镜像"命令，配合两点之间的中点和端点捕捉功能，对编辑后的单元立面图进行镜像复制，命令行操作如下。

```
命令：_Mirror
选择对象：                                //拉出窗交选择框，如图 11-28 所示
选择对象：                                //Enter, 结束对象的选择
//按住<Shfit>键单击鼠标右键，选择快捷菜单上的"两点之间的中点"选项
指定镜像线的第一点：
_m2p 中点的第一点：                        //捕捉端点 A, 如图 11-28 所示
```

中点的第二点： //捕捉端点 B
指定镜像线的第二点： //@0,1 Enter
要删除源对象吗？[是(Y)/否(N)] <N>： //Enter，镜像结果如图 11-29 所示

图 11-28　窗交选择（二）

图 11-29　镜像结果

Step 27 使用快捷键 J 执行"合并"命令，将图 11-29 中的两条垂直轮廓线进行合并，合并结果如图 11-30 所示。

图 11-30　合并结果

Step 28 执行菜单栏"修改"→"延伸"命令，对合并后的垂直轮廓线进行延伸，命令行操作如下。

命令：_Extend
当前设置：投影=UCS，边=无
选择边界的边...
选择对象或 <全部选择>： //选择轮廓线 1，如图 11-30 所示
选择对象： //选择地坪线 3
选择对象： //Enter，结束选择
选择要延伸的对象，或按住 Shift 键选择要修剪的对象，或[栏选(F)/窗交(C)/投影(P)/边(E)/放弃(U)]： //在轮廓线 2 上端单击，如图 11-30 所示
选择要延伸的对象，或按住 Shift 键选择要修剪的对象，或[栏选(F)/窗交(C)/投影(P)/边

(E)/放弃(U)]: //在轮廓线 2 下端单击
选择要延伸的对象，或按住 Shift 键选择要修剪的对象，或[栏选(F)/窗交(C)/投影(P)/边
(E)/放弃(U)]: //Enter，结束命令，延伸结果如图 11-31 所示

Step 29　执行菜单栏"修改"→"修剪"命令，以延伸后的垂直轮廓线作为边界，对上侧的水平轮廓线进行修剪，修剪结果如图 11-32 所示。

图 11-31　延伸结果　　　　　　　　图 11-32　修剪结果

Step 30　展开"图层"面板上的"图层控制"下拉列表，设置"填充层"为当前图层。

Step 31　将当前颜色设置为 232 号色，然后执行菜单栏"绘图"→"图案填充"命令，设置填充参数如图 11-33 所示。为底层立面填充图案，填充结果如图 11-34 所示。

图 11-33　设置填充参数　　　　　　　图 11-34　填充结果

Step 32　展开"图层"面板上的"图层控制"下拉列表，打开"轴线层"，如图 11-35 所示。

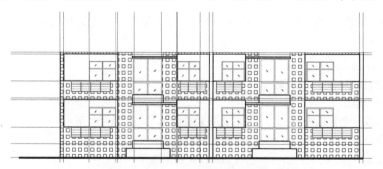

图 11-35　打开"轴线层"后的效果

Step 33　最后执行"另存为"命令，将图形存储为"上机实训一.dwg"。

11.3 上机实训二——绘制居民楼 3～6 层立面图

本例在综合所学知识的前提下,主要学习居民楼 3～6 层立面图的具体绘制过程和绘制技巧。居民楼 3～6 层立面图的绘制效果如图 11-36 所示,具体操作步骤如下。

Step 01 继续上例操作,或者直接打开配套资源中的"/效果文件/第 11 章/上机实训一.dwg"文件。

Step 02 执行菜单栏"修改"→"偏移"命令,将最上侧的横向定位轴线分别向上偏移 1100 个绘图单位、2880 个绘图单位和 3000 个绘图单位,偏移结果如图 11-37 所示。

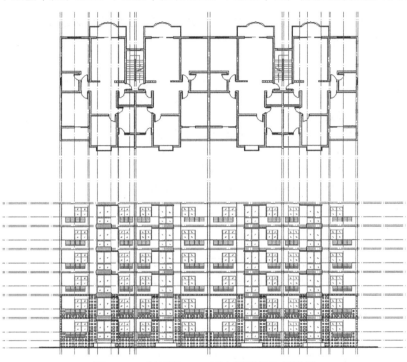

图 11-36 居民楼 3～6 层立面图的绘制效果

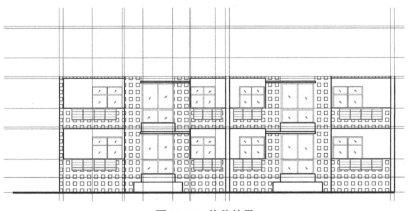

图 11-37 偏移结果

Step 03 使用快捷键 LA 执行"图层"命令，设置"0 图层"作为当前图层，并关闭"填充层"和"轴线层"，操作结果如图 11-38 所示。

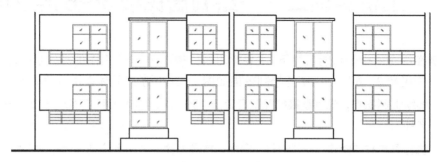

图 11-38 操作结果

Step 04 单击"默认"→"修改"→"复制"按钮，选择立面图的第 2 层轮廓图进行复制，命令行操作如下。

```
命令：_Copy
选择对象：                              //选择第 2 层轮廓图，如图 11-39 所示
选择对象：                              //Enter，结束选择
当前设置：复制模式 = 多个
指定基点或 [位移(D)/模式(O)] <位移>：    //拾取任一点
指定第二个点或 [阵列(A)] <使用第一个点作为位移>： //@0,3000 Enter
//Enter，结束命令，复制结果如图 11-40 所示
指定第二个点或 [阵列(A)/退出(E)/放弃(U)] <退出>：
```

图 11-39 窗交选择（一）

图 11-40 复制结果

Step 05 展开"图层控制"下拉列表，打开"填充层"，然后执行菜单栏"修改"→"镜像"命令，对立面图进行垂直镜像，命令行操作如下。

第 11 章 建筑立面图设计

```
命令：_Mirror
选择对象：                          //窗交选择图 11-41 中的图形
选择对象：                          //Enter，结束选择
指定镜像线的第一点：                 //激活"两点之间的中点"选项
_m2p 中点的第一点：                 //捕捉端点 1
中点的第二点：                       //捕捉端点 2，如图 11-41 所示
指定镜像线的第二点：                 //@0,1 Enter
要删除源对象吗？[是(Y)/否(N)]<N>：   //Enter，镜像结果如图 11-42 所示
```

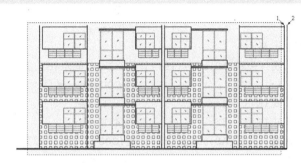

图 11-41　窗交选择（二）

图 11-42　镜像结果

Step 06　展开"图层控制"下拉列表，打开"轴线层"。

Step 07　单击"默认"→"修改"→"矩形阵列"按钮，选择最上侧的 3 条水平构造线进行阵列，命令行操作如下。

```
命令：_Arrayrect
选择对象：                                              //选择最上侧的 3 条水平构造线
选择对象：                                              //Enter
类型 = 矩形   关联 = 是
选择夹点以编辑阵列或 [关联(AS)/基点(B)/计数(COU)/间距(S)/列数(COL)/行数(R)/层
数(L)/退出(X)] <退出>：                                 //COU Enter
输入列数数或 [表达式(E)] <4>：                           //1 Enter
输入行数数或 [表达式(E)] <3>：                           //4 Enter
选择夹点以编辑阵列或 [关联(AS)/基点(B)/计数(COU)/间距(S)/列数(COL)/行数(R)/层
数(L)/退出(X)] <退出>：                                 //S Enter
指定列之间的距离或 [单位单元(U)] <7610>：                //1 Enter
指定行之间的距离 <4369>：                               //3000 Enter
选择夹点以编辑阵列或 [关联(AS)/基点(B)/计数(COU)/间距(S)/列数(COL)/行数(R)/层
数(L)/退出(X)] <退出>：                                 //AS Enter
```

创建关联阵列 [是(Y)/否(N)] <否>:   //N Enter
选择夹点以编辑阵列或 [关联(AS)/基点(B)/计数(COU)/间距(S)/列数(COL)/行数(R)/层
数(L)/退出(X)] <退出>:   //Enter，阵列结果（一）如图 11-43 所示

Step 08 展开"图层控制"下拉列表，关闭"轴线层"。

Step 09 关闭状态栏上的"线宽显示"功能，然后重复执行"矩形阵列"命令，配合窗交选择功能，对立面图的第 3 层轮廓图进行阵列，命令行操作如下。

命令: _Arrayrect
选择对象: //窗交选择图形，如图 11-44 所示
选择对象: //Enter
类型 = 矩形 关联 = 是
选择夹点以编辑阵列或 [关联(AS)/基点(B)/计数(COU)/间距(S)/列数(COL)/行数(R)/层
数(L)/退出(X)] <退出>:   //COU Enter
输入列数数或 [表达式(E)] <4>:   //1 Enter
输入行数数或 [表达式(E)] <3>:   //4 Enter
选择夹点以编辑阵列或 [关联(AS)/基点(B)/计数(COU)/间距(S)/列数(COL)/行数(R)/层
数(L)/退出(X)] <退出>:   //S Enter
指定列之间的距离或 [单位单元(U)] <7610>:   //1 Enter
指定行之间的距离 <4369>:   //3000 Enter
选择夹点以编辑阵列或 [关联(AS)/基点(B)/计数(COU)/间距(S)/列数(COL)/行数(R)/层
数(L)/退出(X)] <退出>:   //AS Enter
创建关联阵列 [是(Y)/否(N)] <否>:   //N Enter
选择夹点以编辑阵列或 [关联(AS)/基点(B)/计数(COU)/间距(S)/列数(COL)/行数(R)/层
数(L)/退出(X)] <退出>:   //Enter，阵列结果（二）如图 11-45 所示

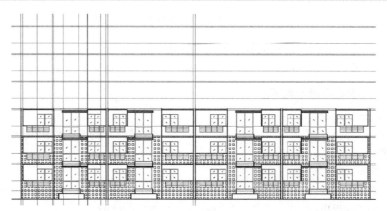

图 11-43　阵列结果（一）

图 11-44　窗交选择（三）

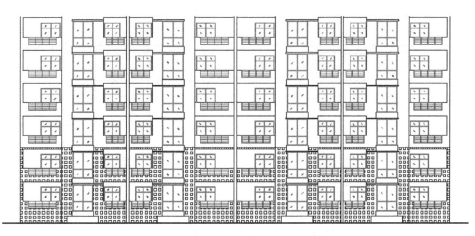

图 11-45　阵列结果（二）

Step 10 修改线型比例为 100，然后展开"图层"面板上的"图层控制"下拉列表，打开"轴线层"，如图 11-46 所示。

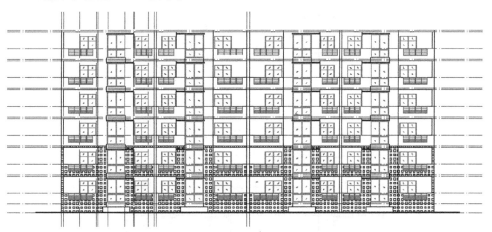

图 11-46　打开"轴线层"后的效果

Step 11 最后执行"另存为"命令，将图形存储为"上机实训二.dwg"。

11.4　上机实训三——绘制居民楼顶层立面图

本例在综合所学知识的前提下，主要学习居民楼顶层立面图的具体绘制过程和绘制技巧。居民楼顶层立面图的绘制效果如图 11-47 所示，具体操作步骤如下。

Step 01 继续上例操作，或者直接打开配套资源中的"/效果文件/第 11 章/上机实训二.dwg"文件。

Step 02 展开"图层"面板上的"图层控制"下拉列表，将"轴线层"设置为当前图层。

Step 03 使用快捷键 E 执行"删除"命令，删除内部垂直定位辅助线，操作结果如图 11-48 所示。

图 11-47 居民楼顶层立面图的绘制效果

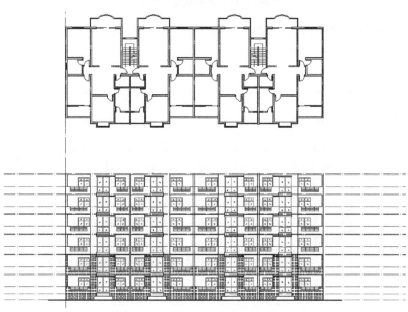

图 11-48 操作结果

Step 04 执行菜单栏"修改"→"复制"命令,选择最上侧的横向定位轴线进行多重复制,创建出顶层立面的横向定位轴线,命令行操作如下。

```
命令: _Copy
选择对象:                                              //选择最上侧的横向定位轴线
选择对象:                                              //Enter
当前设置: 复制模式 = 多个
指定基点或 [位移(D)] <位移>:                            //拾取任意一点
指定第二个点或 [阵列(A)] <使用第一个点作为位移>:        //@0,680 Enter
指定第二个点或 [阵列(A)/退出(E)/放弃(U)] <退出>:        //@0,2050 Enter
指定第二个点或 [阵列(A)/退出(E)/放弃(U)] <退出>:        //@0,3050 Enter
//Enter,结束命令,复制结果如图 11-49 所示
指定第二个点或 [阵列(A)/退出(E)/放弃(U)] <退出>:
```

图 11-49 复制结果

Step 05 使用快捷键 XL 执行"构造线"命令，根据视图间的对正关系，配合中点捕捉功能引出垂直构造线，如图 11-50 所示。

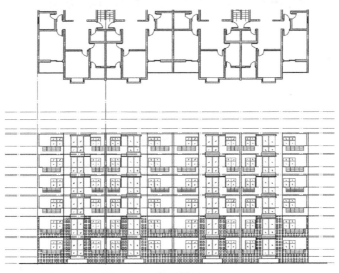

图 11-50 绘制结果（一）

Step 06 使用快捷键 O 执行"偏移"命令，将刚绘制的垂直构造线对称偏移 1550 个绘图单位和 2570 个绘图单位，偏移结果（一）如图 11-51 所示。

图 11-51 偏移结果（一）

Step 07 展开"图层"面板上的"图层控制"下拉列表,将"轮廓线"设置为当前图层。

Step 08 执行菜单栏"绘图"→"直线"命令,配合交点捕捉功能,绘制内部的立面轮廓线,如图11-52所示。

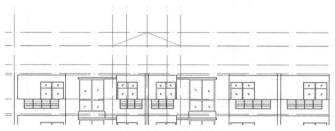

图11-52 绘制结果(二)

Step 09 执行菜单栏"修改"→"偏移"命令,将倾斜轮廓线向上偏移150个绘图单位,向下偏移200个绘图单位,绘制结果(三)如图11-53所示。

图11-53 绘制结果(三)

Step 10 重复执行"偏移"命令,将内部的三角形轮廓线分别向内偏移50个绘图单位,偏移结果(二)如图11-54所示。

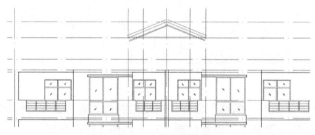

图11-54 偏移结果(二)

Step 11 执行菜单栏"修改"→"圆角"命令,将圆角半径设置为0,配合"圆角"命令中的"多个"功能,对偏移出的各轮廓线进行圆角,圆角结果如图11-55所示。

图11-55 圆角结果

Step 12 使用快捷键 L 执行"直线"命令,配合交点捕捉功能绘制两条垂直轮廓线,绘制结果(四)如图 11-56 所示。

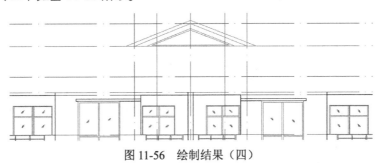

图 11-56 绘制结果(四)

Step 13 执行"多段线"命令,配合端点捕捉和坐标输入功能,绘制左侧的外墙轮廓线,命令行操作如下。

```
命令: _Pline
指定起点:                                          //捕捉交点,如图 11-57 所示
当前线宽为 0.0
指定下一个点或 [圆弧(A)/半宽(H)/长度(L)/放弃(U)/宽度(W)]:    //@-100,0 Enter
指定下一点或 [圆弧(A)/闭合(C)/半宽(H)/长度(L)/放弃(U)/宽度(W)]://@0,50 Enter
指定下一点或 [圆弧(A)/闭合(C)/半宽(H)/长度(L)/放弃(U)/宽度(W)]:  //A Enter
指定圆弧的端点或[角度(A)/圆心(CE)/闭合(CL)/方向(D)/半宽(H)/直线(L)/半径(R)/第
二个点(S)/放弃(U)/宽度(W)]:            //CE Enter
指定圆弧的圆心:                        //@0,200 Enter
指定圆弧的端点或 [角度(A)/长度(L)]:      //A Enter
指定包含角:                            //-90 Enter
指定圆弧的端点或[角度(A)/圆心(CE)/闭合(CL)/方向(D)/半宽(H)/直线(L)/半径(R)/第
二个点(S)/放弃(U)/宽度(W)]:            //L Enter
指定下一点或 [圆弧(A)/闭合(C)/半宽(H)/长度(L)/放弃(U)/宽度(W)]:  //@-100,0 Enter
指定下一点或 [圆弧(A)/闭合(C)/半宽(H)/长度(L)/放弃(U)/宽度(W)]:  //@0,3470 Enter
指定下一点或 [圆弧(A)/闭合(C)/半宽(H)/长度(L)/放弃(U)/宽度(W)]:  //@200,0 Enter
指定下一点或 [圆弧(A)/闭合(C)/半宽(H)/长度(L)/放弃(U)/宽度(W)]:  //@0,-200 Enter
指定下一点或 [圆弧(A)/闭合(C)/半宽(H)/长度(L)/放弃(U)/宽度(W)]:  //@500,0 Enter
指定下一点或 [圆弧(A)/闭合(C)/半宽(H)/长度(L)/放弃(U)/宽度(W)]:  //@0,200 Enter
指定下一点或 [圆弧(A)/闭合(C)/半宽(H)/长度(L)/放弃(U)/宽度(W)]:  //@19802,0 Enter
//Enter,绘制结果(五)如图 11-58 所示
指定下一点或 [圆弧(A)/闭合(C)/半宽(H)/长度(L)/放弃(U)/宽度(W)]:
```

图 11-57 捕捉交点

图 11-58 绘制结果(五)

Step 14 使用快捷键 E 执行"删除"命令,删除垂直定位辅助线,删除结果如图 11-59 所示。

图 11-59 删除结果

Step 15 执行菜单栏"修改"→"镜像"命令,选择顶层轮廓线进行镜像复制,命令行操作如下。

```
命令: _Mirror
选择对象:                                    //窗口选择图 11-60 中的对象
选择对象:                                    //Enter
指定镜像线的第一点:                          //捕捉端点,如图 11-61 所示
指定镜像线的第二点:                          //@0,1Enter
要删除源对象吗? [是(Y)/否(N)] <N>:   //Enter,结束命令,镜像结果如图 11-62 所示
```

图 11-60 窗口选择

图 11-61 捕捉端点

图 11-62 镜像结果

Step 16 展开"图层"面板上的"图层控制"下拉列表,关闭"轴线层",然后执行"直线"命令,配合端点捕捉功能绘制 3 条水平轮廓线,绘制结果(六)如图 11-63 所示。

图 11-63 绘制结果(六)

Step 17 使用快捷键 EX 执行"延伸"命令,以刚绘制的下侧水平轮廓线作为边界,对垂直的立面轮廓线进行延伸,延伸结果如图 11-64 所示。

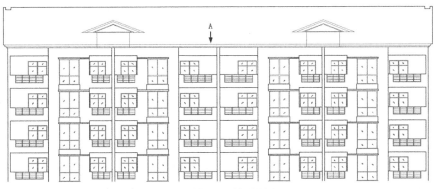

图 11-64 延伸结果

Step 18 使用快捷键 O 执行"偏移"命令,将内部的水平轮廓线 A 向上偏移 150 个绘图单位,偏移结果(三)如图 11-65 所示。

图 11-65 偏移结果(三)

Step 19 在无命令执行的前提下,顶层轮廓线夹点显示,如图 11-66 所示。

图 11-66 夹点显示

Step 20 使用快捷键 M 执行"移动"命令,将夹点对象沿 Y 轴负方向位移 400 个绘图单位,位移结果如图 11-67 所示。

图 11-67 位移结果

Step 21 接下来执行"修剪"和"延伸"命令,对内部的轮廓线进行编辑完善,编辑结果如图 11-68 所示。

第 11 章　建筑立面图设计

图 11-68　编辑结果

Step 22　展开"图层"面板上的"图层控制"下拉列表,将"填充层"设置为当前图层。

Step 23　执行菜单栏"绘图"→"图案填充"命令,在打开的"图案填充和渐变色"对话框中设置填充图案与填充参数,如图 11-69 所示。为顶层立面图填充图案,填充结果如图 11-70 所示。

图 11-69　设置填充图案与填充参数

图 11-70　填充结果

Step 24　最后执行"另存为"命令,将图形存储为"上机实训三.dwg"。

11.5　上机实训四——为立面图标注引线注释

本例在综合所学知识的前提下,主要学习居民楼立面图文本注释的快速标注过程和标注技巧。居民楼立面图文本注释的标注效果如图 11-71 所示,具体操作步骤如下。

361

图 11-71　居民楼立面图文本注释的标注效果

Step 01 继续上例操作，或者直接打开配套资源中的"/效果文件/第 11 章/上机实训三.dwg"文件。

Step 02 展开"图层"面板上的"图层控制"下拉列表，打开"文本层"，并将此图层设置为当前图层。

Step 03 使用快捷键 D 执行"标注样式"命令，在打开的对话框中单击 替代(O)... 按钮，打开"替代当前样式：建筑标注"对话框。

Step 04 在打开的"替代当前样式：建筑标注"对话框中单击"文字"选项卡，修改当前尺寸的文字样式，如图 11-72 所示。

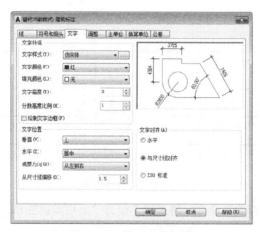

图 11-72　修改文字样式

Step 05 在打开的"替代当前样式：建筑标注"对话框中单击"调整"选项卡，修改尺寸样式的全局比例，如图 11-73 所示。

Step 06 单击 确定 按钮，返回"标注样式管理器"对话框，替代结果如图 11-74 所示，并关闭该对话框。

第 11 章 建筑立面图设计

图 11-73 修改尺寸样式的全局比例

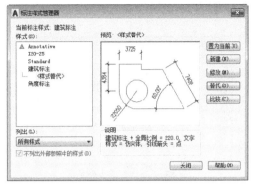

图 11-74 替代结果

Step 07 使用快捷键 LE 执行"快速引线"命令，在命令行"指定第一个引线点或 [设置(S)] <设置>:"提示下输入"S"并按 Enter 键，打开"引线设置"对话框，设置引线参数，如图 11-75 所示。

Step 08 在"引线设置"对话框中单击"引线和箭头"选项卡，设置引线、点数、箭头等参数，如图 11-76 所示。

图 11-75 设置引线参数

图 11-76 设置"引线""点数""箭头"等参数

小技巧

如果在"引线设置"对话框中选择了"重复使用下一个"单选按钮那么用户在连续标注其他引线注释时，系统会自动以第一次标注的文字注释作为下一次的引线注释。

Step 09 在"引线设置"对话框中单击"附着"选项卡，设置注释文字的附着位置，如图 11-77 所示。

Step 10 单击 确定 按钮返回绘图区，根据命令行提示在绘图区指定两个引线点，然后标注引线注释，如图 11-78 所示。

小技巧

在绘制引线点时，应事先关闭状态栏上的对象捕捉功能。

图 11-77　设置附着位置　　　　　图 11-78　标注结果

Step 11 重复执行"快速引线"命令，继续标注其他位置的引线注释，如图 11-79 所示。

图 11-79　标注文字注释

:::: 小技巧
在此也可以使用"标注"菜单中的"多重引线"命令，快速标注立面图中的引线注释。
::::

Step 12 执行菜单栏"修改"→"对象"→"文字"→"编辑"命令，在命令行"选择注释对象或 [放弃(U)]:"的提示下，选择立面图最右侧的引线注释。

Step 13 此时系统自动打开文字编辑器，用于对选取文字进行修改编辑，如图 11-80 所示。

图 11-80　文字编辑器

Step 14 反白显示文字,然后在文字输入框内输入正确的注释内容"浅灰色外墙漆",如图 11-81 所示。

图 11-81　输入正确的注释内容

Step 15 关闭文字编辑器,返回绘图区,修改结果(一)如图 11-82 所示。

图 11-82　修改结果(一)

Step 16 继续在命令行"选择注释对象或 [放弃(U)]:"的提示下,分别修改其他位置的引线注释,修改结果(二)如图 11-83 所示。

图 11-83　修改结果(二)

Step 17 最后执行"另存为"命令,将图形存储为"上机实训四.dwg"。

11.6　上机实训五——为立面图标注施工尺寸

本例在综合所学知识的前提下,主要学习居民楼立面图施工尺寸的快速标注过程和标注技巧。居民楼立面图施工尺寸的标注效果如图 11-84 所示。

图 11-84 居民楼立面图施工尺寸的标注效果

Step 01 继续上例操作，或者直接打开配套资源中的"/效果文件/第 11 章/上机实训四.dwg"文件。

Step 02 使用快捷键 LA 执行"图层"命令，在弹出的对话框中打开"尺寸层"和"轴线层"，并将"尺寸层"设置为当前图层，此时，立面图的显示效果如图 11-85 所示。

图 11-85 立面图的显示效果

Step 03 执行菜单栏"标注"→"标注样式"命令，在打开的"标注样式管理器"对话框中选择"建筑标注"样式，然后单击 置为当前(U) 按钮，如图 11-86 所示。

Step 04 此时在系统弹出的警示对话框中单击 确定 按钮，返回"标注样式管理器"对话框，然后修改标注比例，如图 11-87 所示。

Step 05 使用快捷键 XL 执行"构造线"命令，在立面图右侧适当位置绘制一条纵向的构造线作为尺寸定位轴线，如图 11-88 所示。

Step 06 打开状态栏上的对象捕捉功能。

第 11 章 建筑立面图设计

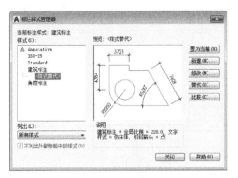

图 11-86　设置当前样式

图 11-87　修改标注比例

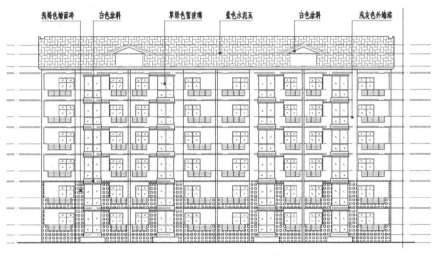

图 11-88　绘制尺寸定位轴线

Step 07 执行菜单栏"标注"→"对齐"命令，配合交点捕捉功能，标注线性尺寸作为基准尺寸，如图 11-89 所示。

Step 08 执行菜单栏"标注"→"连续"命令，配合交点捕捉功能，以刚标注的线性尺寸作为基准尺寸，标注连续尺寸作为立面图第 1 层的细部尺寸，如图 11-90 所示。

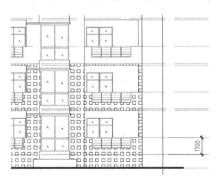

图 11-89　标注基准尺寸

图 11-90　标注连续尺寸

Step 09 单击"标注"→"编辑标注文字"按钮，选择文字重叠的尺寸进行编辑，并适当调整尺寸文字的位置，如图 11-91 所示。

Step 10 综合使用"线性"和"连续"命令，标注立面图第 1 层的第 2 道尺寸，标注结果（一）如图 11-92 所示。

图 11-91　编辑标注文字 　　　　　　图 11-92　标注结果（一）

Step 11 单击"默认"→"修改"→"矩形阵列"按钮，选择立面图第 1 层中的两道尺寸进行阵列，命令行操作如下。

```
命令：_Arrayrect
选择对象：                              //窗口选择如图 11-93 所示
选择对象：                              //Enter
类型 = 矩形　关联 = 是
选择夹点以编辑阵列或 [关联(AS)/基点(B)/计数(COU)/间距(S)/列数(COL)/行数(R)/层数(L)/退出(X)] <退出>：    //COU Enter
    输入列数数或 [表达式(E)] <4>：     //1 Enter
    输入行数数或 [表达式(E)] <3>：     //6 Enter
选择夹点以编辑阵列或 [关联(AS)/基点(B)/计数(COU)/间距(S)/列数(COL)/行数(R)/层数(L)/退出(X)] <退出>：    //S Enter
    指定列之间的距离或 [单位单元(U)] <7610>：   //1 Enter
    指定行之间的距离 <4369>：          //3000 Enter
选择夹点以编辑阵列或 [关联(AS)/基点(B)/计数(COU)/间距(S)/列数(COL)/行数(R)/层数(L)/退出(X)] <退出>：    //AS Enter
    创建关联阵列 [是(Y)/否(N)] <否>：   //N Enter
选择夹点以编辑阵列或 [关联(AS)/基点(B)/计数(COU)/间距(S)/列数(COL)/行数(R)/层数(L)/退出(X)] <退出>：    //Enter，阵列结果如图 11-94 所示
```

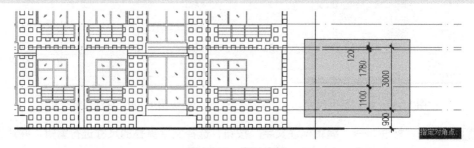

图 11-93　窗口选择

图 11-94 阵列结果

> **小技巧**
>
> 在执行"连续"命令标注立面图上侧的细部尺寸和层高尺寸时,要注意各位置基准尺寸的正确选择。

Step 12 接下来执行"连续"命令,标注立面图顶层的两道尺寸,标注结果(二)如图 11-95 所示。

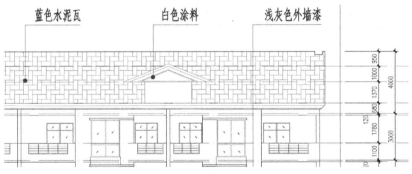

图 11-95 标注结果(二)

Step 13 执行"线性"命令,配合交点捕捉功能标注立面图的总高尺寸,标注结果(三)如图 11-96 所示。

> **小技巧**
>
> 在标注立面图层高尺寸和细部尺寸时,也可以使用"快速标注"命令,选择相应位置的定位轴线,快速为立面图标注尺寸。

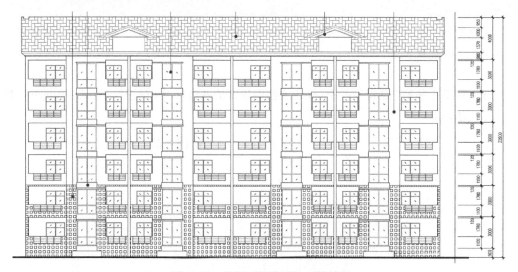

图 11-96 标注结果（三）

Step 14 展开"图层"面板上的"图层控制"下拉列表，关闭"轴线层"，关闭"轴线层"后的效果如图 11-97 所示。

图 11-97 关闭"轴线层"后的效果

Step 15 使用快捷键 E 执行"删除"命令，删除尺寸定位辅助线，如图 11-84 所示。

Step 16 最后执行"另存为"命令，将图形存储为"上机实训五.dwg"。

11.7 上机实训六——为立面图标注标高尺寸

本例在综合所学知识的前提下，主要学习居民楼立面图标高尺寸的快速标注过程和标注技巧。居民楼立面图标高尺寸的标注效果如图 11-98 所示，具体操作步骤如下。

第 11 章 建筑立面图设计

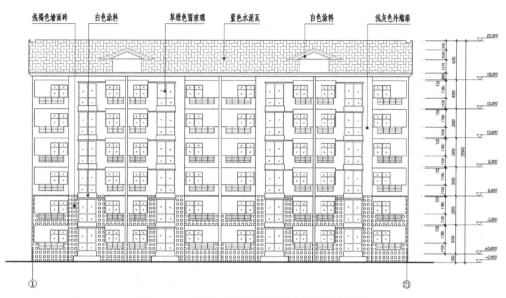

图 11-98 居民楼立面图标高尺寸的标注效果

Step 01 继续上例操作，或者直接打开配套资源中的"/效果文件/第 11 章/上机实训五.dwg"文件。

Step 02 展开"图层"面板上的"图层控制"下拉列表，将"0 图层"设置为当前图层。

Step 03 激活状态栏上的极轴追踪功能，并设置极轴角为 45°。

Step 04 使用快捷键 PL 执行"多段线"命令，参照图示尺寸绘制出标高符号，如图 11-99 所示。

Step 05 执行菜单栏"格式"→"文字样式"命令，在打开的"文字样式"对话框中新建文字样式，如图 11-100 所示。

Step 06 执行菜单栏"绘图"→"块"→"定义属性"命令，为标高符号定义文字属性，如图 11-101 所示。

Step 07 单击 确定 按钮，返回绘图区，捕捉标高符号右侧端点作为属性的插入点，定义结果如图 11-102 所示。

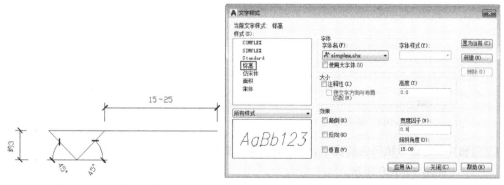

图 11-99 绘制标高符号　　　　　图 11-100 "文字样式"对话框

图 11-101　定义属性　　　　　　　　　　图 11-102　定义结果

Step 08 使用快捷键 B 执行"创建块"命令，将标高符号与属性一起创建为属性块，块参数设置（一）如图 11-103 所示，块基点为图 11-104 中的端点。

Step 09 使用快捷键 W 执行"写块"命令，将刚创建的标高符号转化为外部块，块参数设置（二）如图 11-105 所示。

图 11-103　块参数设置（一）

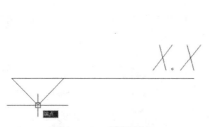

图 11-104　捕捉端点　　　　　　　　　　图 11-105　块参数设置（二）

Step 10 在无命令执行的前提下，选择下侧尺寸文本为 900 的层高尺寸，使其呈现夹点显示，如图 11-106 所示。

Step 11 按 Ctrl+1 组合键，在打开的"特性"窗口中修改尺寸界线超出尺寸线的长度，如图 11-107 所示。

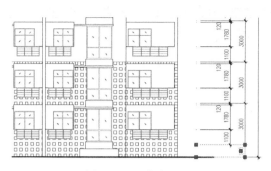

图 11-106 夹点显示

图 11-107 "特性"窗口

Step 12 关闭"特性"窗口，并取消对象的夹点显示，选择的层高尺寸的尺寸界线被延长，如图 11-108 所示。

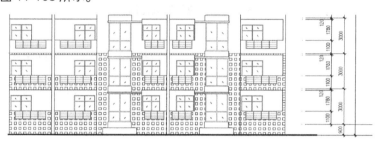

图 11-108 延长结果

Step 13 单击"特性"→"特性匹配"按钮，选择被延长的层高尺寸作为源对象，将其尺寸界线的特性复制给其他层高尺寸，特性匹配结果如图 11-109 所示。

小技巧

执行"特性"和"特性匹配"命令更改层高尺寸的尺寸界线长度，并作为标高尺寸的指示线，是一种常用的操作技巧。另外，用户也可以执行"直线"和"复制"命令快速绘制标高指示线。

Step 14 展开"图层"面板上的"图层控制"下拉列表，设置"其他层"为当前图层。

图 11-109 特性匹配结果

Step 15 单击"默认"→"绘图"→"插入块"按钮,插入刚定义的"标高.dwg"图块,块的缩放比例如图 11-110 所示,命令行操作如下。

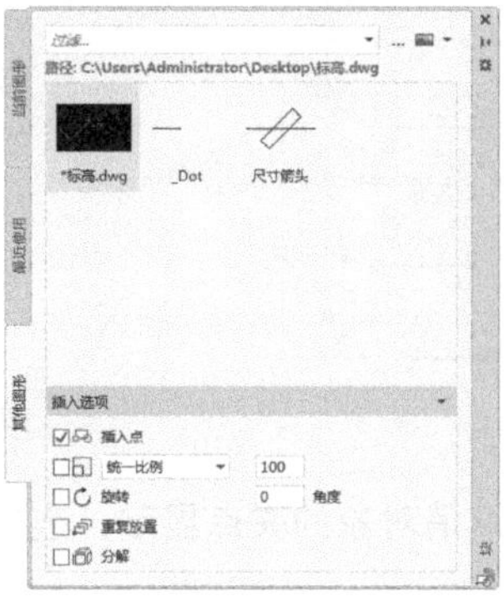

图 11-110 块的缩放比例

```
命令: _Insert
指定插入点或 [基点(B)/比例(S)/旋转(R)]:    //捕捉最下侧尺寸界限的外端点
输入属性值
输入标高值: <±0.000>:                      //-0.900 Enter,插入结果如图 11-111 所示
```

图 11-111 插入结果

Step 16 单击"默认"→"修改"→"复制"按钮,将刚标注的标高尺寸复制到其他层高尺寸界线的外端点,复制结果(一)如图 11-112 所示。

图 11-112 复制结果(一)

Step 17 执行菜单栏"修改"→"对象"→"属性"→"单个"命令,或者在复制出的标高属性块上双击,打开"增强属性编辑器"对话框。

Step 18 在命令行"选择块:"提示下选择第 2 个标高属性块（从下向上），并在打开的"增强属性编辑器"对话框中修改标高的属性值，如图 11-113 所示。

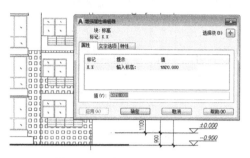

图 11-113　修改标高属性值

> **小技巧**
>
> 在修改标高属性值时，在"值"文本框中巧妙输入"%%P"符号，系统将自动将其转化为"正/负号"形式。

Step 19 在"增强属性编辑器"对话框中单击 应用(A) 按钮，结果标高尺寸被自动修改，如图 11-114 所示。

Step 20 在"增强属性编辑器"对话框中单击"选择块"按钮，返回绘图区选择第 1 层的标高尺寸，修改标高值如图 11-115 所示。

图 11-114　修改标高尺寸

图 11-115　修改标高值

Step 21 返回绘图区，从下向上依次拾取其他位置的标高尺寸属性块，并修改各位置的标高尺寸，修改结果如图 11-116 所示。

Step 22 执行"构造线"命令，根据视图间的对正关系，分别通过立面图"①"号和"㉑"号轴线绘制两条垂直构造线，如图 11-117 所示。

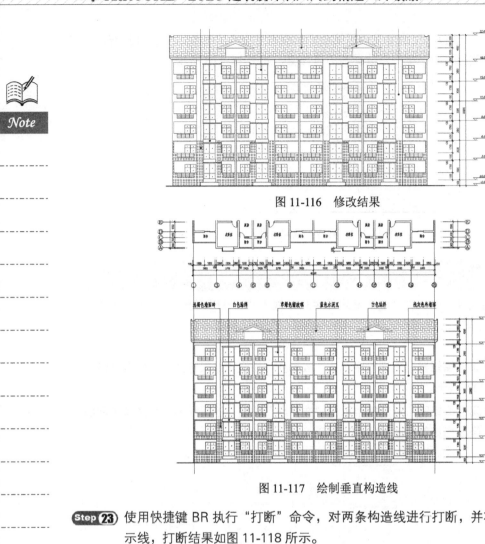

图 11-116 修改结果

图 11-117 绘制垂直构造线

Step 23 使用快捷键 BR 执行"打断"命令,对两条构造线进行打断,并将其作为轴标号指示线,打断结果如图 11-118 所示。

图 11-118 打断结果

Step ㉔ 使用快捷键 CO 执行"复制"命令,在立面图中选择"①"和"㉑"的轴标号进行复制,基点为轴标号上象限点,目标点为刚绘制的指示线下端点,复制结果(二)如图 11-119 所示。

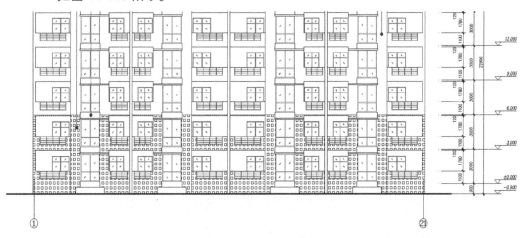

图 11-119 复制结果(二)

Step ㉕ 最后执行"另存为"命令,将图形存储为"上机实训六.dwg"。

11.8 小结与练习

11.8.1 小结

本章在概述立面图设计理念、绘制思路等知识的前提下,以绘制某居民楼标准层施工立面图为例,通过绘制居民楼 1~2 层立面图、绘制居民楼 3~6 层立面图、绘制居民楼顶层立面图,以及为立面图标注引线注释、施工尺寸、标高尺寸 6 个操作实例,详细讲述了立面图的完整绘制过程和绘制技巧。

希望读者通过本章的学习,在理解和掌握立面图绘制过程和绘制技巧的前提下,灵活运用 AutoCAD 中各制图工具,快速绘制符合制图标准和施工要求的立面图。

11.8.2 练习

1. 综合运用所学知识,绘制并标注联体别墅立面图(局部尺寸自定),如图 11-120 所示。

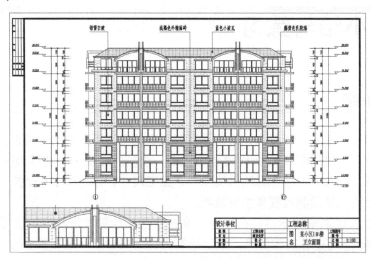

图 11-120　练习 1

操作提示

如果尺寸不清晰，可以调用配套资源中的"/素材文件/"目录下的"11-1.dwf"文件，以查看所需尺寸。相关设施图例读者可以自行绘制或直接打开配套资源中的"/图块文件/"文件直接使用。

2. 综合运用所学知识，绘制并标注某民用住宅楼立面图（局部尺寸自定），如图 11-121 所示。

图 11-121　练习 2

操作提示

如果尺寸不清晰，可以调用配套资源中的"/素材文件/"目录下的"11-2.dwf"文件，以查看所需尺寸。相关设施图例读者可以自行绘制或直接打开配套资源中的"/图块文件/"文件直接使用。

第12章

建筑剖面图设计

建筑剖面图实际上是一种垂直的剖视图，此类图纸是用于表达建筑物内部空间结构概况的一种重要图纸。本章在概述建筑剖面图相关理论知识的前提下，通过绘制某居民楼标准层建筑剖面施工图，来学习 AutoCAD 在绘制建筑剖面图方面的具体应用技能和相关技巧。

内容要点

- ♦ 建筑剖面图理论概述
- ♦ 上机实训一——绘制居民楼底层剖面图
- ♦ 上机实训二——绘制居民楼剖面楼梯构件
- ♦ 上机实训三——绘制居民楼标准层剖面图
- ♦ 上机实训四——绘制居民楼顶层剖面图
- ♦ 上机实训五——为剖面图标注尺寸
- ♦ 上机实训六——为剖面图标注符号

12.1 建筑剖面图理论概述

本节主要概述建筑剖面图（以下简称剖面图）的形成方式、表达功能，以及剖面图的表达内容和绘图思路等理论知识。

12.1.1 剖面图的形成方式

剖面图是假设用剖切平面在平面图的横向或纵向沿房屋的主要入口、窗洞口、楼梯等需要剖切的位置上将房屋垂直地剖开，移去靠近观察者视线的部分后，绘出剩下部分的正投影图。

12.1.2 剖面图的表达功能

剖面图主要表达建筑物内部垂直方向的高度、楼梯分层、垂直空间的利用，以及简要的结构形式和构造方式等。例如，屋顶形式、屋顶坡度、檐口形式、楼板搁置方式、楼梯的形式及其简要的结构、构造等。在施工过程中，剖面图可作为分层、砌筑内墙、铺设楼板与屋面板，以及内装修等工作的依据，它是与平面图、立面图相互配合的不可缺少的重要图样之一。

12.1.3 剖面图的表达内容

一般在剖面图上需要表达如下内容。

1. 剖切位置

剖面图的剖切位置一般应根据图纸的用途或设计深度来决定，通常选择能表现建筑物内部结构和构造比较复杂、有变化、有代表性的部位，剖切位置一般应通过门窗洞口、楼梯间及主要出入口等。

2. 剖面比例

剖面图的比例常与同一建筑物的平面图、立面图一致，即采用 1/50、1/100 或 1/200 的比例绘制。当剖面图的比例小于 1/50 时，可以采用简化的材料图例来表示其构配件的断面材料，如钢筋混凝土构件在断面涂黑、砖墙用斜线表示。

3. 剖切结构

在剖面图中，具体需要表达出以下剖切到的结构：

- ◇ 剖切到室内、室外地面（包括台阶、明沟及散水等）、楼地面（包括吊天棚）、屋顶层（包括隔热通风层、防水层及吊天棚）。
- ◇ 剖切到内、外墙结构及其门、窗（包括过梁、圈梁、防潮层、女儿墙及压顶）。

◇ 剖切到各种承重梁和连系梁、楼梯梯段及楼梯平台、雨篷、阳台，以及孔道、水箱等的位置、形状及其图例。

4. 未剖切到的可见结构

由于剖面图也是一种正投影图，因此对于没有部切到的可见结构，需要在剖面图上体现出来，具体如下：

◇ 墙面及其凹凸轮廓、梁、柱、阳台、雨篷、门、窗、踢脚、勒脚、台阶（包括平台踏步）、水斗和雨水管。
◇ 楼梯段（包括栏杆、扶手）和各种装饰构件、配件等，以及其工艺做法与施工要求。

5. 剖面图数量

剖面图的数量应根据建筑物内部构造的复杂程度和施工需要而定，并使用阿拉伯数字（如 1—1、2—2）或英文字母（如 A—A、B—B）命名，并且在剖面图上一般不画基础结构图形，基础结构图形的上部需要使用折断线断开。

6. 尺寸标注

剖面图的尺寸标注分为外部尺寸和内部尺寸。内部尺寸主要标注剖面图内部各构件间的位置尺寸；外部尺寸主要有水平方向尺寸和垂直方向尺寸两种，其中水平方向上常标注剖到的墙、柱及剖面图两端的轴线编号及轴线间距；垂直方向上主要标注窗、阳台、楼板，以及各层的垂直尺寸。垂直尺寸具体分为细部尺寸、层高尺寸及总高尺寸 3 种：最里面一道尺寸为细部尺寸，用于标注墙段及门窗洞口等构件位置的尺寸；中间一道尺寸为层高尺寸，用于标注建筑物各层之间的尺寸；最外一道尺寸为总高尺寸，用于表明建筑物的总高。

7. 剖面标高

在剖面图中应标注室内外地坪、室内地面、各层楼面、楼梯平台等位置的建筑标高，以及屋顶的结构标高等。

8. 坡度

建筑物倾斜的地方如屋面、散水等，需要使用坡度来表示倾斜的程度。坡度较小时的表示方法，如图 12-1（a）所示，箭头指向下坡方向，2%表示坡度的高宽比；坡度较大时的表示方法，如图 12-1（b）和图 12-1（c）所示，分别读作 1:2 和 1:2.5，其中直角三角形的斜边应与坡度平行，直角边上的数字表示坡度的高宽比。

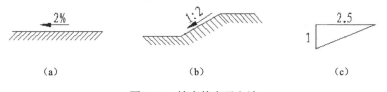

图 12-1　坡度的表示方法

9. 其他符号

在剖面图上应标明轴标号、索引符号和标高等。

12.1.4 剖面图绘图思路

在绘制剖面图时，具体可以遵循如下步骤：

（1）绘制定位轴线，即根据剖切到的墙体结构及各建筑构件绘制纵向、横向定位辅助线。

（2）根据定位轴线绘制地坪线、剖切墙体、楼板等构件轮廓线。

（3）绘制建筑构件，即绘制门、窗、柱、楼梯、阳台、台阶等细部构件的剖切结构。

（4）标注剖面文字，为剖面图标注图名及一些必要的施工说明等。

（5）标注剖面尺寸，包括剖面图外部尺寸和内部尺寸两种。

（6）标注剖面符号，包括轴标号、标高及索引符号等。

12.2 上机实训——绘制居民楼底层剖面图

本例在综合所学知识的前提下，主要学习居民楼底层剖面图的具体绘制过程和绘制技巧。居民楼底层剖面图的绘制效果如图 12-2 所示，具体操作步骤如下。

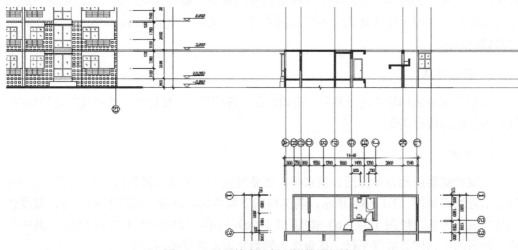

图 12-2 居民楼底层剖面图的绘制效果

Step 01 打开配套资源中的"/素材文件/12-1.dwg"文件。

Step 02 展开"图层"面板上的"图层控制"下拉列表，打开被关闭和被冻结的所有图层，图形的显示效果如图 12-3 所示。

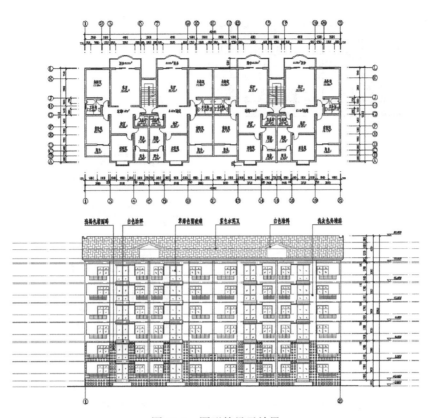

图 12-3　图形的显示效果

Step 03 使用快捷键 E 执行"删除"命令,删除多余构造线,仅保留 4 条构造线,如图 12-4 所示。

图 12-4　删除结果

Step 04 执行菜单栏"修改"→"旋转"命令,将平面图旋转-90°,并将其移至图 12-5 中的位置,然后冻结"文本层"和"面积层"。

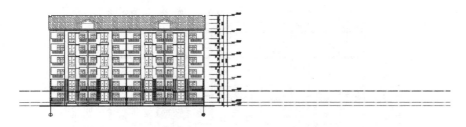

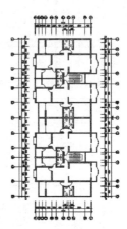

图 12-5 旋转平面图

Step 05 展开"图层"面板上的"图层控制"下拉列表,将"轴线层"设置为当前图层。

Step 06 执行菜单栏"绘图"→"构造线"命令,根据视图间的对应关系,配合对象捕捉功能,分别从平面图中引出纵向定位轴线,如图 12-6 和图 12-7 所示。

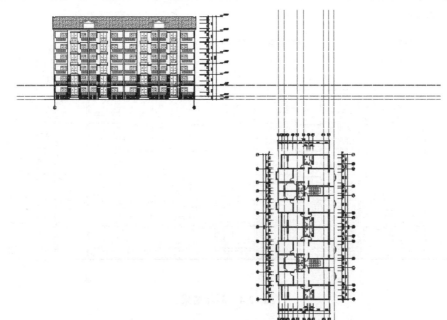

图 12-6 绘制纵向定位轴线(整体效果)

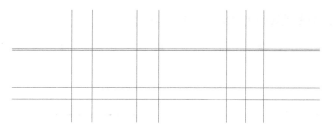

图 12-7 绘制纵向定位轴线（局部效果）

小技巧

根据视图间的对正关系，通过平面图引出纵向定位轴线，再通过立面图，引出横向定位轴线，这是绘制剖面图纵向、横向定位轴线的一种典型技巧。

Step 07 展开"图层"面板上的"图层控制"下拉列表，将"轮廓线"设为当前图层。

Step 08 修改线型比例为 1，然后使用快捷键 PL 执行"多段线"命令，配合对象捕捉和追踪功能绘制宽度为 80 个绘图单位的多段线作为地坪线，如图 12-8 所示。

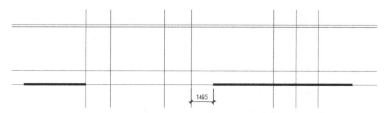

图 12-8 绘制地坪线

Step 09 执行菜单栏"绘图"→"直线"命令，配合对象捕捉和追踪功能绘制剖面图外墙轮廓线和剖面图下侧折断线，绘制结果（一）如图 12-9 所示。

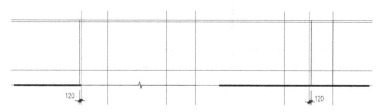

图 12-9 绘制结果（一）

Step 10 使用快捷键 ML 执行"多线"命令，设置多线样式为墙线样式，多线比例为 240，对正方式为中心对正，绘制的墙线如图 12-10 所示。

图 12-10 绘制的墙线

Step 11 使用快捷键 PL 执行"多段线"命令，绘制宽度为 240 个绘图单位、长度为 300 个绘图单位的多段线作为过梁，如图 12-11 所示。

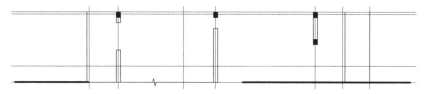

图 12-11　绘制过梁

Step 12 重复执行"多段线"命令，绘制宽度为 120 个绘图单位的多段线作为楼板等构件的示意线，同时执行"移动"命令进行位置调整，如图 12-12 所示。

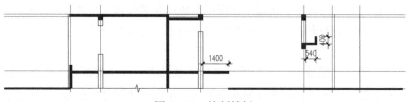

图 12-12　绘制楼板

小技巧

用户也可以使用图案填充或插入图例的方法，快速创建过梁。

Step 13 执行菜单栏"绘图"→"多线"命令，将多线样式设置为窗线样式，对正方式设置为无对正，绘制宽度为 240 个绘图单位和 120 个绘图单位的多线，分别作为窗和阳台的剖面图形，如图 12-13 所示。

图 12-13　绘制窗子构件

Step 14 综合使用"圆"命令和"直线"命令，对阳台和楼梯门上侧的构件进行修改完善，如图 12-14 所示。

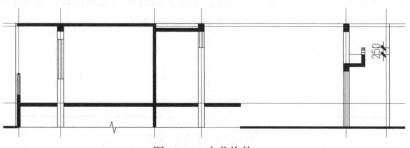

图 12-14　完善构件

Step 15 展开"图层"面板上的"图层控制"下拉列表,将"图块层"设置为当前图层。

Step 16 使用快捷键 I 执行"插入块"命令,以默认参数插入配套资源中的"/素材文件/凸窗剖面.dwg"文件,插入结果(一)如图 12-15 所示。

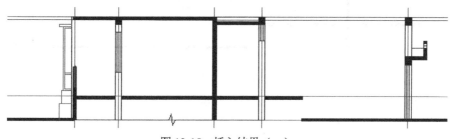

图 12-15 插入结果(一)

Step 17 重复执行"插入块"命令,以默认参数插入配套资源"素材文件"目录下的"立面门.dwg"和"阳台窗.dwg"文件,插入结果(二)如图 12-16 所示。

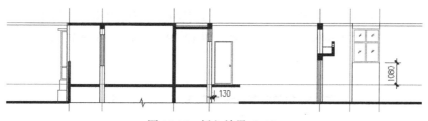

图 12-16 插入结果(二)

小技巧

在绘制门、窗等构件时,也可以通过立面图和平面图的对应关系,引出定位轴线,然后再进一步绘制各构件。

Step 18 设置"轮廓线"为当前图层,然后使用快捷键 PL 执行"多段线"命令,绘制长度为 1400 个绘图单位的楼梯板,其中板的宽度为 120 个绘图单位,绘制结果(二)如图 12-17 所示。

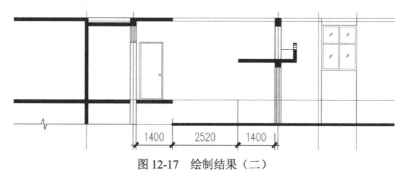

图 12-17 绘制结果(二)

Step 19 重复执行"多段线"命令,绘制长度 400 个绘图单位的楼梯梁,其中梁的宽度为 240 个绘图单位,绘制结果(三)如图 12-18 所示。

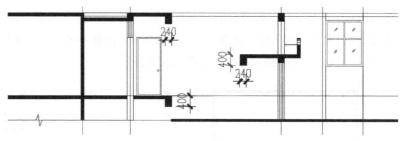

图 12-18 绘制结果(三)

Step 20 最后执行"另存为"命令,将图形存储为"上机实训一.dwg"。

12.3 上机实训二——绘制居民楼剖面楼梯构件

本例在综合所学知识的前提下,主要学习居民楼剖面楼梯构件的具体绘制过程和绘制技巧。居民楼剖面楼梯构件的绘制效果如图 12-19 所示,具体操作步骤如下。

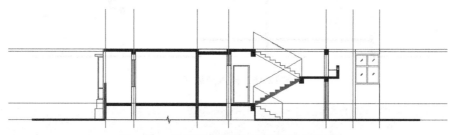

图 12-19 居民楼剖面楼梯构件的绘制效果

Step 01 打开配套资源中的"/效果文件/第 12 章/上机实训一.dwg"文件。

Step 02 展开"图层"面板上的"图层控制"下拉列表,将"楼梯层"设置为当前图层。

Step 03 使用快捷键 XL 执行"构造线"命令,绘制两条垂直构造线作为楼梯板和楼梯的定位辅助线,如图 12-20 所示。

Step 04 使用快捷键 PL 执行"多段线"命令,配合坐标输入功能绘制底层楼梯台阶与踏步轮廓线,命令行操作如下。

```
命令: PL                    //Enter
PLINE 指定起点:              //捕捉追踪虚线的交点,如图 12-21 所示
当前线宽为 0.0
指定下一个点或 [圆弧(A)/半宽(H)/长度(L)/放弃(U)/宽度(W)]: //@0,150 Enter
指定下一点或 [圆弧(A)/闭合(C)/半宽(H)/长度(L)/放弃(U)/宽度(W)]: //@280,0 Enter
指定下一点或 [圆弧(A)/闭合(C)/半宽(H)/长度(L)/放弃(U)/宽度(W)]: //@0,150 Enter
指定下一点或 [圆弧(A)/闭合(C)/半宽(H)/长度(L)/放弃(U)/宽度(W)]: //@280,0 Enter
指定下一点或 [圆弧(A)/闭合(C)/半宽(H)/长度(L)/放弃(U)/宽度(W)]: //@0,150 Enter
指定下一点或 [圆弧(A)/闭合(C)/半宽(H)/长度(L)/放弃(U)/宽度(W)]: //@280,0 Enter
指定下一点或 [圆弧(A)/闭合(C)/半宽(H)/长度(L)/放弃(U)/宽度(W)]: //@0,150 Enter
```

指定下一点或 [圆弧(A)/闭合(C)/半宽(H)/长度(L)/放弃(U)/宽度(W)]: //@280,0 Enter
指定下一点或 [圆弧(A)/闭合(C)/半宽(H)/长度(L)/放弃(U)/宽度(W)]: //@0,150 Enter
指定下一点或 [圆弧(A)/闭合(C)/半宽(H)/长度(L)/放弃(U)/宽度(W)]: //@280,0 Enter
指定下一点或 [圆弧(A)/闭合(C)/半宽(H)/长度(L)/放弃(U)/宽度(W)]: //@0,150 Enter
指定下一点或 [圆弧(A)/闭合(C)/半宽(H)/长度(L)/放弃(U)/宽度(W)]: //@280,0 Enter
指定下一点或 [圆弧(A)/闭合(C)/半宽(H)/长度(L)/放弃(U)/宽度(W)]: //@0,150 Enter
指定下一点或 [圆弧(A)/闭合(C)/半宽(H)/长度(L)/放弃(U)/宽度(W)]: //@280,0 Enter
指定下一点或 [圆弧(A)/闭合(C)/半宽(H)/长度(L)/放弃(U)/宽度(W)]: //@0,150 Enter
指定下一点或 [圆弧(A)/闭合(C)/半宽(H)/长度(L)/放弃(U)/宽度(W)]: //@280,0 Enter
指定下一点或 [圆弧(A)/闭合(C)/半宽(H)/长度(L)/放弃(U)/宽度(W)]: //@0,150 Enter
指定下一点或 [圆弧(A)/闭合(C)/半宽(H)/长度(L)/放弃(U)/宽度(W)]: //@280,0 Enter
// Enter，结束命令，绘制结果（二）如图 12-22 所示
指定下一点或 [圆弧(A)/闭合(C)/半宽(H)/长度(L)/放弃(U)/宽度(W)]:

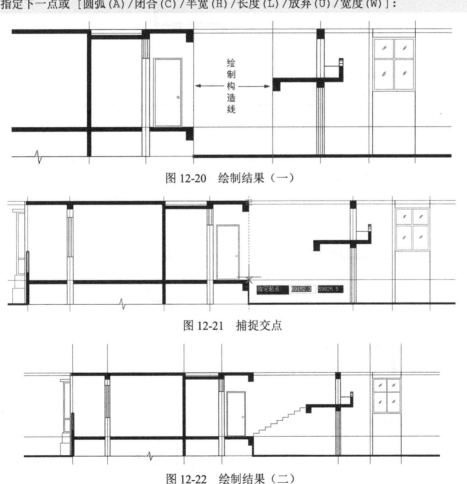

图 12-20 绘制结果（一）

图 12-21 捕捉交点

图 12-22 绘制结果（二）

Step 05 参照上一操作步骤，执行"多段线"或"直线"命令，配合坐标输入或捕捉追踪功能绘制其他位置的楼梯台阶和踏步轮廓线，其中台阶长度为 280 个绘图单位，台阶高度为 150 个绘图单位，绘制结果（三）如图 12-23 所示。

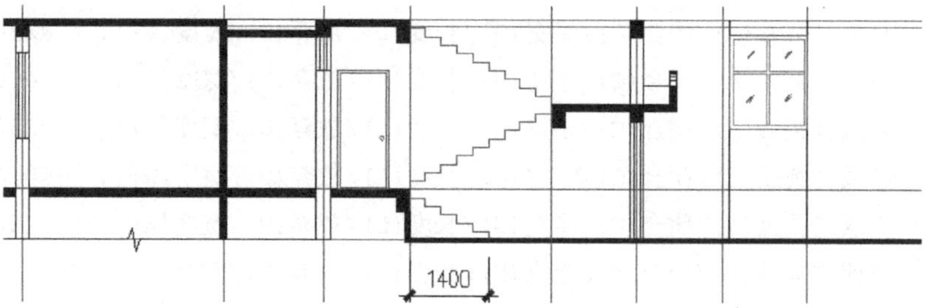

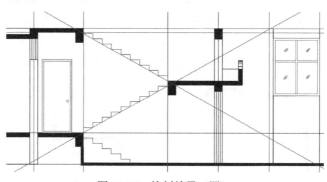

图 12-23 绘制结果（三）

Step 06 使用快捷键 XL 执行"构造线"命令，配合端点捕捉功能绘制倾斜构造线，绘制结果（四）如图 12-24 所示。

图 12-24 绘制结果（四）

Step 07 执行菜单栏"修改"→"偏移"命令，将构造线分别向下偏移 100 个绘图单位，并删除源构造线，操作结果如图 12-25 所示。

Step 08 执行菜单栏"修改"→"修剪"命令，对两条倾斜构造线进行修剪，修剪结果如图 12-26 所示。

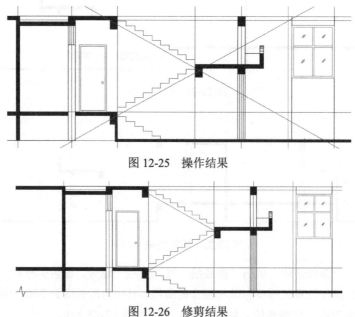

图 12-25 操作结果

图 12-26 修剪结果

Step 09 重复执行"直线"命令,绘制楼梯扶手轮廓线,其中扶手的高度为 950 个绘图单位,绘制结果(五)如图 12-27 所示。

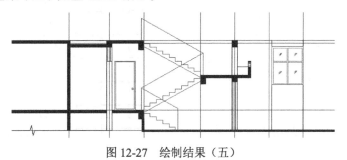

图 12-27　绘制结果(五)

Step 10 综合使用"删除"和"修剪"命令,对楼梯扶手轮廓线进行修剪完善,完善结果如图 12-28 所示。

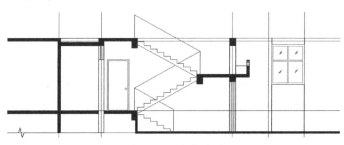

图 12-28　完善结果

Step 11 展开"图层"面板上的"图层控制"下拉列表,将"填充层"设置为当前图层。

Step 12 将底层的楼梯实体填充图案垂直向上复制到 3000 个绘图单位的位置,然后执行菜单栏"绘图"→"图案填充"命令,为楼梯填充实体图案,填充结果如图 12-29 所示。

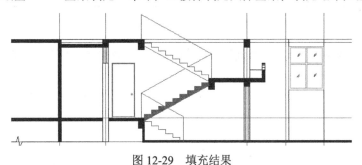

图 12-29　填充结果

Step 13 最后执行"另存为"命令,将图形存储为"上机实训二.dwg"。

12.4 上机实训三——绘制居民楼标准层剖面图

本例在综合所学知识的前提下,主要学习居民楼标准层剖面图的具体绘制过程和绘制技巧。居民楼标准层剖面图的绘制效果如图 12-30 所示,具体操作步骤如下。

391

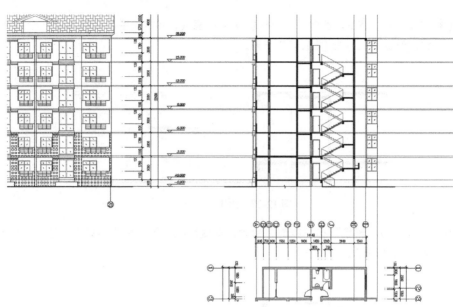

图 12-30　居民楼标准层剖面图的绘制效果

Step 01 打开配套资源中的"/效果文件/第 12 章/上机实训二.dwg"文件。

Step 02 展开"图层"面板上的"图层控制"下拉列表,将"轴线层"和"填充层"关闭,此时,平面图的显示结果如图 12-31 所示。

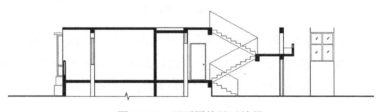

图 12-31　平面图的显示结果

Step 03 使用快捷键 CO 执行"复制"命令,对底层剖面图轮廓进行复制,命令行操作如下。

```
命令: _Copy
选择对象:                                    //拉出窗交选择框,如图 12-32 所示
选择对象:                                    //Enter,结束选择
当前设置: 复制模式 = 多个
指定基点或 [位移(D)] <位移>:                  //拾取任一点作为基点
指定第二个点或 [阵列(A)] <使用第一个点作为位移>://@0,3000 Enter
// Enter,复制结果(一)如图 12-33 所示
指定第二个点或 [阵列(A)/退出(E)/放弃(U)] <退出>:
```

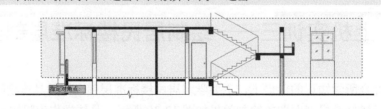

图 12-32　窗交选择(一)

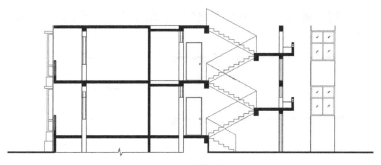

图 12-33 复制结果（一）

Step 04 在无命令执行的前提下分别夹点显示墙线和窗线，如图 12-34 所示。

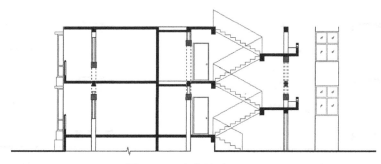

图 12-34 夹点显示（一）

Step 05 分别单击各下侧夹点，进入夹点编辑模式，然后使用夹点拉伸功能将此夹点上移，夹点拉伸（一）如图 12-35 所示。

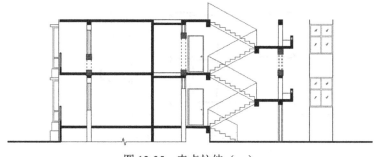

图 12-35 夹点拉伸（一）

Step 06 按 Esc 键取消夹点显示，然后夹点显示轮廓线，如图 12-36 所示。

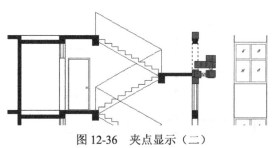

图 12-36 夹点显示（二）

Step 07 按 Delete 键，将夹点显示的轮廓线删除，删除结果（一）如图 12-37 所示。

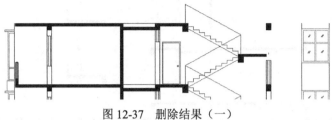

图 12-37 删除结果（一）

Step 08 在无命令执行的前提下，夹点显示窗线，如图 12-38 所示，然后配合端点捕捉功能，对其进行拉伸，拉伸结果（一）如图 12-39 所示。

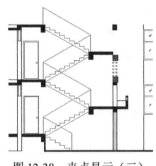 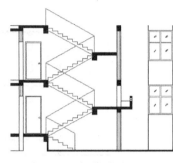

图 12-38 夹点显示（三）　　图 12-39 拉伸结果（一）

Step 09 展开"图层"面板上的"图层控制"下拉列表，打开被关闭的"轴线层"，如图 12-40 所示。

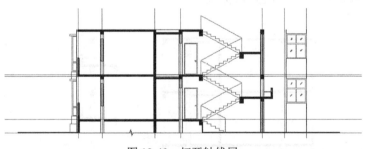

图 12-40 打开轴线层

Step 10 使用快捷键 CO 执行"复制"命令，选择上侧两条水平辅助线进行复制，基点为任一点，目标点为"@0,3000"，复制结果（二）如图 12-41 所示。

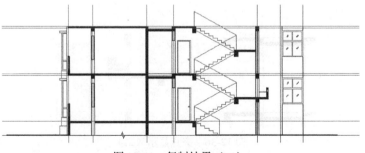

图 12-41 复制结果（二）

第 12 章 建筑剖面图设计

Step 11 展开"图层"面板上的"图层控制"下拉列表,暂时关闭"轴线层",打开"填充层"。

Step 12 单击"默认"→"修改"→"矩形阵列"按钮,框选图 12-42 中的对象进行阵列,命令行操作如下。

```
命令:_Arrayrect
选择对象:                          //框选图 12-42 中的对象
选择对象:                          //Enter
类型 = 矩形   关联 = 是
选择夹点以编辑阵列或 [关联(AS)/基点(B)/计数(COU)/间距(S)/列数(COL)/行数(R)/层数(L)/退出(X)] <退出>:        //COU Enter
  输入列数数或 [表达式(E)] <4>:    //1 Enter
  输入行数数或 [表达式(E)] <3>:    //4 Enter
选择夹点以编辑阵列或 [关联(AS)/基点(B)/计数(COU)/间距(S)/列数(COL)/行数(R)/层数(L)/退出(X)] <退出>:        //S Enter
  指定列之间的距离或 [单位单元(U)] <7610>: //1 Enter
  指定行之间的距离 <4369>:        //3000 Enter
选择夹点以编辑阵列或 [关联(AS)/基点(B)/计数(COU)/间距(S)/列数(COL)/行数(R)/层数(L)/退出(X)] <退出>:        //AS Enter
  创建关联阵列 [是(Y)/否(N)] <否>: //N Enter
选择夹点以编辑阵列或 [关联(AS)/基点(B)/计数(COU)/间距(S)/列数(COL)/行数(R)/层数(L)/退出(X)] <退出>:        // Enter,阵列结果(一)如图 12-43 所示
```

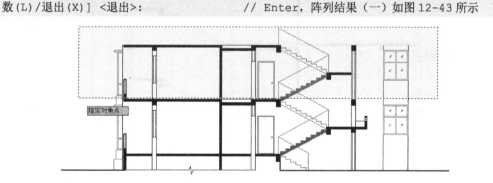

图 12-42 窗交选择(二)

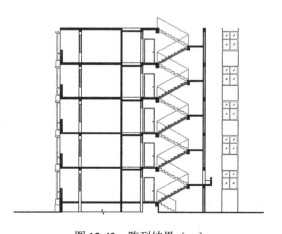

图 12-43 阵列结果(一)

小技巧

由于剖面图中间楼层的图形是一样的,所以,在此巧妙使用了"矩形阵列"命令,快速创建出剖面图中间楼层的图形轮廓。

Step 13 使用快捷键 CO 执行"复制"命令,对最上侧的标准层轮廓进行复制,命令行操作如下。

```
命令: CO                                          //Enter
Copy 选择对象:                                    //拉出窗交选择框,如图 12-44 所示
选择对象:                                         //Enter
当前设置:  复制模式 = 多个
指定基点或 [位移(D)/模式(O)] <位移>:              //拾取任一点
指定第二个点或 [阵列(A)] <使用第一个点作为位移>:  //@0,3000 Enter
//Enter,结束命令,复制结果(三)如图 12-45 所示
指定第二个点或 [阵列(A)/退出(E)/放弃(U)] <退出>:
```

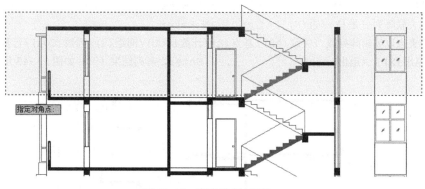

图 12-44　窗交选择(三)

Step 14 在无命令执行的前提下,夹点显示图 12-46 中的对象,然后按 Delete 键,将其删除,删除结果(二)如图 12-47 所示。

Step 15 在无命令执行的前提下,选择上侧的楼板轮廓线,配合交点捕捉和极轴追踪功能,对其进行夹点拉伸,如图 12-48 所示。

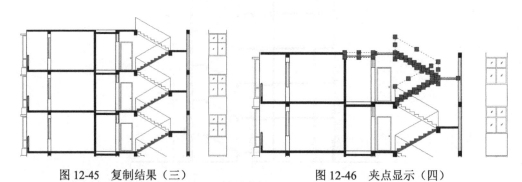

图 12-45　复制结果(三)　　　　图 12-46　夹点显示(四)

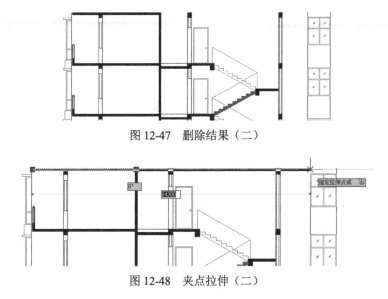

图 12-47　删除结果（二）

图 12-48　夹点拉伸（二）

Step 16 按 Esc 键取消对象的夹点显示，拉伸结果（二）如图 12-49 所示。

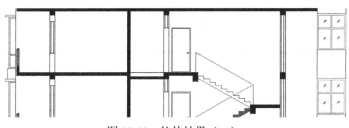

图 12-49　拉伸结果（二）

Step 17 单击"默认"→"修改"→"复制"按钮，对过梁轮廓线进行基点复制，命令行操作如下。

```
命令：_Copy
选择对象：                                                //拉出窗口选择框，如图 12-50 所示
选择对象：                                                //Enter，结束对象的选择
当前设置： 复制模式 = 多个
指定第二个点或 [阵列(A)] <使用第一个点作为位移>：         //捕捉端点，如图 12-51 所示
指定第二个点或 [阵列(A)/退出(E)/放弃(U)] <退出>：         //捕捉端点，如图 12-52 所示
//Enter，复制结果（四）如图 12-53 所示
指定第二个点或 [阵列(A)/退出(E)/放弃(U)] <退出>：
```

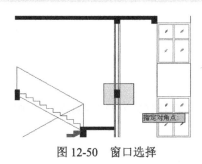

图 12-50　窗口选择

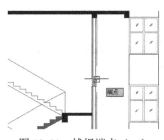

图 12-51　捕捉端点（一）

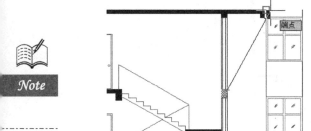
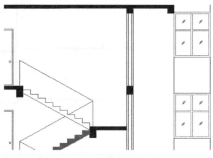

图 12-52 捕捉端点(二)　　　　图 12-53 复制结果(四)

Step 18 夹点显示图 12-54 中的对象,然后重复执行"复制"命令,将其沿 Y 轴正方向复制 3000 个绘图单位,命令行操作如下。

```
命令:Copy 找到一个
当前设置:复制模式 = 多个
指定基点或 [位移(D)/模式(O)] <位移>:            //拾取任一点
指定第二个点或 [阵列(A)] <使用第一个点作为位移>:  //@0,3000 Enter
//Enter,结束命令,复制结果(五)如图 12-55 所示
指定第二个点或 [阵列(A)/退出(E)/放弃(U)] <退出>:
```

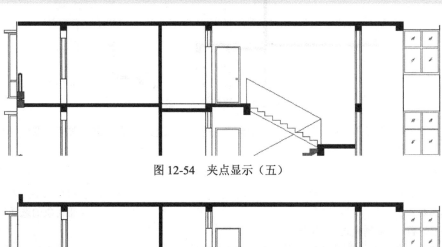

图 12-54 夹点显示(五)

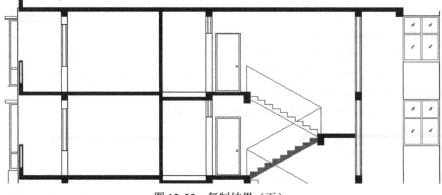

图 12-55 复制结果(五)

Step 19 展开"图层"面板上的"图层控制"下拉列表,打开被关闭的"轴线层",如图 12-56 所示。

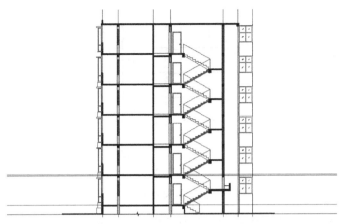

图 12-56 打开"轴线层"后的效果

Step 20 单击"默认"→"修改"→"矩形阵列"按钮,选择最上侧的两条水平构造线进行阵列,命令行操作如下。

```
命令: _Arrayrect
选择对象:                        //窗交选择对象,如图 12-57 所示
选择对象:                        // Enter
类型 = 矩形   关联 = 是
选择夹点以编辑阵列或 [关联(AS)/基点(B)/计数(COU)/间距(S)/列数(COL)/行数(R)/层数(L)/退出(X)] <退出>:      //COU Enter
输入列数数或 [表达式(E)] <4>:    //1 Enter
输入行数数或 [表达式(E)] <3>:    //6 Enter
选择夹点以编辑阵列或 [关联(AS)/基点(B)/计数(COU)/间距(S)/列数(COL)/行数(R)/层数(L)/退出(X)] <退出>:      //S Enter
指定列之间的距离或 [单位单元(U)] <7610>:   //1 Enter
指定行之间的距离 <4369>:         //3000 Enter
选择夹点以编辑阵列或 [关联(AS)/基点(B)/计数(COU)/间距(S)/列数(COL)/行数(R)/层数(L)/退出(X)] <退出>:      //AS Enter
创建关联阵列 [是(Y)/否(N)] <否>:  //N Enter
选择夹点以编辑阵列或 [关联(AS)/基点(B)/计数(COU)/间距(S)/列数(COL)/行数(R)/层数(L)/退出(X)] <退出>:      //Enter,阵列结果(二)如图 12-58 所示
```

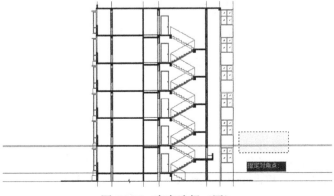

图 12-57 窗交选择(四)

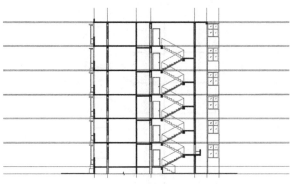

图12-58 阵列结果(二)

Step 21 最后执行"另存为"命令,将图形存储为"上机实训三.dwg"。

12.5 上机实训四——绘制居民楼顶层剖面图

本例在综合所学知识的前提下,主要学习居民楼顶层剖面图的具体绘制过程和绘制技巧。居民楼顶层剖面图的绘制效果如图12-59所示,具体操作步骤如下。

Step 01 打开配套资源中的"/效果文件/第12章/上机实训三.dwg"文件。

Step 02 展开"图层"面板上的"图层控制"下拉列表,将"轴线层"关闭。

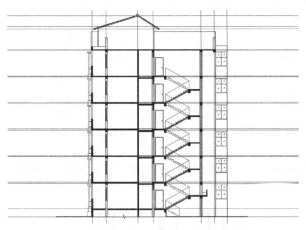

图12-59 居民楼顶层剖面图的绘制效果

Step 03 单击"默认"→"修改"→"复制"按钮,选择墙线进行复制,如图12-60所示,命令行操作如下。

```
命令:_Copy
选择对象:                                    //窗交选择墙线,如图12-60所示
选择对象:                                    //Enter,结束选择
当前设置:复制模式 = 多个
指定基点或 [位移(D)/模式(O)] <位移>:          //拾取任一点
指定第二个点或 [阵列(A)] <使用第一个点作为位移>: //@0,3000 Enter
```

//Enter，结束命令，复制结果（一）如图 12-61 所示
指定第二个点或 [阵列(A)/退出(E)/放弃(U)] <退出>：

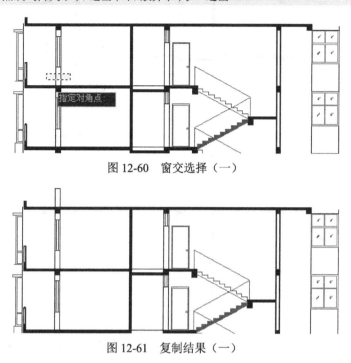

图 12-60　窗交选择（一）

图 12-61　复制结果（一）

小技巧

对于局部结构相同的图线，先使用"复制"命令进行复制，然后再对复制出的图线进行夹点编辑或常规编辑，这是一种快速绘图技巧。

Step 04 使用快捷键 S 执行"拉伸"命令，对复制出的墙线进行拉伸，命令行操作如下。

命令：S　　　　　　　　　　　　　　　　　　//Enter
STRETCH 以交叉窗口或交叉多边形选择要拉伸的对象...
选择对象：　　　　　　　　　　　　　　　　//窗交选择图 12-62 中的对象
选择对象：　　　　　　　　　　　　　　　　//Enter
指定基点或 [位移(D)] <位移>：　　　　　　//拾取任一点
指定第二个点或 <使用第一个点作为位移>：//@0,400 Enter，拉伸结果如图 12-63 所示

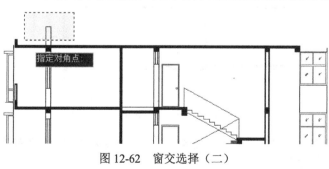

图 12-62　窗交选择（二）

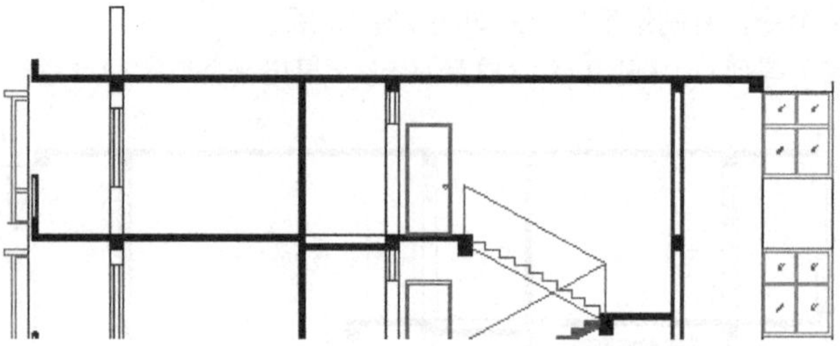

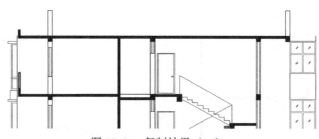

图 12-63 拉伸结果

Step 05 使用快捷键 CO 执行"复制"命令，对拉伸后的墙线进行复制，复制结果（二）如图 12-64 所示。

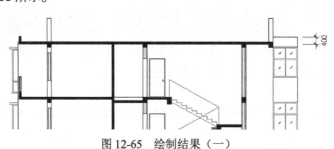

图 12-64 复制结果（二）

Step 06 使用快捷键 L 执行"直线"命令，配合端点捕捉功能，绘制阳台上侧的轮廓线，如图 12-65 所示。

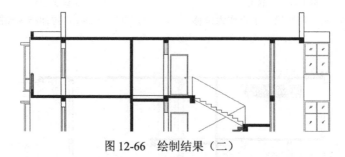

图 12-65 绘制结果（一）

Step 07 使用快捷键 L 执行"直线"命令，配合对象捕捉功能绘制水平轮廓线，如图 12-66 所示。

图 12-66 绘制结果（二）

Step 08 单击"默认"→"修改"→"复制"按钮，选择刚绘制的水平轮廓线进行复制，命令行操作如下。

第 12 章　建筑剖面图设计

```
命令：_Copy
选择对象：                                      //选择刚绘制的水平轮廓线
选择对象：                                      //Enter，结束选择
当前设置：复制模式 = 多个
指定基点或 [位移(D)/模式(O)] <位移>：            //拾取任一点
指定第二个点或 [阵列(A)] <使用第一个点作为位移>：  //@0,1700 Enter
//Enter，结束命令，复制结果（三）如图 12-67 所示
指定第二个点或 [阵列(A)/退出(E)/放弃(U)] <退出>：
```

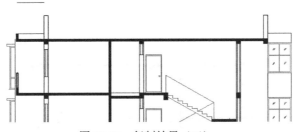

图 12-67　复制结果（三）

Step 09　执行菜单栏"修改"→"倒角"命令，对剖面图两侧的外墙轮廓线和复制出的水平轮廓线进行倒角编辑，命令行操作如下。

```
命令：_Chamfer
（"修剪"模式）当前倒角距离 1 = 0.0，距离 2 = 0.0
//M Enter
选择第一条直线或 [放弃(U)/多段线(P)/距离(D)/角度(A)/修剪(T)/方式(E)/多个(M)]：
//单击指定位置，如图 12-68 所示
选择第一条直线或 [放弃(U)/多段线(P)/距离(D)/角度(A)/修剪(T)/方式(E)/多个(M)]：
//单击指定位置，如图 12-69 所示
选择第二条直线，或按住 Shift 键选择直线以应用角点或 [距离(D)/角度(A)/方法(M)]：
//单击指定位置，如图 12-70 所示
选择第一条直线或 [放弃(U)/多段线(P)/距离(D)/角度(A)/修剪(T)/方式(E)/多个(M)]：
//单击指定位置，如图 12-71 所示
选择第二条直线，或按住 Shift 键选择直线以应用角点或 [距离(D)/角度(A)/方法(M)]：
//Enter，结束命令，倒角结果如图 12-72 所示
选择第一条直线或 [放弃(U)/多段线(P)/距离(D)/角度(A)/修剪(T)/方式(E)/多个(M)]：
```

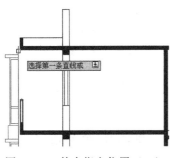
图 12-68　单击指定位置（一）

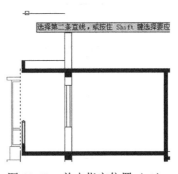
图 12-69　单击指定位置（二）

图12-70 单击指定位置（三）

图12-71 单击指定位置（四）

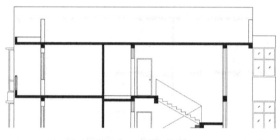
图12-72 倒角结果

小技巧

在此使用了"倒角"命令，对轮廓线进行了快速编辑，此种操作方法远比使用"修剪"或"延伸"命令，方便快速。

Step 10 执行"构造线"命令，分别通过平面图的Ⓑ外墙线和Ⓖ外墙线引出两条纵向定位轴线，如图12-73所示。

Step 11 将最上侧的水平轮廓线分别向下偏移1620个绘图单位、向上偏移120个绘图单位，偏移结果（一）如图12-74所示。

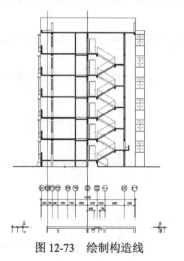
图12-73 绘制构造线

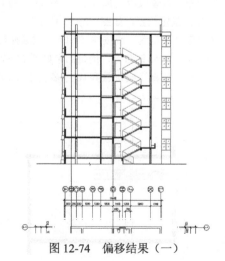
图12-74 偏移结果（一）

Step ⑫ 执行"窗口缩放"命令，调整视图，如图 12-75 所示。

Step ⑬ 执行"偏移"命令，将左侧的纵向定位轴线向左偏移 120 个绘图单位，然后执行"修剪"命令对其进行修剪，修剪结果如图 12-76 所示。

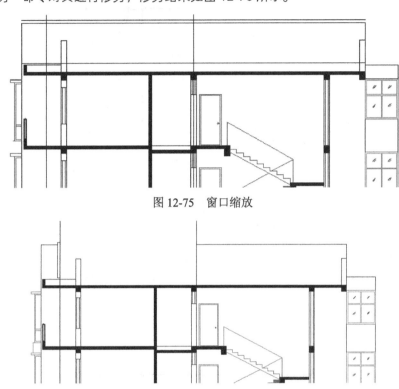

图 12-75　窗口缩放

图 12-76　修剪结果

Step ⑭ 执行"偏移"命令，将两条纵向定位轴线向外偏移 600 个绘图单位，然后通过Ⓕ轴线引出一条垂直构造线，并将纵向定位轴线向左向右各偏移 100 个绘图单位，同时删除该构造线，如图 12-77 所示。

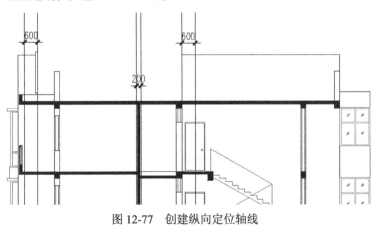

图 12-77　创建纵向定位轴线

Step ⑮ 使用"构造线"命令，根据视图间的对应关系，通过立面图引出两条横向定位轴线，如图 12-78 所示。

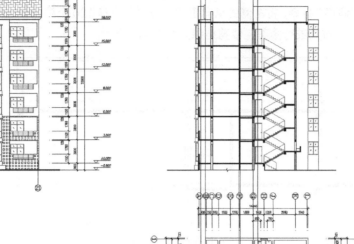

图 12-78 创建横向定位轴线

Step 16 使用快捷键 O 执行"偏移"命令,将最上侧的水平构造线分别向下偏移 300 个绘图单位、1400 个绘图单位和 1700 个绘图单位,偏移结果(二)如图 12-79 所示。

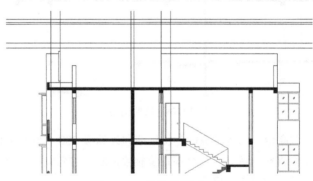

图 12-79 偏移结果(二)

Step 17 使用快捷键 L 执行"直线"命令,配合交点捕捉功能绘制坡形轮廓线,如图 12-80 所示。

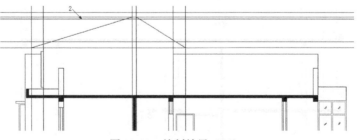

图 12-80 绘制结果(三)

Step 18 使用快捷键 O 执行"偏移"命令,将图 12-80 中的水平构造线 2 向上偏移 50 个绘图单位,偏移结果(三)如图 12-81 所示。

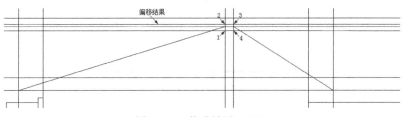

图 12-81 偏移结果(三)

Step 19 重复执行"偏移"命令,分别对两条倾斜轮廓线进行定点偏移,命令行操作过程如下。

```
命令: _Offset
当前设置: 删除源=否  图层=源  OFFSETGAPTYPE=0
指定偏移距离或 [通过(T)/删除(E)/图层(L)] <通过>:  //T Enter
选择要偏移的对象, 或 [退出(E)/放弃(U)] <退出>:      //选择左侧的倾斜轮廓线
指定通过点或 [退出(E)/多个(M)/放弃(U)] <退出>:      //捕捉交点 1
选择要偏移的对象, 或 [退出(E)/放弃(U)] <退出>:      //选择左侧的倾斜轮廓线
指定通过点或 [退出(E)/多个(M)/放弃(U)] <退出>:      //捕捉交点 2
选择要偏移的对象, 或 [退出(E)/放弃(U)] <退出>:      //选择右侧的倾斜轮廓线
指定通过点或 [退出(E)/多个(M)/放弃(U)] <退出>:      //捕捉交点 3
选择要偏移的对象, 或 [退出(E)/放弃(U)] <退出>:      //选择右侧的倾斜轮廓线
指定通过点或 [退出(E)/多个(M)/放弃(U)] <退出>:      //捕捉交点 4,如图 12-81 所示
//Enter,结束命令,偏移结果(四)如图 12-82 所示
选择要偏移的对象, 或 [退出(E)/放弃(U)] <退出>:
```

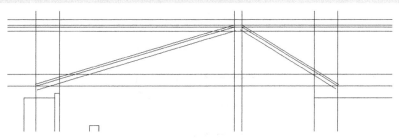

图 12-82 偏移结果(四)

Step 20 综合使用"修剪""延伸"和"删除"等命令,对各条图线进行编辑,编辑结果如图 12-83 所示。

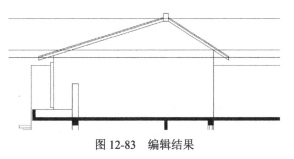

图 12-83 编辑结果

Step 21 夹点显示水平构造线,然后展开"图层控制"下拉列表,修改"水平构造线"图层为"轴线层",并调整视图,最终绘制结果如图 12-84 所示。

图 12-84　最终绘制结果

> **小技巧**
>
> 在编辑各图线时，也可以执行"倒角"命令或"圆角"命令，并将倒角长度或圆角半径设置为 0。

Step 22 最后执行"另存为"命令，将图形存储为"上机实训四.dwg"。

12.6 上机实训五——为剖面图标注尺寸

本例在综合所学知识的前提下，主要学习居民楼剖面图尺寸的快速标注过程和标注技巧。居民楼顶层剖面图尺寸的标注效果如图 12-85 所示。

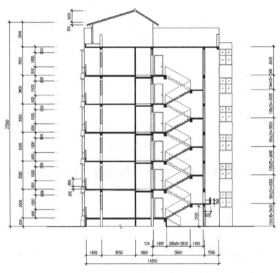

图 12-85　居民楼顶层剖面图尺寸的标注效果

Step 01 打开配套资源中的"/效果文件/第 12 章/上机实训四.dwg"文件。

Step 02 展开"图层"面板上的"图层控制"下拉列表，设置"尺寸线"作为当前图层，并冻结"其他层"。

Step 03 使用快捷键 D 执行"标注样式"命令，在打开的"标注样式管理器"对话框内设置"建筑标注"为当前样式，同时修改标注比例为 100。

Step 04 执行菜单栏"绘图"→"构造线"命令，绘制两条垂直构造线，作为尺寸定位轴线，如图 12-86 所示。

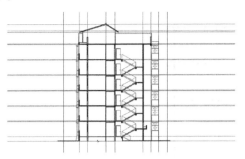

图 12-86　绘制尺寸定位轴线

Step 05 执行菜单栏"标注"→"线性"命令，配合交点捕捉和对象追踪功能，以标注的线性尺寸作为基准尺寸，如图 12-87 所示。

Step 06 执行菜单栏"标注"→"连续"命令，以刚标注的线性尺寸作为基准尺寸，配合对象捕捉和追踪功能，以标注的连续尺寸作为第 1 道尺寸，如图 12-88 所示。

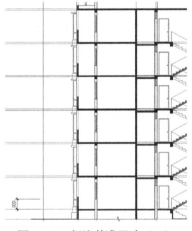 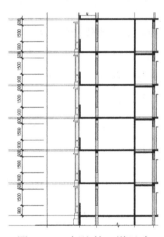

图 12-87　标注基准尺寸（一）　　　　图 12-88　标注第 1 道尺寸

Step 07 重复执行"线性"标注命令，配合对象捕捉功能标注线性尺寸，如图 12-89 所示。

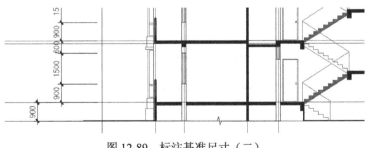

图 12-89　标注基准尺寸（二）

Step 08 重复执行"连续"命令，以刚标注的线性尺寸作为基准尺寸，配合对象捕捉和追踪功能，以标注的连续尺寸作为第 2 道尺寸，如图 12-90 所示。

Step 09 执行"线性"命令,配合交点捕捉功能标注立面图的总高尺寸,如图 12-91 所示。

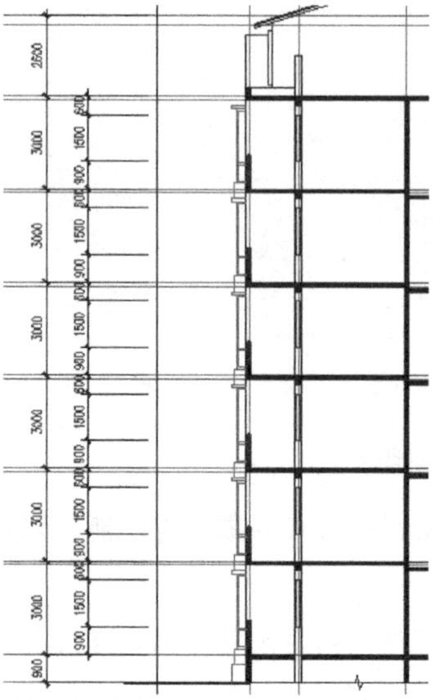

图 12-90 标注第 2 道尺寸 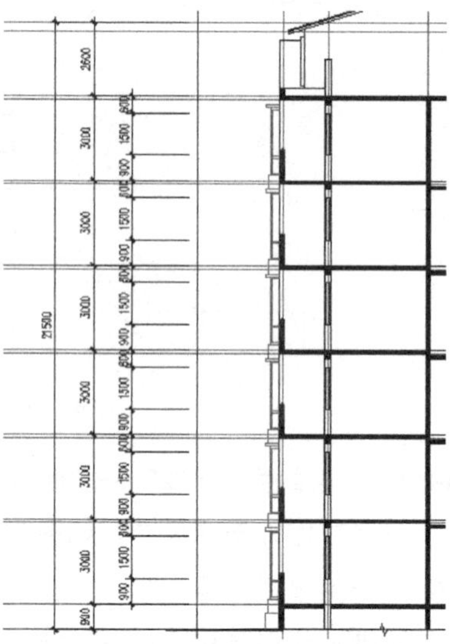   图 12-91 标注总高尺寸

Step 10 参照上述操作步骤,综合使用"线性"和"连续"命令,并配合对象捕捉与追踪功能,标注剖面图下侧、右侧,以及其他位置的细部尺寸,标注结果如图 12-92 所示。

Step 11 展开"图层"面板上的"图层控制"下拉列表,关闭"轴线层",同时删除尺寸定位辅助线。

Step 12 单击"标注"→"编辑标注文字"按钮,调整文字重叠的尺寸位置,如图 12-93 所示。

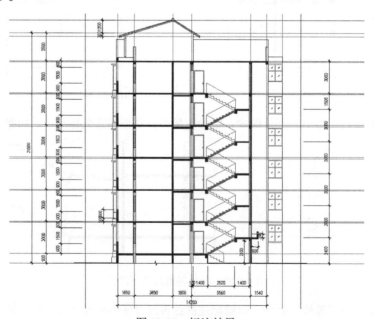

图 12-92 标注结果

第 12 章　建筑剖面图设计

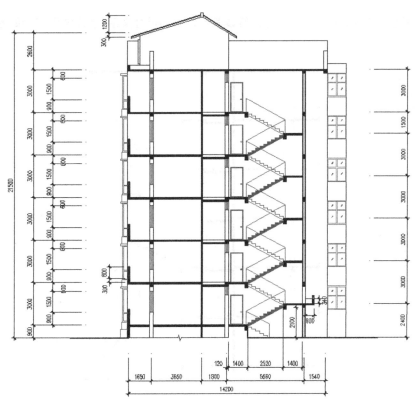

图 12-93　调整尺寸位置

Step 13 使用快捷键 ED 执行"编辑文字"命令，选择右侧的高度尺寸，在打开的文字编辑器中修改尺寸文字，如图 12-94 所示，修改结果（一）如图 12-95 所示。

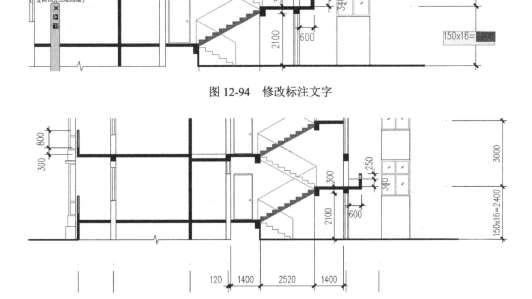

图 12-94　修改标注文字

图 12-95　修改结果（一）

Step 14 重复执行"编辑文字"命令，分别修改其他位置的尺寸文字，修改结果(二)如图12-96所示。

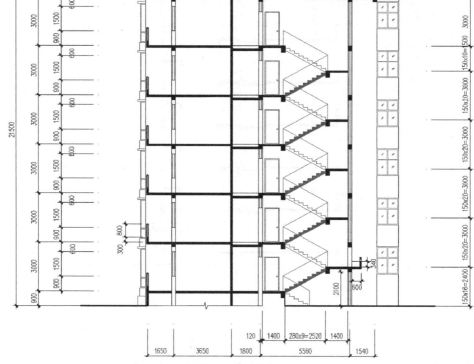

图 12-96　修改结果（二）

小技巧

在此使用了"编辑文字"命令，对尺寸文字内容进行了修改，是一种常用的操作技巧。

Step 15 最后执行"另存为"命令，将图形存储为"上机实训五.dwg"。

12.7　上机实训六——为剖面图标注符号

本例将在综合所学知识的前提下，主要学习剖面图标高和轴标号的快速标注方法和标注技巧。剖面图标高和轴标号的标注效果如图12-97所示，具体操作步骤如下。

Step 01 打开配套资源中的"/效果文件/第12章/上机实训五.dwg"文件。

Step 02 展开"图层"面板上的"图层控制"下拉列表，冻结"轴线层"，并将"其他层"设置为当前图层。

第 12 章　建筑剖面图设计

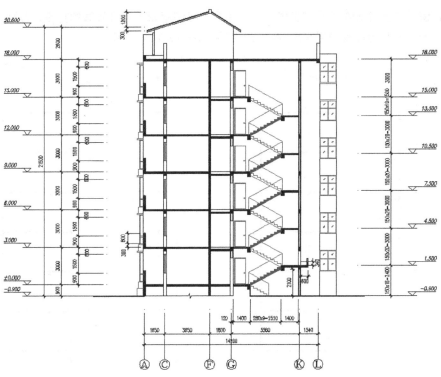

图 12-97　剖面图标高和轴标号的标注效果

Step 03 在无命令执行的前提下，单击尺寸为 900 的尺寸对象，使其呈现夹点显示，如图 12-98 所示。

Step 04 按 Ctrl+1 组合键，打开"特性"窗口，修改尺寸界线超出尺寸线的长度，如图 12-99 所示。

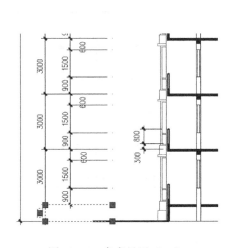

图 12-98　夹点显示（一）

图 12-99　修改参数（一）

Step 05 按 Enter 键，同时取消尺寸的夹点显示，结果所选择的层高尺寸的尺寸界线被延长，如图 12-100 所示。

413

Step 06 使用快捷键 MA 执行"特性匹配"命令，将刚编辑的尺寸界线的特性，分别复制给剖面图其他位置的层高尺寸，匹配结果如图 12-101 所示。

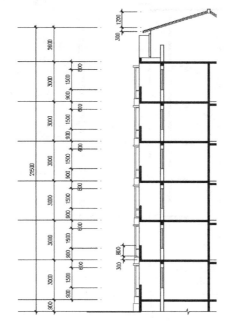

图 12-100 编辑结果（一）

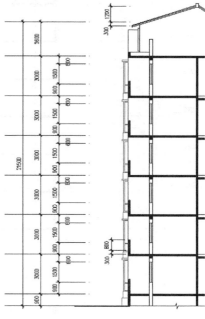

图 12-101 匹配结果

Step 07 综合使用"实时缩放"和"实时平移"命令调整视图，如图 12-102 所示。

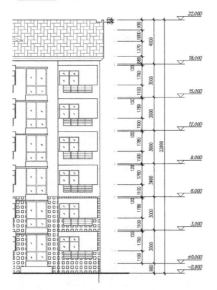

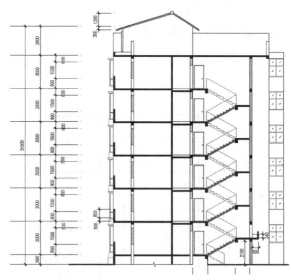

图 12-102 调整视图

Step 08 执行菜单栏"修改"→"镜像"命令，配合两点之间的中点功能和端点捕捉功能，将立面图中的标高镜像到剖面图中，命令行操作如下。

```
命令：_Mirror
选择对象：                    //拉出窗交选择框，如图 12-103 所示
```

选择对象：	//Enter，结束选择
指定镜像线的第一点：	//激活两点之间的中点功能
_m2p 中点的第一点：	//捕捉端点，如图 12-104 所示
中点的第二点：	//捕捉端点，如图 12-105 所示
指定镜像线的第二点：	//@0,1 Enter
要删除源对象吗？[是(Y)/否(N)] <N>：	//Enter，结束命令，镜像结果如图 12-106 所示

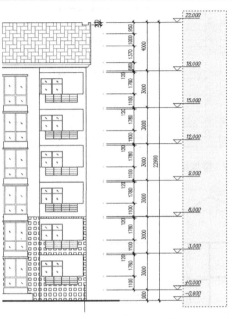 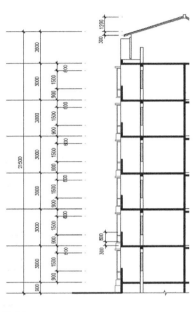

图 12-103　窗交选择

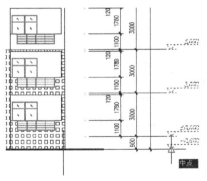 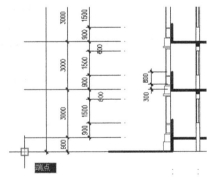

图 12-104　捕捉端点（一）　　　　　　　图 12-105　捕捉端点（二）

Step **09**　将最上侧的标高进行右移，然后执行"插入块"命令，标注上侧的标高尺寸，如图 12-107 所示。

小技巧

在标注上侧的标高尺寸时，也可以使用"复制"和"编辑属性"命令，以快速标注上侧的标高尺寸。

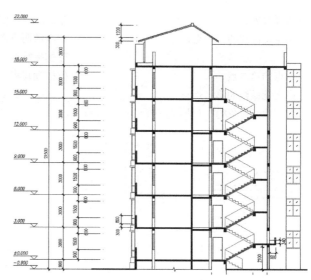

图 12-106 镜像结果

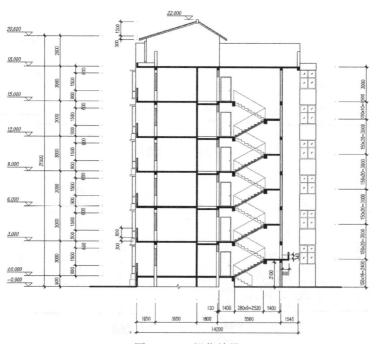

图 12-107 操作结果

Step 10 在无命令执行的前提下，单击剖面图右侧尺寸，使其呈现夹点显示，如图 12-108 所示。

Step 11 执行"特性"命令，打开"特性"窗口，修改尺寸界线超出尺寸线的长度，如图 12-109 所示。

Step 12 取消尺寸的夹点显示，编辑结果（二）如图 12-110 所示。

Step 13 使用快捷键 CO 执行"复制"命令，选择立面图中的某个标高尺寸进行复制，复制结果如图 12-111 所示。

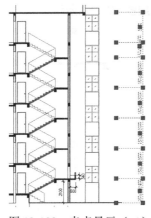

图 12-108 夹点显示(二)

图 12-109 修改参数(二)

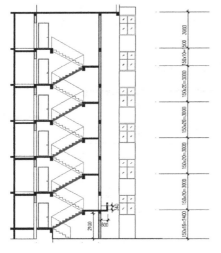

图 12-110 编辑结果(二)

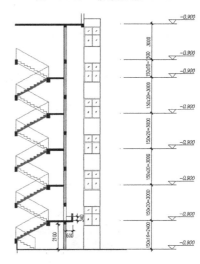

图 12-111 复制结果

Step 14 分别在复制出的标高尺寸上双击,打开"增强属性编辑器"对话框,修改标高属性值,修改结果(一)如图 12-112 所示。

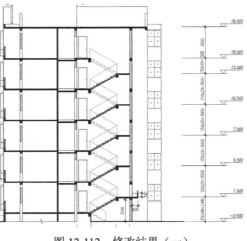

图 12-112 修改结果(一)

Step 15 在无命令执行的前提下,夹点显示剖面尺寸,如图 12-113 所示。

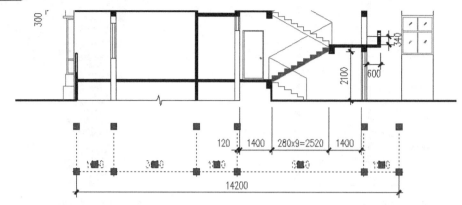

图 12-113　夹点显示(三)

Step 16 执行"特性"命令,打开"特性"窗口,修改尺寸界线超出尺寸线的长度,如图 12-114 所示。

Step 17 取消尺寸的夹点显示,修改结果(二)如图 12-115 所示。

　　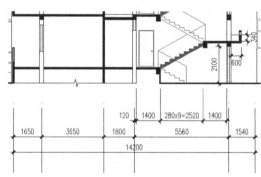

图 12-114　修改参数(三)　　　　图 12-115　修改结果(二)

Step 18 使用快捷键 CO 执行"复制"命令,在立面图中选择编号为 1 的轴标号,将其复制到剖面图中,如图 12-116 所示。

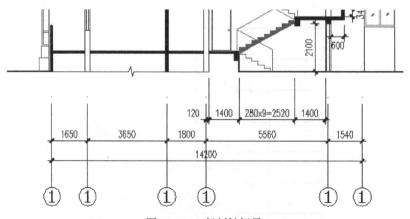

图 12-116　复制轴标号

Step 19 在复制出的轴标号属性块上双击,打开"增强属性编辑器"对话框,然后依次修改各轴标号的属性值,如图 12-117 所示。

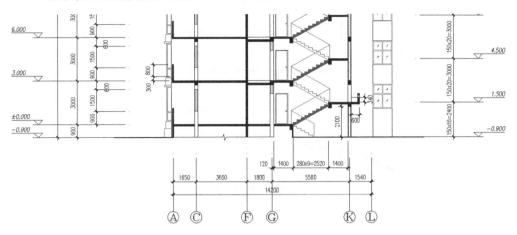

图 12-117 修改属性值

Step 20 最后执行"另存为"命令,将图形存储为"上机实训六.dwg"。

12.8 小结与练习

12.8.1 小结

本章通过绘制底层剖面图、标准层剖面图、顶层剖面图、楼梯构件,以及标注剖面图尺寸和标注剖面图符号 6 个操作实例,详细讲解了建筑剖面图的具体绘制过程和绘制技巧及剖面结构的表达技巧等。希望读者通过本章的学习,在理解和掌握剖面图绘制方法和绘制技巧的前提下,灵活运用 AutoCAD 中各种制图工具,快速绘制出符合制图标准和施工要求的建筑剖面图。

12.8.2 练习

1. 综合运用所学知识,绘制并标注联体别墅剖面图(局部尺寸自定),如图 12-118 所示。

操作提示

如果尺寸不清晰,可以调用配套资源中的"/素材文件/"目录下的"11-1.dwf"文件,以查看所需尺寸。相关设施图例读者可以自行绘制或在配套资源中的"/图块文件/"目录下直接使用。

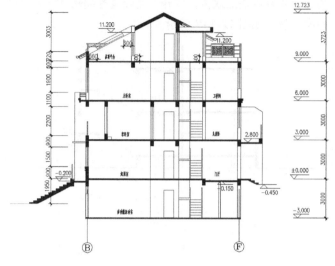

图 12-118 练习 1

2. 综合运用所学知识,绘制并标注某民用住宅楼剖面图(局部尺寸自定),如图 12-119 所示。

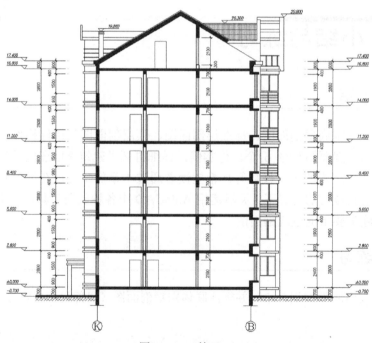

图 12-119 练习 2

操作提示

如果尺寸不清晰,可以调用配套资源中的"/素材文件/"目录下的"11-2.dwf"文件,以查看相关尺寸。相关设施图例读者可以自行绘制或在配套资源中的"/图块文件/"目录下直接使用。

建筑布置图设计

本章通过绘制住宅楼单元户型空间布置图,在了解和掌握建筑布置图的功能概念、形成方式、表达内容和绘图思路等的前提下,主要学习建筑布置图的具体绘制方法和绘制技巧。

内容要点

- ◆ 建筑布置图理论概述
- ◆ 上机实训二——绘制单元户型地面材质图
- ◆ 上机实训四——标注单元户型布置图尺寸
- ◆ 上机实训六——绘制卧室空间立面图
- ◆ 上机实训——绘制单元户型家具布置图
- ◆ 上机实训三——标注单元户型布置图文字
- ◆ 上机实训五——标注单元户型布置图投影符号

13.1 建筑布置图理论概述

在绘制建筑布置图（以下简称布置图）之前，首先简单介绍布置图的相关设计理念及设计内容，使不具备理论知识的读者对布置图有一个大致的认识和了解。

13.1.1 布置图功能概念

布置图是建筑空间再设计中的一种重要图纸，是建筑设计的延伸。此类图纸主要用于表明建筑的室内与室外空间装修布置的平面形状、位置、大小和所用材料，表明这些布置与建筑主体结构之间，以及这些布置与布置之间的相互关系等。

另外，布置图还控制了水平向纵横两轴的尺寸数据，其他视图又多数是由它引出的，所以此类图纸是绘制和识读建筑施工图的重点和基础，是装修施工的首要图纸。

13.1.2 布置图的形成方式

布置图是假设用一个水平的剖切平面，在窗台上方位置，将经过室内与室外装修的房屋整个剖开，移去上半部分而向下所做的水平投影图。

要绘制布置图，除要表明楼地面、门窗、楼梯、隔断、装饰柱、护壁板或墙裙等装饰结构的平面形状和位置之外，还要表明室内家具、陈设、绿化和室外水池、装饰品等配套设置的平面形状、数量和位置等。

13.1.3 布置图的表达内容

由于建筑住宅室内环境在建筑设计时只提供了基本的空间条件，如面积大小、平面关系和结构位置等，因此还需要设计师在这一特定的室内空间中进行再创造，以探讨更深、更广的空间内涵。所以，在具体设计时，需要兼顾到以下几点。

1．功能布局

室内空间的合理利用，在于不同功能区域的合理分割、巧妙布局，充分发挥居室的使用功能。例如，卧室、书房要求安静，可设置在靠里边一些的位置以不被其他室内活动干扰；起居室、客厅是对外接待、交流的场所，可设置在靠近入口的位置；卧室、书房与起居室和客厅的相连处又可设置过渡空间或共享空间，起间隔调节作用。此外，厨房应紧靠餐厅，卧室应与卫生间贴近。

2．平面空间设计

平面空间设计主要包括区域划分和交通流线两个内容。区域划分是指室内空间的组成,交通流线是指室内各活动区域之间,以及室内与室外环境之间的联系,它包括有形和无形两种,有形的指门厅、走廊、楼梯、户外的道路等;无形的指其他可能供作交通联系的空间。进行平面空间设计时,应尽量减少有形的交通区域,增加无形的交通区域,以达到充分利用空间且自由、灵活和缩短距离的效果。

另外,区域划分与交通流线是居室空间整体组合的要素,区域划分是整体空间的合理分配,交通流线寻求的是个别空间的有效连接,只有两者相互协调作用,才能取得理想的效果。

3. 室内内含物的布置

室内内含物主要包括家具、陈设、灯具、绿化等设计内容,这些室内内含物通常要处于视觉中的显著位置,它可以脱离界面布置于室内空间内。室内内含物不仅具有实用和观赏的作用,而且在烘托室内环境气氛,形成室内设计风格等方面也起到举足轻重的作用。

4. 整体上的统一

整体上的统一指的是将同一空间的许多细部,以一个共同的有机因素统一起来,使它变成一个完整而和谐的视觉系统。因此在设计构思时,需要根据业主的职业特点、文化层次、个人爱好、家庭成员构成和经济条件等进行综合的设计定位。

13.1.4 布置图绘图思路

在绘制布置图时,具体可以遵循如下步骤:
(1)首先绘制出墙体平面结构图。
(2)根据墙体平面结构图进行室内内含物的合理布置,如家具与陈设的布局,以及室内环境的绿化等。
(3)在对室内地面、柱等进行装饰设计时,应分别以线条图案和文本注释的形式,表达出设计的内容。
(4)为布置图标注必要的文本注释,以体现出所选材料及装修要求等内容。
(5)最后为布置图标注必要的尺寸及室内投影符号等。

13.2 上机实训一——绘制单元户型家具布置图

本例在综合所学知识的前提下,主要学习某住宅楼单元户型家具布置图的具体绘制过程和操作技巧。单元户型家具布置图的绘制效果如图 13-1 所示,具体操作步骤如下。

Step 01 打开配套资源中的"/素材文件/单元户型图.dwg"文件,如图 13-2 所示。

Step 02 展开"图层"面板上的"图层控制"下拉列表,将"图块层"设置为当前图层,如图 13-3 所示。

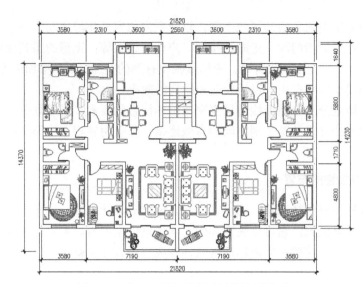

图 13-1 单元户型家具布置图的绘制效果

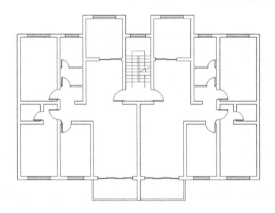

图 13-2 打开结果

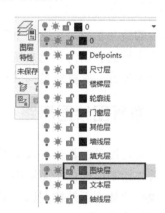

图 13-3 "图层控制"下拉列表

Step 03 使用快捷键 I 执行"插入块"命令，选择配套资源中的"/图块文件/双人床 1.dwg"文件，如图 13-4 所示。

Step 04 在"插入选项"选区设置图块的插入参数，如图 13-5 所示。

图 13-4 选择文件（一）

图 13-5 设置图块的插入参数（一）

Step 05 返回绘图区,在命令行"指定插入点或[基点(B)/比例(S)/旋转(R)]:"提示下,将双人床图块插入到平面图中,插入点为图 13-6 中的中点。

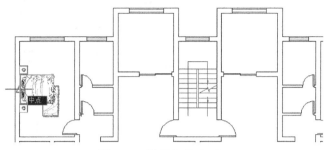

图 13-6 捕捉中点(一)

Step 06 重复执行"插入块"命令,插入配套资源中的"/图块文件/平面衣柜 01.dwg"文件,设置图块的插入参数,如图 13-7 所示,插入点为图 13-8 中的端点。

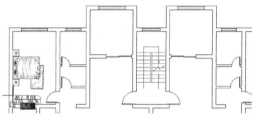

图 13-7 设置图块的插入参数(二)　　　　图 13-8 捕捉端点

Step 07 执行菜单栏"修改"→"镜像"命令,选择刚插入的"平面衣柜"进行镜像复制,命令行操作如下。

```
命令:_Mirror
选择对象:                    //选择"衣柜"图块
选择对象:                    //Enter
指定镜像线的第一点:          //捕捉中点,如图 13-9 所示
指定镜像线的第二点:          //@1,0 Enter
要删除源对象吗?[是(Y)/否(N)] <N>: //Enter,镜像结果如图 13-10 所示
```

Step 08 重复执行"插入块"命令,选择配套资源中的"/图块文件/平面电视柜 01.dwg"文件,将其以默认参数插入到平面图中,插入结果(一)如图 13-11 所示。

Step 09 单击"视图"→"选项板"→"设计中心"按钮,打开"设计中心"窗口,定位配套资源中的"图块文件"文件夹,如图 13-12 所示。

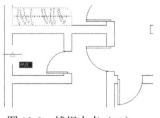
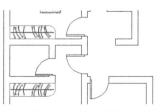

图 13-9 捕捉中点(二)　　　　　　　　图 13-10 镜像结果

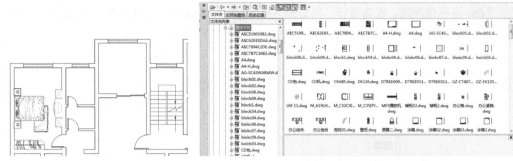

图 13-11 插入结果（一）　　　　图 13-12 定位目标文件夹

> **小技巧**
>
> 用户可以事先将配套资源中的"图块文件"文件夹复制到用户机 AutoCAD 安装目录下的"Template"文件夹下。

Step 10 在"设计中心"窗口中选择"沙发组合 1.dwg"文件，然后右击，单击"插入为块"选项，如图 13-13 所示，将此图形以块的形式共享到平面图中。

图 13-13 选择文件（二）

Step 11 此时打开"插入"对话框，采用默认设置，配合对象捕捉与追踪功能，将沙发组合图例插入到平面图中，插入结果（二）如图 13-14 所示。

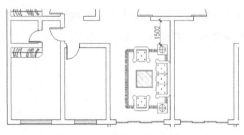

图 13-14 插入结果（二）

Step 12 在"设计中心"窗口，向下移动右侧滑块，找到"电视柜 3.dwg"文件并选择，如图 13-15 所示。

第 13 章　建筑布置图设计

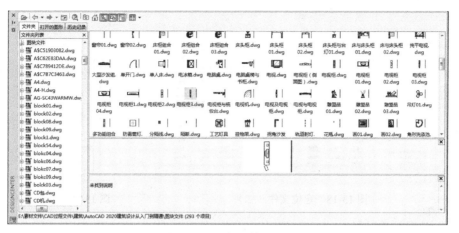

图 13-15　定位文件（一）

Step 13 按住鼠标左键不放，将"电视柜 3.dwg"文件拖曳至平面图中，此时电视柜图形暂时以虚拟的形式显示，如图 13-16 所示。

Step 14 配合对象捕捉与追踪功能，选择内墙线上的一点作为插入点，将电视柜图形插入到平面图中，如图 13-17 所示，命令行操作如下。

```
命令：_-Insert
输入块名或 [?]："D:\电视柜 3.dwg"
单位：毫米　转换：　　　1.0
//在图 13-17 中的虚线上拾取一点
指定插入点或 [基点(B)/比例(S)/X/Y/Z/旋转(R)]：
//Enter，采用当前参数设置
输入 X 比例因子，指定对角点，或 [角点(C)/XYZ(XYZ)] <1>：
输入 Y 比例因子或 <使用 X 比例因子>：　//Enter，采用当前参数设置
指定旋转角度 <0.00>：　　　　　　　　　　//Enter，结束命令
```

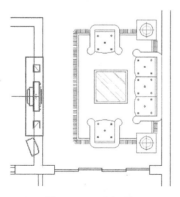　　　　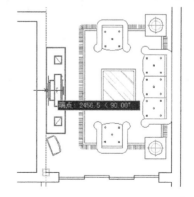

图 13-16　虚拟显示　　　　图 13-17　定位插入点

Step 15 在"设计中心"窗口中定位"平面植物 1.dwg"文件，如图 13-18 所示，然后将其以图块的方式共享到平面图中，共享结果（一）如图 13-19 所示。

Step 16 在"设计中心"窗口中定位"平面植物 02.dwg"文件，如图 13-20 所示，然后右击，以复制、粘贴的形式将其共享到平面图中，共享结果（二）如图 13-21 所示。

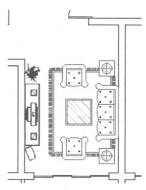

图 13-18　定位文件（二）　　　　图 13-19　共享结果（一）

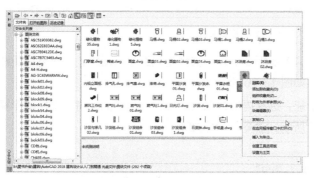
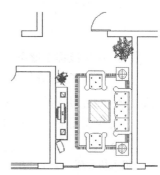

图 13-20　定位文件（三）　　　　图 13-21　共享结果（二）

Step 17 在"设计中心"窗口中的左侧树状管理视窗中定位配套资源中的"图块文件"文件夹，然后在文件夹上右击，打开文件夹快捷菜单，单击"创建块的工具选项板"选项，如图 13-22 所示。

图 13-22　打开文件夹快捷菜单

Step 18 此时系统自动将此文件夹创建为块的工具选项板，同时自动打开所创建的块的工具选项板，如图 13-23 所示。

Step 19 单击选项板上的"双人床 02"图块，在命令行"指定插入点或 [基点(B)/比例(S)/X/Y/Z/旋转(R)]:"提示下，在适当区域拾取一点作为插入点，将此图块插入到平面图中，插入结果（三）如图 13-24 所示。

图 13-23 创建工具选项板

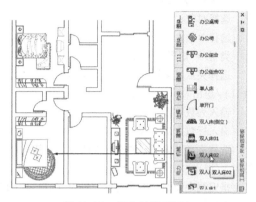

图 13-24 插入结果（三）

Step 20 在"工具选项板"中单击"梳妆台"图块，并将此图块插入到平面图中，插入结果（四）如图 13-25 所示。

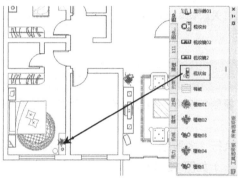

图 13-25 插入结果（四）

Step 21 使用快捷键 I 执行"插入块"命令，以默认参数插入配套资源中的"/图块文件/单人床.dwg"文件，插入结果（五）如图 13-26 所示。

Step 22 参照上述步骤，分别为平面图布置其他室内用具和绿化植物，如图 13-27 所示。

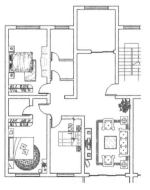

图 13-26 插入结果（五）

图 13-27 布置其他室内用具和绿化植物

Step 23) 单击"默认"→"修改"→"矩形阵列"按钮,选择书柜图例进行阵列,命令行操作如下。

```
命令: _Arrayrect
选择对象:                                    //选择图例,如图 13-28 所示
选择对象:                                    //Enter
类型 = 矩形  关联 = 是
选择夹点以编辑阵列或 [关联(AS)/基点(B)/计数(COU)/间距(S)/列数(COL)/行数(R)/层
数(L)/退出(X)] <退出>:                        //COU Enter
输入列数数或 [表达式(E)] <4>:                  //3 Enter
输入行数数或 [表达式(E)] <3>:                  //1 Enter
选择夹点以编辑阵列或 [关联(AS)/基点(B)/计数(COU)/间距(S)/列数(COL)/行数(R)/层
数(L)/退出(X)] <退出>:                        //S Enter
指定列之间的距离或 [单位单元(U)] <7610>:       //-565 Enter
指定行之间的距离 <4369>:                      //1 Enter
选择夹点以编辑阵列或 [关联(AS)/基点(B)/计数(COU)/间距(S)/列数(COL)/行数(R)/层
数(L)/退出(X)] <退出>:                        //AS Enter
创建关联阵列 [是(Y)/否(N)] <否>:              //N Enter
选择夹点以编辑阵列或 [关联(AS)/基点(B)/计数(COU)/间距(S)/列数(COL)/行数(R)/层
数(L)/退出(X)] <退出>:                        //Enter,阵列结果如图 13-29 所示
```

小技巧

在此也可以使用"复制"命令,以快速创建右侧的书柜图例。

Step 24) 使用快捷键 PL 执行"多段线"命令,配合对象捕捉与追踪功能,绘制贮藏框轮廓线,绘制结果(一)如图 13-30 所示。

Step 25) 使用快捷键 L 执行"直线"命令,配合对象捕捉与追踪功能,绘制厨房操作台轮廓线,如图 13-31 所示。

Step 26) 执行"实用工具"→"快速选择"命令,设置过滤参数,如图 13-32 所示,选择所有位于"图块层"上的对象,选择结果如图 13-33 所示。

图 13-28 窗口选择

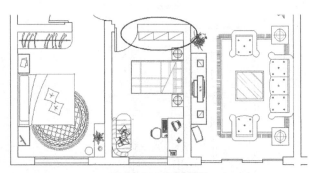
图 13-29 阵列结果

第 13 章　建筑布置图设计

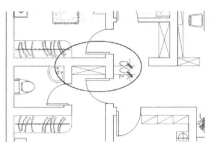

图 13-30　绘制结果（一）

图 13-31　绘制结果（二）

图 13-32　设置过滤参数

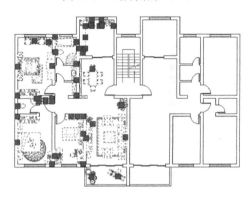

图 13-33　选择结果

Step 27 执行"镜像"命令，配合中点捕捉功能，对选择的所有对象进行镜像，最终绘制效果如图 13-1 所示。

Step 28 最后执行"另存为"命令，将图形保存为"上机实训一.dwg"。

13.3　上机实训二——绘制单元户型地面材质图

本例在综合所学知识的前提下，主要学习某住宅楼单元户型地面材质图的具体绘制过程和操作技巧。单元户型地面材质图的绘制效果如图 13-34 所示，具体操作步骤如下。

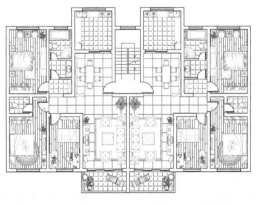

图 13-34　单元户型地面材质图的绘制效果

Step 01 继续上例操作,或者直接打开配套资源中的"/效果文件/第 13 章/上机实训一.dwg"文件。

Step 02 展开"图层"面板上的"图层控制"下拉列表,将"填充层"设置为当前图层,如图 13-35 所示。

Step 03 执行"直线"命令,配合捕捉功能分别将各房间两侧门洞连接起来,以形成封闭区域,如图 13-36 所示。

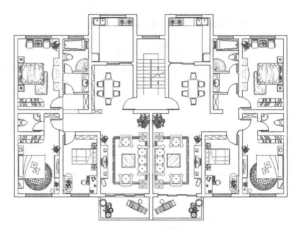

图 13-35 设置当前图层　　　　　　　　图 13-36 绘制结果(一)

Step 04 在无命令执行的前提下,分别选择各卫生间和厨房内的平面图形,使其呈现夹点显示,如图 13-37 所示。

Step 05 展开"图层"面板上的"图层控制"下拉列表,选择"0 图层",将夹点显示的图形暂时放置在"0 图层上"。

Step 06 取消对象的夹点显示,然后展开"图层"面板上的"图层控制"下拉列表,暂时冻结"图块层",平面图的显示效果(一)如图 13-38 所示。

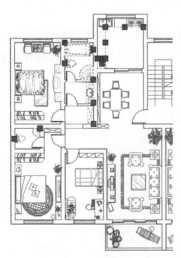

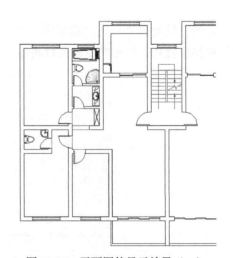

图 13-37 夹点显示　　　　　　　　图 13-38 平面图的显示效果(一)

小技巧

更改图层及冻结"图块层"的目的就是为了方便地面图案的填充，如果不关闭"图块层"，由于图块太多，会大大影响图案的填充速度。

Step 07 单击"默认"→"绘图"→"图案填充"按钮，然后在命令行"拾取内部点或 [选择对象(S)/设置(T)]:"提示下，单击"设置"选项，打开"图案填充和渐变色"对话框。

Step 08 在"图案填充和渐变色"对话框中选择填充图案并设置填充比例、角度、关联特性等，如图 13-39 所示。

图 13-39 设置填充图案与填充参数（一）

Step 09 单击"图案填充"→"边界"→"拾取点"按钮，返回绘图区拾取填充边界，如图 13-40 所示，为厨房和各卫生间填充地砖装修图案，填充结果（一）如图 13-41 所示。

图 13-40 指定填充区域　　　　图 13-41 填充结果（一）

Step 10 单击"实用工具"→"快速选择"命令，在打开的"快速选择"对话框中设置过滤参数，如图 13-42 所示。

Step 11 单击 确定 按钮，结果所有符合过滤条件的图形都被选中，如图 13-43 所示。

Step 12 展开"图层控制"下拉列表，单击"图块层"选项，将夹点显示的图形放到"图块层"上，然后打开"图块层"，并取消对象的夹点显示，平面图的显示效果（二）如图 13-44 所示。

图 13-42 设置过滤参数

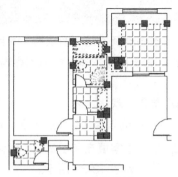
图 13-43 选择结果

Step 13 综合使用"多段线""矩形"命令，配合最近点捕捉和端点捕捉等功能，分别沿着各用具图例的外轮廓线绘制闭合区域，同时冻结"图块层"，绘制结果（二）如图 13-45 所示。

图 13-44 平面图的显示效果（二）

图 13-45 绘制结果（二）

Step 14 使用快捷键 H 执行"图案填充"命令，设置填充图案的类型及填充比例等参数，如图 13-46 所示，为卧室和书房填充地板装饰图案，如图 13-47 所示。

图 13-46 设置填充图案与填充参数（二）

图 13-47 填充结果（二）

Step 15 重复执行"图案填充"命令，打开"图案填充和渐变色"对话框，在"类型"下拉列表框内设置填充图案类型为"用户定义",然后勾选下侧的"双向"复选框,并设置填充参数,如图 13-48 所示。

Step 16 单击"添加:拾取点"按钮,返回绘图区,在客厅内部的空白区域单击,系统自动分析出填充边界,如图 13-49 所示。

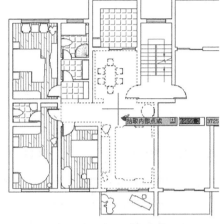

图 13-48　设置填充图案与填充参数(三)　　　　图 13-49　指定填充边界

Step 17 按 Enter 键返回"图案填充和渐变色"对话框,单击 确定 按钮,即可为客厅填充大理石装修图案,填充结果(三)如图 13-50 所示。

Step 18 在刚填充的图案上双击,打开"图案填充和渐变色"对话框,然后单击"图案填充原点"选项组中的"单击以设置新原点"按钮,如图 13-51 所示,以重新设置填充原点。

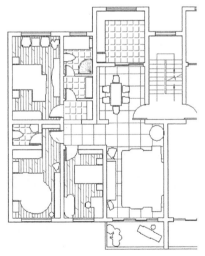

图 13-50　填充结果(三)　　　　　　　　图 13-51　重新设置填充原点

Step 19 此时系统自动返回绘图区,在命令行"指定原点:"提示下,按住 Shift 键右击,从弹出的快捷菜单上单击"两点之间的中点"选项,如图 13-52 所示。

Step 20 在命令行:"指定原点:_m2p 中点的第一点:"提示下,捕捉端点,如图 13-53 所示。

Step 21 继续在命令行"中点的第二点:"提示下，捕捉端点，如图13-54所示。

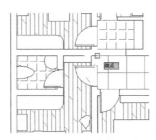

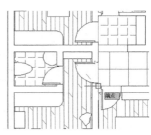

图 13-52　快捷菜单　　　　图 13-53　定位第一点　　　　图 13-54　定位第二点

Step 22 系统将以两端点之间的中点作为图案的填充原点，并自动返回"图案填充和渐变色"对话框，单击 确定 按钮，修改结果如图13-55所示。

Step 23 重复执行"图案填充"命令，设置填充图案与填充参数，如图13-39所示，为阳台填充图案，填充结果（四）如图13-56所示。

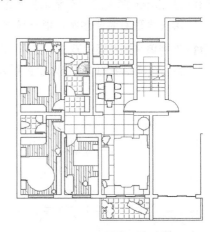

图 13-55　修改结果　　　　　　　图 13-56　填充结果（四）

Step 24 使用快捷键 E 执行"删除"命令，删除刚绘制的封闭多段线，删除结果如图 13-57 所示。

Step 25 展开"图层控制"下拉列表，激活被冻结的"图块层"，图形的显示效果如图 13-58 所示。

Step 26 执行"实用工具"→"快速选择"命令，打开"快速选择"对话框，设置过滤参数，如图 13-59 所示，选择所有位于"填充层"上的图形对象。

Step 27 使用快捷键 MI 执行"镜像"命令，对选择的图形对象进行镜像，最终绘制效果如图 13-34 所示。

第 13 章　建筑布置图设计

图 13-57　删除结果

图 13-58　图形的显示效果

图 13-59　"快速选择"对话框

Step 28　最后执行"另存为"命令，将图形存储为"上机实训二.dwg"。

13.4　上机实训三——标注单元户型布置图文字

本例在综合所学知识的前提下，主要学习单元户型布置图房间功能及装修材质注释等文字内容的具体标注过程和操作技巧。单元户型布置图文字的标注效果如图 13-60 所示，具体操作步骤如下。

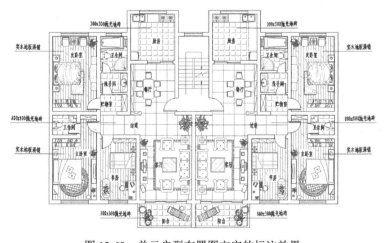

图 13-60　单元户型布置图文字的标注效果

Step 01 继续上例操作，或者直接打开配套资源中的"/效果文件/第 13 章/上机实训二.dwg"文件。

Step 02 展开"图层"面板上的"图层控制"下拉列表，将"文本层"设置为当前图层。

Step 03 单击"注释"→"文字样式"按钮，设置名为"汉字"的文字样式，字体、字高，以及其他字体效果参数，如图 13-61 所示。

图 13-61　设置参数

Step 04 执行菜单栏"绘图"→"文字"→"单行文字"命令，在命令行"指定文字的起点或 [对正(J)/样式(S)]:"提示下，在客厅内的适当位置上拾取一点作为文字的起点。

Step 05 继续在命令行"指定高度 <2.5>:"提示下，输入 320 并按 Enter 键，将当前文字的高度设置为 320。

Step 06 在命令行"指定文字的旋转角度<0.00>:"提示下，直接按 Enter 键，表示不旋转文字，此时绘图区会出现一个单行文字输入框，如图 13-62 所示。

Step 07 在输入框内输入"次卧室"，此时输入的文字会出现在单行文字输入框内，如图 13-63 所示。

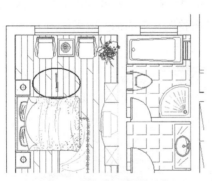

图 13-62　单行文字输入框

图 13-63　输入文字

Step 08 将光标分别移至其他房间内，标注各房间的功能性文字注释，然后连续两次按 Enter 键，结束"单行文字"命令，标注结果如图 13-64 所示。

Step 09 执行"画线"命令，绘制文字指示线，如图 13-65 所示。

第 13 章　建筑布置图设计

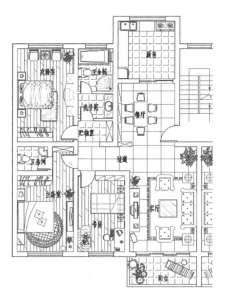

图 13-64　标注结果

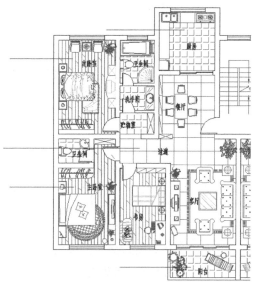

图 13-65　绘制文字指示线

Step 10 执行"修改"→"复制"命令，选择其中的一个文字注释复制到指示线上，复制结果如图 13-66 所示。

Step 11 执行"修改"→"对象"→"文字"→"编辑"命令，在命令行"选择注释对象或[放弃(U)]:"提示下，单击复制出的文字对象，此时该文字呈现反白显示，如图 13-67 所示。

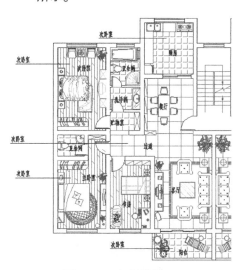

图 13-66　复制结果

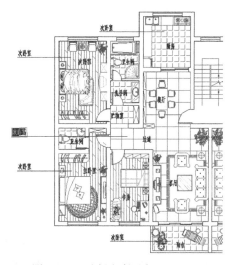

图 13-67　选择文字对象（一）

Step 12 在反白显示的单行文字输入框内输入正确的文字注释"800×800 抛光地砖"，如图 13-68 所示，然后按 Enter 键，结果当前选择的文字内容被更改。

Step 13 继续在命令行"选择文字注释对象或[放弃(U)]:"提示下，分别单击其他文字对象进行编辑，输入正确的文字注释，并适当调整文字的位置，编辑结果如图 13-69 所示。

439

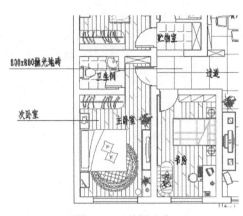

图 13-68 编辑文字

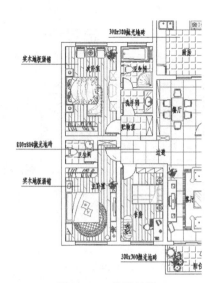

图 13-69 编辑结果

Step 14 在主卧室房间内的地板填充图案上双击，打开"图案填充和渐变色"对话框，在该对话框中单击"添加：选择对象"按钮，如图 13-70 所示。

Step 15 返回绘图区，在命令行"选择对象或 [拾取内部点(K)/删除边界(B)]："提示下，选择"次卧室"文字对象，如图 13-71 所示。

图 13-70 "图案填充和渐变色"对话框

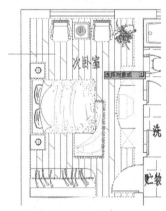

图 13-71 选择文字对象（二）

Step 16 按 Enter 键，结果被选择文字对象区域的填充图案被删除，如图 13-72 所示。

Step 17 参照操作步骤 14~16，分别修改其他房间内的填充图案，如图 13-73 所示。

Step 18 执行"实用工具"→"快速选择"命令，设置过滤参数，如图 13-74 所示，选择所有位于"文本层"上的图形对象。

Step 19 使用快捷键 MI 执行"镜像"命令，对选择的文字对象进行镜像，镜像结果如图 13-75 所示。

Step 20 重复执行"图案填充"命令，对右侧户型的地面填充图案进行编辑，最终绘制效果如图 13-60 所示。

第 13 章　建筑布置图设计

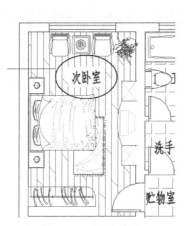

图 13-72　删除结果

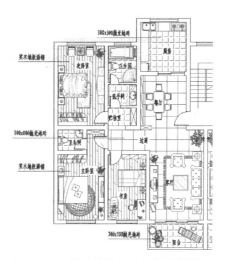

图 13-73　修改其他房间内的填充图案

图 13-74　"快速选择"对话框

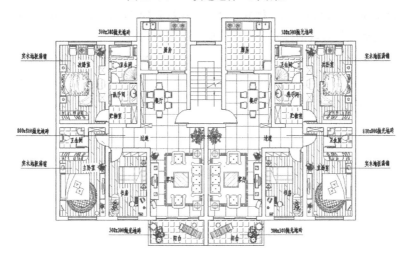

图 13-75　镜像结果

Step 21 最后执行"另存为"命令，将图形存储为"上机实训三.dwg"。

13.5 上机实训四——标注单元户型布置图尺寸

本例在综合所学知识的前提下,主要学习单元户型布置图尺寸的具体标注过程和操作技巧。单元户型布置图尺寸的标注效果如图 13-76 所示,具体操作步骤如下。

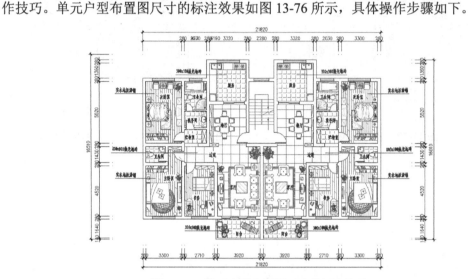

图 13-76　单元户型布置图尺寸的标注效果

Step 01 继续上例操作,或者直接打开配套资源中的"/效果文件/第 13 章/上机实训三.dwg"文件。

Step 02 展开"图层"面板上的"图层控制"下拉列表,将"尺寸层"设置为当前图层。

Step 03 使用快捷键 D 执行"标注样式"命令,在打开的"标注样式管理器"对话框中设置"建筑标注"为当前样式,并修改标注比例为 100。

Step 04 使用快捷键 XL 执行"构造线"命令,配合端点捕捉功能绘制构造线,作为尺寸定位辅助线,如图 13-77 所示。

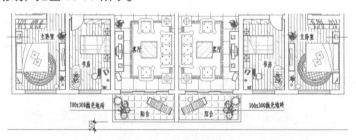

图 13-77　绘制结果

Step 05 单击"标注"→"线性"按钮,在命令行"指定第一个尺寸界线原点或 <选择对象>:"提示下,捕捉追踪虚线与辅助线的交点,作为第 1 条尺寸界线起点,如图 13-78 所示。

Step 06 在命令行"指定第二条尺寸界线原点:"提示下,捕捉追踪虚线与辅助线的交点,如图 13-79 所示，作为第 2 条尺寸界线的起点。

Step 07 在命令行"指定尺寸线位置或[多行文字(M)/文字(T)/角度(A)/水平(H)/垂直(V)/旋转(R)]:"提示下，垂直向下移动光标，输入 3300 并按 Enter 键，如图 13-80 所示。

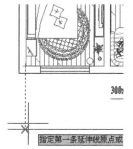
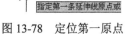
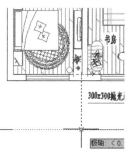
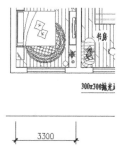

图 13-78　定位第一原点　　　图 13-79　定位第二原点　　　图 13-80　标注结果（一）

Step 08 单击"标注"→"连续"按钮，配合对象捕捉和追踪功能标注细部尺寸，命令行操作如下。

```
命令：_Dimcontinue
指定第二条尺寸界线原点或 [放弃(U)/选择(S)] <选择>://捕捉交点，如图 13-81 所示
标注文字 = 280
指定第二条尺寸界线原点或 [放弃(U)/选择(S)] <选择>://捕捉交点，如图 13-82 所示
标注文字 = 2710
指定第二条尺寸界线原点或 [放弃(U)/选择(S)] <选择>://捕捉交点，如图 13-83 所示
标注文字 =280
指定第二条尺寸界线原点或 [放弃(U)/选择(S)] <选择>://捕捉交点，如图 13-84 所示
标注文字 =3920
指定第二条尺寸界线原点或 [放弃(U)/选择(S)] <选择>://捕捉交点，如图 13-85 所示
标注文字 = 280
指定第二条尺寸界线原点或 [放弃(U)/选择(S)] <选择>://Enter
选择连续标注：                    //单击指定位置，如图 13-86 所示
选择连续标注：                    //Enter
指定第二条尺寸界线原点或 [放弃(U)/选择(S)] <选择>://捕捉交点，如图 13-87 所示
标注文字 = 280
指定第二条尺寸界线原点或 [放弃(U)/选择(S)] <选择>://Enter 结束连续标注
选择连续标注：                    //Enter，结束命令，标注结果（二）如图 13-88 所示
```

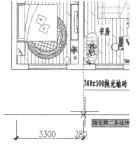

图 13-81　捕捉交点（一）　　　　　图 13-82　捕捉交点（二）

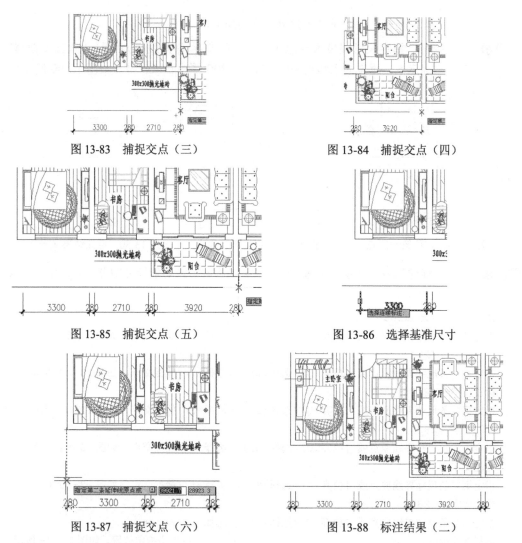

图 13-83 捕捉交点(三)　　图 13-84 捕捉交点(四)

图 13-85 捕捉交点(五)　　图 13-86 选择基准尺寸

图 13-87 捕捉交点(六)　　图 13-88 标注结果(二)

Step 09 使用快捷键 MI 执行"镜像"命令,拉出窗交选择框,如图 13-89 所示,对尺寸进行镜像,镜像结果如图 13-90 所示。

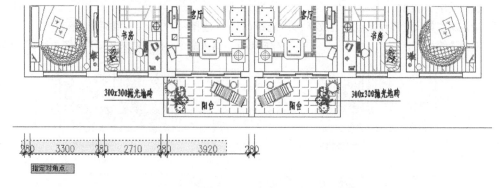

图 13-89 窗交选择

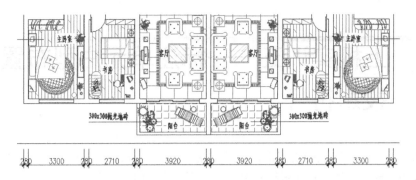

图 13-90　镜像结果

Step 10　执行菜单栏"标注"→"线性"命令，配合对象捕捉与追踪功能标注下侧的总尺寸，标注结果（三）如图 13-91 所示。

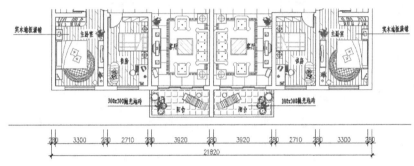

图 13-91　标注结果（三）

Step 11　参照上述操作，综合使用"线性"和"连续"命令，配合对象捕捉与追踪功能标注其他 3 侧的尺寸，标注结果（四）如图 13-92 所示。

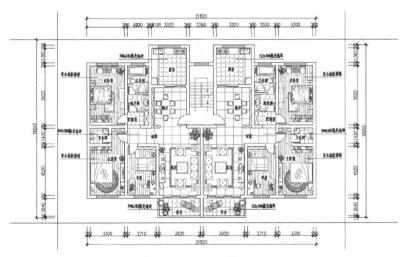

图 13-92　标注结果（四）

Step 12　使用快捷键 E 执行"删除"命令，删除 4 条尺寸定位轴线，最终标注效果如图 13-76 所示。

Step 13　最后执行"另存为"命令，将图形存储为"上机实训四.dwg"。

13.6 上机实训五——标注单元户型布置图投影符号

本例在综合所学知识的前提下,主要学习单元户型布置图投影符号的具体标注过程和操作技巧。单元户型布置图投影符号的标注效果如图 13-93 所示,具体操作步骤如下。

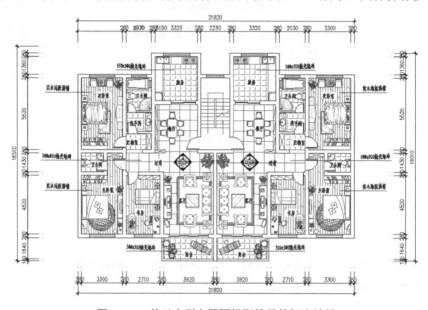

图 13-93 单元户型布置图投影符号的标注效果

Step 01 继续上例操作,或者直接打开配套资源中的"/效果文件/第 13 章/上机实训四.dwg"文件。

Step 02 使用快捷键 LA 执行"图层"命令,在打开的"图层特性管理器"面板中双击"0图层",并将其设置为当前图层,如图 13-94 所示。

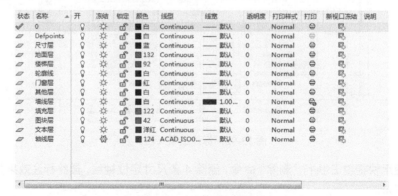

图 13-94 设置当前图层

Step 03 单击"绘图"→"正多边形"按钮,在空白区域绘制边长为 1000 个绘图单位的正四边形作为四面投影符号,命令行操作如下。

```
命令: _Polygon
输入边的数目 <4>:                                    //Enter
指定正多边形的中心点或 [边(E)]:                       //在适当位置拾取一点
输入选项 [内接于圆(I)/外切于圆(C)] <C>:               //C Enter
指定圆的半径:                                        //@500<45 Enter,绘制结果(一)如图 13-95 所示
```

Step 04 执行菜单栏"绘图"→"圆"→"圆心,半径"命令,以正四边形的正中心点作为圆心,绘制半径为 470 个绘图单位的圆,命令行操作如下。

```
命令: _Circle
//激活两点之间的中点功能
指定圆的圆心或 [三点(3P)/两点(2P)/相切、相切、半径(T)]:
_m2p 中点的第一点:                                   //捕捉端点,如图 13-96 所示
中点的第二点:                                        //捕捉端点,如图 13-97 所示
指定圆的半径或 [直径(D)] <400.0>:                    //470 Enter,绘制结果(二)如图 13-98 所示
```

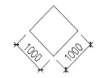
图 13-95 绘制结果(一)

图 13-96 定位第一点

图 13-97 定位第二点

图 13-98 绘制结果(二)

Step 05 执行菜单栏"绘图"→"直线"命令,绘制正四边形的两条中线,如图 13-99 所示。

Step 06 执行菜单栏"修改"→"修剪"命令,以圆作为修剪边界,对两条中线进行修剪,修剪结果如图 13-100 所示。

图 13-99 绘制中线

图 13-100 修剪结果

Step 07 执行菜单栏"绘图"→"图案填充"命令,在打开的"图案填充和渐变色"对话框中设置填充图案的类型,如图 13-101 所示。

Step 08 单击"添加:拾取点"按钮,返回绘图区,在命令行"拾取内部点或 [选择对象(S)/删除边界(B)]:"提示下,在正四边形和圆之间的空白区域拾取一点,指定填充的边界。

Step 09 按 Enter 键返回"图案填充和渐变色"对话框，单击按钮，填充结果如图 13-102 所示。

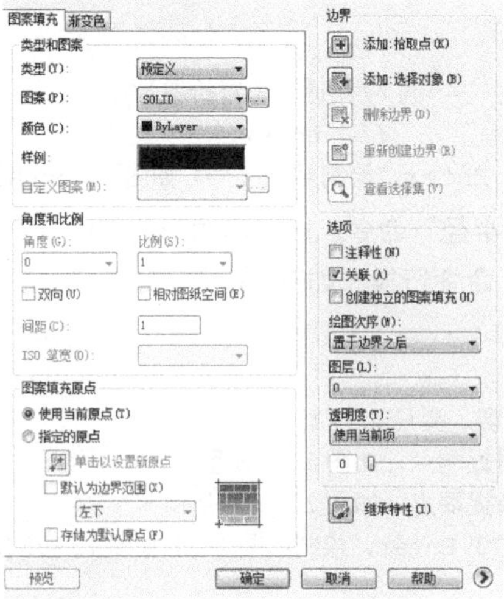

图 13-101 设置填充图案的类型 　　　　　　图 13-102 填充结果

Step 10 执行"注释"→"文字样式"命令，新建一种名为"编号"的文字样式，其参数设置如图 13-103 所示。

图 13-103 设置文字样式

Step 11 使用快捷键 DT 执行"单行文字"命令，为四面投影符号进行编号，命令行操作如下。

```
命令: DT                              //Enter，激活命令
Text
当前文字样式: 编号  当前文字高度: 5.0
指定文字的起点或 [对正(J)/样式(S)]:   //在圆的上侧扇形区内拾取一点
指定高度 <5.0>:                       //200 Enter，输入文字的高度
指定文字的旋转角度 <0.00>:            //Enter，采用默认设置
```

Step 12 此时系统显示出单行文字输入框，如图 13-104 所示，在此输入框内输入编号 A，如图 13-105 所示。

图 13-104　单行文字输入框　　　　　　　图 13-105　输入编号

Step 13 连续两次按 Enter 键，结束"单行文字"命令。

Step 14 参照操作步骤 11～13，分别为其他位置填写编号，并适当调整编号的位置，操作结果如图 13-106 所示。

Step 15 修改投影符号的所在图层为"其他层"，然后在命令行输入"W"按 Enter 键，执行"写块"命令，设置块参数如图 13-107 所示，将四面投影符号创建为外部块，块的基点为圆的圆心。

图 13-106　操作结果　　　　　　　　　　图 13-107　设置块参数

Step 16 将四面投影符号图块移到客厅位置，然后打开被关闭的"尺寸层"，移动结果如图 13-108 所示。

Step 17 使用快捷键 CO 执行"复制"命令，将投影符号复制到另一户型内，复制结果如图 13-109 所示。

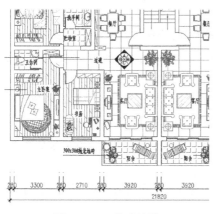 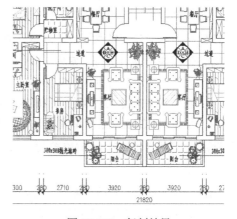

图 13-108　移动结果　　　　　　　　　　图 13-109　复制结果

Step 18 最后执行"另存为"命令，将图形存储为"上机实训五.dwg"。

13.7 上机实训六——绘制卧室空间立面图

本例在综合所学知识的前提下，主要学习卧室空间立面图的绘制方法和绘制技巧。卧室空间立面图的绘制效果如图 13-110 所示，具体操作步骤如下。

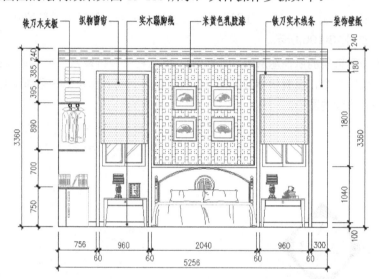

图 13-110　卧室空间立面图的绘制效果

Step 01 执行"新建"命令，以配套资源中的"/样板文件/建筑样板.dwt"文件为基础样板，创建空白文件。

Step 02 使用快捷键 LA 执行"图层"命令，在打开的"图层特性管理器"面板中双击"轮廓线"，将其设置为当前图层。

Step 03 执行菜单栏"绘图"→"矩形"命令，绘制长度为 5256 个绘图单位、宽度为 3360 个绘图单位的矩形作为主体轮廓线。

Step 04 执行菜单栏"修改"→"分解"命令，将刚绘制的矩形分解为 4 条独立的段线。

Step 05 使用快捷键 O 执行"偏移"命令，将矩形下侧的水平边向上偏移 100 个绘图单位，上侧的水平边分别向下偏移 240 个绘图单位和 420 个绘图单位，左侧垂直边分别向右偏移 756 个绘图单位和 1836 个绘图单位，右侧垂直边分别向左偏移 300 个绘图单位和 1380 个绘图单位，偏移结果（一）如图 13-111 所示。

Step 06 使用快捷键 TR 执行"修剪"命令，对偏移出的图线进行修剪，修剪结果如图 13-112 所示。

Step 07 使用快捷键 O 执行"偏移"命令，将内部的图线分别向内偏移 60 个绘图单位，偏移结果（二）如图 13-113 所示。

Step 08 综合使用"修剪"和"圆角"命令，对偏移出的图线及下侧的水平图线进行修剪，并删除多余图线，操作结果如图 13-114 所示。

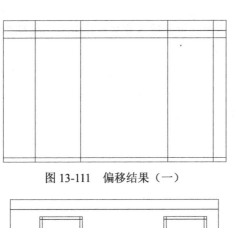
图 13-111 偏移结果（一）

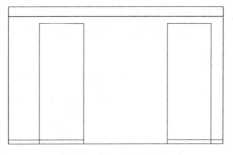
图 13-112 修剪结果

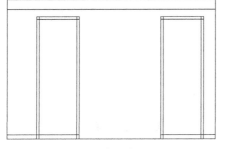
图 13-113 偏移结果（二）

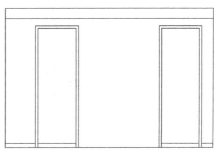
图 13-114 操作结果

:::: 小技巧

在编辑图线时，可以使用"圆角"命令中的"半径"选项，并将圆角半径设置为 0，也可以使用"倒角"命令，并将两个倒角距离设置为 0。

Step 09 使用快捷键 REC 执行"矩形"命令，配合对象捕捉与追踪功能绘制矩形轮廓线，如图 13-115 所示。

Step 10 使用快捷键 O 执行"偏移"命令，将矩形分别向内侧偏移 40 个绘图单位和 50 个绘图单位。

Step 11 选择中间的矩形，然后展开"颜色控制"下拉列表，修改其颜色为 140 号色，偏移结果（三）如图 13-116 所示。

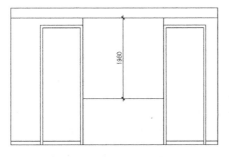
图 13-115 绘制矩形轮廓线　　　　　图 13-116 偏移结果（三）

Step 12 使用快捷键 LA 执行"图层"命令，在打开的"图层特性管理器"对话框中设置"图块层"为当前图层。

Step 13 使用快捷键 I 执行"插入块"命令，采用默认设置插入配套资源中的"/图块文件/立面床.dwg"文件，插入点为图 13-117 中的中点。

Step 14 重复执行"插入块"命令，配合对象捕捉和追踪功能，插入配套资源中的"图块文件"下的"装饰架.dwg、立面窗及窗帘.dwg、床头柜 01.dwg、床头柜 02.dwg、台灯 1.dwg、石英钟.dwg、装饰画 1.dwg、书.dwg、棉被.dwg、衣物.dwg"等文件，插入结果如图 13-118 所示。

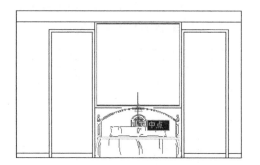

图 13-117 插入立面床

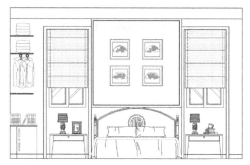

图 13-118 插入结果

小技巧

在插入各种立面图块时，要注意插入点的定位，以及图例大小和放置角度，也可以配合使用"旋转""移动"等多种命令。

Step 15 综合使用"修剪"和"删除"命令，删除被遮挡住的图线，对立面图进行编辑完善，编辑结果如图 13-119 所示。

Step 16 展开"图层"面板上的"图层控制"下拉列表，将"填充层"设置为当前图层。

Step 17 使用"矩形"命令，沿着装饰画外轮廓，绘制 4 个矩形边界，然后冻结"图块层"，图形的显示效果如图 13-120 所示。

图 13-119 编辑结果

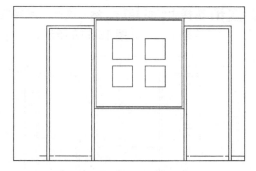

图 13-120 图形的显示效果

Step 18 执行菜单栏"绘图"→"图案填充"命令，在打开的"图案填充和渐变色"对话框中设置填充图案和填充参数，如图 13-121 所示，为立面图填充图案，填充结果（一）如图 13-122 所示。

第 13 章　建筑布置图设计

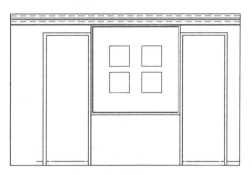

图 13-121　设置填充图案与填充参数（一）　　　图 13-122　填充结果（一）

小技巧

巧妙使用"图案填充"命令中的"单击以设置新原点"功能，为图案重新定义填充原点。

Step 19　执行菜单栏"绘图"→"图案填充"命令，在打开的"图案填充和渐变色"对话框中设置填充图案和填充参数，如图 13-123 所示，在十字光标所处的位置拾取点，分析填充边界，如图 13-124 所示，为立面图填充图案，填充结果（二）如图 13-125 所示。

Step 20　使用快捷键 LT 执行"线型"命令，在打开的"线型管理器"对话框中加载线型并设置线型比例，如图 13-126 所示。

Step 21　在无命令执行的前提下，夹点显示图 13-127 中的图案，然后展开"线型控制"下拉列表，更改图案的线型为 DOT，更改线型后的效果如图 13-128 所示。

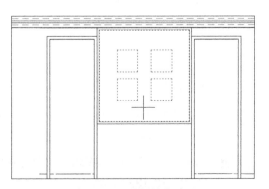

图 13-123　设置填充图案与填充参数（二）　　　图 13-124　分析填充边界

453

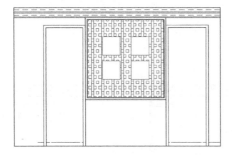

图 13-125 填充结果（二）

图 13-126 加载线型

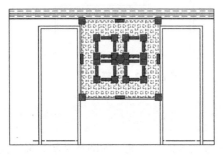

图 13-127 夹点显示

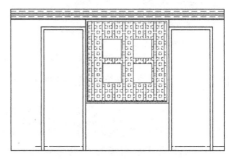

图 13-128 更改线型后的效果

Step 22 展开"图层"面板上的"图层控制"下拉列表，设置"尺寸层"为当前图层，并取消冻结"图块层"。

Step 23 使用快捷键 D 执行"标注样式"命令，设置"建筑标注"为当前尺寸样式，并调整尺寸比例，如图 13-129 所示。

Step 24 执行菜单栏"标注"→"线性"命令，配合端点捕捉功能，以标注的线性尺寸作为基准尺寸，如图 13-130 所示。

图 13-129 设置当前样式与尺寸比例

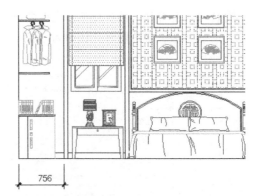

图 13-130 标注结果（一）

Step 25 综合使用"线性"和"连续"命令，配合对象捕捉和追踪功能，为卧室立面图标注尺寸，标注结果（二）如图 13-131 所示。

Step 26 单击"标注"→"编辑标注文字"按钮，对文字重叠的尺寸进行适当调整，调整结果如图 13-132 所示。

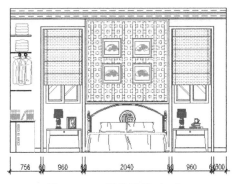
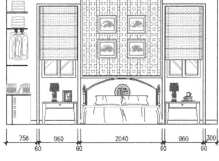

图 13-131　标注结果（二）　　　　图 13-132　调整结果

- **Step 27** 重复执行"线性"命令，配合端点捕捉功能标注立面图下侧的总尺寸，如图 13-133 所示。
- **Step 28** 综合使用"线性""连续""编辑标注文字"命令，分别标注立面图其他位置的尺寸，如图 13-134 所示。

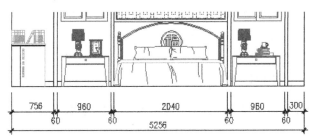

图 13-133　标注总尺寸

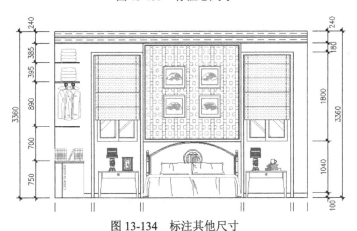

图 13-134　标注其他尺寸

- **Step 29** 展开"图层"面板上的"图层控制"下拉列表，将"文本层"设置为当前图层。
- **Step 30** 使用快捷键 D 执行"标注样式"命令，对当前尺寸样式进行替代，如图 13-135 和图 13-136 所示。
- **Step 31** 使用快捷键 LE 执行"快速引线"命令，设置引线参数，如图 13-137 和图 13-138 所示。

图 13-135 "文字"选项卡

图 13-136 "调整"选项卡

图 13-137 设置引线参数

图 13-138 标注引线注释

Step 32 返回绘图区，根据命令行的提示指定引线点，绘制引线并标注引线注释，如图 13-139 所示。

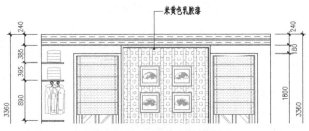

图 13-139 标注引线注释

小技巧

在绘制引线时，可以事先关闭状态栏上的对象捕捉和极轴追踪功能，以方便引线点的定位。

Step 33 重复执行"快速引线"命令，以快速标注其他位置的引线注释，如图 13-140 所示。

Step 34 执行菜单栏"修改"→"对象"→"文字"→"编辑"命令，在命令行"选择注释对象或 [放弃(U)]:"提示下，选择右侧的引线注释。

Step 35 此时系统自动打开文字编辑器，用于对选取的文字对象进行修改编辑，如图 13-141 所示。

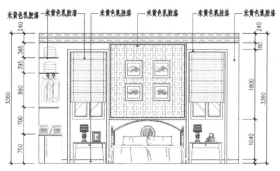

图 13-140 标注其他位置的引线注释

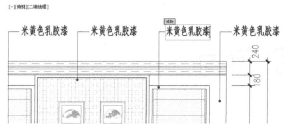

图 13-141 文字编辑器

Step 36 接下来反白显示需要修改的引线文字，然后在下侧的文字输入框内输入正确的注释内容，如图 13-142 所示。

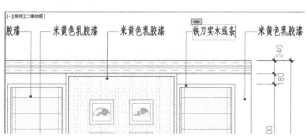

图 13-142 输入正确的注释内容

Step 37 关闭文字编辑器，返回绘图区，修改结果如图 13-143 所示。

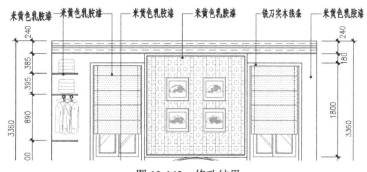

图 13-143 修改结果

Step 38 继续在命令行"选择注释对象或 [放弃(U)]:"提示下，分别修改其他位置的引线注释，如图 13-144 所示。

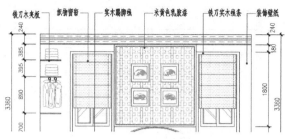

图 13-144 修改其他位置的引线注释

Step 39 调整视图，使立面图完全显示，最终标注效果如图 13-110 所示。

Step 40 最后执行"保存"命令，将图形存储为"上机实训六.dwg"。

13.8 小结与练习

13.8.1 小结

本章主要通过绘制户型布置图、绘制户型材质图、标注户型图文字、标注户型图尺寸、标注户型图投影符号和绘制户型布置图内部立面图 6 个操作实例，学习了建筑布置图的绘制方法和绘制技巧。其中，内含物的快速布置和地面装饰线的填充是本章的学习重点和难点，在布置内含物时，使用了插入块、设计中心和工具选项板等 3 种操作技能；在填充地面装饰线时，要注意配合使用图层的开关等状态控制功能。

13.8.2 练习

1. 综合运用所学知识，绘制单元户型布置图（局部尺寸自定），如图 13-145 所示。

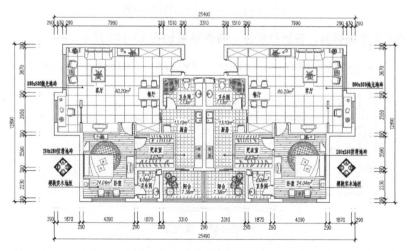

图 13-145 练习 1

:::操作提示
练习1所需图块文件可在配套资源中的"/图块文件/"目录下调用。
:::

2. 综合运用所学知识，绘制门厅空间布置图（局部尺寸自定），如图13-146所示。

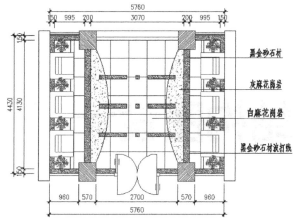

图13-146　练习2

:::操作提示
练习2所需图块文件可在配套资源中的"/图块文件/"目录下调用。
:::

建筑结构图设计

本章通过绘制某民用建筑楼体结构施工图,在了解和掌握建筑结构图的形成方式、表达内容及绘图思路等内容的前提下,主要学习建筑结构图的具体绘制方法和绘制技巧。

内容要点

- ◆ 建筑结构图理论概述
- ◆ 上机实训二——绘制建筑结构布置图
- ◆ 上机实训四——标注建筑结构尺寸
- ◆ 上机实训一——绘制建筑结构轴线图
- ◆ 上机实训三——标注建筑结构型号
- ◆ 上机实训五——标注建筑结构轴线序号

14.1 建筑结构图理论概述

本节主要概述建筑结构图（以下简称结构图）的形成方式、表达内容及绘图思路等理论知识。

14.1.1 结构图的形成方式

从建筑施工图中可以了解建筑物的外形、内部布置、细部构造和内外装修等内容。从结构施工图中可以了解建筑物各承重构件（如柱、梁、板等）的布置、结构等内容。此类施工图主要是沿着楼板面（只有结构层，尚未做楼面层）将建筑物水平剖开，所做的水平剖面图，表示各层梁、板、柱、墙、过梁和圈梁等的平面布置情况，以及现浇楼板、梁的构造与配筋情况及构件间的结构关系等。

另外，结构施工图还为安装梁、板、柱等各构件提供了施工依据，同时也为现浇构件立模板、绑扎钢筋、浇筑混凝土等提供了施工依据，因此，结构施工图也是一种比较重要的图纸。

14.1.2 结构图的表达内容

结构图的主要表达内容如下。

- 对于预制楼板，用粗实线表示楼层平面轮廓，用细实线表示预制楼板的铺设，并把预制楼板以下不可见墙体的虚线改画为实线。
- 在结构单元范围内画一条对角线，并沿对角线方向注明预制楼板的数量及型号等。
- 楼梯间的结构布置一般不在楼层结构平面图中表示，只用双对角线表示楼梯间。
- 结构图中的定位轴线必须与平面图中的一致。
- 对于承重构件布置相同的楼层，只需画出一个结构平面图，称为标准层结构平面图。

14.1.3 结构图绘图思路

在绘制结构图时，具体可以遵循如下步骤：

（1）调用样板并设置绘图环境。
（2）绘制梁结构的纵向、横向定位轴线。
（3）根据定位轴线绘制建筑构件结构布置轮廓线。
（4）为结构图标注文字注释及结构型号等。
（5）为结构图标注施工尺寸。
（6）为结构图编写序号。

14.2 上机实训——绘制建筑结构定位定位轴线图

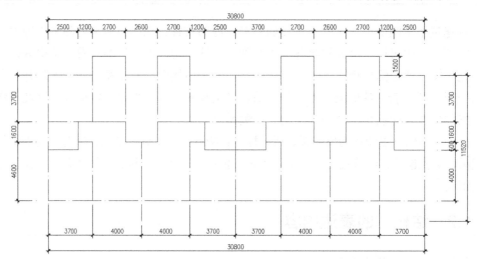

本例在综合所学知识的前提下,主要学习居民楼梁结构定位轴线的具体绘制过程和绘制技巧。建筑结构定位轴线图的绘制效果如图 14-1 所示,具体操作步骤如下。

图 14-1　建筑结构定位轴线图的绘制效果

Step 01 执行"新建"命令,以配套资源中的"/样板文件/建筑样板.dwt"文件为基础样板,新建空白文件。

Step 02 展开"图层"面板上的"图层控制"下拉列表,将"轴线层"设置为当前图层。

Step 03 使用快捷键 LT 执行"线型"命令,打开"线型管理器"对话框,修改线型比例,如图 14-2 所示。

Step 04 使用快捷键 REG 执行"矩形"命令,绘制长度为 7700 个绘图单位、宽度为 13020 个绘图单位的矩形作为基准线,如图 14-3 所示。

图 14-2　修改线型比例

图 14-3　绘制结果

第 14 章　建筑结构图设计

Step 05 使用快捷键 X 执行"分解"命令,将刚绘制的矩形分解为 4 条独立的线段。

Step 06 单击"修改"→"偏移"按钮,将两侧的垂直边向内偏移,命令行操作如下。

```
命令：_Offset
当前设置：删除源=否  图层=当前  OFFSETGAPTYPE=0
指定偏移距离或 [通过(T)/删除(E)/图层(L)] <2500.0>：//2500 Enter
选择要偏移的对象，或 [退出(E)/放弃(U)] <退出>：    //选择左侧的垂直边
//在所选边的右侧拾取点
指定要偏移的那一侧上的点，或 [退出(E)/多个(M)/放弃(U)] <退出>：
选择要偏移的对象，或 [退出(E)/放弃(U)] <退出>：    //Enter
命令：                                              //Enter
Offset 当前设置：删除源=否  图层=当前  OFFSETGAPTYPE=0
指定偏移距离或 [通过(T)/删除(E)/图层(L)] <2500.0>：//3700 Enter
选择要偏移的对象，或 [退出(E)/放弃(U)] <退出>：    //选择左侧的垂直边
//在所选边的右侧拾取点
指定要偏移的那一侧上的点，或 [退出(E)/多个(M)/放弃(U)] <退出>：
选择要偏移的对象，或 [退出(E)/放弃(U)] <退出>：    //Enter
命令：                                              //Enter
Offset 当前设置：删除源=否  图层=当前  OFFSETGAPTYPE=0
指定偏移距离或 [通过(T)/删除(E)/图层(L)] <3700.0>：//1300 Enter
选择要偏移的对象，或 [退出(E)/放弃(U)] <退出>：    //选择右侧的垂直边
//在所选边的左侧拾取点
指定要偏移的那一侧上的点，或 [退出(E)/多个(M)/放弃(U)] <退出>：
选择要偏移的对象，或 [退出(E)/放弃(U)] <退出>：//Enter,偏移结果如图 14-4 所示
```

Step 07 单击"修改"→"复制"按钮,创建横向定位轴线,命令行操作如下。

```
命令：_Copy
选择对象：                                          //选择矩形的下侧水平边
选择对象：                                          //Enter,结束对象的选择
当前设置：复制模式 = 多个
指定基点或 [位移(D)] <位移>：                      //捕捉水平边的一个端点
指定第二个点或 [阵列(A)] <使用第一个点作为位移>：//@0,1620 Enter
指定第二个点或 [阵列(A)/退出(E)/放弃(U)] <退出>：//@0,5620 Enter
指定第二个点或 [阵列(A)/退出(E)/放弃(U)] <退出>：//@0,6220 Enter
指定第二个点或 [阵列(A)/退出(E)/放弃(U)] <退出>：//@0,7820 Enter
指定第二个点或 [阵列(A)/退出(E)/放弃(U)] <退出>：//@0,11520 Enter
//Enter,结束命令,复制结果如图 14-5 所示
指定第二个点或 [阵列(A)/退出(E)/放弃(U)] <退出>：
```

Step 08 在无命令执行的前提下,选择最上侧的横向定位轴线,使其呈现夹点显示,如图 14-6 所示。

Step 09 在左侧的夹点上单击鼠标左键,使其变为夹基点,然后在命令行"** 拉伸 ** 指定拉伸点或 [基点(B)/复制(C)/放弃(U)/退出(X)]:"提示下捕捉图 14-7 中的端点作为拉伸的目标点,拉伸结果(一)如图 14-8 所示。

Step 10 按 Esc 键,取消对象的夹点显示,如图 14-9 所示。

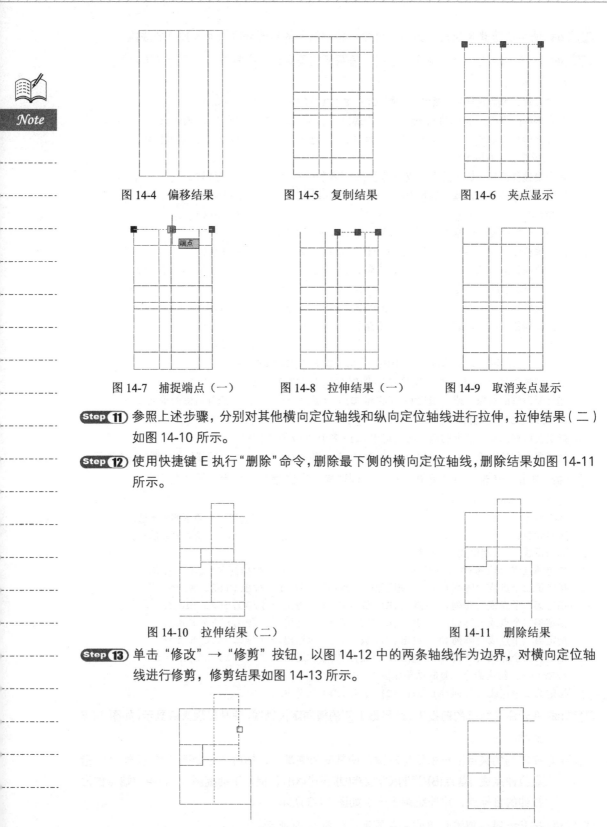

图 14-4　偏移结果　　　图 14-5　复制结果　　　图 14-6　夹点显示

图 14-7　捕捉端点（一）　　　图 14-8　拉伸结果（一）　　　图 14-9　取消夹点显示

Step 11 参照上述步骤，分别对其他横向定位轴线和纵向定位轴线进行拉伸，拉伸结果（二）如图 14-10 所示。

Step 12 使用快捷键 E 执行"删除"命令，删除最下侧的横向定位轴线，删除结果如图 14-11 所示。

图 14-10　拉伸结果（二）　　　图 14-11　删除结果

Step 13 单击"修改"→"修剪"按钮，以图 14-12 中的两条轴线作为边界，对横向定位轴线进行修剪，修剪结果如图 14-13 所示。

图 14-12　选择边界　　　图 14-13　修剪结果

第14章 建筑结构图设计

Step 14 执行菜单栏"修改"→"镜像"命令,对图 14-13 中的轴线进行镜像,命令行操作如下。

```
命令:_Mirror
选择对象:                    //拉出窗交选择框,如图 14-14 所示
选择对象:                    //Enter,结束选择
指定镜像线的第一点:          //捕捉端点,如图 14-15 所示
指定镜像线的第二点:          //捕捉端点,如图 14-16 所示
//Enter,结束命令,镜像结果(一)如图 14-17 所示
要删除源对象吗?[是(Y)/否(N)] <N>:
```

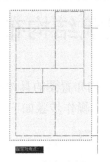

图 14-14 窗交选择(一)

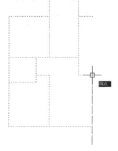

图 14-15 捕捉端点(二)

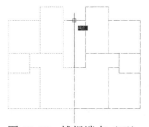

图 14-16 捕捉端点(三)

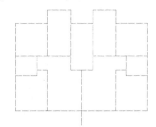

图 14-17 镜像结果(一)

Step 15 重复执行"镜像"命令,配合端点捕捉功能继续对图 14-17 中的轴线进行镜像,命令行操作如下。

```
命令:_Mirror
选择对象:                    //拉出窗交选择框,如图 14-18 所示
选择对象:                    //Enter,结束选择
指定镜像线的第一点:          //捕捉端点,如图 14-19 所示
指定镜像线的第二点:          //@0,1 Enter
//Enter,结束命令,镜像结果(二)如图 14-20 所示
要删除源对象吗?[是(Y)/否(N)] <N>:
```

图 14-18 窗交选择(二)

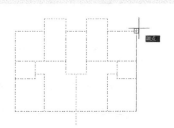

图 14-19 捕捉端点(四)

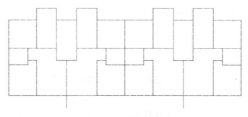

图 14-20　镜像结果（二）

Step 16 最后执行"另存为"命令，将图形存储为"上机实训一.dwg"。

14.3 上机实训二——绘制建筑结构布置图

本例在综合所学知识的前提下，主要学习居民楼梁结构布置图的具体绘制过程和绘制技巧。建筑结构布置图的绘制效果如图 14-21 所示，具体操作步骤如下。

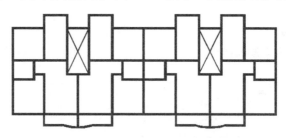

图 14-21　建筑结构布置图的绘制效果

Step 01 继续上例操作，或者直接打开配套资源中的"/效果文件/第 14 章/上机实训一.dwg"文件。

Step 02 使用快捷键 LA 执行"图层"命令，在打开的"图层特性管理器"面板中创建名为"梁图层"的图层，并将此图层设置为当前图层，如图 14-22 所示。

Step 03 使用快捷键 LT 执行"线型"命令，在打开的"线型管理器"对话框中设置线型比例，如图 14-23 所示。

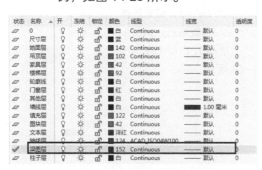

图 14-22　"图层特性管理器"面板

图 14-23　设置线型比例

Step 04 执行菜单栏"绘图"→"多段线"命令，配合对象捕捉功能，绘制楼层梁结构轮廓线，命令行操作如下。

```
命令: _Pline
指定起点:                                    //捕捉端点,如图14-24所示
当前线宽为 0.0
指定下一个点或 [圆弧(A)/半宽(H)/长度(L)/放弃(U)/宽度(W)]:
                                             //W Enter,激活"宽度"选项
指定起点宽度 <0.0>:                          //240 Enter,设置起点宽度
指定端点宽度 <240.0>:                        //240 Enter
//捕捉端点,如图14-25所示
指定下一个点或 [圆弧(A)/半宽(H)/长度(L)/放弃(U)/宽度(W)]:
//捕捉端点,如图14-26所示
指定下一点或 [圆弧(A)/闭合(C)/半宽(H)/长度(L)/放弃(U)/宽度(W)]:
//捕捉交点,如图14-27所示
指定下一点或 [圆弧(A)/闭合(C)/半宽(H)/长度(L)/放弃(U)/宽度(W)]:
//Enter,绘制结果(一)如图14-28所示
指定下一点或 [圆弧(A)/闭合(C)/半宽(H)/长度(L)/放弃(U)/宽度(W)]:
```

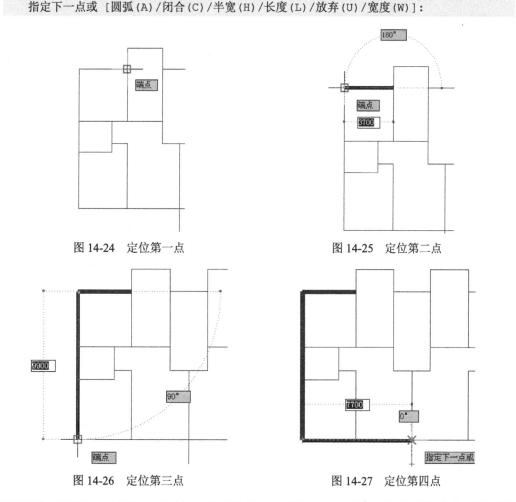

图14-24 定位第一点　　　　图14-25 定位第二点

图14-26 定位第三点　　　　图14-27 定位第四点

Stop 05 重复上一步操作,设置起点和端点的宽度保持不变,执行"多段线"命令,绘制其他位置的轮廓线,绘制结果(二)如图14-29所示。

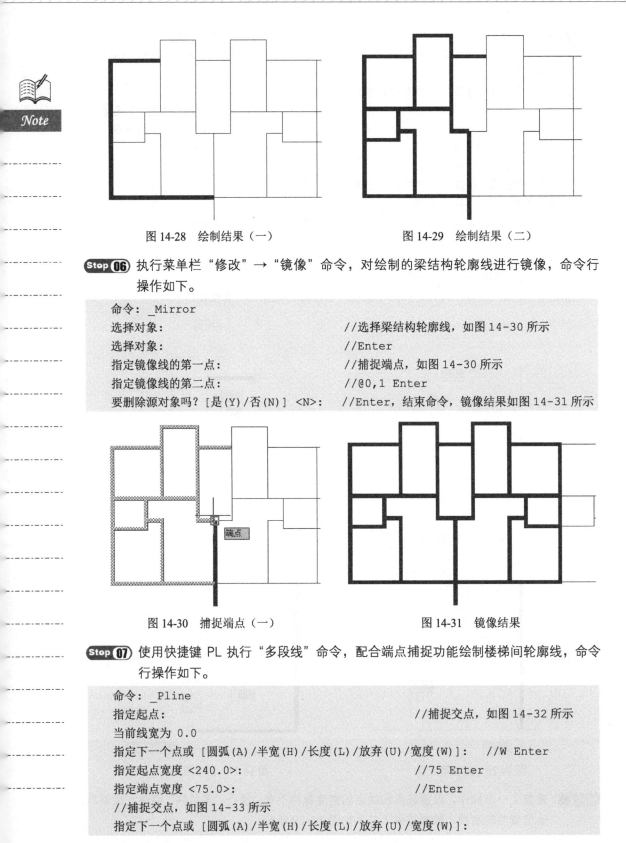

图 14-28　绘制结果（一）　　　　　图 14-29　绘制结果（二）

Stop 06 执行菜单栏"修改"→"镜像"命令，对绘制的梁结构轮廓线进行镜像，命令行操作如下。

```
命令：_Mirror
选择对象：                              //选择梁结构轮廓线，如图 14-30 所示
选择对象：                              //Enter
指定镜像线的第一点：                    //捕捉端点，如图 14-30 所示
指定镜像线的第二点：                    //@0,1 Enter
要删除源对象吗？[是(Y)/否(N)] <N>：     //Enter，结束命令，镜像结果如图 14-31 所示
```

图 14-30　捕捉端点（一）　　　　　图 14-31　镜像结果

Stop 07 使用快捷键 PL 执行"多段线"命令，配合端点捕捉功能绘制楼梯间轮廓线，命令行操作如下。

```
命令：_Pline
指定起点：                                              //捕捉交点，如图 14-32 所示
当前线宽为 0.0
指定下一个点或 [圆弧(A)/半宽(H)/长度(L)/放弃(U)/宽度(W)]：    //W Enter
指定起点宽度 <240.0>：                                  //75 Enter
指定端点宽度 <75.0>：                                   //Enter
//捕捉交点，如图 14-33 所示
指定下一个点或 [圆弧(A)/半宽(H)/长度(L)/放弃(U)/宽度(W)]：
```

```
//Enter，绘制结果（三）如图 14-34 所示
指定下一点或 [圆弧(A)/闭合(C)/半宽(H)/长度(L)/放弃(U)/宽度(W)]：
```

图 14-32 定位起点 　　　　　　　　图 14-33 捕捉端点（二）

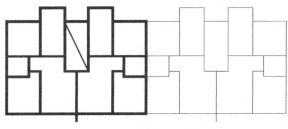

图 14-34 绘制结果（三）

Step 08 重复上一操作步骤，执行"多段线"命令，继续绘制楼梯间轮廓线，绘制结果（四）如图 14-35 所示。

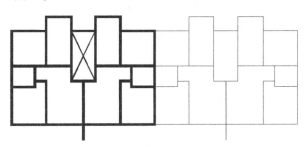

图 14-35 绘制结果（四）

Step 09 执行菜单栏"绘图"→"多段线"命令，配合端点捕捉和坐标输入功能，绘制阳台梁结构轮廓线，命令行操作如下。

```
命令：_Pline
指定起点：                                    //捕捉端点，如图 14-36 所示
当前线宽为 75.0
指定下一个点或 [圆弧(A)/半宽(H)/长度(L)/放弃(U)/宽度(W)]：  //W Enter
指定起点宽度 <75.0>：                         //200 Enter
指定端点宽度 <200.0>：                        //200 Enter
//@0,-1240 Enter，定位下一点
指定下一个点或 [圆弧(A)/半宽(H)/长度(L)/放弃(U)/宽度(W)]：
//@2200,0 Enter，定位下一点
指定下一点或 [圆弧(A)/闭合(C)/半宽(H)/长度(L)/放弃(U)/宽度(W)]：
```

指定下一点或 [圆弧(A)/闭合(C)/半宽(H)/长度(L)/放弃(U)/宽度(W)]: //A Enter
指定圆弧的端点或[角度(A)/圆心(CE)/闭合(CL)/方向(D)/半宽(H)/直线(L)/半径(R)/第二个点(S)/放弃(U)/宽度(W)]: //S Enter
指定圆弧上的第二个点: //@1780,-260 Enter,定位下一点
指定圆弧的端点: //@1780,260 Enter,定位下一点
指定圆弧的端点或[角度(A)/圆心(CE)/闭合(CL)/方向(D)/半宽(H)/直线(L)/半径(R)/第二个点(S)/放弃(U)/宽度(W)]: //L Enter
//@2200,0 Enter,定位下一点
指定下一点或 [圆弧(A)/闭合(C)/半宽(H)/长度(L)/放弃(U)/宽度(W)]:
//@0,1240 Enter,定位下一点
指定下一点或 [圆弧(A)/闭合(C)/半宽(H)/长度(L)/放弃(U)/宽度(W)]:
//Enter,绘制结果(五)如图14-37所示
指定下一点或 [圆弧(A)/闭合(C)/半宽(H)/长度(L)/放弃(U)/宽度(W)]:

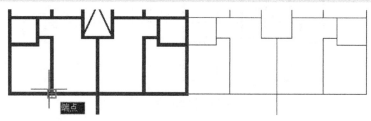

图14-36 捕捉端点(三)

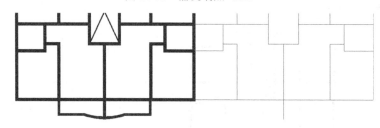

图14-37 绘制结果(五)

Step 10 使用快捷键O执行"偏移"命令,对刚绘制的阳台梁结构轮廓线进行偏移,命令行操作如下。

```
命令: O                                              //Enter
Offset
当前设置: 删除源=否  图层=源  OFFSETGAPTYPE=0
指定偏移距离或 [通过(T)/删除(E)/图层(L)] <120.0>:    //E Enter
要在偏移后删除源对象吗? [是(Y)/否(N)] <否>:          //Y Enter
指定偏移距离或 [通过(T)/删除(E)/图层(L)] <120.0>:    //20 Enter,设置偏移距离
选择要偏移的对象,或 [退出(E)/放弃(U)] <退出>:       //选择刚绘制多段线
//在所选多段线的下侧拾取一点
指定要偏移的那一侧上的点,或 [退出(E)/多个(M)/放弃(U)] <退出>:
//Enter,结束命令,偏移结果如图14-38所示
选择要偏移的对象,或 [退出(E)/放弃(U)] <退出>:
```

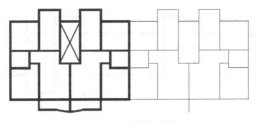

图 14-38　偏移结果

Step 11 展开"图层"面板上的"图层控制"下拉列表,关闭"轴线层",此时,图形的显示效果如图 14-39 所示。

Step 12 使用快捷键 MI 执行"镜像"命令,选择梁结构轮廓线进行镜像,如图 14-39 所示,命令行操作如下。

```
命令: MI
MIRROR
选择对象：                           //窗口选择图 14-39 中的对象
选择对象：                           //Enter
指定镜像线的第一点：                 //捕捉端点,如图 14-40 所示
指定镜像线的第二点：                 //@0,1 Enter
要删除源对象吗？[是(Y)/否(N)] <N>:  //Enter,最终绘制结果如图 14-21 所示
```

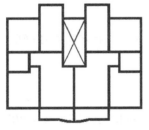

图 14-39　图形的显示效果

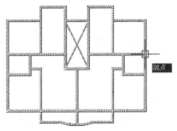

图 14-40　捕捉端点（四）

Step 13 最后执行"另存为"命令,将图形存储为"上机实训二.dwg"。

14.4　上机实训三——标注建筑结构型号

本例在综合所学知识的前提下,主要学习居民楼梁结构布置图型号的标注方法和标注技巧。建筑结构型号的标注效果如图 14-41 所示,具体操作步骤如下。

Step 01 继续上例操作,或者直接打开配套资源中的"/效果文件/第 14 章/上机实训二.dwg"文件。

Step 02 展开"图层"面板上的"图层控制"下拉列表,将"文本层"设置为当前图层。

Step 03 选择菜单栏"格式"→"文字样式"命令,在打开的"文字样式"对话框中设置当前文字样式为"宋体",并修改文字的宽度因子为"1",如图 14-42 所示。

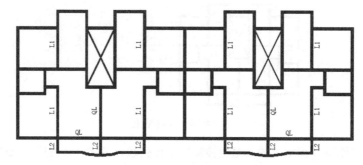

图 14-41 建筑结构型号的标注效果

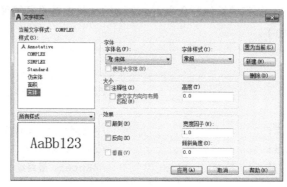

图 14-42 设置当前文字样式

Step 04 执行菜单栏"绘图"→"文字"→"单行文字"命令,标注高度为 450 个绘图单位的单行文字,命令行操作如下。

```
命令: _Dtext
当前文字样式: 宋体  当前文字高度: 2.5
指定文字的起点或 [对正(J)/样式(S)]:      //拾取一点,如图 14-43 所示
指定高度 <2.5>:                          //450 Enter
指定文字的旋转角度 <0.00>:                //90 Enter,输入旋转角度
```

Step 05 在文字输入框内输入 L1,然后按两次 Enter 键结束命令,标注结果(一)如图 14-44 所示。

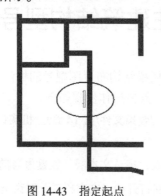
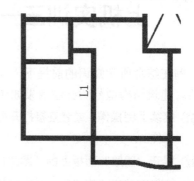

图 14-43 指定起点　　　　　　　　　　图 14-44 标注结果(一)

Step 06 使用快捷键 CO 执行"复制"命令,将标注的单行文字分别复制到其他位置上,复

制结果如图 14-45 所示。

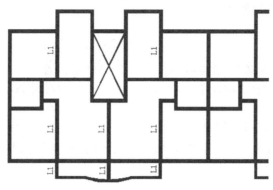

图 14-45 复制结果

Step 07 使用快捷键 ED 执行"编辑标注文字"命令，选择下侧的标注文字进行编辑，此时被选中的文字反白显示，如图 14-46 所示。

Step 08 在反白显示的文字输入框内输入正确的文字内容，如图 14-47 所示。

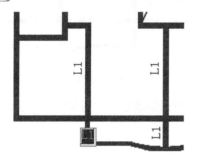 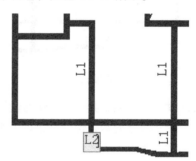

图 14-46 选择文字　　　　　　　　图 14-47 输入正确的文字内容

Step 09 按 Enter 键，修改结果如图 14-48 所示。

Step 10 继续在命令行"选择注释对象或 [放弃(U)]:"提示下，分别选择其他位置的标注文字进行修改，如图 14-49 所示。

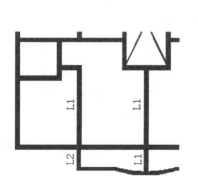 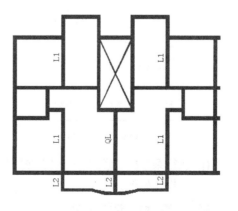

图 14-48 修改结果　　　　　　　　图 14-49 修改其他位置的标注文字

Step 11 使用快捷键 DT 执行"单行文字"命令,设置文字的旋转角度为 0,继续标注单行文字,命令行操作如下。

```
命令:DT
TEXT
当前文字样式:"宋体"  文字高度:450.0  注释性:否
指定文字的起点或[对正(J)/样式(S)]:        //拾取点,如图 14-50 所示
指定高度 <450.0>:                          //Enter
指定文字的旋转角度 <90.00>:                 //0 Enter
```

Step 12 在文字输入框内输入文字内容,按两次 Enter 键结束命令,标注结果(二)如图 14-51 所示。

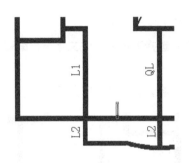

图 14-50 指定文字的位置

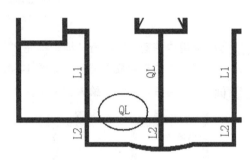

图 14-51 标注结果(二)

Step 13 执行"实用工具"→"快速选择"命令,设置过滤参数,如图 14-52 所示,选择所有的文字对象,选择结果如图 14-53 所示。

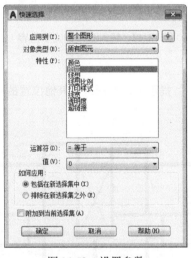

图 14-52 设置参数

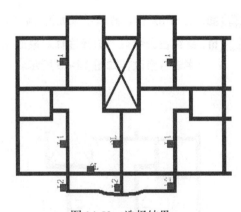

图 14-53 选择结果

Step 14 执行菜单栏"修改"→"镜像"命令,对当前选择的所有文字对象进行镜像,命令行操作如下。

```
命令:_Mirror 找到 9 个
指定镜像线的第一点:                        //捕捉端点,如图 14-54 所示
指定镜像线的第二点:                        //@0,1 Enter
```

要删除源对象吗？[是(Y)/否(N)]<N>://Enter，建筑结构图型号的标注效果如图14-41所示

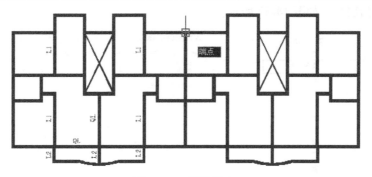

图 14-54 捕捉端点

Step 15 最后执行"另存为"命令，将图形存储为"上机实训三.dwg"。

14.5 上机实训四——标注建筑结构尺寸

本例在综合所学知识的前提下，主要学习居民楼梁结构布置图尺寸的标注方法和标注技巧。建筑结构尺寸的标注效果如图14-55所示，具体操作步骤如下。

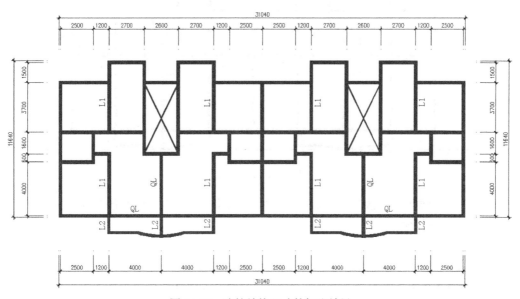

图 14-55 建筑结构尺寸的标注效果

Step 01 继续上例操作，或者直接打开配套资源中的"/效果文件/第14章/上机实训三.dwg"文件。

Step 02 展开"图层"面板上的"图层控制"下拉列表，将"尺寸层"设置为当前图层，如图14-56所示。

Step 03 使用快捷键 D 执行"标注样式"命令，在打开的"标注样式管理器"对话框中设置

"建筑标注"为当前样式,并在"修改标注样式:建筑标注"对话框中设置"标注特征比例",如图 14-57 所示。

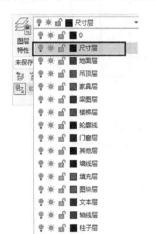

图 14-56 设置当前图层

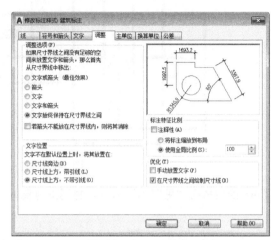

图 14-57 设置"标注特征比例"

Step 04 使用快捷键 XL 执行"构造线"命令,配合端点捕捉和交点捕捉功能,在平面图最外侧绘制 4 条构造线,如图 14-58 所示,作为尺寸定位辅助线。

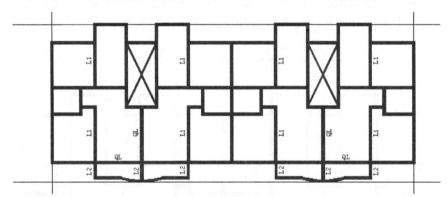

图 14-58 绘制结果

Step 05 执行菜单栏"修改"→"偏移"命令,将 4 条构造线向外侧偏移 1000 个绘图单位,命令行操作如下。

```
命令: _Offset
当前设置: 删除源=否  图层=源  OFFSETGAPTYPE=0
指定偏移距离或 [通过(T)/删除(E)/图层(L)] <20.0>://E Enter
要在偏移后删除源对象吗? [是(Y)/否(N)] <否>:      //Y Enter
指定偏移距离或 [通过(T)/删除(E)/图层(L)] <20.0>://1000 Enter,指定偏移的距离
选择要偏移的对象, 或 [退出(E)/放弃(U)] <退出>:     //选择最上侧的水平构造线
//在所选构造线的下侧拾取点
指定要偏移的那一侧上的点, 或 [退出(E)/多个(M)/放弃(U)] <退出>:
选择要偏移的对象, 或 [退出(E)/放弃(U)] <退出>:     //选择左侧的水平构造线
//在所选构造线的右侧拾取点
```

指定要偏移的那一侧上的点，或 [退出(E)/多个(M)/放弃(U)] <退出>:
选择要偏移的对象，或 [退出(E)/放弃(U)] <退出>: //选择下侧的水平构造线
//在所选构造线的上侧拾取点
指定要偏移的那一侧上的点，或 [退出(E)/多个(M)/放弃(U)] <退出>:
选择要偏移的对象，或 [退出(E)/放弃(U)] <退出>: //选择右侧的水平构造线
//在所选构造线的左侧拾取点
指定要偏移的那一侧上的点，或 [退出(E)/多个(M)/放弃(U)] <退出>:
//Enter，结束命令，偏移结果如图14-59所示
选择要偏移的对象，或 [退出(E)/放弃(U)] <退出>:

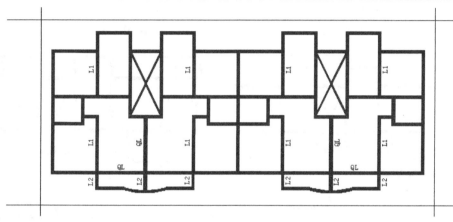

图 14-59　偏移结果

小技巧

在创建尺寸定位辅助线时，也可以直接使用"构造线"命令中的"偏移"功能，一步到位地绘制构造线。

Step 06 单击"标注"→"快速标注"按钮，标注平面图的左侧尺寸，命令行操作如下。

```
命令: _Qdim
关联标注优先级 = 端点
选择要标注的几何图形:                    //单击轮廓线1
选择要标注的几何图形:                    //单击轮廓线2
选择要标注的几何图形:                    //单击轮廓线3
选择要标注的几何图形:                    //单击轮廓线4
选择要标注的几何图形:                    //单击轮廓线5，如图14-60所示
选择要标注的几何图形:                    //Enter，选择结果如图14-61所示
//向左引出追踪矢量，如图14-62所示，输入2500按Enter键，标注结果（一）如图14-63
所示
指定尺寸线位置或 [连续(C)/并列(S)/基线(B)/坐标(O)/半径(R)/直径(D)/基准点(P)/
编辑(E)/设置(T)] <连续>:
```

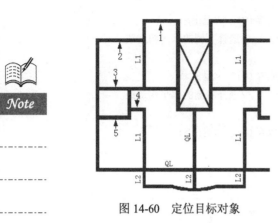

图 14-60　定位目标对象　　　　　　图 14-61　选择结果

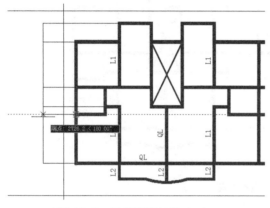

图 14-62　引出追踪矢量（一）　　　图 14-63　标注结果（一）

Step 07　在无命令执行的前提下，选择刚标注的轴线尺寸，使其呈现夹点显示，如图 14-64 所示。

Step 08　按住 Shift 键依次单击左侧的 4 个夹点，然后单击最右侧的夹基点，根据命令行提示，捕捉尺寸界线与辅助线的交点作为拉伸的目标点，将此 4 个点拉伸至辅助线上，拉伸结果（一）如图 14-65 所示。

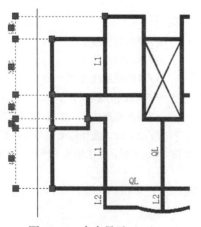 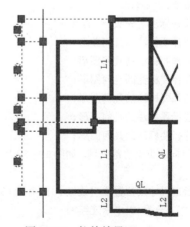

图 14-64　夹点显示（一）　　　　　图 14-65　拉伸结果（一）

Step 09 重复执行夹点拉伸功能,分别将其他两个夹点拉伸至尺寸定位辅助线上,拉伸结果(二)如图 14-66 所示。

Step 10 按 Esc 键取消尺寸对象的夹点显示,夹点编辑后的显示效果如图 14-67 所示。

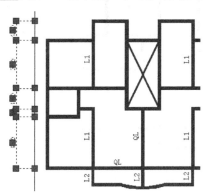
图 14-66 拉伸结果(二)

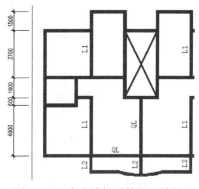
图 14-67 夹点编辑后的显示效果

Step 11 执行菜单栏"标注"→"线性"命令,配合延伸捕捉功能标注左侧的总高尺寸,命令行操作如下。

```
命令: _Dimlinear
//引出延伸矢量,如图 14-68 所示,然后输入 120 并按 Enter 键
指定第一个尺寸界线原点或 <选择对象>:
指定第二条尺寸界线原点: //引出延伸矢量,如图 14-69 所示,然后输入 120 并按 Enter 键
//引出中点追踪虚线,如图 14-70 所示,然后输入 900 并按 Enter 键
指定尺寸线位置或[多行文字(M)/文字(T)/角度(A)/水平(H)/垂直(V)/旋转(R)]:
```

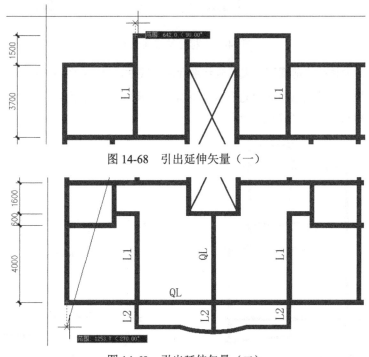

图 14-68 引出延伸矢量(一)

图 14-69 引出延伸矢量(二)

图 14-70 引出追踪矢量（二）

Step 12 标注结果（二）如图 14-71 所示。

图 14-71 标注结果（二）

Step 13 在无命令执行的前提下，夹点显示刚标注的线性尺寸，如图 14-72 所示。

Step 14 使用拉伸功能对线性尺寸进行夹点编辑，将尺寸界线的原点放置到尺寸定位辅助线上，编辑结果如图 14-73 所示。

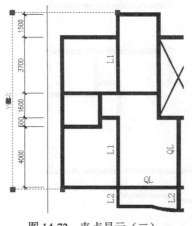 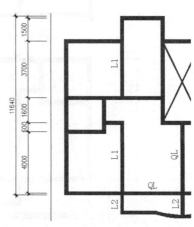

图 14-72 夹点显示（二）   图 14-73 编辑结果

Step 15 参照操作步骤 6~14，执行"快速标注"和"夹点编辑"命令，分别标注其他 3 侧的尺寸，如图 14-74 所示。

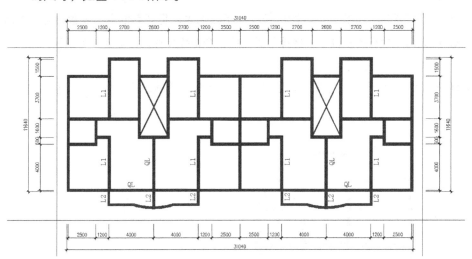

图 14-74 标注其他 3 侧尺寸

Step 16 使用快捷键 E 执行"删除"命令，删除 4 条尺寸定位辅助线及尺寸文字为 0 的尺寸，最终标注效果如图 14-55 所示。

Step 17 最后执行"另存为"命令，将图形存储为"上机实训四.dwg"。

14.6 上机实训五——标注建筑结构轴线序号

本例在综合所学知识的前提下，主要学习居民楼梁结构布置图轴线序号的标注方法和标注技巧。建筑结构轴线序号的标注效果如图 14-75 所示，具体操作步骤如下。

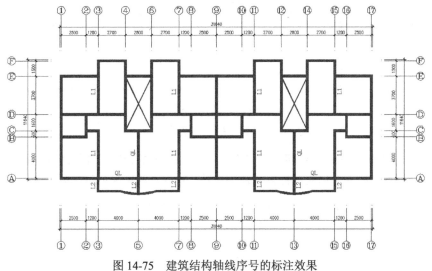

图 14-75 建筑结构轴线序号的标注效果

Step 01 继续上例操作，或者直接打开配套资源中的"/效果文件/第 14 章/上机实训四.dwg"文件。

Step 02 展开"图层"面板上的"图层控制"下拉列表，将"其他层"设置为当前图层。

Step 03 在无命令执行的前提下，选择平面图的一个轴线尺寸，并使其夹点显示，如图 14-76 所示。

Step 04 按 Ctrl+1 组合键，打开"特性"窗口，修改尺寸界线超出尺寸线的长度，如图 14-77 所示。

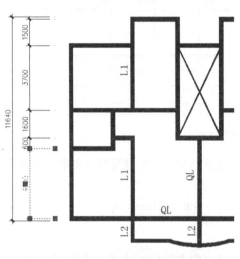
图 14-76　夹点显示

图 14-77　修改尺寸界线范围

Step 05 关闭"特性"窗口，取消尺寸的夹点显示，结果所选择的轴线尺寸的尺寸界线被延长，延长结果如图 14-78 所示。

图 14-78　延长结果

Step 06 单击"特性"→"特性匹配"按钮，选择被延长的轴线尺寸作为源对象，将其尺寸界线的特性复制给其他位置的轴线尺寸，特性匹配结果如图 14-79 所示。

Step 07 使用快捷键 I 执行"插入块"命令，插入配套资源中的"/图块文件/轴标号.dwg"文件，块参数设置如图 14-80 所示。

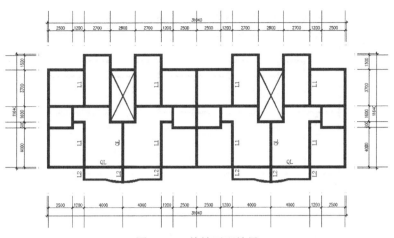

图 14-79　特性匹配结果

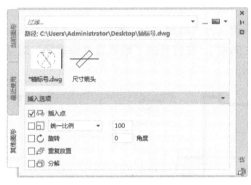

图 14-80　块参数设置

Step 08 返回绘图区，根据命令行提示，为第 1 道横向轴线进行编号，命令行操作如下。

```
命令: Insert
指定插入点或 [基点(B)/比例(S)/旋转(R)]:     //捕捉左下侧第一道横向尺寸界线的端点
输入属性值
输入轴线编号: <A>:                          //Enter，插入结果如图 14-81 所示
```

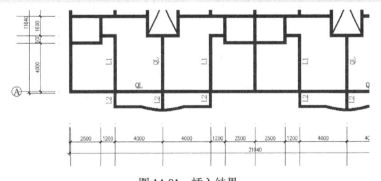

图 14-81　插入结果

Step 09 执行菜单栏"修改"→"复制"命令，将轴标号分别复制到其他指示线的末端点，基点为轴标号圆心，目标点为各指示线的末端点，复制结果如图 14-82 所示。

483

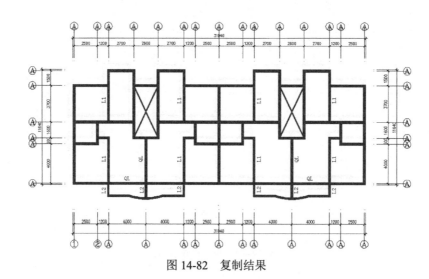

图 14-82 复制结果

Step 10 执行菜单栏"修改"→"对象"→"属性"→"单个"命令,选择平面图下侧第一个轴标号(从左向右),在打开的"增强属性编辑器"对话框中修改属性值为"1",如图 14-83 所示。

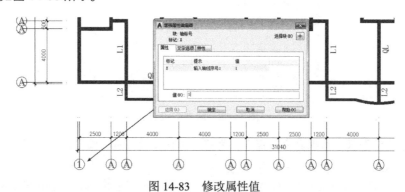

图 14-83 修改属性值

Step 11 在"增强属性编辑器"对话框中单击 应用(A) 按钮,然后再单击"选择块"按钮,继续选择右侧的轴线序号进行修改,如图 14-84 所示。

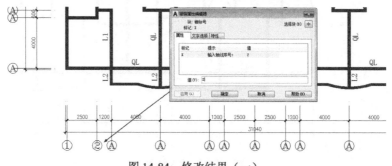

图 14-84 修改结果(一)

Step 12 重复上一操作步骤,分别修改其他位置的轴线序号,如图 14-85 所示。

Step 13 双击编号为 10 的轴标号,在"增强属性编辑器"对话框中修改属性文本的宽度因子，如图 14-86 所示，修改结果（二）如图 14-87 所示。

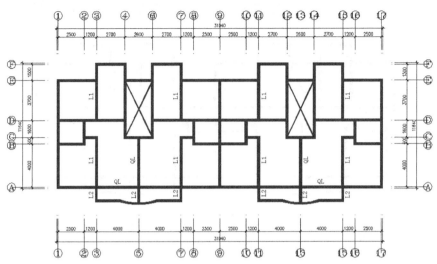

图 14-85 修改其他位置的轴线序号

图 14-86 "增强属性编辑器"对话框

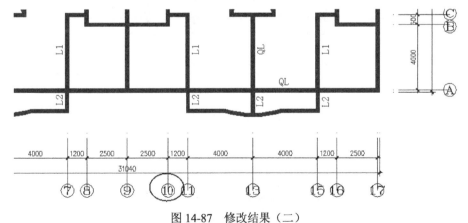

图 14-87 修改结果（二）

Step 14 依次选择所有位置的双位轴标号，并修改其宽度因子，使双位数字编号完全处于轴标符号内，修改结果（三）如图 14-88 所示。

Step 15 执行菜单栏"修改"→"移动"命令，配合对象捕捉功能，分别将平面图四侧的轴标号进行外移，基点为轴标号与指示线的交点，目标点为各指示线端点，移动后的局部效果如图 14-89 所示。

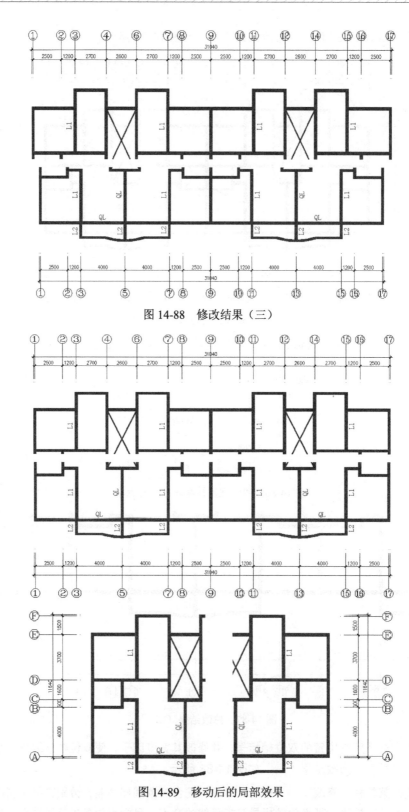

图 14-88 修改结果（三）

图 14-89 移动后的局部效果

Step 16 最后执行"另存为"命令，将图形存储为"上机实训五.dwg"。

14.7 小结与练习

14.7.1 小结

本章在了解结构图功能、特点等内容的前提下,通过绘制梁结构轴线图、绘制梁结构布置图、标注梁结构型号、标注梁结构尺寸、标注梁结构轴线序号 5 个操作实例,主要学习了民用建筑梁结构图的表达方法和具体绘制技巧。

在绘制梁结构轮廓线时,巧妙使用了"多段线"命令,以及命令中的"宽度"选项;在标注文字注释时,则综合使用了单行文字、复制、编辑文字等工具;在标注平面图尺寸时,综合使用了线性和连续两种尺寸工具,并配合使用了点的捕捉与追踪功能;在编写轴线序号时,则直接使用了插入块和编辑属性两种工具。上述制图工具及工具的组合搭配,是快速绘制平面图的关键。

14.7.2 练习

1. 综合运用所学知识,绘制钢梁结构图(局部尺寸自定),如图 14-90 所示。

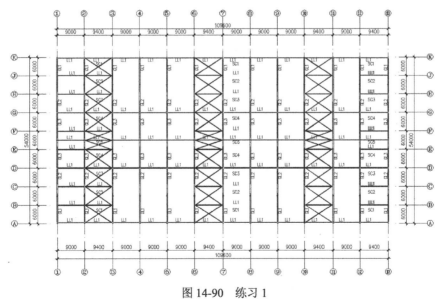

图 14-90 练习 1

> **操作提示**
>
> 如果尺寸不清晰,可以调用配套资源中的"/素材文件/"目录下的"14-1.dwf"文件,以查看所需尺寸。

2. 综合运用所学知识,绘制住宅楼梁结构布置图(局部尺寸自定),如图 14-91 所示。

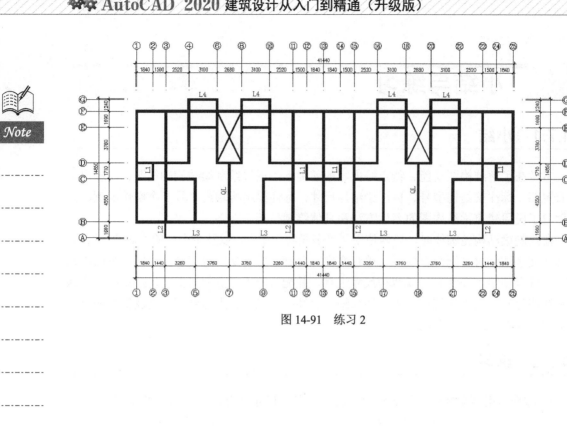

图 14-91　练习 2

第四篇 三维制图

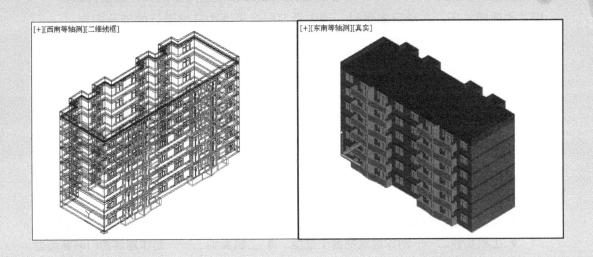

建筑物三维模型设计

本章通过绘制某小区居民楼三维模型，在了解和掌握 AutoCAD 三维模型种类的前提下，主要学习 AutoCAD 在创建建筑物三维模型方面的具体建模方法和相关的建模技巧。在学习本章时，请先学习配套资源中三维设计的部分内容。

内容要点

- 三维模型的种类
- 上机实训二——制作建筑物窗子造型
- 上机实训四——制作建筑物阳台造型
- 上机实训六——建筑楼体模型的后期合成
- 上机实训一——制作建筑物墙体造型
- 上机实训三——制作建筑物门联窗造型
- 上机实训五——制作建筑物楼顶造型

15.1 三维模型的种类

在 AutoCAD 中，三维模型主要包括线框模型、表面模型、实体模型和特性模型 4 种，每种模型都有自己的创建特点和编辑方法。

15.1.1 线框模型

线框模型是使用二维绘图工具或三维多段线命令绘制的，该模型用于模拟三维物体的框架模型。它仅由点、直线和曲线等组成一个简单的二维图形，没有面的信息，不能进行消隐、着色和渲染等操作。

在 AutoCAD 中，用户可以通过输入点的三维坐标值，即(x, y, z)来绘制线框模型。另外，由于组成线框模型的每个图形对象都需要单独绘制并定位，且交叉和穿越线也比较多，因此这种方式应用不广泛。

15.1.2 表面模型

表面模型在此主要包括曲面模型和网格模型，此类模型是用一系列有连接顺序的折棱边围成的封闭区域来定义的表面，再由表面的集合表达物体的外观形状。

显然，表面模型是在线框模型的基础上增加了面信息和表面特征信息等内容，这样就能满足求交、消隐、明暗处理和数控加工的要求。

15.1.3 实体模型

实体模型能够完整地表达物体的几何信息，它包含了线框模型和表面模型的各种功能，不仅具有面的特性，而且还包含体积、质心等特性，即它是一个实实在在的实际物体。用户可以对实体模型进行切割、贴图、着色和渲染等操作。

总之，实体模型具有许多线框模型和表面模型不具备的优点，它是三维造型技术中比较完善且非常常用的一种模型。

15.1.4 特性模型

特性模型是使用带有一定厚度、宽度或标高的二维图形来表达三维物体的外形概貌，是一种简单、直接的三维建模方式。

此种模型介于线框模型和表面模型之间，它不仅能显示出物体的边棱，而且还可以对其进行着色和渲染，能更逼真生动地显示出物体的三维形态。

15.2 上机实训一——制作建筑物墙体造型

本例在综合所学知识的前提下，主要学习建筑物墙体造型的绘制方法和绘制技巧。建筑物墙体造型的绘制效果如图 15-1 所示，具体操作步骤如下。

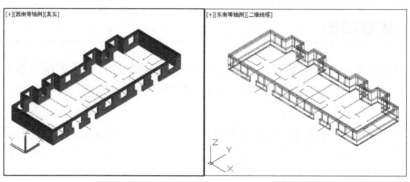

图 15-1　建筑物墙体造型的绘制效果

Step 01 打开配套资源"/素材文件/15-1.dwg"文件，如图 15-2 所示。

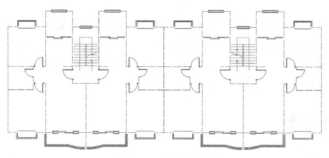

图 15-2　打开结果

Step 02 使用快捷键 LA 执行"图层"命令，创建"墙体""阳台""楼顶""玻璃"4 个图层，并将"墙体"设置为当前图层，如图 15-3 所示。

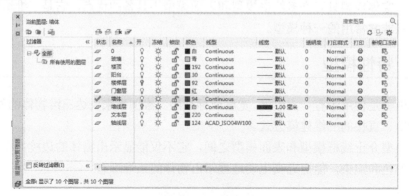

图 15-3　设置新图层

Step 03 展开"图层控制"下拉列表,关闭"门窗层"和"楼梯层",如图 15-4 所示。图形的显示效果(一)如图 15-5 所示。

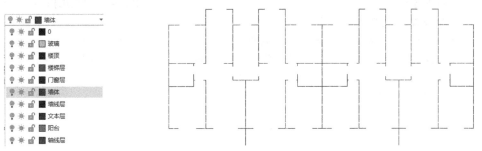

图 15-4 "图层控制"下拉列表　　　　　图 15-5 图形的显示效果(一)

Step 04 在命令行中输入"Elev",按 Enter 键,将当前的厚度设置为 900,命令行操作如下。

命令: Elev	//Enter
指定新的默认标高 <0>:	//Enter
指定新的默认厚度 <0>:	//900 Enter

Step 05 执行菜单栏"绘图"→"多段线"命令,在命令行"指定起点:"提示下,配合端点捕捉功能,捕捉外侧轴线的一个端点作为起点。

Step 06 在命令行"指定下一个点或[圆弧(A)/半宽(H)/长度(L)/放弃(U)/宽度(W)]:"提示下输入"W"并按 Enter 键。

Step 07 在命令行"指定起点宽度<0.0000>:"提示下输入"240",表示多段线的起点宽度为 240 个绘图单位。

Step 08 在命令行"指定端点宽度<240.0000>:"提示下输入"240",表示多段线的端点宽度为 240 个绘图单位。

Step 09 依次在命令行"指定下一个点或[圆弧/半宽(H)/长度(L)/放弃(U)/宽度(W)]:"提示下,捕捉平面图外侧轴线的端点,绘制一条闭合的多段线作为窗下墙体模型,绘制结果如图 15-6 所示。

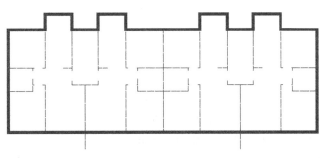

图 15-6 绘制结果

Step 10 执行菜单栏"视图"→"三维视图"→"西南等轴测"命令,将当前视图转变为西南视图,如图 15-7 所示。

Step 11 使用快捷键 CO 执行"复制"命令,选择窗下墙体,并将其沿 Z 轴正方向复制一份,作为窗上墙,命令行操作如下。

```
命令：_Copy
选择对象：                                          //选择刚绘制的窗下墙体
选择对象：                                          //Enter，结束选择
当前设置：复制模式 = 多个
指定基点或 [位移(D)/模式(O)] <位移>：              //拾取任一点
指定第二个点或 [阵列(A)] <使用第一个点作为位移>：   //@0,0,2500 Enter
//Enter，结束命令，复制结果如图 15-8 所示
指定第二个点或 [阵列(A)/退出(E)/放弃(U)] <退出>：
```

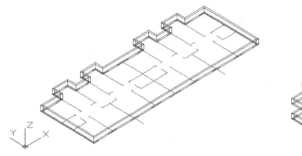
图 15-7 转换视图

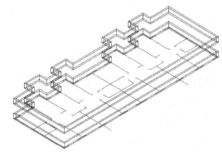
图 15-8 复制结果

Step 12 在无命令执行的前提下，选择复制出的窗上墙多段线，使其呈现夹点显示。

Step 13 按 **Ctrl+1** 组合键，在打开的"特性"窗口中修改其厚度和颜色，如图 15-9 所示，修改结果（一）如图 15-10 所示。

图 15-9 修改参数

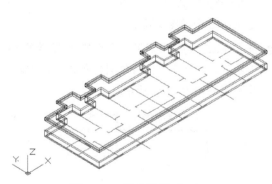
图 15-10 修改结果（一）

Step 14 在命令行输入"Elev"，按 Enter 键，执行"标高"命令，在命令行"指定新的默认标高<0.0000>："提示下输入 0 并按 Enter 键。

Step 15 在命令行"指定新的默认厚度<0.0000>："提示下输入 1600，按 Enter 键结束命令。

Step 16 使用快捷键 PL 执行"多段线"命令，设置多段线的起点宽度和端点宽度为 240，根据命令行的提示分别捕捉门窗洞两侧的墙体轴线的端点，绘制窗间墙体，如图 15-11 所示。

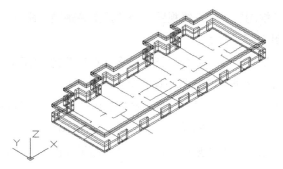

图 15-11 绘制窗间墙体

Step 17 执行菜单栏"视图"→"三维视图"→"前视"命令,将当前视图切换为前视图,如图 15-12 所示。

图 15-12 切换视图

Step 18 在无命令执行的前提下,拉出窗交选择框,如图 15-13 所示,夹点显示窗间墙体,如图 15-14 所示。

图 15-13 窗交选择框

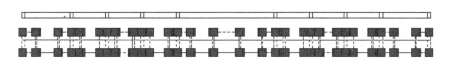

图 15-14 夹点显示

Step 19 在"特性"窗口中的"标高"文本框中修改窗间墙的标高为"900",如图 15-15 所示。按 Esc 键取消夹点显示,修改结果(二)如图 15-16 所示。

图 15-15 修改标高

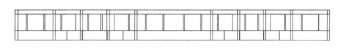

图 15-16 修改结果(二)

Step 20 执行菜单栏"视图"→"三维视图"→"西南等轴测"命令，将当前视图恢复为西南视图，如图 15-17 所示。

Step 21 执行菜单栏"工具"→"命名 UCS"命令，在打开的"UCS"对话框中将世界坐标系设置为当前坐标系，如图 15-18 所示。

Step 22 使用快捷键 LA 执行"图层"命令，在打开的"图层特性管理器"面板中打开"门窗层"图层，此时，图形的显示效果（二）如图 15-19 所示。

Step 23 使用"窗口缩放"功能调整视图，视图调整结果如图 15-20 所示。

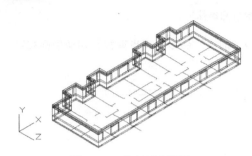
图 15-17 恢复西南视图

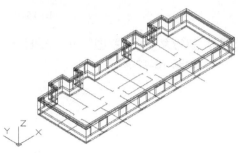
图 15-18 恢复世界坐标系

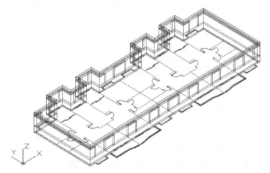
图 15-19 图形的显示效果（二）

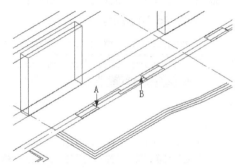
图 15-20 视图调整结果

Step 24 使用快捷键 TR 执行"修剪"命令，以窗线的 A、B 两边作为剪切边界，如图 15-20 所示，将位于两者之间的窗下墙体修剪掉，修剪结果（一）如图 15-21 所示，着色结果（一）如图 15-22 所示。

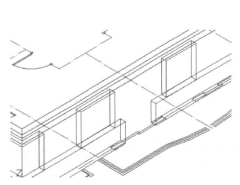
图 15-21 修剪结果（一）

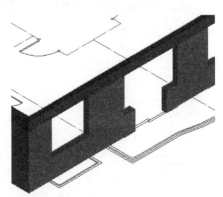
图 15-22 着色结果（一）

第 15 章　建筑物三维模型设计

Step 25 重复执行"修剪"命令，分别修剪掉其他相同位置的窗下墙体，修剪结果（二）如图 15-23 所示，着色结果（二）如图 15-24 所示。

Step 26 调整视图，使图形全部显示，然后执行菜单栏"视图"→"视觉样式"→"真实"命令，对模型进行着色显示，建筑物墙体造型的绘制效果如图 15-1 所示。

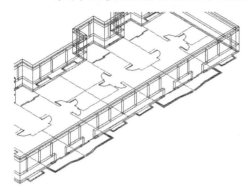 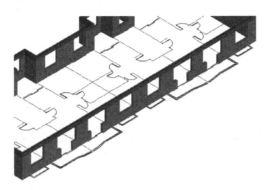

图 15-23　修剪结果（二）　　　　　　图 15-24　着色结果（二）

Step 27 最后执行"另存为"命令，将图形存储为"上机实训一.dwg"。

15.3　上机实训二——制作建筑物窗子造型

本例在综合所学知识的前提下，主要学习建筑物窗子造型的绘制方法和绘制技巧。建筑物窗子造型的绘制效果如图 15-25 所示，具体操作步骤如下。

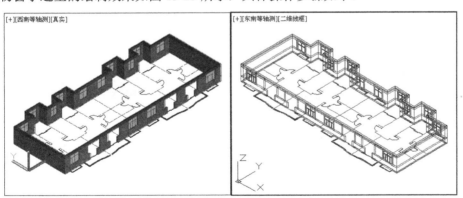

图 15-25　建筑物窗子造型的绘制效果

Step 01 继续上例操作，或者直接打开配套资源中的"/效果文件/第 15 章/上机实训一.dwg"文件。

Step 02 使用快捷键 LA 执行"图层"命令，创建"窗子"图层，并将其设置为当前图层，如图 15-26 所示。

图 15-26 设置新图层

Step 03 执行菜单栏"工具"→"UCS"→"三点"命令,配合端点捕捉功能创建新的坐标系,命令行操作如下。

```
命令：_UCS
当前 UCS 名称：*世界*
指定 UCS 的原点或 [面(F)/命名(NA)/对象(OB)/上一个(P)/视图(V)/世界(W)/X/Y/Z/Z
轴(ZA)] <世界>：_3
指定新原点 <0,0,0>：                     //捕捉端点,如图 15-27 所示
在正 X 轴范围上指定点 <55571,11418,900>: //捕捉端点,如图 15-28 所示
//捕捉端点,如图 15-29 所示,坐标系的创建结果如图 15-30 所示
在 UCS XY 平面的正 Y 轴范围上指定点 <55570,11419,900>：
```

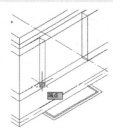
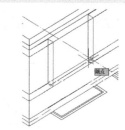

图 15-27 定义原点　　　　　　　　图 15-28 定义 X 轴正方向

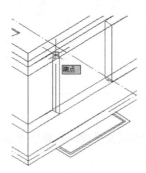
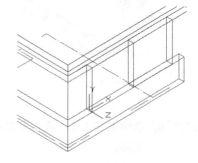

图 15-29 定义 Y 轴正方向　　　　　图 15-30 坐标系的创建结果

Step 04 关闭"门窗层",然后重复执行"UCS"命令,在命令行"指定 UCS 的原点或 [面(F)/命名(NA)/对象(OB)/上一个(P)/视图(V)/世界(W)/X/Y/Z Z 轴(ZA)] <世界>:"提示下

输入"S",表示将刚才定义的用户坐标系赋名保存。

Step 05 在命令行"输入保存当前 UCS 的名称或 [?]:"提示下输入"窗框",按 Enter 键结束命令。

Step 06 执行"标高"命令,设置当前的厚度为 80。

Step 07 使用快捷键 PL 执行"多段线"命令,在命令行"指定起点:"提示下,捕捉图 15-31 中的 1 点作为多段线的起点。

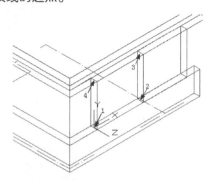

图 15-31　定位目标点

Step 08 在命令行"指定下一个点或[圆弧(A)/半宽(H)/长度(L)/放弃(U)/宽度(W)]:"提示下输入"W"并按 Enter 键。

Step 09 在命令行"指定起点宽度<0.0000>:"提示下输入"100",按 Enter 键,设置起点宽度为 100 个绘图单位。

Step 10 在命令行"指定端点宽度<100.0000>:"提示下输入"100",按 Enter 键,设置终点宽度为 100 个绘图单位。

Step 11 依次在命令行"指定下一个点或[圆弧(A)/半宽(H)/长度(L)/放弃(U)/宽度(W)]:"提示下,分别捕捉图 15-31 中的"2、3、4"点。

Step 12 在命令行"指定下一点或[圆弧(A)/闭合(C)/半宽(H)/长度(L)/放弃(U)/宽度(W)]:"提示下输入"C"并按 Enter 键,将这条多段线闭合,生成的窗框模型如图 15-32 所示,着色效果(一)如图 15-33 所示。

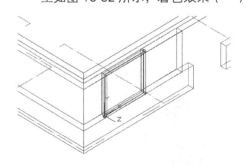

图 15-32　生成的窗框模型

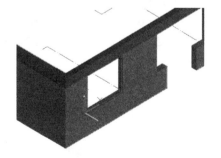

图 15-33　着色效果(一)

Step 13 执行"标高"命令,设置当前的厚度为 50,然后执行"多段线"命令,将多段线的起点宽度和端点宽度设置为 50,连接窗框上下两边的中点,绘制窗框中间的支架模型,如图 15-34 所示,着色效果(二)如图 15-35 所示。

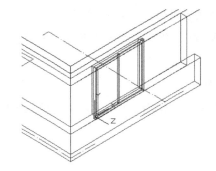

图 15-34 绘制内框

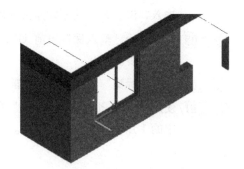

图 15-35 着色效果(二)

Step 14 执行菜单栏"绘图"→"偏移"命令,将偏移距离设置为 450,对刚绘制的多段线进行对称偏移复制,偏移结果如图 15-36 所示,着色效果(三)如图 15-37 所示。

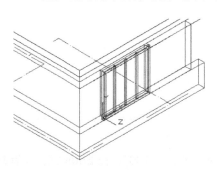

图 15-36 偏移结果

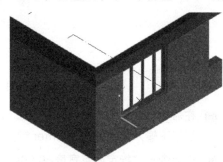

图 15-37 着色效果(三)

Step 15 重复执行"多段线"命令,配合坐标输入功能绘制水平的多段线作为横向支架,命令行操作如下。

```
命令: PL
INE
指定起点:                              //0,1050 Enter,输入第一点坐标
当前线宽为 50
//1800,1050 Enter,输入第二点坐标
指定下一个点或 [圆弧(A)/半宽(H)/长度(L)/放弃(U)/宽度(W)]:
//Enter,结束命令,绘制结果(一)如图 15-38 所示,着色效果(四)如图 15-39 所示
指定下一点或 [圆弧(A)/闭合(C)/半宽(H)/长度(L)/放弃(U)/宽度(W)]:
```

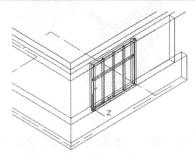

图 15-38 绘制结果(一)

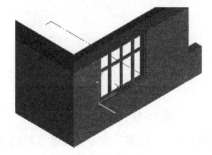

图 15-39 着色效果(四)

Step 16 执行菜单栏"修改"→"修剪"命令,以刚绘制的横向窗框为剪切边,修剪竖向支架,修剪结果如图15-40所示,着色效果(五)如图15-41所示。

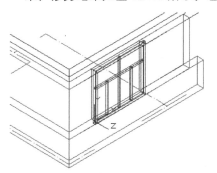
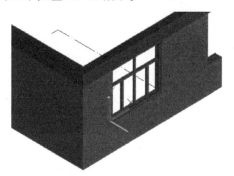

图15-40 修剪结果　　　　　　　　　　　图15-41 着色效果(五)

Step 17 执行菜单栏"修改"→"移动"命令,配合点的坐标输入功能对窗框进行位移,命令行操作如下。

```
命令: _Move
选择对象:                                    //选择外框模型
选择对象:                                    //Enter
指定基点或 [位移(D)] <位移>:                  //捕捉任一点
指定第二个点或 [阵列(A)] <使用第一个点作为位移>: //@0,0,-40 Enter
命令:                                        //Enter
MOVE 选择对象:                               //选择内部的支架模型
选择对象:                                    //Enter
指定基点或 [位移(D)] <位移> :                 //捕捉任一点
指定第二个点或 [阵列(A)] <使用第一个点作为位移>:
//@0,0,-25 Enter,移动结果如图15-42所示,着色效果(六)如图15-43所示
```

Step 18 执行"图层"命令,在打开的"图层特性管理器"面板中双击"玻璃",将其设为当前图层。

Step 19 在命令行中输入"UCS",按Enter键在命令行"指定 UCS 的原点或 [面(F)/命名(NA)/对象(OB)/上一个(P)/视图(V)/世界(W)/X/Y/Z 轴(ZA)] <世界>:"的提示下输入"X"并按 Enter 键。

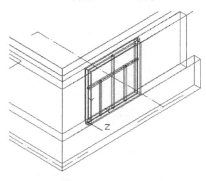

图15-42 移动结果　　　　　　　　　　　图15-43 着色效果(六)

Step 20 在命令行"指定绕 X 轴的旋转角度<90>:"提示下输入"-90",并按 Enter 键,将当前坐标系旋转-90°,旋转结果如图 15-44 所示。

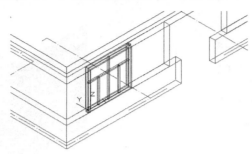

图 15-44 旋转结果

Step 21 重复执行"UCS"命令,在命令行"指定 UCS 的原点或[面(F)/命名(NA)/对象(OB)/上一个(P)/视图(V)/世界(W)/X/Y/Z/Z 轴(ZA)] <世界>:"提示下输入"S",并按 Enter 键。

Step 22 在命令行"输入保存当前的名称或[?]:"提示下输入"玻璃",按 Enter 键。

Step 23 展开"图层控制"下拉列表,将"玻璃"设为当前图层,然后执行"标高"命令,设置当前厚度为 1600。

Step 24 使用快捷键 PL 执行"多段线"命令,配合坐标输入功能绘制高度为 1600 个绘图单位的多段线作为玻璃模型,命令行操作如下。

```
命令：PL                                              //Enter
Pline 指定起点：                                       //0,0 Enter
当前线宽为 50
指定下一个点或 [圆弧(A)/半宽(H)/长度(L)/放弃(U)/宽度(W)]：
                                                     //W Enter,激活"宽度"功能
指定起点宽度 <50>：                                    //0 Enter
指定端点宽度 <0>：                                     //0 Enter
指定下一个点或 [圆弧(A)/半宽(H)/长度(L)/放弃(U)/宽度(W)]：
                                                     //1800,0 Enter,输入点的绝对坐标
//Enter,结束命令,绘制结果如图 15-45 所示,着色效果（七）如图 15-46 所示
指定下一点或 [圆弧(A)/闭合(C)/半宽(H)/长度(L)/放弃(U)/宽度(W)]：
```

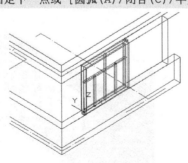

图 15-45 绘制玻璃

图 15-46 着色效果（七）

Step 25 将当前视图切换为东北视图,然后参照上述操作绘制另一类型的窗子模型,绘制结果（二）如图 15-47 所示,着色效果（八）如图 15-48 所示。

第 15 章 建筑物三维模型设计

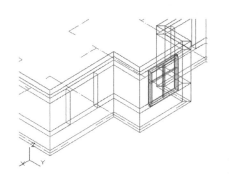

图 15-47 绘制结果（二）

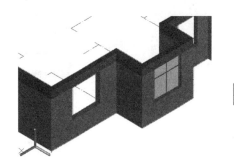

图 15-48 着色效果（八）

Step 26 使用快捷键 B 执行"创建块"命令，如图 15-49 所示，设置块参数，如图 15-48 所示，三维窗创建为图块，块的基点为窗洞的右角点。

Step 27 使用快捷键 I 执行"插入块"命令，如图 15-50 所示，设置块参数，插入三维窗图块，插入点（一）如图 15-51 所示，着色效果（九）如图 15-52 所示。

图 15-49 "块定义"对话框

图 15-50 设置块参数（一）

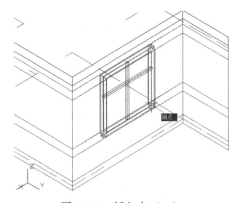

图 15-51 插入点（一）

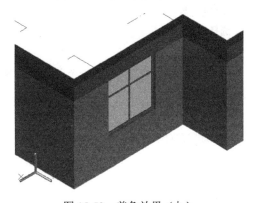

图 15-52 着色效果（九）

小技巧

在插入三维窗图块时，要注意将当前文字内的坐标系与图块文件内的坐标系统一起来。

Step 28 重复执行"插入块"命令，设置块参数，如图 15-53 所示，插入三维窗图块，插入点（二）如图 15-54 所示，着色效果（十）如图 15-55 所示。

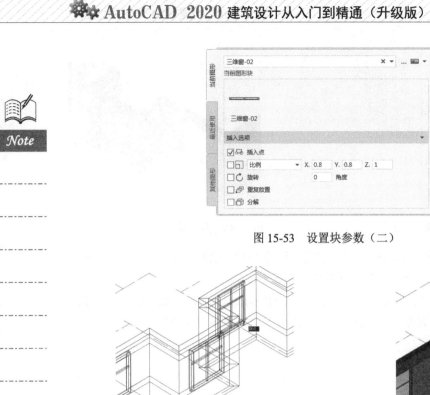

图 15-53　设置块参数（二）

图 15-54　插入点（二）　　　　　　　　图 15-55　着色效果（十）

Step 29 执行菜单栏 "修改" → "三维操作" → "三维镜像" 命令，选择三维窗进行镜像，命令行操作如下。

```
命令：_Mirror3d
选择对象：                              //选择两个三维窗图块，如图 15-56 所示
选择对象：                              //Enter
指定镜像平面（三点）的第一个点或 [对象(O)/最近的(L)/Z 轴(Z)/视图(V)/XY 平面
(XY)/YZ 平面(YZ)/ZX 平面(ZX)/三点(3)] <三点>：//YZ Enter，激活 "YZ 平面" 选项
指定 YZ 平面上的点 <0,0,0>：            //Enter，捕捉中点，如图 15-57 所示
是否删除源对象？[是(Y)/否(N)] <否>://Enter，结束命令，镜像结果（一）如图 15-58 所示
```

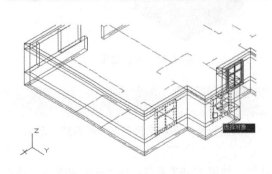

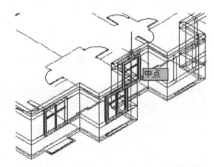

图 15-56　选择结果（一）　　　　　　　　图 15-57　捕捉中点（一）

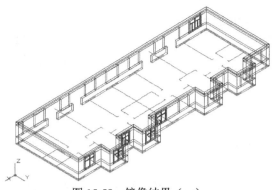

图 15-58 镜像结果（一）

Step 30 重复执行"三维镜像"命令，对右上侧的三维窗进行镜像，命令行操作如下。

```
命令：_Mirror3d
选择对象：                                    //选择三维窗，如图 15-59 所示
选择对象：                                    //Enter
指定镜像平面（三点）的第一个点或 [对象(O)/最近的(L)/Z 轴(Z)/视图(V)/XY 平面
(XY)/YZ 平面(YZ)/ZX 平面(ZX)/三点(3)] <三点>：//YZ Enter，激活"YZ 平面"选项
指定 YZ 平面上的点 <0,0,0>：                  //Enter，捕捉中点，如图 15-60 所示
是否删除源对象？[是(Y)/否(N)] <否>：           //Enter，镜像结果（二）如图 15-61 所示
```

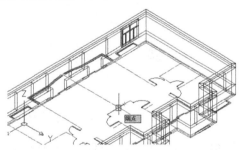

图 15-59 选择结果（二）　　　　　图 15-60 捕捉中点（二）

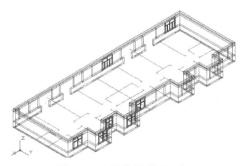

图 15-61 镜像结果（二）

Step 31 重复执行"三维镜像"命令，以当前坐标系的 YZ 平面作为镜像平面，对所有位置的三维窗进行镜像，镜像结果（三）如图 15-62 所示。

Step 32 将当前视图切换为西南视图，视图切换结果如图 15-63 所示，最终绘制效果如图 15-25 所示。

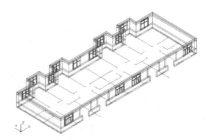

图 15-62　镜像结果（三）　　　　图 15-63　视图切换结果

Step 33 最后执行"另存为"命令，将图形存储为"上机实训二.dwg"。

15.4　上机实训三——制作建筑物门联窗造型

本例在综合所学知识的前提下，主要学习建筑物门联窗造型的绘制方法和绘制技巧。建筑物门联窗造型的绘制效果如图 15-64 所示，具体操作步骤如下。

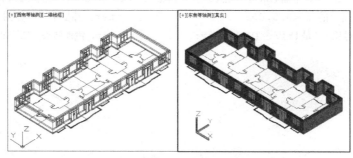

图 15-64　建筑物门联窗造型的绘制效果

Step 01 继续上例操作，或者直接打开配套资源中的"/效果文件/第 15 章/上机实训二.dwg"文件。

Step 02 展开"图层"面板上的"图层控制"下拉列表，将"窗子"设置为当前图层。

Step 03 执行菜单栏"工具"→"命名 UCS"命令，设置"窗框"坐标系为当前坐标系，如图 15-65 所示。

Step 04 执行"UCS"命令，配合端点捕捉功能，将当前坐标系移至图 15-66 中的位置，此时对图形进行着色，着色效果（一）如图 15-67 所示。

图 15-65　"UCS"对话框　　　　图 15-66　移动坐标系

图 15-67　着色效果（一）

Step 05 在命令行输入"Elev"并按 Enter 键，执行"标高"命令，设置当前厚度为 80，命令行操作如下。

```
命令：Elev                                          //Enter
指定新的默认标高 <0>：                               //Enter
指定新的默认厚度 <1600>：                            //80 Enter
```

Step 06 使用快捷键 PL 执行"多段线"命令，将起点宽度和端点宽度设置为 100，然后配合端点捕捉功能绘制多段线作为外框，如图 15-68 所示，消隐着色效果（一）如图 15-69 所示。

图 15-68　绘制外框

图 15-69　消隐着色效果（一）

Step 07 使用快捷键 REC 执行"矩形"命令，绘制宽度为 100 个绘图单位、厚度为 80 个绘图单位的矩形作为门框模型，命令行操作如下。

```
命令：REC
Rectang
指定第一个角点或 [倒角(C)/标高(E)/圆角(F)/厚度(T)/宽度(W)]：  //W Enter
指定矩形的线宽 <0>：                                        //100 Enter
指定第一个角点或 [倒角(C)/标高(E)/圆角(F)/厚度(T)/宽度(W)]：  //T Enter
指定矩形的厚度 <0>：                                        //80 Enter
指定第一个角点或 [倒角(C)/标高(E)/圆角(F)/厚度(T)/宽度(W)]：  //0,0 Enter
//@1500,2500 Enter，绘制结果（一）如图 15-70 所示，消隐着色效果（二）如图 15-71 所示
指定另一个角点或 [面积(A)/尺寸(D)/旋转(R)]：
```

图 15-70　绘制结果（一）

图 15-71　消隐着色效果（二）

Step 08 执行"标高"命令，设置当前厚度为50，然后使用快捷键PL执行"多段线"命令，绘制横向支架，命令行操作如下。

```
命令：PL                                          //Enter
Pline 指定起点：                                   //-525,2000 Enter
当前线宽为 100
//W Enter，激活"宽度"选项
指定下一个点或 [圆弧(A)/半宽(H)/长度(L)/放弃(U)/宽度(W)]：
指定起点宽度 <100>：                               //50 Enter
指定端点宽度 <100>：                               //50 Enter
指定下一个点或 [圆弧(A)/半宽(H)/长度(L)/放弃(U)/宽度(W)]： //2025,2000 Enter
//Enter，结束命令，绘制结果（二）如图15-72所示，消隐着色效果（三）如图15-73所示
指定下一点或 [圆弧(A)/闭合(C)/半宽(H)/长度(L)/放弃(U)/宽度(W)]：
```

图 15-72　绘制结果（二）　　　　图 15-73　消隐着色效果（三）

Step 09 重复执行"多段线"命令，配合坐标点的输入功能，绘制中间的门框模型，命令行操作如下。

```
命令：_Pline
指定起点：                                         //750,0 Enter
当前线宽为 50
指定下一个点或 [圆弧(A)/半宽(H)/长度(L)/放弃(U)/宽度(W)]：  //W Enter
指定起点宽度 <50>：                                //100 Enter
指定端点宽度 <100>：                               //Enter
指定下一个点或 [圆弧(A)/半宽(H)/长度(L)/放弃(U)/宽度(W)]：  //750,2000 Enter
//Enter，结束命令，绘制结果（三）如图15-74所示，着色效果（二）如图15-75所示
指定下一点或 [圆弧(A)/闭合(C)/半宽(H)/长度(L)/放弃(U)/宽度(W)]：
```

图 15-74　绘制结果（三）　　　　图 15-75　着色效果（二）

第 15 章　建筑物三维模型设计

Step 10 执行菜单栏"修改"→"移动"命令,配合点的坐标输入功能对窗框进行位移,命令行操作如下。

```
命令：_Move
选择对象：                                    //选择外框模型
选择对象：                                    //Enter
指定基点或 [位移(D)] <位移>：                  //捕捉任一点
指定第二个点或 [阵列(A)] <使用第一个点作为位移>： //@0,0,-40 Enter
命令：                                        //Enter
MOVE 选择对象：                               //选择内部的支架模型
选择对象：                                    //Enter
指定基点或 [位移(D)] <位移>：                  //捕捉任一点
指定第二个点或 [阵列(A)] <使用第一个点作为位移>： //@0,0,-25Enter,移动结果如图15-76所示,着色效果（三）如图15-77所示
```

图 15-76　移动结果

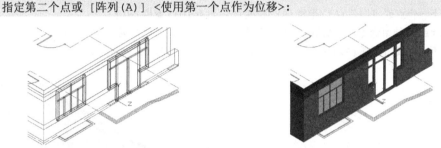
图 15-77　着色效果（三）

Step 11 执行菜单栏"工具"→"命名 UCS"命令,设置"玻璃"坐标系为当前坐标系,如图 15-78 所示。

Step 12 执行"UCS"命令,将当前坐标系的原点移至门联窗一侧的门洞中点处,如图 15-79 所示,消隐着色效果（四）如图 15-80 所示。

图 15-78　设置当前坐标系

图 15-79　移动坐标原点

图 15-80　消隐着色效果（四）

Step 13 展开"图层控制"下拉列表,将"玻璃"层设置为当前图层,然后执行"标高"命令,将厚度设置为 2500,标高为 0。

Step 14 使用快捷键 PL 执行"多段线"命令,配合点的坐标输入功能绘制推拉门的玻璃模型,命令行操作如下。

```
命令: PL                                              //Enter
PLINE 指定起点:                                        //0,0 Enter
当前线宽为 100
//W Enter,激活"宽度"功能
指定下一个点或 [圆弧(A)/半宽(H)/长度(L)/放弃(U)/宽度(W)]:
指定起点宽度 <100>:                                    //0 Enter
指定端点宽度 <0>:                                      //Enter
//@1500,0 Enter,输入绝对坐标
指定下一个点或 [圆弧(A)/半宽(H)/长度(L)/放弃(U)/宽度(W)]:
//Enter,结束命令,绘制结果(四)如图 15-81 所示,着色效果(四)如图 15-82 所示
指定下一点或 [圆弧(A)/闭合(C)/半宽(H)/长度(L)/放弃(U)/宽度(W)]:
```

图 15-81 绘制结果(四)

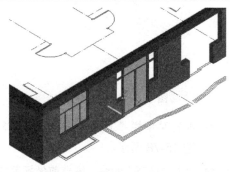
图 15-82 着色效果(四)

Step 15 执行"标高"命令,将当前厚度设置为 1600,然后执行"多段线"命令,绘制两侧的玻璃模型,命令行操作如下。

```
命令: Elev
指定新的默认标高 <0>:                                  //Enter
指定新的默认厚度 <2500>:                               //1600 Enter
命令:                                                  //PL Enter
Pline
指定起点:                                              //-525,0,900 Enter
当前线宽为 0
指定下一个点或 [圆弧(A)/半宽(H)/长度(L)/放弃(U)/宽度(W)]:    //@525,0 Enter
指定下一点或 [圆弧(A)/闭合(C)/半宽(H)/长度(L)/放弃(U)/宽度(W)]://Enter
命令:                                                  //Enter
Pline 指定起点:                                        //1500,0,900 Enter
当前线宽为 0
指定下一个点或 [圆弧(A)/半宽(H)/长度(L)/放弃(U)/宽度(W)]:    //@525,0 Enter
//Enter,绘制结果(五)如图 15-83 所示,着色效果(五)如图 15-84 所示
指定下一点或 [圆弧(A)/闭合(C)/半宽(H)/长度(L)/放弃(U)/宽度(W)]:
```

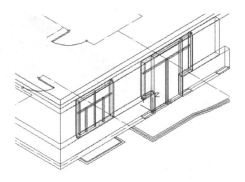

图 15-83 绘制结果（五）

图 15-84 着色效果（五）

Step 16 执行"UCS"命令，将当前坐标系绕 X 轴旋转 90°，如图 15-85 所示，着色效果（六）如图 15-86 所示。

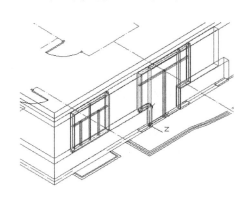

图 15-85 旋转坐标系

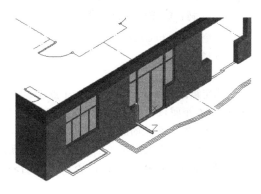

图 15-86 着色效果（六）

Step 17 展开"图层控制"下拉列表，将"窗子"设置为当前图层，然后执行"标高"命令，将当前厚度设置为 20。

Step 18 使用快捷键 PL 执行"多段线"命令，绘制宽度为 20 个绘图单位的多段线作为门把手，命令行操作如下。

```
命令: PL                                    //Enter，激活命令
PLINE
指定起点:                                   //750,1200,35 Enter
指定下一个点或 [圆弧(A)/半宽(H)/长度(L)/放弃(U)/宽度(W)]:    //W Enter
指定起点宽度 <50>:                           //20 Enter
指定端点宽度 <20>:                           //20 Enter
//打开"正交"功能，向右移动光标，输入 150 Enter
指定下一个点或 [圆弧(A)/半宽(H)/长度(L)/放弃(U)/宽度(W)]:
//向下移动光标，输入 400 Enter
指定下一点或 [圆弧(A)/闭合(C)/半宽(H)/长度(L)/放弃(U)/宽度(W)]:
//向左移动光标，输入 150 Enter
指定下一点或 [圆弧(A)/闭合(C)/半宽(H)/长度(L)/放弃(U)/宽度(W)]:
//Enter，绘制把手如图 15-87 所示，着色效果（七）如图 15-88 所示
指定下一点或 [圆弧(A)/闭合(C)/半宽(H)/长度(L)/放弃(U)/宽度(W)]:
```

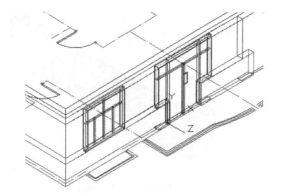

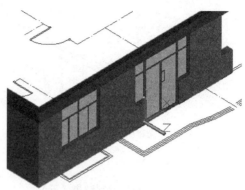

图 15-87　绘制把手　　　　　　　　　　　图 15-88　着色效果（七）

Step 19 执行菜单栏"修改"→"三维操作"→"三维镜像"命令，对把手模型进行镜像复制，命令行操作如下。

```
命令：_Mirror3d
选择对象：                                //选择把手模型
选择对象：                                //Enter
指定镜像平面（三点）的第一个点或 [对象(O)/最近的(L)/Z 轴(Z)/视图(V)/XY 平面
(XY)/YZ 平面(YZ)/ZX 平面(ZX)/三点(3)] <三点>：  //YZ Enter
指定 YZ 平面上的点 <0,0,0>：              //捕捉中点，如图 15-89 所示
//Enter，镜像结果（一）如图 15-90 所示，着色效果（八）如图 15-91 所示
是否删除源对象？[是(Y)/否(N)] <否>：
```

图 15-89　捕捉中点（一）

Step 20 使用快捷键 B 执行"创建块"命令，将门联窗转化为图块，如图 15-91 所示，块参数设置如图 15-92 所示。

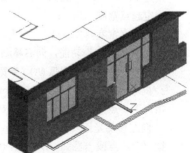

图 15-90　镜像结果（一）　　　　　　　　图 15-91　着色效果（八）

第 15 章　建筑物三维模型设计

图 15-92　块参数设置

Step 21 执行"三维镜像"命令,以当前坐标系的 YZ 平面作为镜像平面,对门联窗进行镜像,命令行操作如下。

```
命令: _Mirror3d
选择对象:                                          //选择门联窗模型
选择对象:                                          //Enter,结束选择
指定镜像平面 (三点) 的第一个点或 [对象(O)/最近的(L)/Z 轴(Z)/视图(V)/XY 平面(XY)/YZ 平面(YZ)/ZX 平面(ZX)/三点(3)] <三点>:        //YZ Enter,激活"YZ 平面"选项
指定 YZ 平面上的点 <0,0,0>:                         //捕捉端点,如图 15-93 所示
//Enter,镜像结果 (二) 如图 15-94 所示,着色效果 (九) 如图 15-95 所示
是否删除源对象? [是(Y)/否(N)] <否>:
```

图 15-93　捕捉端点

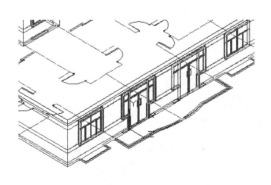

图 15-94　镜像结果(二)

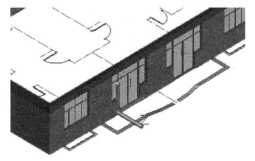

图 15-95　着色效果(九)

Step 22 重复执行"三维镜像"命令,以当前坐标系的 YZ 平面作为镜像平面,继续对门联窗进行镜像,命令行操作如下。

```
命令: _Mirror3d
选择对象:                              //选择两个门联窗模型，如图 15-96 所示
选择对象:                              //Enter, 结束选择
指定镜像平面(三点)的第一个点或 [对象(O)/最近的(L)/Z 轴(Z)/视图(V)/XY 平面
(XY)/YZ 平面(YZ)/ZX 平面(ZX)/三点(3)] <三点>://YZ Enter, 激活"YZ 平面"选项
指定 YZ 平面上的点 <0,0,0>:           //捕捉中点，如图 15-97 所示
是否删除源对象? [是(Y)/否(N)] <否>:    //Enter, 镜像结果(三)如图 15-98 所示
```

图 15-96　选择结果

图 15-97　捕捉中点（二）

图 15-98　镜像结果（三）

Step 23 最后执行"另存为"命令，将图形存储为"上机实训三.dwg"。

15.5 上机实训四——制作建筑物阳台造型

本例在综合所学知识的前提下，主要学习建筑物阳台造型的绘制方法和绘制技巧。建筑物阳台造型的绘制效果如图 15-99 所示，具体操作步骤如下。

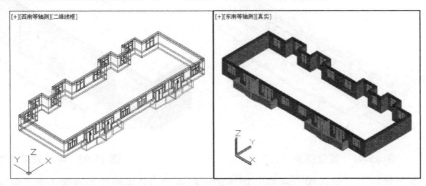
图 15-99　建筑物阳台造型的绘制效果

第 15 章 建筑物三维模型设计

Step 01 继续上例操作，或者直接打开配套资源中的"/效果文件/第 15 章/上机实训三.dwg"文件。

Step 02 执行菜单栏"视图"→"三维视图"→"俯视"命令，将当前视图切换为俯视图，如图 15-100 所示。

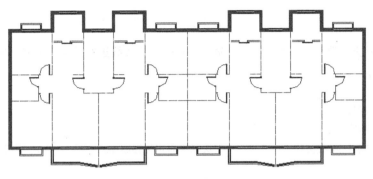

图 15-100 切换视图（一）

Step 03 使用快捷键 LA 执行"图层"命令，在打开的"图层特性管理器"面板中双击"阳台"图层，将此图层设置为当前图层。

Step 04 接下来使用"窗口缩放"功能，将阳台位置放大显示，如图 15-101 所示。

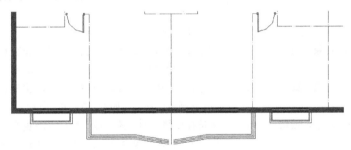

图 15-101 调整视图

Step 05 夹点显示阳台内外轮廓线，如图 15-102 所示，然后执行"复制"命令对其进行原位置复制。

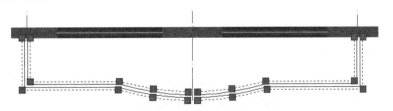

图 15-102 夹点显示

Step 06 将复制出的图线放置到"阳台"图层上，关闭"门窗层"，操作结果如图 15-103 所示。

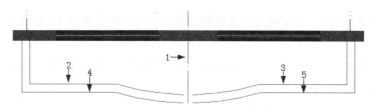

图 15-103 操作结果

Step 07 使用快捷键 EX 执行"延伸"命令,对阳台轮廓线进行延伸,命令行操作如下。

```
命令：EX                    //Enter
Extend
当前设置:投影=UCS，边=无
选择边界的边...
选择对象或 <全部选择>：      //选择纵向定位轴线1，如图15-103所示
选择对象：                  //Enter
选择要延伸的对象,或按住 Shift 键选择要修剪的对象,或[栏选(F)/窗交(C)/投影(P)/边(E)/放弃(U)]：    //选择轮廓线2，如图15-103所示
选择要延伸的对象,或按住 Shift 键选择要修剪的对象,或[栏选(F)/窗交(C)/投影(P)/边(E)/放弃(U)]：    //选择轮廓线3，如图15-103所示
选择要延伸的对象,或按住 Shift 键选择要修剪的对象,或[栏选(F)/窗交(C)/投影(P)/边(E)/放弃(U)]：    //E Enter
输入隐含边延伸模式 [延伸(E)/不延伸(N)] <不延伸>：   //E Enter
选择要延伸的对象,或按住 Shift 键选择要修剪的对象,或[栏选(F)/窗交(C)/投影(P)/边(E)/放弃(U)]：    //选择轮廓线4，如图15-103所示
选择要延伸的对象,或按住 Shift 键选择要修剪的对象,或[栏选(F)/窗交(C)/投影(P)/边(E)/放弃(U)]：    //选择轮廓线5，如图15-103所示
选择要延伸的对象,或按住 Shift 键选择要修剪的对象,或[栏选(F)/窗交(C)/投影(P)/边(E)/放弃(U)]：    //Enter，结束命令，延伸结果如图15-104所示
```

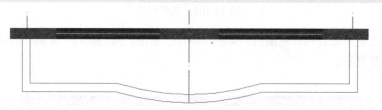

图 15-104 延伸结果

Step 08 执行"标高"命令,设置当前厚度为0,然后使用快捷键 PL 执行"多段线"命令,配合端点捕捉功能封闭阳台区域,命令行操作如下。

```
命令：Elev
指定新的默认标高 <0>：//Enter
指定新的默认厚度 <20>://0 Enter
命令：               //PL Enter
PLINE
指定起点：            //捕捉阳台轮廓线2的上端点
```

```
当前线宽为 20
指定下一个点或 [圆弧(A)/半宽(H)/长度(L)/放弃(U)/宽度(W)]:  //W Enter
指定起点宽度 <20>:      //0 Enter
指定端点宽度 <0>:       //0 Enter
//捕捉阳台轮廓线 3 的上端点
指定下一个点或 [圆弧(A)/半宽(H)/长度(L)/放弃(U)/宽度(W)]:
//捕捉阳台轮廓线 5 的上端点，绘制结果（一）如图 15-105 所示
指定下一点或 [圆弧(A)/闭合(C)/半宽(H)/长度(L)/放弃(U)/宽度(W)]:
```

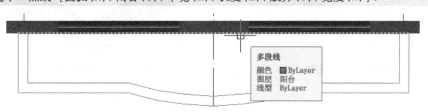

图 15-105　绘制结果（一）

Step 09 使用快捷键 BO 执行"边界"命令，设置边界创建的类型，如图 15-106 所示，然后分别在图 15-107 中的区域 1、2、3、4 内拾取点，创建 4 个面域，面域的着色效果如图 15-108 所示。

 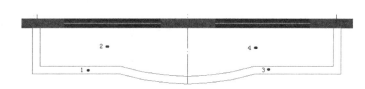

图 15-106　"边界创建"对话框　　　　　　图 15-107　定位目标区域

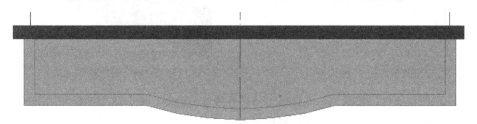

图 15-108　面域的着色效果

Step 10 执行"西南等轴测"命令，将当前视图切换为西南视图，如图 15-109 所示，着色效果（一）如图 15-110 所示。

Step 11 执行菜单栏"绘图"→"建模"→"拉伸"命令，选择刚绘制的阳台墙截面面域，并将其拉伸为三维模型，命令行操作如下。

```
命令：_Extrude
当前线框密度：ISOLINES=4，闭合轮廓创建模式 = 实体
选择要拉伸的对象或 [模式(MO)]:    //选择阳台墙面域，如图 15-111 所示
选择要拉伸的对象或 [模式(MO)]:                          //Enter
```

//1200 Enter,拉伸结果如图 15-112 所示,着色效果(二)如图 15-113 所示
指定拉伸的高度或 [方向(D)/路径(P)/倾斜角(T)/表达式(E)]:

图 15-109 切换视图(二)

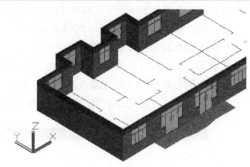

图 15-110 着色效果(一)

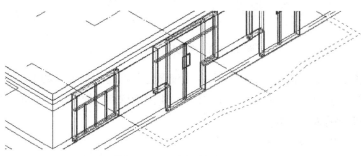

图 15-111 选择结果(一)

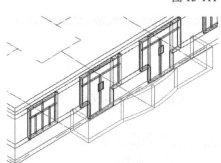

图 15-112 拉伸结果

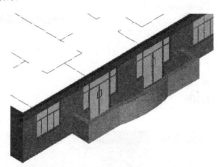

图 15-113 着色效果(二)

Step 12 执行菜单栏"绘图"→"建模"→"多段体"命令,配合端点捕捉和中点捕捉功能绘制阳台夹墙模型,命令行操作如下。

```
命令: _Polysolid
高度 = 4,宽度 = 0,对正 = 居中
指定起点或 [对象(O)/高度(H)/宽度(W)/对正(J)] <对象>:    //H Enter
指定高度 <4>:                                          //2900 Enter
高度 = 2900,宽度 = 0,对正 = 居中
指定起点或 [对象(O)/高度(H)/宽度(W)/对正(J)] <对象>:    //W Enter
指定宽度 <0>:                                          //120 Enter
高度 = 2900,宽度 = 120,对正 = 居中
指定起点或 [对象(O)/高度(H)/宽度(W)/对正(J)] <对象>:    //J Enter
输入对正方式 [左对正(L)/居中(C)/右对正(R)] <居中>:      //C Enter
```

高度 = 2900，宽度 = 120，对正 = 居中
指定起点或 [对象(O)/高度(H)/宽度(W)/对正(J)] <对象>://捕捉端点，如图 15-114 所示
指定下一个点或 [圆弧(A)/放弃(U)]：   //捕捉中点，如图 15-115 所示
//Enter，绘制结果（二）如图 15-116 所示，着色效果（三）如图 15-117 所示
指定下一个点或 [圆弧(A)/放弃(U)]：

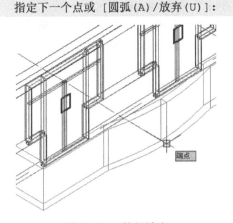

图 15-114 捕捉端点

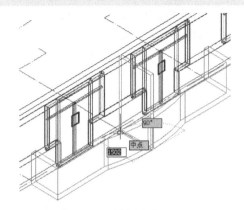

图 15-115 捕捉中点（一）

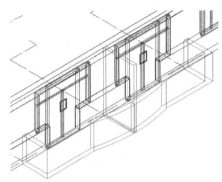

图 15-116 绘制结果（二）

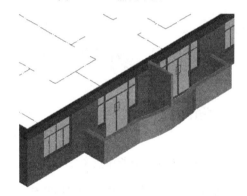

图 15-117 着色效果（三）

Step 13 展开"图层控制"下拉列表，关闭"轴线层"，图形的显示效果如图 15-118 所示，着色效果（四）如图 15-119 所示。

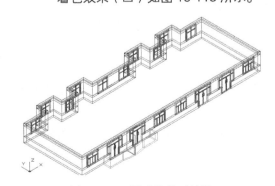

图 15-118 图形的显示效果

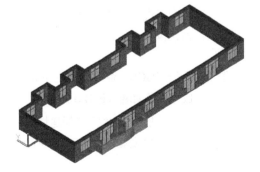

图 15-119 着色效果（四）

Step 14 执行菜单栏"修改"→"三维操作"→"三维镜像"命令，对阳台模型进行镜像，命令行操作如下。

```
命令：_Mirror3d
选择对象：                    //选择阳台墙、阳台底及阳台夹墙模型，如图15-120所示
选择对象：                    //Enter
指定镜像平面（三点）的第一个点或 [对象(O)/最近的(L)/Z轴(Z)/视图(V)/XY平面
(XY)/YZ平面(YZ)/ZX平面(ZX)/三点(3)] <三点>:  //YZ Enter
指定YZ平面上的点 <0,0,0>:        //捕捉中点，如图15-121所示
是否删除源对象？[是(Y)/否(N)] <否>:   //Enter，镜像结果如图15-122所示
```

图15-120　选择结果（二）

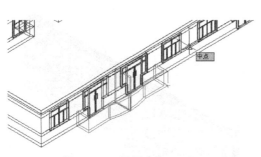

图15-121　捕捉中点（二）

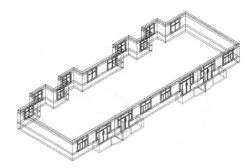

图15-122　镜像结果

Step 15 执行菜单栏"视图"→"视觉样式"→"真实"命令，对标准层楼体模型进行着色，建筑物阳台造型的绘制结果如图15-99所示。

小技巧

在对图形进行三维镜像时，要注意镜像平面的正确选择，一般以当前坐标系的轴向平面作为镜像平面。

Step 16 执行"UCS"命令，以左下角墙体角点作为坐标系原点，对当前坐标系进行位移，位移结果如图15-123所示。

Step 17 使用快捷键B执行"创建块"命令，将图15-123中的所有对象创建为内部块，内部块参数设置如图15-124所示。

第 15 章　建筑物三维模型设计

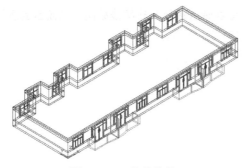

图 15-123　位移结果

图 15-124　内部块参数设置

Step 18 最后执行"另存为"命令，将图形存储为"上机实训四.dwg"。

15.6　上机实训五——制作建筑物楼顶造型

本例在综合所学知识的前提下，主要学习建筑物楼顶造型的绘制方法和绘制技巧。建筑物楼顶造型的绘制效果如图 15-125 所示，具体操作步骤如下。

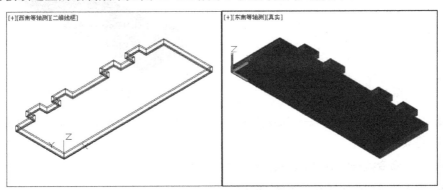

图 15-125　建筑物楼顶造型的绘制效果

Step 01 继续上例操作，或者直接打开配套资源中的"/效果文件/第 15 章/上机实训四.dwg"文件。

Step 02 执行菜单栏"视图"→"三维视图"→"俯视"命令，将当前视图切换为俯视图，如图 15-126 所示。

Step 03 使用快捷键 LA 执行"图层"命令，将"楼顶"层设置为当前图层，同时关闭（或冻结）除轴线层之外的所有图层，图形的显示效果如图 15-127 所示。

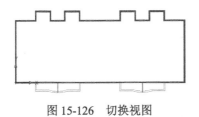

图 15-126　切换视图　　　　　　图 15-127　图形的显示效果

Step 04 使用快捷键 PL 执行"多段线"命令,沿着轴线最外侧轮廓线绘制一条闭合的多段线,并关闭"轴线层",绘制结果如图 15-128 所示。

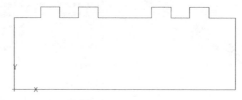

图 15-128 绘制结果

Step 05 执行菜单栏"修改"→"复制"命令,选择刚绘制的闭合多段线进行原位置复制。

Step 06 执行菜单栏"绘图"→"建模"→"拉伸"命令,将闭合多段线拉伸 250 个绘图单位。

Step 07 切换到西南视图,观看拉伸后的立体效果,如图 15-129 所示,着色效果如图 15-130 所示。

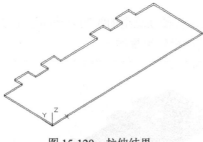 

图 15-129 拉伸结果　　　　　　　图 15-130 着色效果

Step 08 执行菜单栏"工具"→"绘图顺序"→"后置"命令,选择拉伸后的三维实体,并将其后置。

Step 09 在无命令执行的前提下,夹点显示 0,0。

Step 10 夹点显示闭合多段线,如图 15-131 所示。

Step 11 按 Ctrl+1 组合键,在打开的"特性"窗口中设置多段线的厚度和全局宽度,如图 15-132 所示。

Step 12 关闭"特性"窗口,取消对象的夹点显示,修改结果如图 15-133 所示,建筑物楼顶造型的绘制效果如图 15-125 所示。

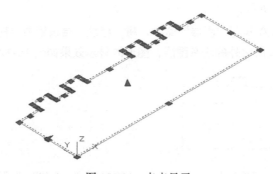

图 15-131 夹点显示

第 15 章　建筑物三维模型设计

图 15-132　修改特性

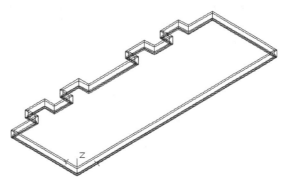

图 15-133　修改结果

Step 13 最后执行"另存为"命令，将图形存储为"上机实训五.dwg"。

15.7 上机实训六——建筑楼体模型的后期合成

本例在综合所学知识的前提下，主要学习建筑楼体模型的后期合成方法和合成技巧。建筑楼体模型的绘制效果如图 15-134 所示，具体操作步骤如下。

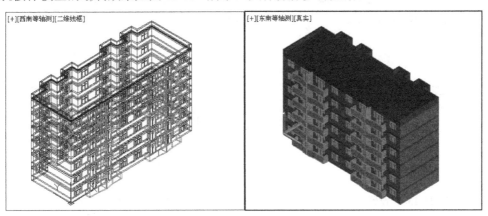

图 15-134　建筑楼体模型的绘制效果

Step 01 继续上例操作，或者直接打开配套资源中的"/效果文件/第 15 章/上机实训五.dwg"文件。

Step 02 执行菜单栏"工具"→"命名 UCS"命令，在打开的对话框中设置当前坐标系，如图 15-135 所示。

Step 03 使用快捷键 B 执行"创建块"命令，设置块参数如图 15-136 所示，将楼顶模型创建为内部块，块的基点为图 15-137 中的端点，并作为墙角点。

523

图 15-135　设置当前坐标系

图 15-136　设置块参数（一）

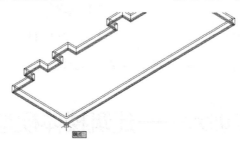

图 15-137　定义块的基点

Step 04 打开"玻璃、窗子、阳台"等图层，然后使用快捷键 I 执行"插入块"命令，插入"标准层楼体模型.dwg"图块，设置块参数（二）如图 15-138 所示，插入结果（一）如图 15-139 所示。

图 15-138　设置块参数（二）

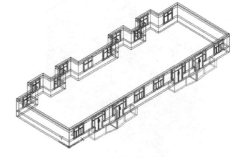

图 15-139　插入结果（一）

Step 05 执行菜单栏"修改"→"三维操作"→"三维阵列"命令，对插入的标准层楼体模型进行阵列，以创建其他楼层模型，命令行操作如下。

```
命令：_3Darray
选择对象：                                        //选择刚插入的楼层图块
选择对象：                                        //Enter
输入阵列类型 [矩形(R)/环形(P)] <矩形>：             //R Enter
输入行数 (---) <1>：                              //Enter
输入列数 (|||) <1>：                              //Enter
输入层数 (...) <1>：                              //6 Enter
指定层间距 (...)：//2900 Enter，阵列结果如图 15-140 所示，着色效果如图 15-141 所示
```

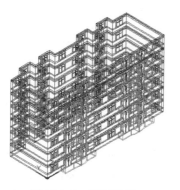
图 15-140　阵列结果

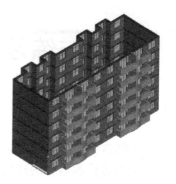
图 15-141　着色效果

Step 06 重复执行"插入块"命令，插入"楼顶.dwg"内部块，设置块参数（三）如图 15-142 所示。

图 15-142　设置块参数（三）

Step 07 双击楼顶图块，插入楼顶模型，插入结果（二）如图 15-143 所示，视图消隐效果如图 15-144 所示。

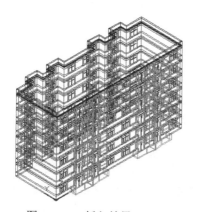
图 15-143　插入结果（二）

图 15-144　视图消隐效果

Step 08 执行菜单栏"视图"→"视觉样式"→"真实"命令，对模型进行着色，建筑楼体模型的绘制效果如图 15-134 所示。

Step 09 最后执行"另存为"命令，将图形存储为"上机实训六.dwg"。

15.8 小结与练习

15.8.1 小结

　　本章通过制作一幢简易的某居民楼三维楼体模型，详细讲述了居民楼三维模型的创建方法、创建过程和具体的建模技巧。本章使用的命令虽然不多，但是技巧性的知识点较多，特别是坐标系的适时定义与视图的适时切换，是创建三维模型的关键。另外，"多段线""特性"和"标高"等命令的组合搭配，也是快速建模的关键，希望读者细心体会灵活运用。

15.8.2 练习

　　1. 综合运用实体建模和曲面建模的相关知识，重新制作本章所讲述的建筑物三维模型。

　　2. 综合运用相关知识，制作楼体模型，如图 15-145 所示，层高为 2900～3000cm，局部尺寸自定。

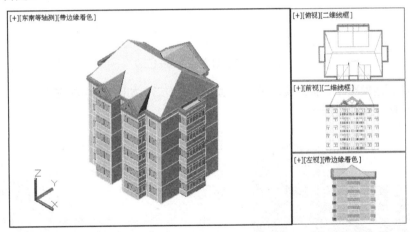

图 15-145　练习 2

> **操作提示**
>
> 　　练习 2 所需素材文件位于配套资源中的"/素材文件/"目录下，文件名为"15-2.dwf"。